案例详解视频大讲堂

AutoCAD 2016 全套建筑施工图设计案例详解

CAX 技术联盟

陈晓东　矫　健　编著

电子工业出版社

Publishing House of Electronics Industry

北京 · BEIJING

内 容 简 介

本书主要面向 AutoCAD 初中级用户以及建筑行业的技术人员，以 AutoCAD 2016 中文版为平台，从实际应用和典型操作的角度出发，系统讲解建筑工程图纸的设计方法、绘制过程和绘图技巧。

全书共 13 章，分别介绍 AutoCAD 与建筑设计入门知识、各类建筑设计图例的绘制、建筑工程模板的制作、民用建筑平立剖施工图的绘制技能、民用建筑装修施工图的绘制技能、民用建筑结构、基础结构，以及建筑详图和节点大样图的绘制技能、建筑工程图纸的后期布局和打印技能等内容。

书中案例经典、图文并茂，实用性、操作性和代表性极强，专业性、层次性和技巧性突出。本书不仅适合作为大中专院校相关专业的教学参考书，尤其适合广大建筑设计人员和将投身于建筑设计领域的广大读者。

未经许可，不得以任何方式复制或抄袭本书之部分或全部内容。
版权所有，侵权必究。

图书在版编目（CIP）数据

AutoCAD 2016 全套建筑施工图设计案例详解/陈晓东，矫健编著. —北京：电子工业出版社，2017.2
（案例详解视频大讲堂）
ISBN 978-7-121-30800-0

I. ①A…　II. ①陈…　②矫…　III. ①建筑制图—计算机辅助设计—AutoCAD 软件　IV. ①TU204-39

中国版本图书馆 CIP 数据核字（2017）第 007398 号

策划编辑：许存权
责任编辑：许存权　　　　特约编辑：谢忠玉等
印　　刷：三河市华成印务有限公司
装　　订：三河市华成印务有限公司
出版发行：电子工业出版社
　　　　　北京市海淀区万寿路 173 信箱　　邮编：100036
开　　本：787×1 092　1/16　印张：29　　字数：836 千字
版　　次：2017 年 2 月第 1 版
印　　次：2017 年 2 月第 1 次印刷
定　　价：79.00 元（含 DVD 光盘 1 张）

前　　言

AutoCAD 是美国 Autodesk 公司计算机辅助设计的旗舰产品，广泛应用于建筑、机械、航空航天、电子、兵器、轻工、纺织等领域的设计，其设计成果已成为业界丰富的设计资源，具有巨大的用户群体，已成为广大技术设计人员不可缺少的得力工具。

本书主要面向 AutoCAD 的初、中级读者，以 AutoCAD 2016 中文版作为设计平台，从实际应用和典型操作的角度出发，系统讲解建筑工程图的设计方法、绘制过程和绘图技巧。书中的案例经典、图文并茂，实用性、操作性和代表性极强，专业性、层次性和技巧性等特点突出。

通过本书的学习，能使读者在熟练掌握 AutoCAD 软件的基础上，了解和掌握建筑工程图纸的设计流程和方法技巧，学会运用基本的制图工具来表达具有个性化的设计效果，体现设计之精髓。

■ 本书内容

本书主要针对建筑施工图设计领域，以 AutoCAD 2016 中文版为设计平台，由浅入深，循序渐进地讲述建筑施工图的基本绘制方法和全套操作技能，全书分为 4 部分共 13 章，具体内容如下。

第一部分为基础篇，主要介绍建筑设计理论知识、AutoCAD 基础操作技能、建筑绘图样板的制作、各类建筑图例的绘制等内容，具体的章节安排如下。

第 1 章　AutoCAD 与建筑设计入门　　　第 2 章　各类建筑图例的绘制

第 3 章　制作建筑绘图样板文件

第二部分为建筑施工图篇，主要介绍民用建筑平立剖三大施工图的绘制技能以及民用建筑装修布置图、天花图、立面图等的绘制技能，具体的章节安排如下。

第 4 章　绘制民用建筑平面图　　　　　第 5 章　绘制民用建筑立面图

第 6 章　绘制民用建筑剖面图　　　　　第 7 章　绘制民用建筑装修布置图

第 8 章　绘制民用建筑吊顶装修图　　　第 9 章　绘制民用建筑装修立面图

第三部分为基础结构篇，主要介绍民用建筑结构施工图、基础施工图的绘制技能，以及建筑详图、节点和大样图的绘制技能，具体的章节安排如下。

第 10 章　绘制建筑结构施工图　　　　　第 11 章　绘制建筑基础施工图

第 12 章　绘制建筑详图与节点大样图

第四部分为输出篇，主要介绍打印设备的配置、图纸的页面布局、模型快速打印、布局精确打印以及多种比例并列打印等内容，具体的章节安排如下。

第 13 章　图纸的后期打印与预览

本书最后的附录中给出了 AutoCAD 的一些常用命令快捷键，掌握这些快捷键可以改善绘图环境，提高绘图效率。

本书结构严谨、内容丰富、图文结合、通俗易懂，实用性、操作性和技巧性等贯穿全书，具有极强的实用价值和操作价值，不仅适合作为高等学校、高职高专院校的教学用书，尤其适合作为建筑制图设计人员和急于投身到该制图领域的广大读者的最佳向导。

■ 随书光盘

本书所有实例的最终效果以及在制作范例时所用到的图块、素材文件等，都收录在随书光盘中，光盘内容主要有以下几部分。

- ◆ "\效果文件\" 目录：书中所有实例的最终效果文件按章收录在随书光盘的 "效果文件" 文件夹中，读者可随时查阅。
- ◆ "\图块文件\" 目录：书中所使用的图块收录在随书光盘的 "图块文件" 文件夹中。
- ◆ "\素材文件\" 目录：书中所使用的素材文件收录在光盘的 "素材文件" 文件夹中，以供读者随时调用。
- ◆ "\样板文件\" 目录：书中所使用的样板文件收录在光盘的 "样板文件" 文件夹中，以供读者随时调用。
- ◆ "\视频文件\" 目录：书中所有工程案例的多媒体教学文件，按章收录在随书光盘的 "视频文件" 文件夹中，避免了读者的学习之忧。

■ 读者对象

本书适合 AutoCAD 初中级读者和期望提高 AutoCAD 设计应用能力的读者，具体说明如下。

- ★ 工程设计领域从业人员
- ★ 初学 AutoCAD 的技术人员
- ★ 大中专院校的教师和学生
- ★ 相关培训机构的教师和学员
- ★ 参加工作实习的 "菜鸟"

■ 本书作者

本书主要由陈晓东、矫健编写，另外，王晓明、李秀峰、陈磊、周晓飞、张明明、吴光中、魏鑫、石良臣、刘冰、林晓阳、唐家鹏、温正、李昕、刘成柱、乔建军、张迪妮、张岩、温光英、郭海霞、王芳、丁伟、张樱枝、谭贡霞、丁金滨等也为本书的编写做了大量工作，虽然作者在本书的编写过程中力求叙述准确、完善，但由于水平有限，书中欠妥之处在所难免，请读者及各位同行批评指正。

■ 读者服务

为了解决本书疑难问题，读者在学习过程中如遇到与本书有关的技术问题，可以发邮件到邮箱 caxbook@126.com，或访问作者博客 http://blog.sina.com.cn/caxbook，我们将尽快给予解答，竭诚为您服务。

编著者

目　录

第一部分　基　础　篇

第三部分　基础结构篇

第四部分　输　出　篇

第一部分 基 础 篇

第1章 AutoCAD 与建筑设计入门

本章主要介绍 AutoCAD 在建筑制图领域内的一些必备操作技能以及建筑制图理念知识、形体的表达技巧和相关制图规范等知识，使没有基础的初级读者对 AutoCAD 及相关制图理论有一个快速了解和认识。

■ **学习内容**

✧ AutoCAD 建筑设计操作基础
✧ 建筑常用图元的绘制与修改
✧ 建筑图纸的标注与资源共享
✧ 建筑设计工程理论知识概述
✧ 建筑形体的基本表达与绘制
✧ 建筑形体的简化绘制技巧
✧ 了解建筑工程制图相关规范

1.1 AutoCAD 建筑设计操作基础

AutoCAD 是一款集二维绘图、三维建模、数据管理以及数据共享等诸多功能于一体的大众化设计软件，本节主要阐述该软件在建筑设计行业内的一些基础必备技能，使读者对其有一个快速了解和应用。

1.1.1 了解软件界面

当成功安装 AutoCAD 2016 之后，双击桌面上的 ▲ 图标，或者单击"开始"→"程序"→"Autodesk"→"AutoCAD 2016"中的 ▲ AutoCAD 2016 - 简体中文 选项，即可启动软件，进入图 1-1 所示的启动界面，在此启动界面中，除了可以新建文件、打开文件及图纸等操作外，还可以了解软件的功能及新特性、访问一些联机帮助等操作。

在文件快速入门区单击"开始绘制"按钮 开始绘制，或单击"开始"选项卡右端的 + 号，即可快速新建一个绘图文件，进入如图 1-2 所示的工作界面。

> **技巧提示：** 图 1-2 所示的界面其实是 AutoCAD 2016 的"草图与注释"工作空间，除此之外，AutoCAD 2016 版本继续延用先前版本中的"三维基础"和"三维建模"两种空间，主要用于三维模型的制作，通过单击状态栏上的 ⚙ 按钮，即可切换工作空间。

从图 1-2 所示的空间界面中可以看出，AutoCAD 2016 界面主要包括标题栏、菜单栏、功能区、绘图区、命令行、状态栏等几部分，具体如下。

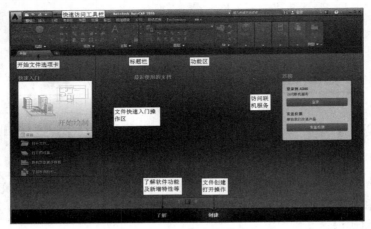

图 1-1　启动界面

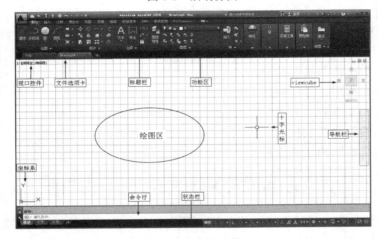

图 1-2　工作界面

- ◆ 标题栏。标题栏位于界面最顶部，包括应用程序菜单、快速访问工具栏、程序名称显示区、信息中心和窗口控制按钮等，其中"应用程序菜单"![图标]用于访问常用工具、搜索菜单和浏览最近的文档；"快速访问工具栏"用于访问某些命令以及自定义快速访问工具栏等。标题栏最右端的"最小化![图标]"、"![图标] 恢复/ ![图标] 最大化"、"![图标] 关闭"等按钮用于控制 AutoCAD 窗口的大小和关闭。

- ◆ 菜单栏。菜单栏共包括"文件"、"编辑"、"视图"、"插入"、"格式"、"工具"、"绘图"、"标注"、"修改"、"参数"、"窗口"、"帮助"十二个菜单项，AutoCAD 的常用制图工具都分门别类的排列在这些主菜单中，用户可以非常方便地启动各主菜单中的相关菜单项，进行必要的图形绘图工作。

> **技巧提示：**默认设置下菜单栏是隐藏的，通过单击"快速访问"工具栏右端的下三角按钮，选择"显示菜单栏"选项，即可在界面中显示菜单栏；另外也可以使用变量 MENUBAR 进行控制菜单栏的显示状态，变量值为 1 时，显示菜单栏；为 0 时，隐藏菜单栏。

- ◆ 绘图区。绘图区位于界面的正中央，图形的设计与修改工作就是在此区域内进行的。绘图区中的十符号即为十字光标，它由"拾取点光标"和"选择光标"叠加而成。绘图区左下部有 3 个标签，即模型、布局1、布局2。"模型"标签代表的是模型空间，是图形的主要设计空间；"布局 1"和"布局 2"分别代表两种布局空间，主要用于图形的打印输出。

◆ 命令行。命令行位于绘图区下侧，它是用户与 AutoCAD 软件进行数据交流的平台，主要用于提示和显示用户当前的操作步骤，如图 1-3 所示。

```
× 输入 MENUBAR 的新值 <0>: 1
⌕ ▾ 键入命令
```

图 1-3　命令行

技巧提示： 通过按 F2 功能键，系统则会以"文本窗口"的形式显示更多的历史信息。

◆ 状态栏。状态栏位于界面最底部，左端为坐标读数器，用于显示十字光标所处位置的坐标值；中间为辅助功能区，用于点的精确定位、快速查看布局与图形以及界面元素的固定等。

1.1.2　文件操作技能

在绘图之前，首先需要设置相关的绘图文件，为此，了解和掌握与文件相关的技能是绘制图形的前提条件。

1．新建文件

如图 1-4 所示，通过单击"开始"选项卡/"开始绘制"按钮 开始绘制，或单击选项卡右端 + 按钮，即可快速新建绘图文件。

如果需要以调用样板的方式新建文件，可单击展开下侧的"样板"下拉列表，如图 1-5 所示，单击需要调用的样板文件后，也可新建绘图文件。

图 1-4　"开始"选项卡

图 1-5　"样板"下拉列表

在"样板"下拉列表中，"acadISo-Named Plot Styles"和"acadiso"是公制单位的样板文件，两者的区别就在于前者使用的打印样式为"命名打印样式"，后者为"颜色相关打印样式"，读者可以根据需求进行取舍。

另外，用户也可以通过执行"新建"命令，在打开的"选择样板"对话框中新建绘图文件，如图 1-6 所示，执行"新建"命令有以下几种方式。

◆ 选择菜单栏"文件"→"新建"命令。
◆ 单击"快速访问"工具栏→"新建"按钮 ☐。
◆ 在命令行输入 New。
◆ 按组合键 Ctrl+N。

2．保存文件

"保存"命令用于将绘制的图形以文件的形式进行存盘，存盘的目的就是为了方便以后查看、使用或修改编辑等，执行"保存"命令主要有以下几种方法。

◆ 选择菜单栏"文件"→"保存"命令。
◆ 单击"快速访问"工具栏→"保存"按钮 🖬。
◆ 在命令行输入 Save。
◆ 按组合键 Ctrl+S。

图 1-6 "选择样板"对话框

图 1-7 "图形另存为"对话框

执行"保存"命令后,可打开如图 1-7 所示的"图形另存为"对话框,在此对话框内进行如下操作。

◆ 设置存盘路径。单击上侧的"保存于"列表,设置存盘路径。

◆ 设置文件名。在"文件名"文本框内输入文件的名称。

◆ 设置文件格式。单击对话框底部的"文件类型"下拉列表,设置文件的格式类型,如图1-8所示。

图 1-8 "文件类型"下拉列表

当设置好路径、文件名以及文件格式后,单击 保存(S) 按钮,即可将当前文件存盘。另外,如果需要在已存盘图形的基础上进行修改工作,又不想将原来的图形覆盖,则可以单击"快速访问工具栏"上的"另存为"按钮 🔝,使用"另存为"命令,将修改后的图形以不同的路径或不同的文件名进行存盘

3. 打开文件

当用户需要查看、使用或编辑已经存盘的图形时,可以使用"打开"命令,执行"打开"命令主要有以下几种方法。

◆ 选择菜单栏"文件"→"打开"命令。
◆ 单击"标准"工具栏或"快速访问工具栏"→"打开"按钮 📂。
◆ 在命令行输入 Open。
◆ 按组合键 Ctrl+O。

4. 清理文件

使用"清理"命令可以将文件内部的一些无用的垃圾资源(如图层、样式、图块等)进行清理掉,执行"清理"命令主要有以下种方法。

◆ 选择菜单栏"文件"→"图形实用程序"→"清理"命令。
◆ 在命令行输入 Purge。
◆ 使用命令简写 PU。

1.1.3 对象选择技能

"对象的选择"也是 AutoCAD 的重要基本技能之一，它常用于对图形进行修改编辑之前。常用的选择方式有点选、窗口和窗交三种。

● **点选**

"点选"是最基本、最简单的一种对外选择方式，此种方式一次仅能选择一个对象。在命令行"选择对象："的提示下，系统自动进入点选模式，此时光标指针切换为矩形选择框状态，将选择框放在对象的边沿上单击左键，即可选择该图形，被选择的图形对象以虚线显示，如图 1-9 所示。

图 1-9　点选示例

● **窗口选择**

"窗口选择"也是一种常用的选择方式，使用此方式一次也可以选择多个对象。在命令行"选择对象："的提示下从左向右拉出一矩形选择框，此选择框即为窗口选择框，选择框以实线显示，内部以浅蓝色填充，如图 1-10 所示。当指定窗口选择框的对角点之后，结果所有完全位于框内的对象都能被选择，如图 1-11 所示。

图 1-10　窗口选择框

图 1-11　选择结果

● **窗交选择**

"窗交选择"是使用频率非常高的选择方式，使用此方式一次也可以选择多个对象。在命令行"选择对象："提示下从右向左拉出一矩形选择框，此选择框即为窗交选择框，选择框以虚线显示，内部绿填充，如图 1-12 所示。当指定选择框的对角点之后，结果所有与选择框相交和完全位于选择框内的对象才能被选择，如图 1-13 所示。

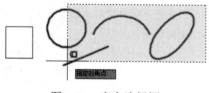

图 1-12　窗交选择框

图 1-13　选择结果

1.1.4 绘图环境设置技能

本小节主要讲述绘图环境的基本设置技能，具体有捕捉与追踪模式的设置、绘图单位与绘图环境的设置等。

1. 设置点的捕捉模式

"对象捕捉"功能用于精确定位图形上的特征点，以方便进行图形的绘制和修改操作。

AutoCAD 共提供了 13 种对象捕捉功能，以对话框的形式出现的对象捕捉模式为"自动捕捉"，如图 1-14 示，自动对象捕捉主要有以下几种启动方式。

◆ 使用快捷键 F3 。
◆ 单击状态栏上的 按钮或 对象捕捉 按钮 。
◆ 在图 1-14 所示的"草图设置"对话框中勾选"启用对象捕捉"复选项。

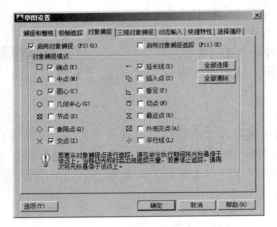

图 1-14　"草图设置"对话框

图 1-15　临时捕捉菜单

如果用户按住 Ctrl 键或 Shift 键，单击鼠标右键，可以打开如图 1-15 所示的捕捉菜单，此菜单中的各选项功能属于对象的临时捕捉功能。用户一旦执行了菜单栏上的某一捕捉功能之后，系统仅允许捕捉一次，用户需要重复捕捉对象特征点时，需要反复地执行临时捕捉功能，十三种对象的捕捉功能如下。

◆ 端点捕捉 用于捕捉线、弧的两侧端点和矩形、多边形等角点。在命令行出现"指定点"的提示下执行此功能，然后将光标放在对象上，系统会在距离光标最近处显示出矩形状的端点标记符号，如图 1-16 所示。此时单击左键即可捕捉到该端点。

◆ 中点捕捉 用于捕捉到线、弧等对象的中点。执行此功能后将光标放在对象上，系统会在对象中点处显示出中点标记符号，如图 1-17 所示，此时单击左键即可捕捉到对象的中点。

◆ 交点捕捉 用于捕捉对象之间的交点。执行此功能后，只需将光标放到对象的交点处，系统自动显示出交点标记符号，如图 1-18 所示，单击左键就可以捕捉到该交点。

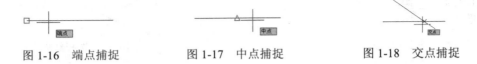

图 1-16　端点捕捉　　　　　　图 1-17　中点捕捉　　　　　　图 1-18　交点捕捉

◆ 几何中心点 用于捕捉由二维多段线或样条曲线围成的闭合图形的中心点，如图 1-19 所示。

◆ 延长线捕捉 用于捕捉线、弧等延长线上的点。执行此功能后将光标放在对象的一端，然后沿着延长线方向移动光标，系统会自动在延长线处引出一条追踪虚线，如图 1-20 所示，此时输入一个数值或单击左键，即可在对象延长线上捕捉点。

◆ 圆心捕捉 用于捕捉圆、弧等对象的圆心。执行此功能后将光标放在圆、弧对象上的边缘上或圆心处，系统会自动在圆心处显示出圆心标记符号，如图 1-21 所示，此时单击左键即可捕捉到圆心。

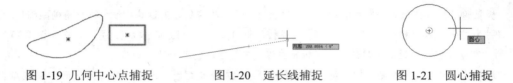

图 1-19 几何中心点捕捉   图 1-20   延长线捕捉   图 1-21   圆心捕捉

◆ 象限点捕捉 ⬦ 用于捕捉圆、弧等的象限点，如图 1-22 所示。

◆ 切点捕捉 ⬭ 用于捕捉到圆弧、圆、椭圆、椭圆弧或样条曲线的切点，以绘制对象的切线。如图 1-23 所示。

◆ 垂足捕捉 ⊥ 用于捕捉到与圆、弧直线、多段线、等对象上的垂足点，以绘制对象的垂线，如图 1-24 所示。

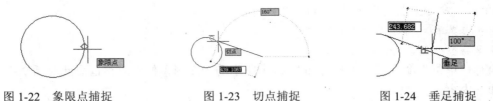

图 1-22   象限点捕捉   图 1-23   切点捕捉   图 1-24   垂足捕捉

◆ 外观交点 ⤬ 用于捕捉三维空间中、对象在当前坐标系平面内投影的交点，也可用于在二维制图中捕捉各对象的相交点或延伸交点。

◆ 平行线捕捉 ∥ 用于捕捉一点，使已知点与该点的连线平行于已知直线。常用此功能绘制与已知线段平行的线段。执行此功能后，需要拾取已知对象作为平行对象，如图 1-25 所示，然后引出一条向两方无限延伸的平行追踪虚线，如图 1-26 所示。在此平行追踪虚线上拾取一点或输入一个距离值，即可绘制出与已知线段平行的线，如图 1-27 所示。

图 1-25   拾取平行对象   图 1-26   引出平行追踪虚线   图 1-27   绘制结果

◆ 节点捕捉 ∘ 用于捕捉使用"点"命令绘制的对象，如图 1-28 所示。

◆ 插入点捕捉 ⤵ 用于捕捉图块、参照、文字、属性或属性定义等的插入点。

◆ 最近点捕捉 ⤢ 用于捕捉光标距离图形对象上的最近点，如图 1-29 所示。

图 1-28   节点捕捉   图 1-29   最近点捕捉

2. 设置点的追踪模式

相对追踪功能主要在指定的方向矢量上进行捕捉定位目标点。具体有"正交追踪"、"极轴追踪"、"对象捕捉追踪"、"临时追踪点"四种。

◆ "正交追踪"用于将光标强制性地控制在水平或垂直方向上，以辅助绘制水平和垂直的线段。单击状态栏上的按钮 或按 F8 功能键，都可激活该功能。

◆ "极轴追踪"是按事先给定的极轴角及其倍数进行显示相应的方向追踪虚线，进行精确跟踪目标点。单击状态栏上的"极轴追踪"按钮 ⊙ ，或按下 F10 键，都可激活此功能。另外，在如图1-30所示的"草图设置"对话框中勾选"启用极轴追踪"复选项，也可激活此功能。

◆ "对象捕捉追踪"是控制光标沿着基于对象特征点的对象追踪虚线进行追踪。按下 F11 键或单击状态栏中的按钮 ∠ ，都可激活此功能。

◆ "临时追踪点" ⊶ 。此功能用于捕捉临时追踪点之外的X轴方向、Y轴方向上的所有点。单击"捕捉替代"下一级菜单中的"临时追踪点 ⊶"或在命令行输入"_tt"，都可以激活此功能。

3．设置绘图单位

"单位"命令主要用于设置长度单位、角度单位、角度方向以及各自的精度等参数，执行"图形单位"命令主要有以下几种方法。

◆ 选择菜单栏"格式"→"单位"命令。

◆ 在命令行输入Units或UN。

执行"单位"命令后，可打开如图1-31所示的"图形单位"对话框，此对话框主要用于设置如下内容。

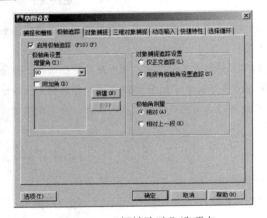

图1-30 "极轴追踪"选项卡

图1-31 "图形单位"对话框

◆ 设置长度单位。在"长度"选项组中单击"类型"下拉列表框，进行设置长度的类型，默认为"小数"。

◆ 设置长度精度。展开"精度"下拉列表框，设置单位的精度，默认为"0.000"，用户可以根据需要设置单位的精度。

◆ 设置角度单位。在"角度"选项组中单击"类型"下拉列表，设置角度的类型，默认为"十进制度数"。

◆ 设置角度精度。展开"精度"下拉列表框，设置角度的精度，默认为"0"，用户可以根据需要进行设置。

◆ "顺时针"单选项是用于设置角度的方向的，如果勾选该选项，那么在绘图过程中就以顺时针为正角度方向，否则以逆时针为正角度方向。

◆ "插入时的缩放单位"选项组用于确定拖放内容的单位，默认为"毫米"。

◆ 设置角度的基准方向。单击 方向(D)... 按钮，打开"方向控制"对话框，用来设置角度测量的起始位置。

4．设置图形界限

"图形界限"指的就是绘图的区域，相当于手工绘图时，事先准备的图纸。设置"图形界限"最实用的一个目的，就是为了满足不同范围的图形在有限绘图区窗口中的恰当显示，以方便于视窗的调整及用户的观察编辑等，执行"图形界限"命令主要有以下几种方法。

◆ 选择菜单栏"格式"→"图形界限"命令。

◆ 在命令行输入 Limits。

下面通过将图形界限设置为 200x100，学习"图形界限"命令的使用方法和技巧。具体操作如下。

（1）执行"图形界限"命令，在命令行"指定左下角点或 [开（ON）/关（OFF）] <0.0000,0.0000>："提示下，直接按 Enter 键，以默认原点作为图形界限的左下角点。

（2）继续在命令行"指定右上角点<420.0000,297.0000>："提示下，输入"200,100"，并按 Enter 键。

（3）选择菜单栏"视图"→"缩放"→"全部"命令，将图形界限最大化显示。

（4）当设置了图形界限之后，可以开启状态栏上的"栅格"功能，通过栅格点，可以将图形界限进行直观地显示出来，如图 1-32 所示。

1.1.5 视图适时调控技能

AutoCAD 为用户提供了多种视图调控工具，使用这些视图调控工具，可以方便、直观地控制视图，便于用户观察和编辑视图内的图形，执行视图缩放工具主要有以下几种方式。

◆ 选择菜单栏"修改"→"缩放"下一级菜单选项。

◆ 单击导航栏上的缩放按钮，在弹出的按钮菜单中选择相应功能，如图 1-33 所示。

◆ 在命令行输入 Zoom 后按 Enter 键。

◆ 在命令行输入 Z 后按 Enter 键。

◆ 单击"视图"选项卡→"导航"面板上的各按钮，如图 1-34 所示。

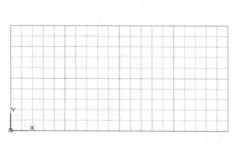

图 1-32 图形界限

图 1-33 导航栏

图 1-34 导航面板

● **平移视图**

由于屏幕窗口有限，有时我们绘制的图形并不能完全显示在屏幕窗口内，此时使用"实时平移"工具，对视图进行适当的平移，就可以显示出屏幕外被遮挡的图形。

此工具可以按照用户的意向进行平移视窗，执行该工具后，光标变为"✋"形状，此时可以按住左键向需要的方向进行平移，而且在任何时候都可以按下 Enter 键或 Esc 键结束命令。

● **实时缩放**

"实时缩放" 🔍工具是一个简捷实用的视图缩放工具，使用此工具可以实时的放大或缩小视图。执行此功能后，屏幕上将出现一个放大镜形状的光标，此时便进入了实时缩放状态，按住左键向下拖动鼠标，则可缩小视图；向上拖动鼠标，则可放大视图。

● **缩放视图**

◆ "窗口缩放" 🔍用于缩放由两个角点定义的矩形窗口内的区域，使位于选择窗口内的图形尽可能被放大。

◆ "动态缩放" 🔍用于动态地缩放视图。执行该工具后，屏幕将出现三种视图框，"蓝色虚线框"代表图形界限视图框，用于显示图形界限和图形范围中较大的一个；"绿色虚线框"代表当前视图框；"选择视图框"是一个黑色的实线框，它有平移和缩放两种功能。

◆ "比例缩放" 🔍是按照指定的比例进行放大或缩小视图，视图的中心点保持不变。

◆ "圆心缩放" 🔍用于根据指定的点作为新视图的中心点，进行缩放视图。确定中心点后，AutoCAD要求用户输入放大系数或新视图的高度。

◆ "缩放对象" 🔍用于最大化显示所选择的图形对象。

◆ "放大" 🔍用于放大视图，单击一次，视图被放大一倍显示，连续单击，则连续放大视图。

◆ "缩小" 🔍用于缩小视图，单击一次，视图被缩放一倍显示，连续单击，则连续缩小视图。

◆ "全部缩放" 🔍用于最大化显示当前文件中的图形界限。

◆ "范围缩放" 🔍用于最大化显示视图内的所有图形。

● **恢复视图**

在对视图进行调整之后，使用"缩放上一个" 🔍工具可以恢复显示到上一个视图。单击一次按钮，系统将返回上一个视图，连续单击，可以连续恢复视图。AutoCAD一般可恢复最近的 10 个视图。

1.1.6　点的坐标输入技能

AutoCAD 设计软件支持点的精确输入和点的捕捉追踪功能，用户可以使用此功能，进行精确地定位点。在具体的绘图过程中，坐标点的精确输入主要包括"绝对坐标"、"绝对极坐标"、"相对直角坐标"和"相对极坐标"四种，具体内容如下。

● **绝对直角坐标**

绝对直角坐标是以坐标系原点（0,0）作为参考点，进行定位其他点的。其表达式为（x,y,z），用户可以直接输入该点的 x、y、z 绝对坐标值来表示点。在如图 1-35 所示的 A 点，其绝对直角坐标为（4,7），其中 4 表示从 A 点向 X 轴引垂线，垂足与坐标系原点的距离为 4 个单位；7 表示从 A 点向 Y 轴引垂线，垂足与原点的距离为 7 个单位。

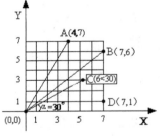

图 1-35　坐标系示例

技巧提示：在默认设置下，当前视图为正交视图，用户在输入坐标点时，只须输入点的 X 坐标和 Y 坐标值即可。在输入点的坐标值时，其数字和逗号应在英文 En 方式下进行，坐标中 X 和 Y 之间必须以逗号分隔，且标点必须为英文标点。

● **绝对极坐标**

绝对极坐标也是以坐标系原点作为参考点，通过某点相对于原点的极长和角度来定义点的。其表达式为（L<α），L 表示某点和原点之间的极长，即长度；α 表示某点连接原点的边线与 X 轴的夹角。

如图 1-35 中的 C（6<30）点就是用绝对极坐标表示的，6 表示 C 点和原点连线的长度，30° 表示 C 点和原点连线与 X 轴的正向夹角。

● **相对直角坐标**

相对直角坐标是某一点相对于对照点 X 轴、Y 轴和 Z 轴三个方向上的坐标变化。其表达式为（@x,y,z）。在实际绘图当中常把上一点看作参照点，后续绘图操作是相对于前一点而进行的。

在如图 1-35 所示的坐标系中，如果以 B 点作为参照点，使用相对直角坐标表示 A 点，那么表达式则为（@7–4,6–7）＝（@3,–1）。

● **相对极坐标点**

相对极坐标是通过相对于参照点的极长距离和偏移角度来表示的，其表达式为（@L<α），L 表示极长，α 表示角度。在图 1-35 所示的坐标系中，如果以 D 点作为参照点，使用相对极坐标表示 B 点，那么表达式则为（@5<90），其中 5 表示 D 点和 B 点的极长距离为 5 个图形单位，偏移角度为 90°。

● **动态输入**

在输入相对坐标点时，可配合状态栏上的"动态输入"功能，当执行该功能后，输入的坐标点被看作相对坐标点，用户只须输入点的坐标值即可，不需要输入符号"@"，因系统会自动在坐标值前添加此符号。单击状态栏上的 ▣ 按钮，或按下键盘上的 F12 功能键，都可执行"动态输入"功能。

1.2　建筑常用图元的绘制与修改

本节主要学习各类常用几何图元的绘制功能和图形的编辑细化功能，具体有点、线、曲线、折线、图形的复制与编辑等。

1.2.1　绘制点线图元

1. 绘制点

"单点"命令用于绘制单个点对象。执行此命令后，单击左键或输入点的坐标，即可绘制单个点，系统会自动结束命令，执行"单点"命令主要有以下几种方法。

◆ 选择菜单栏"绘图"→"点"→"单点"命令。

◆ 在命令行输入 Point 或 PO。

"多点"命令可以连续地绘制多个点对象，直至按下 Esc 键为止，执行"多点"命令主要有以下几种方法。

◆ 选择菜单栏"绘图"→"点"→"多点"命令。

◆ 单击"默认"选项卡→"绘图"面板→"多点"按钮 ▪ 。

执行"多点"命令后 AutoCAD 命令行操作如下：

```
命令: Point
当前点模式: PDMODE=0 PDSIZE=0.0000(Current point modes: PDMODE=0  PDSIZE=0.0000)
指定点:                    //在绘图区给定点的位置
```

技巧提示： 在命令行输入 Ptype 后按 Enter 键，从打开的"点样式"对话框中选择点的样式，如图 1-36 所示，那么绘制的点就会以当前选择的点样式进行显示，如图 1-37 所示

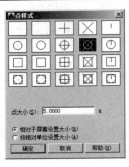

图 1-36　设置点参数　　　　　　　　图 1-37　绘制多点

2．定数等分

"定数等分"命令用于将图形按照指定的等分数目进行等分，并在等分点处放置点标记符号，执行"定数等分"命令主要有以下几种方法。

◆ 选择菜单栏"绘图"→"点"→"定数等分"命令。
◆ 单击"默认"选项卡→"绘图"面板→"定数等分"按钮 。
◆ 在命令行输入 Divide 或 DIV。

绘制长度为 100 的水平线段，然后执行"定数等分"命令对其等分。命令行操作如下：

```
命令: _divide
选择要定数等分的对象:                //单击刚绘制的线段
输入线段数目或 [块(B)]:               //5 Enter，等分结果如图 1-38 所示
```

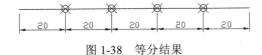

图 1-38　等分结果

技巧提示： 对象被等分以后，并没有在等分点处断开，而是在等分点处放置了点的标记符号。

3．定距等分

"定距等分"命令用于将图形按照指定的等分间距进行等分，并在等分点处放置点标记符号，执行"定距等分"命令主要有以下几种方法。

◆ 选择菜单栏"绘图"→"点"→"定距等分"命令。
◆ 单击"默认"选项卡→"绘图"面板→"定距等分"按钮 。
◆ 在命令行输入 Measure 或 ME。

使用画线命令绘制长度为 100 的水平线段，然后执行"定距等分"命令将其等分。命令行操作如下：

```
命令：_measure
选择要定距等分的对象：              //在绘制的线段左侧单击左键
指定线段长度或 [块(B)]：            //25 Enter，等分结果如图1-39所示
```

图 1-39　等分结果

4．绘制直线

"直线"命令是最简单、最常用的一个绘图工具，常用于绘制闭合或非闭合图线，执行此命令主要有以下几种方法。

- ◆ 选择菜单栏"绘图"→"直线"命令。
- ◆ 单击"默认"选项卡→"绘图"面板→"直线"按钮。
- ◆ 在命令行输入 Line 或 L。

5．绘制多线

"多线"命令用于绘制两条或两条以上的平行元素构成的复合线对象。执行"多线"命令主要有以下几种方法：

- ◆ 选择菜单栏"绘图"→"多线"命令。
- ◆ 在命令行输入 Mline 或 ML。

执行"多线"命令后，其命令行操作如下：

```
命令：_mline
当前设置：对正 = 上，比例 = 20.00，样式 = STANDARD
指定起点或 [对正(J)/比例(S)/样式(ST)]：   //s Enter
输入多线比例 <20.00>：                    //40 Enter，设置多线比例
当前设置：对正 = 上，比例 = 50.00，样式 = STANDARD
指定起点或 [对正(J)/比例(S)/样式(ST)]：   //在绘图区拾取一点作为起点
指定下一点：                              //@500,0 Enter
指定下一点或 [放弃(U)]：                   // Enter，绘制结果如图1-40所示
```

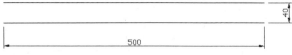

图 1-40　绘制多线

6．绘制多段线

"多段线"命令用于绘制由直线段或弧线段组成的图形，无论包含多少条直线段或弧线段，系统都将其作为一个独立对象，执行"多段线"命令主要有以下几种方法。

- ◆ 选择菜单栏"绘图"→"多段线"命令。

◆ 单击"默认"选项卡→"绘图"面板→"多段线"按钮 。
◆ 在命令行输入 Pline 或 PL。

执行"多段线"命令后，命令行操作如下：

```
命令：_pline
指定起点：                                    //单击左键定位起点
当前线宽为 0.0000
指定下一个点或 [圆弧(A)/半宽(H)/长度(L)/放弃(U)/宽度(W)]：    //w Enter
指定起点宽度 <0.0000>：           //10 Enter，设置起点宽度
指定端点宽度 <10.0000>：          // Enter，设置端点宽度
指定下一个点或 [圆弧(A)/半宽(H)/长度(L)/放弃(U)/宽度(W)]：  //@2000,0 Enter
指定下一点或 [圆弧(A)/闭合(C)/半宽(H)/长度(L)/放弃(U)/宽度(W)]：  //a Enter
指定圆弧的端点或[角度(A)/圆心(CE)/闭合(CL)/方向(D)/半宽(H)/直线(L)/半径(R)/第二
个点(S)/放弃(U)/宽度(W)]：           //@0,-1200 Enter
指定圆弧的端点或[角度(A)/圆心(CE)/闭合(CL)/方向(D)/半宽(H)/直线(L)/半径(R)/第二
个点(S)/放弃(U)/宽度(W)]：           //l Enter，转入画线模式
指定下一点或 [圆弧(A)/闭合(C)/半宽(H)/长度(L)/放弃(U)/宽度(W)]：
                                    //@-2000,0 Enter
指定下一点或 [圆弧(A)/闭合(C)/半宽(H)/长度(L)/放弃(U)/宽度(W)]：  //a Enter
指定圆弧的端点或[角度(A)/圆心(CE)/闭合(CL)/方向(D)/半宽(H)/直线(L)/半径(R)/第二
个点(S)/放弃(U)/宽度(W)]：           //cl Enter，闭合图形，绘制结果如图 1-41 所示
```

7. 绘制构造线

"构造线"命令用于绘制向两方无限延伸的直线，执行"构造线"命令主要有以下几种方法。

◆ 选择菜单栏"绘图"→"构造线"命令。
◆ 单击"默认"选项卡→"绘图"面板→"构造线"按钮 。
◆ 在命令行输入 Xline 或 XL。

执行"构造线"命令后，其命令行操作如下：

```
命令：_xline
指定点或 [水平(H)/垂直(V)/角度(A)/二等分(B)/偏移(O)]：    //在绘图区拾取一点
指定通过点：      //@1,0 Enter，绘制水平构造线
指定通过点：      //@0,1 Enter，绘制垂直构造线
指定通过点：      //@1<45 Enter，绘制 45°构造线
指定通过点：      //Enter，结束命令，绘制结果如图 1-42 所示
```

图 1-41　绘制多段线

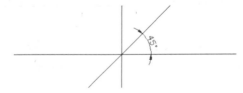

图 1-42　绘制构造线

8. 绘制样条曲线

"样条曲线"命令用于绘制由某些数据点拟合而成的光滑曲线，执行此命令主要有以下几种方法。

◆ 选择菜单栏"绘图"→"样条曲线"命令。

◆ 单击"默认"选项卡→"绘图"面板→"样条曲线"按钮 。

◆ 在命令行输入 Spline 或 SPL。

执行"样条曲线"命令，根据 AutoCAD 命令行的步骤提示绘制样条曲线。具体操作过程如下：

```
命令：_spline
当前设置：方式=拟合    节点=弦
指定第一个点或 [方式(M)/节点(K)/对象(O)]：          //捕捉点 1
输入下一个点或 [起点切向(T)/公差(L)]：            //捕捉点 2
输入下一个点或 [端点相切(T)/公差(L)/放弃(U)/闭合(C)]：   //捕捉点 3
输入下一个点或 [端点相切(T)/公差(L)/放弃(U)/闭合(C)]：   //捕捉点 4
输入下一个点或 [端点相切(T)/公差(L)/放弃(U)/闭合(C)]：
    // Enter，结束命令，绘制结果如图 1-43 所示
```

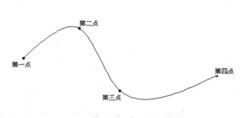

图 1-43　样条曲线示例

图 1-44　十一种画弧

9. 圆弧

"圆弧"命令是用于绘制弧形曲线的工具，AutoCAD 共提供了十一种画弧功能，如图 1-44 所示，执行此命令主要有以下几种方法。

◆ 选择菜单栏"绘图"→"圆弧"级联菜单中的各命令。

◆ 单击"默认"选项卡→"绘图"面板→"圆弧"按钮 。

◆ 在命令行输入 Arc 或 A。

默认设置下的画弧方式为"三点画弧"，用户只需指定三个点，即可绘制圆弧。除此之外，其他十种画弧方式可以归纳为以下四类，具体内容如下。

◆ "起点、圆心"画弧方式分为"起点、圆心、端点"、"起点、圆心、角度"和"起点、圆心、长度"
三种，如图 1-45 所示。当用户指定了弧的起点和圆心后，只需定位弧端点、或角度、长度等，即可
精确画弧。

图 1-45　"起点、圆心"方式画弧

◆ "起点、端点"画弧方式分为"起点、端点、角度"、"起点、端点、方向"和"起点、端点、半径"三种，如图1-46所示。当用户指定了圆弧的起点和端点后，只需定位出弧的角度、切向或半径，即可精确画弧。

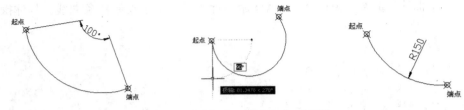

图1-46 "起点、端点"方式画弧

◆ "圆心、起点"画弧方式分为"圆心、起点、端点"、"圆心、起点、角度"和"圆心、起点、长度"三种，如图1-47所示。当指定了弧的圆心和起点后，只需定位出弧的端点、角度或长度，即可精确画弧。

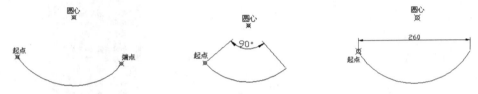

图1-47 "圆心、起点"方式画弧

◆ 连续画弧。当结束"圆弧"命令后，选择菜单栏"绘图"→"圆弧"→"继续"命令，即可进入"连续画弧"状态，绘制的圆弧与前一个圆弧的终点连接并与之相切，如图1-48所示。

图1-48 连续画弧方式   图1-49 六种画圆方式

1.2.2 绘制闭合图元

1. 圆

AutoCAD为用户提供了六种画圆命令，如图1-49所示，执行这些命令一般有以下几种方法。

◆ 选择菜单栏"绘图"→"圆"级联菜单中的各种命令。

◆ 单击"默认"选项卡→"绘图"面板→"圆"按钮⊙。

◆ 在命令行输入Circle或C。

各种画圆方式如下。

◆ "圆心、半径"画圆方式为系统默认方式，当用户指定圆心后，直接输入圆的半径，即可精确画圆。

◆ "圆心、直径"画圆方式用于输入圆的直径进行精确画圆。

◆ "两点"画圆方式。此方式用于指定圆直径的两个端点，进行精确定圆。

◆ "三点"画圆方式用于指定圆周上的任意三个点，进行精确定圆。

◆ "相切、相切、半径" 画圆方式用于通过拾取两个相切对象，然后输入圆的半径，即可绘制出与两个对象都相切的圆图形，如图1-50所示。

◆ "相切、相切、相切" 画圆方式用于绘制与已知的三个对象都相切的圆，如图1-51所示。

图1-50 "相切、相切、半径"画圆

图1-51 "相切、相切、相切"画圆

2．椭圆

"椭圆"命令用于绘制由两条不等的轴所控制的闭合曲线，它具有中心点、长轴和短轴等几何特征，执行此命令主要有以下几种方法。

◆ 选择菜单栏"绘图 "→"椭圆"下一级菜单命令。

◆ 单击"默认"选项卡→"绘图"面板→"椭圆"按钮⬭。

◆ 在命令行输入 Ellipse 或 EL。

下面通过绘制长度 为150、短轴为60的椭圆，学习使用"椭圆"命令。命令行操作如下：

```
命令: _ellipse
指定椭圆轴的端点或 [圆弧(A)/中心点(C)]:    //拾取一点，定位椭圆轴的一个端点
指定轴的另一个端点:                        //@150,0 Enter
指定另一条半轴长度或 [旋转(R)]:            //30 Enter，绘制结果如图1-52所示
```

3．矩形

"矩形"命令用于绘制矩形，执行此命令主要有以下几种方法。

◆ 选择菜单栏"绘图"→"矩形"命令。

◆ 单击"默认"选项卡→"绘图"面板→"矩形"按钮▭。

◆ 在命令行输入 Rectang 或 REC。

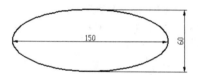

图1-52 绘制椭圆

默认设置下画矩形的方式为"对角点"方式，用户只需定位出矩形的两个对角点，即可精确绘制矩形。命令行操作如下：

```
命令: _rectang
指定第一个角点或 [倒角(C)/标高(E)/圆角(F)/厚度(T)/宽度(W)]://拾取一点
指定另一个角点或 [面积(A)/尺寸(D)/旋转(R)]://@200,100 Enter，结果如图1-53所示
```

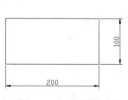

图1-53 绘制结果

图1-54 倒角矩形

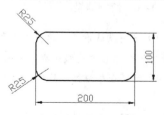

图1-55 圆角矩形

技巧提示：使用命令中的"倒角"选项可以绘制具有一定倒角的特征矩形，如图1-54所示；使用"圆角"选项可以绘制圆角矩形，如图1-55所示。

4．正多边形

"正多边形"命令用于绘制等边、等角的封闭几何图形，执行此命令主要有以下几种方法。

◆ 选择菜单栏"绘图"→"正多边形"命令。

◆ 单击"默认"选项卡→"绘图"面板→"正多边形"按钮⬠。

◆ 在命令行输入 Polygon 或 POL。

执行"正多边形"命令后，命令行操作如下：

```
命令：_polygon
输入边的数目 <4>:                    //5 Enter，设置正多边形的边数
指定正多边形的中心点或 [边(E)]:       //拾取一点作为中心点
输入选项 [内接于圆(I)/外切于圆(C)] <I>:  //I Enter
指定圆的半径：                       //100 Enter，绘制结果如图1-56所示
```

5．边界

"边界"就是从多个相交对象中进行提取或将多个首尾相连的对象转化成的多段线，执行"边界"命令主要有以下几种方法。

◆ 选择菜单栏"绘图"→"边界"命令。

◆ 单击"默认"选项卡→"绘图"面板→"边界"按钮。

◆ 在命令行 Boundary 或 BO。

下面通过从多个对象中提取边界，学习"边界"命令的使用方法，操作步骤如下。

（1）根据图示尺寸，绘制如图1-57所示的矩形和圆。

（2）执行"边界"命令，打开如图1-58所示的"边界创建"对话框。

图1-56　绘制结果

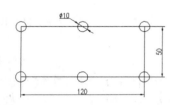
图1-57　绘制结果

图1-58　"边界创建"对话框

（3）采用默认设置，单击左上角的"拾取点"按钮，返回绘图区在矩形内部拾取一点，此时系统自动分析出一个闭合的虚线边界，如图1-59所示。

（4）继续在命令行"拾取内部点："的提示下，按 Enter 键，结束命令，结果创建出一个闭合的多段线边界。

（5）使用快捷键"M"激活"移动"命令，选择刚创建的闭合边界，将其外移，结果如图1-60所示。

图 1-59　创建虚线边界

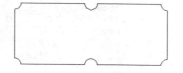
图 1-60　移出边界

图 1-61　图案填充示例

1.2.3　绘制图案填充

"图案"是由各种图线进行不同的排列组合而构成的一种图形元素，此类元素作为一个独立的整体被填充到各种封闭的区域内，以表达各自的图形信息，如图 1-61 所示，执行"图案填充"命令主要有以下几种方法。

◆　选择菜单栏"绘图"→"图案填充"命令。
◆　单击"默认"选项卡→"绘图"面板→"图案填充"按钮 。
◆　在命令行输入 Bhatch 或 H 或 BH。

绘制预定义图案

AutoCAD 共为用户提供了"预定义图案"和"用户定义图案"两种现有图案，下面学习预定义图案的具体填充过程。

（1）打开随书光盘中的"\素材文件\图案填充.dwg"，如图 1-62 所示。

（2）执行"图案填充"命令，在命令行"拾取内部点或 [选择对象（S）/设置（T）]:"提示下，激活"设置"选项，打开"图案填充和渐变色"对话框，如图 1-63 所示。

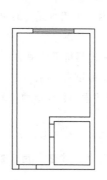
图 1-62　打开结果

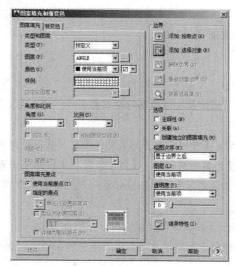
图 1-63　"图案填充和渐变色"对话框

图 1-64　指定单击位置

（3）单击如图 1-64 所示的图案，或单击"图案"列表右端按钮 ，打开"填充图案选项板"对话框，选择需要填充的图案，如图 1-65 所示。

（4）返回"图案填充和渐变色"对话框，设置填充角度为 90，填充比例为 25，如图 1-66 所示。

图 1-65　选择图案

图 1-66　设置填充参数

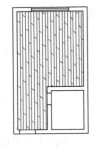

图 1-67　填充结果

（5）在"边界"选项组中单击"添加:选择对象"按钮，返回绘图区拾取填充区域，填充如图 1-67 所示的图案。

（6）重复执行"图案填充"命令，设置填充图案和填充参数如图 1-68 所示，填充如图 1-69 所示的双向用户定义图案。

图 1-68　设置填充图案与参数

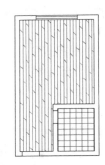

图 1-69　填充结果

● 图案填充选项

◆ "类型"列表框内包含"预定义"、"用户定义"、"自定义"三种类型。"预定义"只适用于封闭的填充边界；"用户定义"可以使用当前线型创建填充图样；"自定义"图样是使用自定义的 PAT 文件中的图样进行填充。

◆ "图案"列表框用于显示预定义类型的填充图案名称。用户可从下拉列表框中选择所需的图案。

◆ "角度"下拉文本框用于设置图案的角度；"比例"下拉文本框用于设置图案的填充比例。

◆ "添加:拾取点"按钮用于在填充区域内部拾取任意一点，AutoCAD 将自动搜索到包含该内点的区域边界，并以虚线显示边界。

◆ "添加:选择对象"按钮用于直接选择需要填充的单个闭合图形。

◆ "删除边界"按钮用于删除位于选定填充区内但不填充的区域；"查看选择集"按钮用于查看所确定的边界。

◆ "继承特性"按钮用于在当前图形中选择一个已填充的图案，系统将继承该图案类型的一切属性并将其设置为当前图案。

◆ "关联"复选项与"创建独立的图案填充"复选项用于确定填充图形与边界的关系。分别用于创建关联和不关联的填充图案。

◆ "注释性"复选项用于为图案添加注释特性。

◆ "绘图次序"下拉列表用于设置填充图案和填充边界的绘图次序。、

◆ "图层"下拉列表用于设置填充图案的所在层。

◆ "透明度"列表用于设置图案透明度，拖曳下侧的滑块，可以调整透明度值。当指定透明度后，需要打开状态栏上的▧按钮，以显示透明效果。

◆ "相对于图纸空间"选项仅用于布局选项卡，它是相对图纸空间单位进行图案的填充。运用此选项，可以根据适合布局的比例显示填充图案。

◆ "间距"文本框可设置用户定义填充图案的直线间距，只有激活了"类型"列表框中的"用户自定义"选项，此选项才可用。

◆ "双向"复选框仅适用于用户定义图案，勾选该复选框，将增加一组与原图线垂直的线。

◆ "ISO笔宽"选项决定运用ISO剖面线图案的线与线之间的间隔，它只在选择ISO线型图案时才可用。

1.2.4　绘制复合图元

1. 复制图形

"复制"命令用于将图形对象从一个位置复制到其他位置，执行"复制"命令主要有以下几种方法。

◆ 选择菜单栏"修改"→"复制"命令。

◆ 单击"默认"选项卡→"修改"面板→"复制"按钮⊙。

◆ 在命令行输入 Copy 或 Co。

执行"复制"命令后，其命令行操作如下：

```
命令：_copy
选择对象：                                      //选择内部的小圆
选择对象：                                      // Enter，结束选择
当前设置：　复制模式 ＝ 多个
指定基点或 [位移(D)/模式(O)] <位移>：           //捕捉圆心作为基点
指定第二个点或[阵列(A)] <使用第一个点作为位移>： //捕捉圆上象限点
指定第二个点或[阵列(A)/退出(E)/放弃(U)] <退出>：//捕捉圆下象限点
…　…                                           //捕捉圆的其他象限点
指定第二个点或[阵列(A)/退出(E)/放弃(U)] <退出>：// Enter，复制结果如图1-70所示
```

2. 镜像图形

"镜像"命令用于将图形沿着指定的两点进行对称复制，源对象可以保留，也可以删除，执行"镜像"命令主要有以下几种方法。

◆ 选择菜单栏"修改"→"镜像"命令。

◆ 单击"默认"选项卡→"修改"面板→"镜像"按钮⚠。

◆ 在命令行输入 Mirror 或 MI。

执行"镜像"命令后，其命令行操作如下：

```
命令：_mirror
选择对象：                                      //选择单开门图形
选择对象：                                      //Enter，结束选择
```

指定镜像线的第一点：   //捕捉弧线下端点
指定镜像线的第二点：   //@0,1 Enter
要删除源对象吗？[是(Y)/否(N)] <N>：   //Enter，镜像结果如图 1-71 所示

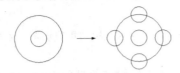
图 1-70　复制结果

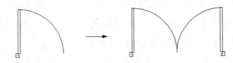
图 1-71　镜像结果

4．偏移

"偏移"命令用于将图形按照指定的距离或目标点进行偏移复制，执行"偏移"命令主要有以下几种方法。

◆ 选择菜单栏"修改"→"偏移"命令。

◆ 单击"默认"选项卡→"修改"面板→"偏移"按钮 。

◆ 在命令行输入 Offset 或 O。

绘制半径为 30 的圆和长度为 130 的直线段，然后执行"偏移"命令对其距离偏移，命令行操作如下：

```
命令：_offset
当前设置：删除源=否　图层=源　OFFSETGAPTYPE=0
指定偏移距离或 [通过(T)/删除(E)/图层(L)] <10.0000>：    //20 Enter，设置偏移距离
选择要偏移的对象，或 [退出(E)/放弃(U)] <退出>：    //单击圆形作为偏移对象
指定要偏移的那一侧上的点，或 [退出(E)/多个(M)/放弃(U)] <退出>：  //在圆的外侧拾取一点
选择要偏移的对象，或 [退出(E)/放弃(U)] <退出>：    //单击直线作为偏移对象
指定要偏移的那一侧上的点，或 [退出(E)/多个(M)/放弃(U)] <退出>：  //在直线上侧拾取一点
选择要偏移的对象，或 [退出(E)/放弃(U)] <退出>：    // Enter，结果如图 1-72 所示
```

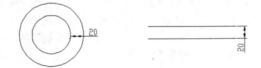
图 1-72　偏移结果

5．矩形阵列

"矩形阵列"命令是一种用于将图形对象按照指定的行数和列数，成"矩形"的排列方式进行大规模复制，执行"矩形阵列"命令主要有以下几种方法。

◆ 选择菜单栏"修改"→"阵列"→"矩形阵列"命令。

◆ 单击"默认"选项卡→"修改"面板→"矩形阵列"按钮 。

◆ 在命令行输入 Arrayrect 或 AR。

下面通过实例学习"矩形阵列"命令的操作方法和操作技巧，操作步骤如下。

（1）打开随书光盘"\素材文件\矩形阵列.dwg"文件。

（2）执行"矩形阵列"命令，选择如图 1-73 示的对象进行阵列。命令行操作如下：

```
命令：_arrayrect
选择对象：                                    //窗交选择如图 1-73 对象
选择对象：                                    //Enter
类型 = 矩形  关联 = 是
选择夹点以编辑阵列或 [关联(AS)/基点(B)/计数(COU)/间距(S)/列数(COL)/行数(R)/层数
(L)/退出(X)] <退出>：                         //COU Enter
    输入列数数或 [表达式(E)] <4>：            //8 Enter
    输入行数数或 [表达式(E)] <3>：            //1 Enter
    选择夹点以编辑阵列或 [关联(AS)/基点(B)/计数(COU)/间距(S)/列数(COL)/行数(R)/层数
(L)/退出(X)] <退出>：                         //S Enter
    指定列之间的距离或 [单位单元(U)] <7610>：//215 ter
    指定行之间的距离 <4369>：                 //1 Enter
    选择夹点以编辑阵列或 [关联(AS)/基点(B)/计数(COU)/间距(S)/列数(COL)/行数(R)/层数
(L)/退出(X)] <退出>：                         // Enter，阵列结果如图 1-74 所示
```

图 1-73　窗交选择

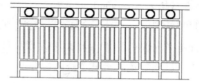

图 1-74　阵列结果

6．环形阵列

"环形阵列"指的是将图形按照阵列中心点和数目，呈"环形"排列，以快速创建聚心结构图形，执行"环形阵列"命令主要有以下几种方法。

◆ 选择菜单栏"修改"→"阵列"→"环形阵列"命令。

◆ 单击"默认"选项卡→"修改"面板→"环形阵列"按钮 。

◆ 在命令行输入 Arraypolar 或 AR。

下面通过实例学习"环形阵列"命令的使用方法和操作技巧，操作步骤如下。

（1）打开随书光盘中的"\素材文件\环形阵列.dwg"。

（2）执行"环形阵列"命令，窗口选择如图 1-75 所示的对象进行阵列。命令行操作如下：

```
命令：_arraypolar
选择对象：                                    //选择如图 1-75 所示的对象
选择对象：                                    // Enter
类型 = 极轴  关联 = 是
指定阵列的中心点或 [基点(B)/旋转轴(A)]：      //捕捉同心圆的圆心
选择夹点以编辑阵列或 [关联(AS)/基点(B)/项目(I)/项目间角度(A)/填充角度(F)/行
(ROW)/层(L)/旋转项目(ROT)/退出(X)] <退出>：   //I Enter
    输入阵列中的项目数或 [表达式(E)] <6>：    //25 Enter
    选择夹点以编辑阵列或 [关联(AS)/基点(B)/项目(I)/项目间角度(A)/填充角度(F)/行
(ROW)/层(L)/旋转项目(ROT)/退出(X)] <退出>：   //F Enter
    指定填充角度(+=逆时针、-=顺时针)或 [表达式(EX)] <360>：       // Enter
    选择夹点以编辑阵列或 [关联(AS)/基点(B)/项目(I)/项目间角度(A)/填充角度(F)/行
(ROW)/层(L)/旋转项目(ROT)/退出(X)] <退出>：   // Enter，阵列结果如图 1-76 所示
```

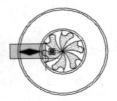

图 1-75　窗口选择　　　　　　　　　图 1-76　阵列结果

7. 路径阵列

"路径阵列"命令用于将对象沿指定的路径或路径的某部分进行等距阵列，执行"环形阵列"命令主要有以下几种方法。

◆ 选择菜单栏"修改"→"阵列"→"路径阵列"命令。

◆ 单击"默认"选项卡→"修改"面板→"路径阵列"按钮 。

◆ 在命令行输入 Arraypath 或 AR。

下面通过实例学习"路径阵列"命令的使用方法和操作技巧，操作步骤如下。

(1) 打开随书光盘中的"\素材文件\路径阵列.dwg"文件。

(2) 单击"默认"选项卡→"修改"面板→"路径阵列"按钮 ，窗口选择楼梯栏杆进行阵列。命令行操作如下：

```
命令：_arraypath
选择对象：                                          //窗交选择如图 1-77 所示的栏杆
选择对象：                                          //Enter
类型 = 路径　关联 = 是
选择路径曲线：                                      //选择如图 1-78 所示的扶手轮廓线
选择夹点以编辑阵列或 [关联(AS)/方法(M)/基点(B)/切向(T)/项目(I)/行(R)/层(L)/对齐项目
(A)/Z 方向(Z)/退出(X)] <退出>：                      //M Enter
输入路径方法 [定数等分(D)/定距等分(M)] <定距等分>：  //M Enter
选择夹点以编辑阵列或 [关联(AS)/方法(M)/基点(B)/切向(T)/项目(I)/行(R)/层(L)/对齐
项目(A)/Z 方向(Z)/退出(X)] <退出>：                  //I Enter
指定沿路径的项目之间的距离或 [表达式(E)] <75>：      //652 Enter
最大项目数 = 11
指定项目数或 [填写完整路径(F)/表达式(E)] <11>：      //11 Enter
选择夹点以编辑阵列或 [关联(AS)/方法(M)/基点(B)/切向(T)/项目(I)/行(R)/层(L)/对齐
项目(A)/Z 方向(Z)/退出(X)] <退出>：                  //A Enter
是否将阵列项目与路径对齐？ [是(Y)/否(N)] <否>：      //N Enter
选择夹点以编辑阵列或 [关联(AS)/方法(M)/基点(B)/切向(T)/项目(I)/行(R)/层(L)/对齐
项目(A)/Z 方向(Z)/退出(X)] <退出>：                  //Enter，阵列结果如图 1-79 所示
```

图 1-77　窗交选择　　　　　图 1-78　选择路径曲线　　　　　图 1-79　阵列结果

1.2.5 图形的边角细化

1. 修剪图形

"修剪"命令用于沿着指定的修剪边界，修剪掉图形上指定的部分，执行"修剪"命令主要有以下几种方法。

◆ 选择菜单栏"修改"→"修剪"命令。

◆ 单击"默认"选项卡→"修改"面板→"修剪"按钮 ⊬。

◆ 在命令行输入 Trim 或 TR。

执行"修剪"命令后，命令行操作如下：

```
命令: _trim
当前设置:投影=UCS，边=无
选择剪切边...
选择对象或 <全部选择>:            //选择直线
选择对象:                        // Enter，结束选择
选择要修剪的对象，或按住 Shift 键选择要延伸的对象，或[栏选(F)/窗交(C)/投影式(P)/边
(E)/删除(R)/放弃(U)]:          //在圆的上侧单击左键，定位需要修剪的部分
选择要修剪的对象，或按住 Shift 键选择要延伸的对象，或[栏选(F)/窗交(C)/投影(P)/边
(E)/删除(R)/放弃(U)]:          //Enter，修剪结果如图 1-80 所示
```

> **技巧提示:** 当修剪多个对象时，可以使用"栏选"和"窗交"两种选项功能，而"栏选"方式需要绘制一条或多条栅栏线，所有与栅栏线相交的对象都会被修剪掉。

2. 延伸图形

"延伸"命令用于延长对象至指定的边界上，执行"延伸"命令主要有以下几种方法。

◆ 选择菜单栏"修改"→"延伸"命令。

◆ 单击"默认"选项卡→"修改"面板→"延伸"按钮 ⊸/。

◆ 在命令行输入 Extend 或 EX。

执行"延伸"命令后。命令行操作如下：

```
命令: _extend
当前设置:投影=UCS，边=无
选择边界的边...
选择对象或 <全部选择>:          //选择水平线段
选择对象:                      // Enter，结束选择
选择要延伸的对象，或按住 Shift 键选择要修剪的对象，或[栏选(F)/窗交(C)/投影(P)/边
(E)/放弃(U)]:                  //在垂直线段的下端单击左键
选择要延伸的对象，或按住 Shift 键选择要修剪的对象，或[栏选(F)/窗交(C)/投影(P)/边
(E)/放弃(U)]:                  // Enter，延伸结果如图 1-81 所示
```

图 1-80　修剪结果　　　　　　　　　　　图 1-81　延伸结果

3．倒角图形

"倒角"命令主要是使用一条线段连接两个非平行的图线，执行"倒角"命令主要有以下几种方法。

◆ 选择菜单栏"修改"→"倒角"命令。
◆ 单击"默认"选项卡→"修改"面板→"倒角"按钮 。
◆ 在命令行输入 Chamfer 或 CHA。

执行"倒角"命令后，命令行操作如下：

```
命令：_chamfer
（"修剪"模式）当前倒角距离 1 = 0.0000，距离 2 = 0.0000
选择第一条直线或［放弃(U)/多段线(P)/距离(D)/角度(A)/修剪(T)/方式(E)/多个(M)]：
                                    // d Enter
指定第一个倒角距离 <0.0000>：        //150 Enter，设置第一倒角长度
指定第二个倒角距离 <25.0000>：       //100 Enter，设置第二倒角长度
选择第一条直线或［放弃(U)/多段线(P)/距离(D)/角度(A)/修剪(T)/方式(E)/多个(M)]：
                                    //选择水平线段
选择第二条直线，或按住 Shift 键选择要应用角点的直线：
                                    //选择倾斜线段，结果如图 1-82 所示
```

4．圆角图形

"圆角"命令主要是使用一段圆弧光滑地连接两条图线，执行"圆角"命令主要有以下几种方法。

◆ 选择菜单栏"修改"→"圆角"命令。
◆ 单击"默认"选项卡→"修改"面板→"圆角"按钮 。
◆ 在命令行输入 Fillet 或 F。

执行"圆角"命令后，命令行操作如下：

```
命令：_fillet
当前设置：模式 = 修剪，半径 = 0.0000
选择第一个对象或［放弃(U)/多段线(P)/半径(R)/修剪(T)/多个(M)]：  //r Enter
指定圆角半径 <0.0000>：                //100 Enter，设置圆角半径
选择第一个对象或［放弃(U)/多段线(P)/半径(R)/修剪(T)/多个(M)]：  //选择倾斜线段
选择第二个对象，或按住 Shift 键选择要应用角点的对象：  //选择圆弧，结果如图 1-83 所示
```

图 1-82　倒角结果　　　　　　　　　　　　　　图 1-83　圆角结果

5．打断图形

"打断"命令用于打断并删除图形上的一部分，或将图形打断为相连的两部分，执行"打断"命令主要有以下几种方法。

◆ 选择菜单栏"修改"→"打断"命令。

◆ 单击"默认"选项卡→"修改"面板→"打断"按钮 ⎗。

◆ 在命令行输入 Break 或 BR。

执行"打断"命令后，命令行操作如下：

```
命令：_break
选择对象：                          //选择上侧的线段
指定第二个打断点 或 [第一点(F)]：    //f Enter，执行"第一点"选项
指定第一个打断点：                  //捕捉线段中点作为第一断点
指定第二个打断点：                  //@50,0 Enter，打断结果如图 1-84 所示
```

6. 合并图形

"合并"命令用于将同角度的两条或多条线段合并为一条线段，还可以将圆弧或椭圆弧合并为一个整圆和椭圆，执行此命令主要有以下几种方法。

◆ 选择菜单栏"修改"→"合并"命令。

◆ 单击"默认"选项卡→"修改"面板→"合并"按钮 ⊣⊢。

◆ 在命令行输入 Join 或 J。

执行"合并"命令，将两条线段合并为一条线段，命令行操作如下：

```
命令：_join
选择源对象或要一次合并的多个对象：   //选择左侧线段
选择要合并的对象：                   //选择右侧线段
选择要合并的对象：                   //Enter，合并结果如图 1-85 所示
已将 1 条直线合并到源
```

图 1-84　打断结果　　　　　　　　　　图 1-85　合并线段

1.2.6　图形的基本编辑

1. 拉伸图形

"拉伸"命令用于通过拉伸图形中的部分元素，达到修改图形的目的，执行"拉伸"命令主要有以下几种方法。

◆ 选择菜单栏"修改"→"拉伸"命令。

◆ 单击"默认"选项卡→"修改"面板→"拉伸"按钮 ⬐。

◆ 在命令行输入 Stretch 或 S。

执行"拉伸"命令，命令行操作如下：

```
命令：_stretch
以交叉窗口或交叉多边形选择要拉伸的对象...
```

选择对象：	//拉出如图 1-86 所示的窗交选择框
选择对象：	// Enter ，结束选择
指定基点或 [位移(D)] <位移>：	//捕捉矩形的左下角点
指定第二个点或 <使用第一个点作为位移>：	//@50,0 Enter ，结果如图 1-87 所示

图 1-86　窗交选择　　　　　　　　　　　图 1-87　拉伸结果

2．拉长图形

"拉长"命令主要用于更改直线的长度或弧线的角度，执行"拉长"命令主要有以下几种方法。

◆ 选择菜单栏"修改"→"拉长"命令。

◆ 单击"默认"选项卡→"修改"面板→"拉伸"按钮 。

◆ 在命令行输入 Lengthen 或 LEN。

绘制长度为 200 的直线段，然后执行"拉长"命令，将线段拉长 50 个单位。命令行操作如下：

命令：_lengthen	
选择对象或 [增量(DE)/百分数(P)/全部(T)/动态(DY)]：	//DE Enter
输入长度增量或 [角度(A)] <0.0000>：	//50 Enter ，设置长度增量
选择要修改的对象或 [放弃(U)]：	//在直线的左端单击左键
选择要修改的对象或 [放弃(U)]：	//Enter ，拉长结果如图 1-88 所示

技巧提示： 如果增量值为正，将拉长对象；反之缩短对象。"百分数"选项是以总长的百分比进行拉长对象；"全部"选项用于指定一个总长度或者总角度进行拉长对象。

3．旋转图形

"旋转"命令用于将图形围绕指定的基点进行旋转，执行"旋转"命令主要有以下几种方法。

◆ 选择菜单栏"修改"→"旋转"命令。

◆ 单击"默认"选项卡→"修改"面板→"旋转"按钮 。

◆ 在命令行输入 Rotate 或 RO。

执行"旋转"命令，将矩形旋转 30°放置。命令行操作如下：

命令：_rotate	
UCS 当前的正角方向： ANGDIR=逆时针 ANGBASE=0	
选择对象：	//选择矩形
选择对象：	// Enter ，结束选择
指定基点：	//捕捉矩形左下角点作为基点
指定旋转角度，或 [复制(C)/参照(R)] <0>：	//30 Enter ，旋转结果如图 1-89 所示

技巧提示： 输入的角度为正值，系统将逆时针方向旋转；反之将顺时针方向旋转。

图 1-88　拉长线段　　　　　　　　　　　图 1-89　旋转结果

4. 缩放图形

"缩放"命令用于将图形进行等比放大或等比缩小。此命令主要用于创建形状相同、大小不同的图形结构，执行"缩放"命令主要有以下几种方法。

◆ 选择菜单栏"修改"→"缩放"命令。
◆ 单击"默认"选项卡→"修改"面板→"缩放"按钮。
◆ 在命令行输入 Scale 或 SC。

执行"缩放"命令后，其命令行操作如下：

```
命令：_scale
选择对象：                               //选择 1-90(左)所示的图形
选择对象：                               // Enter ，结束选择
指定基点：                               //捕捉会议桌一侧的中点
指定比例因子或 [复制(C)/参照(R)] <1.0000>：  //0.5 Enter ，结果如图 1-90(右)所示
```

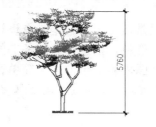

图 1-90　缩放示例

5. 移动图形

"移动"命令主要用于将图形从一个位置移动到另一个位置，执行"移动"命令主要有以下几种方法。

◆ 选择菜单栏"修改"→"移动"命令。
◆ 单击"默认"选项卡→"修改"面板→"移动"按钮。
◆ 在命令行输入 Move 或 M。

```
命令：_move
选择对象：                               //选择如图 1-91 所示的矩形
选择对象：                               // Enter ，结束对象的选择
指定基点或 [位移(D)] <位移>：              //捕捉矩形左侧垂直边的中点
指定第二个点或 <使用第一个点作为位移>：      //捕捉直线的右端点，结果如图 1-92 所示
```

图 1-91　定位基点　　　　　　　　　　　图 1-92　移动结果

6. 分解图形

"分解"命令主要用于将组合对象分解成各自独立的对象，以方便对各对象进行编辑，执行"分解"命令主要有以下几种方法。

- ◆ 选择菜单栏"修改"→"分解"命令。
- ◆ 单击"默认"选项卡→"修改"面板→""按钮🔲按钮。
- ◆ 在命令行输入 Explode 或 X。

例如，矩形是由四条直线元素组成的单个对象，如果用户需要对其中的一条边进行编辑，则首先将矩形分解还原为四条线对象，如图 1-93 所示。

（分解前）　　　　　　　　　（分解后）

图 1-93　分解示例

1.3　建筑设计工程理论知识概述

建筑施工图是指导建筑施工的重要依据，通常情况下，它是具有设计资质的单位和具有设计资格的人员遵照国家颁布的设计规范和有关资料，根据设计任务书的要求设计的。下面将从建筑物的设计程序、建筑物的分类以及施工图内容三个方面，简单讲述建筑制图的相关知识，使没有建筑知识的读者对此有一个大体的认识，如果读者需要掌握更详细的专业知识，还需要查阅相关的书籍。

1.3.1　建筑物的设计程序

根据房屋规模和复杂程度，其设计过程可以分为两阶段设计和三阶段设计两种程序。

第一　大型的、重要的、复杂的房屋必须经过三个阶段设计，即初步设计、技术设计和施工图设计，具体如下。

- ◆ 初步设计。包括建筑物的总平面图、建筑平面图、立面图、剖面图及简要说明、主要结构方案及主要技术经济指标、工程概算书等，以供有关部门分析、研究和审批等。
- ◆ 技术设计。技术设计是在批准的初步设计的基础上，进一步确定各专业工种之间的技术性问题。
- ◆ 施工图设计。施工图设计是建筑设计的最后阶段，其任务是绘制满足施工要求的全套图纸，并编制工程说明书、结构计算书和工程预算书等。

第二　两阶段设计。对于那些不复杂的中小型类建筑多采用两阶段设计过程，即扩大初步设计和施工图设计。

1.3.2　建筑物分类和组成

建筑物按其使用功能通常可分为工业建筑、农业建筑和民用建筑三大类，其中民用建筑又可分为居住建筑和公共建筑。其中，居住建筑是指供人们休息、生活起居所用的建筑物，如住宅、宿舍、公寓、旅馆等；公共建筑是指供人们进行政治、经济、文化科学技术交流活动等所需要的建筑物，如商场、学校、医院、办公楼、汽车站等。

各种不同的建筑物，尽管它们的使用要求、空间组合、外形处理、结构形式、构造方式及规模大小等方面有各自的特点，但其基本构造组成的内容是相似的。一幢楼房是由基础、墙或柱、楼地面、楼梯、房顶、门窗六大部分组成的。它们各处在不同的部位，发挥着不同的作用。

此外，一般建筑物还有其他的配件和设施，如通风道、垃圾道、阳台、雨篷、雨水管、勒脚、散水、明沟等。

1.3.3　建筑施工图内容概述

建筑一幢房屋，需要使用很多张图纸作为施工依据，从比较简单的居住建筑到复杂的公共建筑，图纸可能是几张、几十张、甚至上百张。房屋建筑施工图按专业的不同可分为建筑施工图（简称建施）、结构施工图（简称结施）和设备施工图（简称设施）。建筑工程施工图一般的编排顺序是图纸目录、总说明、建筑施工图、结构施工图、设备施工图，主要内容如下。

- ◆ "建筑施工图"表示房屋的建筑设计内容，如房屋总体布局、内外形状、大小、构造等，它包括总平面图、平面图、立面图、剖视图、详图等。
- ◆ "结构施工图"表示房屋的结构设计内容，如承重构件的布置、构件的形状、大小、材料、构造等，包括结构布置图、构件详图、节点详图等。
- ◆ "设备施工图"主要表示建筑物内管道与设备的位置与安装情况，包括给排水、采暖通风、电气照明等各种施工图，其内容有各工种的平面布置图、系统图等。

1.4　建筑形体的基本表达与绘制

在工程上常用的一种投影法是正投影法，使用正投影法绘制的投影图称为正投影图，如图 1-94 所示，它能准确反映空间物体的形状与大小，是施工生产中的主要图样。

1.4.1　三面正投影图

使用三组分别垂直于三个投影面的平行投射线投影而得到的物体在三个不同方向上的投影图，称为物体的三面正投影图，如图 1-95 所示。

其中平行投射线由上向下垂直投影而产生的投影图称为水平投影图；投射线由前向后垂直投影而产生的投影图称为正面投影图；由左向右垂直投影而产生的投影图称为侧面投影图。同一物体的三个正投影图之间具有以下三等关系。

- ◆ 正面投影图和水平投影图——长对正；
- ◆ 正面投影图和侧面投影图——高平齐；
- ◆ 水平投影图和侧面投影图——宽相等。

"长对正、高平齐、宽相等"是绘制和识读物体正投影图必须遵循的投影规律。

在建筑制图中，如果建筑物形体比较复杂时，有时为了便于绘图和识图，需要画出形体的六面投影图，其中正面投影称为正立面图，水平投影称为平面图，侧面投影称为左侧立面图，其他投影根据投射方向分别称为右侧立面图、底面图和背立面图。

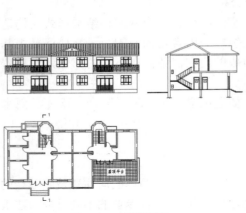

图 1-94　正投影图

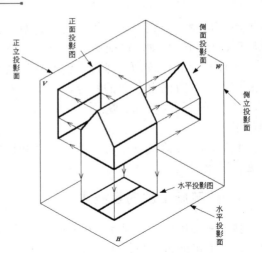

图 1-95　正三面投影图

1.4.2　展开投影图

当物体立面的某些部分与投影面不平行，如图形、折线形、曲线形等，可将该部分展至（旋转）与投影面平行后再进行正投影，不过需要在图名后加注"展开"字样，如图 1-96 所示。

1.4.3　镜像投影图

镜像投影是物体在镜面中反射图形的正投影，该镜面平行于相应的投影面。此种类型一般用于绘制房屋顶棚的平面图，在装饰工程中应用较多。例如吊顶图案的施工图无论使用一般正投影法还是使用仰视法绘制的吊顶图案平面图都不利于看图施工，如果把地面看作一面镜子，采用镜像投影法而得到的吊顶图案平面图就能真实地反映吊顶图案的实际情况，有利于施工人员看图施工。

1.4.4　剖视图

剖视图是假想用一个剖切面将形体剖开，移去剖切面与观察者之间的那部分形体，将剩余部分与剖切面平行的投影面做投影，并将剖切面与形体接触的部分画上剖面线或材料图例，这样得到的投影图称为剖视图，剖视图一般有以下几种类型。

◆ 全剖视图。用剖切面完全地剖开物体所得到的剖视图称为全剖视图。此种类型的剖视图适用于结构不对称的形体，或者虽然结构对称但外形简单、内部结构比较复杂的物体。

◆ 半剖视图。当物体内外形状均匀为左右对称或前后对称，而外形又比较复杂时，可将其投影的一半画成表示物体外部形状的正投影，另一半画成表示内部结构的剖视图。当对称中心线为竖直时，将外形投影绘制在中心线左方，剖视绘在中心线的右方，如图 1-97 所示；当对称线为水平时，将外形投影绘于水平中心线上方，部视绘在水平中心线的下方。这种投影图和剖视图各占一半的图称为半剖视图。

◆ 局部剖视图。使用剖切面局部地剖开物体后所得到的视图称为局部剖视图，如图 1-98 所示。局部剖视图仅是物体整个形状投影图中的一部分，因此不标注剖切形，但是局部剖视图和外形之间要用波浪线分开，且波浪线不得与轮廓线重合，也不能超出轮廓线之外。

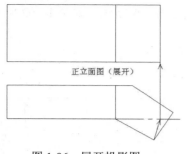

图 1-96　展开投影图

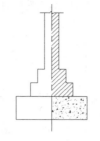

图 1-97　半剖视图

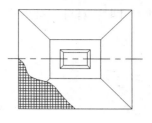

图 1-98　局部剖视图

1.4.5　断面图

　　同剖视图的形成一样，假想用剖切面将形体剖开后，仅将剖切面与形体接触的部分即截断面向剖切面平行的投影面作投影，所得到的图形称为断面图，又称截面图（如图 1-99 所示）。断面图主要用来表示形体某一局部截断面的形状，根据断面图布置位置的不同分为以下两种类型。

　◆　移出断面图。绘制在视图以外的断面称为移出断面，如图 1-99（右）所示。不过移出断面图一般要绘制在投影图附近，以便于识读。当移出断面图的尺寸较小时，断面可涂黑表示。

　◆　重合断面。绘制在视图中的断面称为重合断面。不过此种断面图要使用细实线绘制，并且不加任何标注，以免与视图的轮廓线混淆；视图上与断面图重合的轮廓线不应断开，要完整地画出，如图 1-100 所示。

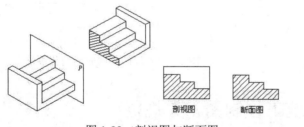

图 1-99　剖视图与断面图

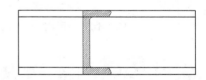

图 1-100　重合断面图

1.5　建筑形体的简化绘制技巧

　　为了节省绘图时间或图纸幅面，按照图家统一制图标准，规定了几种将投影图适当简化处理的方法。

　●　对称图形的画法

　　当图形结构对称时，可以只绘制一半，但应在对称中心线处画上对称线，并加上对称符号，其中对称线使用细点画线表示，对称符号用一对平行的细短实线表示，其长度为 6～10mm，间距为 2～3mm，标注尺寸时靠近对称线处不画起止符号，尺寸数字的书写位置应与对称符号对齐，并按全长尺寸标注，如图 1-101 所示。

　●　折断省略画法

　　当形体很长，而且沿长度方向断面形状相同或按一定规律变化时，可以假想将该形体折断，省略中间部分，而将两端向中间靠拢画出，然后在断开处画上折断线，如图 1-102 所示。标注尺寸时应标注形体的全长尺寸。

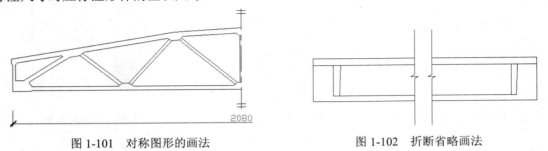

图 1-101　对称图形的画法　　　　　　　　　图 1-102　折断省略画法

● **相同结构省略画线**

如果图上有多个完全相同结构并按照一定规律分布时，可以仅画出若干个完整的结构，然后画出其余结构的中心线或中心交点，以确定它们的位置，如图 1-103 所示。

● **构件局部不同的画线**

当两个构件仅部分不同时，可在完整地画出一个构件后，另一个只画不同部分，但应在两个构件的相同部分与不同部分的分界线处画上连接符号，两个连接符号对准在同一线上，连接符号使用折断线表示，并标注出相同的大写字母，如图 1-104 所示。

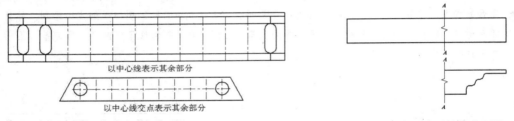

图 1-103　相同结构省略画法　　　　　　　　图 1-104　局部不同时的简化画法

1.6　了解建筑工程制图相关规范

建筑施工图一般是按照正投影原理以及视图、剖视和断面等的基本图示方法绘制的，所以为了保证制图的质量、提高制图效率、表达统一和便于识读，我国制定了一系列制图标准，在绘制施工图时，应严格遵守标准中的规定。

1.6.1　图纸与图框尺寸

CAD 工程图要求图纸的大小必须按照规定图纸幅面和图框尺寸裁剪。在建筑施工图中，经常用到的图纸幅面如表 1-1 所示。

表 1-1 中的 L 表示图纸的长边尺寸，B 为图纸的短边尺寸，图纸的长边尺寸 L 等于短边尺寸 B 的根下 2 倍。当图纸是带有装订边时，a 为图纸的装订边，尺寸为 25mm；c 为非装订边，A0～A2 号图纸的非装订边边宽为 10mm，A3、A4 号图纸的非装订边边宽为 5mm；当图纸为无装订边图纸时，e 为图纸的非装订边，A0～A2 号图纸边宽尺寸为 20mm，A3、A4 号图纸边宽为 10mm，各种图纸图框尺寸如图 1-105 所示。

表 1-1　图纸幅面和图框尺寸（mm）

尺寸代号	A0	A1	A2	A3	A4
L×B	1188×841	841×594	594×420	420×297	297×210
c	10			5	
a	25				
e	20			10	

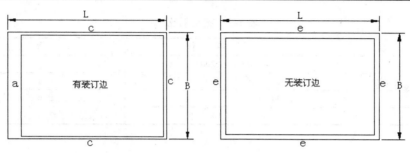

图 1-105　图纸图框尺寸

技巧提示：图纸的长边可以加长，短边不可以加长，但长边加长时须符合标准：对于 A0、A2 和 A4 幅面可按 A0 长边的 1/8 的倍数加长，对于 A1 和 A3 幅面可按 A0 短边的 1/4 的整数倍进行加长。

1.6.2　标题栏与会签栏

在一张标准的工程图纸上，总有一个特定的位置用来记录该图纸的有关信息资料，这个特定的位置就是标题栏。标题栏的尺寸是有规定的，但是各行各业却可以有自己的规定和特色。一般来说，常见的 CAD 工程图纸标题栏有四种形式，如图 1-106 所示。

一般从零号图纸到四号图纸的标题栏尺寸均为 40mm×180mm，也可以是 30mm×180mm 或 40mm×180mm。另外，需要会签栏的图纸要在图纸规定的位置绘制出会签栏，作为图纸会审后签名使用，会签栏的尺寸一般为 20mm×75mm，如图 1-107 所示。

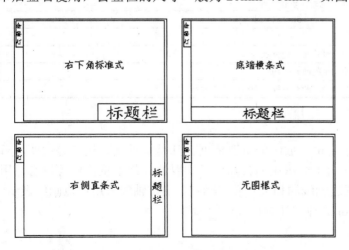

图 1-106　图纸标题栏格式

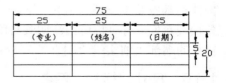

图 1-107　会签栏

1.6.3 比例

建筑物形体庞大，必须采用不同的比例来绘制。对于整幢建筑物、构筑物的局部和细部结构都分别予以缩小绘出，特殊细小的线脚等有时不缩小，甚至需要放大绘出。建筑施工图中，各种图样常用的比例如表1-2所示。一般情况下，一个图样应使用一种比例，但在特殊情况下，由于专业制图的需要，同一种图样也可以使用两种不同的比例。

表1-2　施工图比例

图　　名	常　用　比　例	备　　注
总平面图	1:500、1:1000、1:2000	
平面图、立面图、剖视图	1:50、1:100、　1:200	
次要平面图	1:300、1:400	次要平面图指屋面平面图等
详图	1:1、1:2、1:5、1:10、1:20、1:25、1:50	1:25仅适用于结构构件详图

1.6.4 图线

在建筑施工图中，为了表明不同的内容并使层次分明，须采用不同线型和线宽的图线绘制。图线的线型和线宽按表1-3的说明来选用。

表1-3　图线的线型、线宽及用途

名　　称	线　　宽	用　　途
粗实线	b	1. 平面图、剖视图中被剖切的主要建筑构造（包括构配件）的轮廓线 2. 建筑立面图的外轮廓线 3. 建筑构造详图中被剖切的主要部分的轮廓线 4. 建筑构配件详图中的构配件的外轮廓线
中实线	0.5b	1. 平面图、剖视图中被剖切的次要建筑构造（包括构配件）的轮廓线 2. 建筑平面图、立面图、剖视图中建筑构配件的轮廓线 3. 建筑构造详图及构配件详图中的一般轮廓线
细实线	0.35b	小于0.5b的图形线、尺寸线、尺寸界线、图例线、索引符号、标高符号等
中虚线	0.5b	1. 建筑构造及建筑构配件不可见的轮廓线 2. 平面图中的起重机轮廓线 3. 拟扩建的建筑物轮廓线
细虚线	0.35b	图例线、小于0.5b的不可见轮廓线
粗点画线	b	起重机轨道线
细点画线	0.35b	中心线、对称线、定位轴线
折断线	0.35b	不需绘制全的断开界线
波浪线	0.35b	不需绘制全的断开界线、构造层次的断开界线

1.6.5 定位轴线

建筑施工图中的定位轴线是施工定位、放线的重要依据。凡是承重墙、柱子等主要承重构件，都应绘上轴线来确定其位置。对于非承重的分隔墙、次要的局部承重构件等，有时用分轴线定位，有时也可由注明其与附近轴线的相关尺寸来确定。定位轴线采用细点画线表示，轴线的端部用细实线绘制直径为8mm的圆，并对轴线进行编号。

1.6.6 尺寸、标高、图名

图纸上的尺寸应包括尺寸界线、尺寸线、尺寸起止符号和尺寸数字等。尺寸界线是表示所度量图形尺寸的范围边界，应用细实线标注；尺寸线是表示图形尺寸度量方向的直线，它与被标注的对象之间的距离不宜小于 10mm，且互相平行的尺寸线之间的距离要保持一致，一般为 7～10mm；尺寸数字一律使用阿拉伯数字注写，在打印出图后的图纸上，字高一般为 2.5～3.5mm，同一张图纸上的尺寸数字大小应一致，并且图样上的尺寸单位，除建筑标高和总平面图等建筑图纸以米（m）为单位之外，均应以毫米（mm）为单位。

标高是标注建筑高度的一种尺寸形式，标高符号形式如图 1-108 所示，用细实线绘制。标高符号形式如图 1-108f 所示。如果同一位置表示几个不同的标高时，数字注写形式如图 1-108e 所示。标高数字以米（m）为单位，单体建筑工程的施工图注写到小数点后第三位，在总平面图中则注写到小数点后两位。在单体建筑工程中，零点标高注写成±0.000，负数标高数字前必须加注"–"，正数标高前不写"+"，标高数字不到 1 米时，小数点前应加写"0"。在总平面图中，标高数字注写形式与上述相同。标高有绝对标高和相对标高两种。

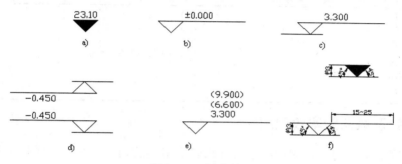

图 1-108　标高符号

图样的下方应标注图名，在图名下应绘制一条粗横线，其粗度应不粗于同张图中所绘图形的粗实线。同张图样中的这种横线粗度应一致。图名下的横线长度，应以所写文字所占长短为准，不要任意绘长。在图名的右侧应用比图名的字号小一号或二号的字号注写比例尺。

1.6.7　字体

图纸上所标注的文字、字符和数字等，应做到排列整齐、清楚正确，尺寸大小要协调一致。当汉字、字符和数字并列书写时，汉字的字高要略高于字符和数字；汉字应采用国家标准规定的矢量汉字，汉字的高度应不小于 2.5mm，字母与数字的高度应不小于 1.8mm；图纸及说明中汉字的字体应采用长仿宋体，图名、大标题、标题栏等可选用长仿宋体、宋体、楷体或黑体等；汉字的最小行距应不小于 2mm，字符与数字的最小行距应不小于 1mm，当汉字与字符数字混合时，最小行距应根据汉字的规定使用。

1.6.8　索引符号和详图符号

图样中的某一局部或某一构件和构件间的构造如需另见详图，应以索引符号索引，即在需要另绘制详图的部位编上索引符号，并在所绘制的详图上编上详图符号且两者必须对应一致，以便看图时查找相应的有关图样。索引符号的圆和水平直线均以细实线绘制，圆的直径一般为 10 毫米。详图符号的圆圈应绘成直径为 14 毫米的粗实线圆。索引符号和详图的编号方法如表 1-4 所示。

表 1-4　索引符号和详图符号

名　称	符　号	说　明
图的索引标志	5／— 详图的编号／详图在本张图样上　—5／— 局部剖视详图的编号／剖视详图在本张图样上	细实线单圆圈直径应为 10 毫米　详图在本张图样上
	5／4 详图的编号／详图所在的图样编号　—5／4 局部剖视详图的编号／剖视详图所在的图样编号	详图不在本张图样上
	J103 5／4 标准图册编号／标准详图编号／详图所在的图样编号	标准详图
详图的标志	5 详图的编号	粗实线单圆圈直径应为 14 毫米被索引的在本张图样上
	5／2 详图的编号／被索引的图样编号	对称符号应用细线绘制，平行线长度宜为 6～10 毫米，平行线间距宜为 2～3 毫米，平行线在对称线的两侧应相等
对称符号		被索引的不在本张图样上

1.6.9　指北针及风向频率玫瑰图

在房屋的底层平面图上，应绘出指北针来表明房屋的朝向。其符号应按国标规定绘制，细实线圆的直径一般以 24mm 为宜，箭尾宽度宜为圆直径的 1/8，即 3mm，圆内指针应涂黑并指向正北，如图 1-109 所示。

风向频率玫瑰图，简称风玫瑰图，是根据某一地区多年统计平均的各个方向吹风次数的百分数值，按一定比例绘制的，如图 1-110 所示。一般多用八个或十六个罗盘方位表示，玫瑰图上所表示的风的吹向是从外面吹向地区中心，图中实线为全年风玫瑰图，虚线为夏季风玫瑰图。

图 1-109　指北针

图 1-110　风率玫瑰图

1.6.10　图例及代号

建筑物和构筑物是按比例缩小绘制在图纸上的，对于有些建筑细部、构件形状以及建筑材料等，往往不能如实绘出，也难以用文字注释来表达清楚，所以都按统一规定的图例和代号来表示，以得到简单明了的效果。

1.7 本 章 小 结

　　本章主要介绍了 AutoCAD 在建筑制图领域中的一些必备操作技能，重点体现在点的坐标输入、点的捕捉追踪、视图的实时调控、目标对象的选择、常用图元的绘制编辑等，熟练掌握这些操作技能，是绘制建筑施工图的关键。另外，为了兼顾无建筑制图理念的读者群体，我们简单介绍了与建筑制图相关的专业知识和一些制图规范，如果读者需要更详细了解专业理论，还需要读者从相关的书籍中去查阅。

　　通过本章的学习，能使无 AutoCAD 操作基础的读者和相关设计理论知识比较薄弱的读者，对其有一个宏观的认识和了解，如果读者对以上内容有所了解，也可以跳过本章内容，直接从第 2 章开始学习。

第 2 章　各类建筑图例的绘制

上一章概述了 AutoCAD 在建筑制图领域中的一些软件必备技能和建筑制图理念知识、建筑制图规范等内容，本章则集中讲述建筑制图领域中，各类施工图常用图例的绘制技能。

■ 学习内容

◇ 建筑构件图例的绘制
◇ 室内平面图例的绘制
◇ 室内立面图例的绘制
◇ 建筑结构图例的绘制
◇ 建筑设施图例的绘制

2.1　建筑构件图例的绘制

本节主要学习建筑构件图例的绘制技能，具体有门、柱、栏杆、楼梯等构件。

2.1.1　绘制单开门

本例主要学习单开门建筑构件图例的绘制过程和相关技巧。单开门图例的最终绘制效果如图 2-1 所示。

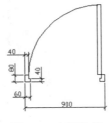
图 2-1　本例效果

图 2-2　绘制一侧门垛

绘图步骤

（1）快速创建公制单位的绘图文件，并打开状态栏上的捕捉和追踪功能。

（2）使用快捷键"Z"激活"视图缩放"功能，激活"中心"选项，将视图高度调整为 1500 个单位。

（3）单击"默认"选项卡→"绘图"面板→"直线"按钮 ⁄，配合正交追踪功能绘制。

命令行操作如下：

```
命令: _line
指定第一点:                          //在绘图窗口的左下区域拾取一点
指定下一点或 [放弃(U)]:               //水平向右引导光标，输入 60 Enter
指定下一点或 [放弃(U)]:               //水平向上引导光标，输入 80 Enter
指定下一点或 [闭合(C)/放弃(U)]:        //水平向左引导光标，输入 40 Enter
```

指定下一点或 [闭合(C)/放弃(U)]：	//水平向下引导光标，输入 40 Enter
指定下一点或 [闭合(C)/放弃(U)]：	//水平向左引导光标，输入 20 Enter
指定下一点或 [闭合(C)/放弃(U)]：	//c Enter，闭合图形，结果如图 2-2 所示

（4）重复执行"直线"命令，配合"临时追踪点"功能绘制左侧的门垛。

命令行操作如下：

命令：_line	
指定第一点：	//按住 Shift 键单击右键，选择右键菜单上的"临时追踪点"功能
_tt 指定临时对象追踪点：	//捕捉门垛的右下角点
指定第一点：	//水平向左引出如图 2-3 所示的临时追踪虚线，输入 900 按 Enter 键
指定下一点或 [放弃(U)]：	//垂直向上引导光标，输入 80 Enter
指定下一点或 [放弃(U)]：	//水平向右引导光标，输入 40 Enter
指定下一点或 [闭合(C)/放弃(U)]：	//垂直向下引导光标，输入 40 Enter
指定下一点或 [闭合(C)/放弃(U)]：	//水平向右引导光标，输入 20 Enter
指定下一点或 [闭合(C)/放弃(U)]：	//垂直向下引导光标，输入 40 Enter
指定下一点或 [闭合(C)/放弃(U)]：	//c Enter，绘制结果如图 2-4 所示

图 2-3　引出临时追踪虚线　　　　　图 2-4　绘制结果

（5）单击"默认"选项卡→"绘图"面板→"矩形"按钮 □，绘制门的轮廓线。

命令行操作如下：

命令：_rectang	
指定第一个角点或 [倒角(C)/标高(E)/圆角(F)/厚度(T)/宽度(W)]：	
	//捕捉如图 2-4 所示的端点 A
指定另一个角点或 [面积(A)/尺寸(D)/旋转(R)]：	//@-40,820 Enter，结果如图 2-5 所示

图 2-5　绘制结果　　　　图 2-6　定位起点定位圆心　　　　图 2-7　定位圆心

（6）选择菜单栏"绘图"→"圆弧"→"起点、圆心、端点"命令，绘制门的弧形开启方向。

命令行操作如下：

命令：_arc	
指定圆弧的起点或 [圆心(C)]：	//捕捉如图 2-6 所示的端点
指定圆弧的第二个点或 [圆心(C)/端点(E)]：_c	
指定圆弧的圆心：	//捕捉如图 2-7 所示的端点
指定圆弧的端点或 [角度(A)/弦长(L)]：	//捕捉如图 2-8 所示的端点，结果如图 2-9 所示

（7）最后执行"保存"命令，将图形命名存储为"单开门.dwg"。

2.1.2 绘制双开门

本例主要学习双开门建筑构件图例的绘制过程和相关技巧。双开门图例的最终绘制效果如图 2-10 所示。

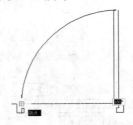

图 2-8 定位端点

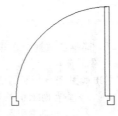

图 2-9 绘制结果

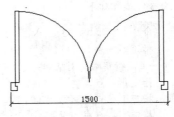

图 2-10 本例效果

绘图步骤

（1）快速创建公制单位的绘图文件，并打开"对象捕捉"和"正交"功能。

（2）参照上节第 3 步骤，绘制相同尺寸的门垛，然后使用"矩形"命令，绘制长度为 40、宽度为 710 的矩形，如图 2-11 所示。

（3）单击"默认"选项卡→"绘图"面板→"圆弧"按钮 ，绘制门的弧形开启方向。

命令行操作如下：

```
命令：_arc
指定圆弧的起点或 [圆心(C)]：              //捕捉矩形的右上角点
指定圆弧的第二个点或 [圆心(C)/端点(E)]：_c
指定圆弧的圆心：                          //捕捉矩形的右下角点
指定圆弧的端点或 [角度(A)/弦长(L)]：       //向左引出如图 2-12 所示的对象追踪虚
                                           线，拾取一点定位弧端点，结果如图 2-13 所示
```

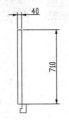

图 2-11 绘制结果

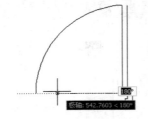

图 2-12 捕捉与追踪的应用

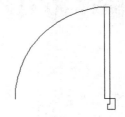

图 2-13 绘制结果

技巧提示：用户在确定圆弧的第三点时，也可直接捕捉矩形门的左下角点，此点并不是圆弧实际的端点，但这一点能确定圆弧第三点的位置。

（4）单击"默认"选项卡→"修改"面板→"镜像"按钮 ，配合坐标输入或极轴追踪功能，选择绘制的单扇门进行镜像。

命令行操作如下：

```
命令：_mirror
选择对象：                                //框选如图 2-13 所示的单扇门图形
选择对象：                                // Enter ，结束选择
```

指定镜像线的第一点：	//捕捉弧的左下端点
指定镜像线的第二点：	//@0,1 Enter
是否删除源对象？［是(Y)/否(N)］ <N>：	// Enter 镜像结果如图 2-10 所示

（5）最后执行"保存"命令，将当前图形命名存储为"双开门.dwg"。

2.1.3　绘制柱图例

本例主要学习立面柱建筑构件图例的绘制过程和相关技巧。立面柱图例的最终绘制效果如图 2-14 所示。

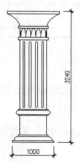
图 2-14　本例效果

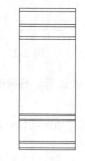
图 2-15　偏移水平边

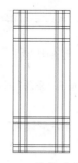
图 2-16　偏移垂直边

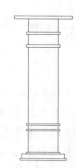
图 2-17　编辑结果

绘图步骤

（1）新建文件，并将视图高度设置为 4500 个单位。

（2）使用快捷键"REC"激活"矩形"命令，绘制长度为 1250、宽度为 3240 的矩形作为外部边框。

（3）将矩形分解，然后单击"默认"选项卡→"修改"面板→"偏移"按钮 ，将矩形下侧水平边向上偏移，间距为 40、100、40、480、32、96、32、1720、56、224、56、296 个单位，如图 2-15 所示。

（4）重复执行"偏移"命令，将矩形的左侧垂直边向右偏移 125、40、100、40、640、40、100、40 个绘图单位，结果如图 2-16 所示。

（5）使用快捷键"TR"激活"修剪"命令，对偏移后的图形进行修剪编辑，结果如图 2-17 所示。

（6）单击"默认"选项卡→"绘图"面板→"圆弧"按钮 ，绘制装饰柱的上部弧形轮廓线。

命令行过程如下：

命令：_arc	
指定圆弧的起点或 ［圆心(C)］：	//捕捉端点 A
指定圆弧的第二个点或 ［圆心(C)/端点(E)］：	//e Enter
指定圆弧的端点：	//捕捉端点 B
指定圆弧的圆心或 ［角度(A)/方向(D)/半径(R)］：	//a Enter
指定包含角：	//-60 Enter，绘制结果如图 2-18 所示

（7）单击"默认"选项卡→"修改"面板→"倒角"按钮 ，对水平轮廓线 A 和 B 进行圆角，圆角结果如图 2-19 所示。

（8）使用快捷键"c"激活"圆"命令，绘制如图 2-20 所示的两个圆，圆的半径为 100。

（9）使用快捷键"TR"激活"修剪"命令，对绘制的两个圆图形进行修剪，结果如图 2-21 所示。

（10）使用快捷键"EL"激活"椭圆"命令，配合中点捕捉功能，绘制水平长度为 60 的椭圆，如图 2-22 所示。

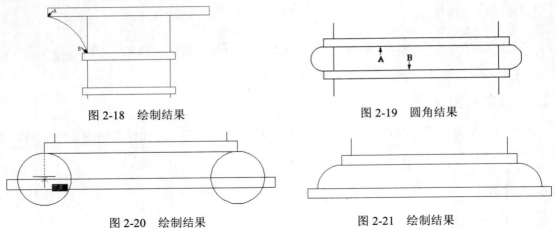

图 2-18　绘制结果　　　　　　　　　　图 2-19　圆角结果

图 2-20　绘制结果　　　　　　　　　　图 2-21　绘制结果

（11）单击"默认"选项卡→"修改"面板→"矩形阵列"按钮，将椭圆阵列 4 份，其中列偏移为 120，阵列结果如图 2-23 所示。

（12）使用快捷键"MI"激活"镜像"命令，对右侧的三个椭圆进行垂直镜像，然后对所有椭圆进行修剪，结果如图 2-24 所示。

图 2-22　绘制椭圆　　　　　图 2-23　阵列结果　　　　　图 2-24　修剪结果

（13）使用快捷键"REC"激活"矩形"命令，配合"捕捉自"功能，以 W 点作为参照点，以@72.5,70 作为左下角点，绘制长度为 45、宽度为 1580 的矩形，如图 2-25 所示。

图 2-25　绘制矩形　　　　　图 2-26　圆角结果　　　　　图 2-27　阵列结果

（14）将矩形分解，然后使用"圆角"命令对矩形的两条垂直边进行圆角，并删除矩形的两条水平边，结果如图 2-26 所示。

（15）单击"默认"选项卡→"修改"面板→"矩形阵列"按钮，将矩形两条垂直边和两条圆弧向右阵列 4 份，列偏移为 150，结果如图 2-27 所示。

（16）最后执行"保存"命令，将图形命名保存为"立面柱.dwg"。

2.1.4 绘制栏杆图例

本例主要学习栏杆建筑构件图例的绘制过程和相关技巧。栏杆图例的最终绘制效果如图 2-28 所示。

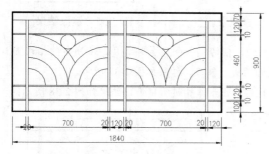

图 2-28 本例效果

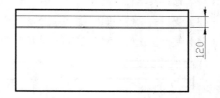

图 2-29 绘制结果

绘图步骤

（1）新建文件，并设置视图高度为 1500 个单位。

（2）使用快捷键 "REC" 激活 "矩形" 命令，设置线宽为 10，绘制长度为 1840、宽度为 900 的宽度矩形作为外框。

（3）单击 "默认" 选项卡→"绘图" 面板→"直线" 按钮 ，配合 "捕捉自" 功能，以矩形左上角点作为参照点，以 @0,-70 作为起点，绘制长度为 1840 的直线。

（4）使用快捷键 "ML" 激活 "多线" 命令，设置多线比例为 10，绘制长度为 1840 的多线，如图 2-29 所示。

（5）单击 "默认" 选项卡→"修改" 面板→"复制" 按钮 ，将刚绘制的多线垂直向下复制两份，距离分别为 470 和 600。

（6）重复执行 "多线" 命令，配合 "捕捉自" 功能，设置多线比例为 20，绘制长度为 830 的垂直多线，如图 2-30 所示。

（7）单击 "默认" 选项卡→"修改" 面板→"复制" 按钮 ，将绘制的垂直多线向右复制一份，结果如图 2-31 所示。

（8）使用快捷键 "C" 激活 "圆" 命令，以如图 2-32 所示的交点 B 为圆心，绘制半径为 350 的圆。

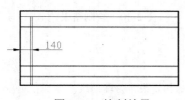

图 2-30 绘制结果

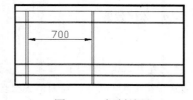

图 2-31 复制结果

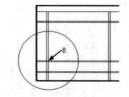

图 2-32 绘制结果

（9）使用快捷键 "TR" 激活 "修剪" 命令，修剪圆，结果如图 2-33 所示。

（10）单击 "默认" 选项卡→"修改" 面板→"偏移" 按钮 ，将圆弧向内侧偏移 100 和 200 个单位，向外侧偏移 110 个单位，结果如图 2-34 所示。

（11）使用快捷键 "MI" 激活 "镜像" 命令，镜像四条圆弧，结果如图 2-35 所示。

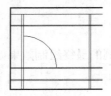 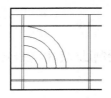 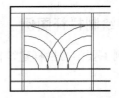

图 2-33　修剪结果　　　　图 2-34　偏移结果　　　　图 2-35　镜像结果

（12）选择菜单栏"绘图"→"圆"→"相切、相切、相切"命令，绘制如图 2-36 所示的相切圆。

（13）使用快捷键"TR"激活"修剪"命令，对圆弧进行修剪，结果如图 2-37 所示。

（14）使用快捷键"MI"激活"镜像"命令，将内部的图形结构进行镜像，结果如图 2-38 所示。

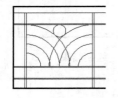 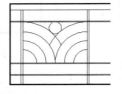 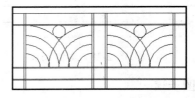

图 2-36　绘制相切圆　　　　图 2-37　修剪结果　　　　图 2-38　镜像结果

（15）双击多线，在弹出的"多线编辑工具"对话框中选择"十字闭合"选项，依次对十字相交的多线进行编辑，最终结果如图 2-28 所示。

（16）最后执行"保存"命令，将图形命名为"栏杆.dwg"。

2.1.5　绘制旋转门

本例主要学习旋转门建筑构件图例的绘制过程和相关技巧。旋转门图例的最终绘制效果如图 2-39 所示。

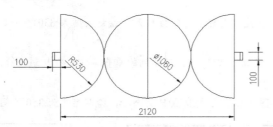 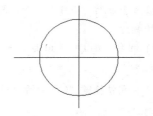

图 2-39　本例效果　　　　图 2-40　绘制结果

绘图步骤

（1）新建文件并将视图高度设置为 2000 个单位。

（2）使用快捷键"XL"激活"构造线"命令，绘制两条相互垂直的构造线作为辅助线。

（3）使用快捷键"C"激活"圆"命令，以构造线的交点作为圆心，绘制半径为 530 的圆，如图 2-40 所示。

（4）重复执行"圆"命令，配合象限点捕捉功能，使用"两点画圆"功能绘制直径为 1060 的圆，如图 2-41 所示。

（5）使用快捷键"O"激活"偏移"命令，将垂直的构造线向左偏移 75 和 100 个单位，向右偏移 1060 个单位；将水平的构造线对称偏移 50 个单位，结果如图 2-42 所示。

（6）使用快捷键"TR"激活"修剪"命令，对构造线和圆进行修剪，并删除多余构造线，结果如图2-43所示。

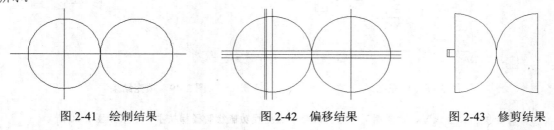

图 2-41 绘制结果　　　　　　图 2-42 偏移结果　　　　　　图 2-43 修剪结果

（7）使用快捷键"MI"激活"镜像"命令，对修剪后的旋转门进行镜像，最终结果如图2-39所示。

（8）最后执行"保存"命令，将图形命名为"旋转门.dwg"。

2.1.6　绘制楼梯图例

本例主要学习剖面楼梯柱建筑构件图例的绘制过程和相关技巧。剖面楼梯图例的最终绘制效果如图2-44所示。

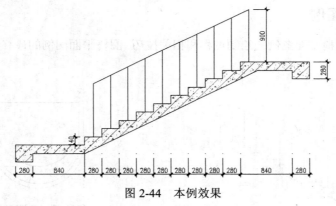

图 2-44　本例效果

操作步骤

（1）新建文件并将视图高度设置为4000个单位。

（2）打开"正交模式"功能，然后使用快捷键"PL"，激活"多段线"命令，绘制踏步高为140，踏步宽为280mm的台阶，结果如图2-45所示。

（3）重复执行"多段线"命令，配合"正交模式"和端点捕捉功能，绘制如图2-46所示的平台。

（4）参照上步操作，绘制另一侧平台及下侧底板轮廓线，如图2-47所示。

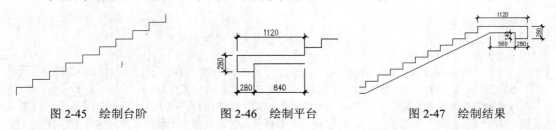

图 2-45　绘制台阶　　　　　　图 2-46　绘制平台　　　　　　图 2-47　绘制结果

（5）使用快捷键"H"激活"图案填充"命令，采用默认填充参数，为楼梯填充"AR-CONC"图案，结果如图2-48所示。

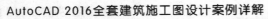

（6）重复执行"图案填充"命令，为楼梯填充"ANSI31"图案，填充比例为35，填充结果如图2-49所示。

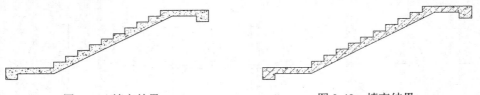

图2-48　填充结果　　　　　　　　　　　　　图2-49　填充结果

（7）综合使用"直线"、"复制"命令，配合中点捕捉功能绘制楼梯扶手，结果如图2-50所示。

（8）最后执行"保存"命令，将图形命名为"楼梯.dwg"。

2.2　室内平面图例的绘制

本节主要学习室内平面构件图例的绘制技能，具体有圈椅、餐桌、沙发、双人床、茶几等构件。

2.2.1　绘制圈椅图例

本例主要学习圈椅平面图例的绘制过程和相关技巧。圈椅平面图例的最终绘制效果如图2-51所示。

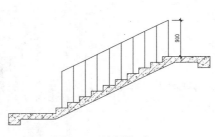　　　　　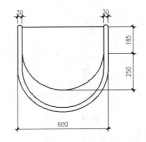

图2-50　绘制扶手　　　　　　　　图2-51　本例效果

绘图步骤

（1）新建文件并将视图高度设置为1000个单位。

（2）单击"默认"选项卡→"绘图"面板→"多段线"按钮，配合极轴追踪功能绘制椅子外轮廓线。

命令行操作如下：

```
命令：_pline
指定起点：                    //在适当位置拾取一点作为起点
当前线宽为 0.0000
指定下一个点或 [圆弧(A)/半宽(H)/长度(L)/放弃(U)/宽度(W)]：      //0,-285 Enter
指定下一点或 [圆弧(A)/闭合(C)/半宽(H)/长度(L)/放弃(U)/宽度(W)]：  //a Enter
指定圆弧的端点或[角度(A)/圆心(CE)/闭合(CL)/方向(D)/半宽(H)/直线(L)/半径(R)/第二
个点(S)/放弃(U)/宽度(W)]：      //水平向右移动光标，引出水平追踪虚线，输入600 Enter
指定圆弧的端点或[角度(A)/圆心(CE)/闭合(CL)/方向(D)/半宽(H)/直线(L)/半径(R)/第二
个点(S)/放弃(U)/宽度(W)]：      //l Enter，转入画线模式
```

指定下一点或 [圆弧(A)/闭合(C)/半宽(H)/长度(L)/放弃(U)/宽度(W)]：　//0,285 Enter
指定下一点或 [圆弧(A)/闭合(C)/半宽(H)/长度(L)/放弃(U)/宽度(W)]：　//a Enter
指定圆弧的端点或[角度(A)/圆心(CE)/闭合(CL)/方向(D)/半宽(H)/直线(L)/半径(R)/第二
个点(S)/放弃(U)/宽度(W)]：　　//水平向左移动光标，引出水平追踪虚线，输入 30 Enter
指定圆弧的端点或[角度(A)/圆心(CE)/闭合(CL)/方向(D)/半宽(H)/直线(L)/半径(R)/第二
个点(S)/放弃(U)/宽度(W)]：　　//l Enter，转入画线模式
指定下一点或 [圆弧(A)/闭合(C)/半宽(H)/长度(L)/放弃(U)/宽度(W)]：　//0,-285 Enter
指定下一点或 [圆弧(A)/闭合(C)/半宽(H)/长度(L)/放弃(U)/宽度(W)]：　//a Enter
指定圆弧的端点或[角度(A)/圆心(CE)/闭合(CL)/方向(D)/半宽(H)/直线(L)/半径(R)/第二
个点(S)/放弃(U)/宽度(W)]：　//水平向左移动光标，引出水平追踪虚线，输入 540 Enter
指定圆弧的端点或[角度(A)/圆心(CE)/闭合(CL)/方向(D)/半宽(H)/直线(L)/半径(R)/第二
个点(S)/放弃(U)/宽度(W)]：　//l Enter，转入画线模式
指定下一点或 [圆弧(A)/闭合(C)/半宽(H)/长度(L)/放弃(U)/宽度(W)]：　//0,285 Enter
指定下一点或 [圆弧(A)/闭合(C)/半宽(H)/长度(L)/放弃(U)/宽度(W)]：　//a Enter
指定圆弧的端点或[角度(A)/圆心(CE)/闭合(CL)/方向(D)/半宽(H)/直线(L)/半径(R)/第二
个点(S)/放弃(U)/宽度(W)]：　//cl Enter，闭合图形，绘制结果如图 2-52 所示

（3）单击"默认"选项卡→"绘图"面板→"直线"按钮，配合端点捕捉功能，分别连接内轮廓线上侧的两个端点，绘制如图 2-53 所示的直线。

（4）选择菜单栏"工具"→"新建 UCS"→"原点"命令，捕捉上侧水平边的中点，作为新坐标系的原点，定义结果如图 2-54 所示。

图 2-52　绘制多段线　　　　图 2-53　绘制直线　　　　图 2-54　定义 UCS

（5）选择菜单栏"绘图"→"圆弧"→"三点"命令，配合点的坐标输入功能，绘制内部的弧形轮廓线。命令行操作如下：

命令：_arc
指定圆弧的起点或 [圆心(C)]：　　　　//-270,-185 Enter
指定圆弧的第二个点或 [圆心(C)/端点(E)]：　//@270,-250 Enter
指定圆弧的端点：　　　　　　　　//@270,250 Enter，绘制结果如图 2-55 所示

（6）将当前坐标系恢复为世界坐标系，最终结果如图 2-56 所示。

（7）最后执行"保存"命令，将图形命名为"旋转门.dwg"。

2.2.2　绘制多人餐桌

本例主要学习餐桌餐椅平面图例的绘制过程和相关技巧。餐桌餐椅平面图例的最终绘制效果如图 2-57 所示。

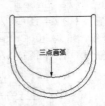

图 2-55　绘制结果

图 2-56　最终效果

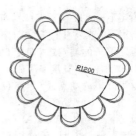

图 2-57　本例效果

绘图步骤

（1）打开上例绘制的圈椅文件，然后执行"中心缩放"功能，将视图高度调整为 4000 个单位。

（2）单击"默认"选项卡→"绘图"面板→"圆"按钮 ⊙，绘制半径为 1200 的圆，作为圆形餐桌轮廓线。

（3）单击"默认"选项卡→"修改"面板→"移动"按钮 ✛，配合中点捕捉和象限点捕捉功能，对圈椅平面图进行位移，结果如图 2-58 所示。

（4）单击"默认"选项卡→"修改"面板→"环形阵列"按钮 ✲，对圈椅环形阵列 12 份，中心点为餐桌的圆心，结果如图 2-57 所示。

（5）最后执行"另存为"命令，将图形命名存储为"餐桌与餐椅.dwg"。

2.2.3　绘制双人沙发

本例主要学习双人沙发平面图例的绘制过程和相关技巧。双人沙发平面图例的最终绘制效果如图 2-59 所示。

图 2-58　位移结果

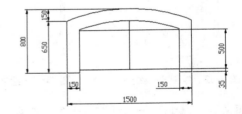

图 2-59　本例效果

绘图步骤

（1）新建文件并将视图高度设置为 1200 个单位。

（2）单击"默认"选项卡→"绘图"面板→"矩形"按钮 ▢，绘制长度为 1500、宽度为 650 的矩形。

（3）将矩形分解，然后单击"默认"选项卡→"修改"面板→"偏移"按钮 ⬒，设置偏移距离为 150，将矩形上侧水平边向上偏移；将两条垂直边向内偏移。

（4）重复执行"偏移"命令，将矩形下侧水平边向上偏移 35 和 535 个单位，结果如图 2-60 所示。

（5）单击"默认"选项卡→"绘图"面板→"圆弧"按钮 ⌒，配合端点捕捉和中点捕捉功能，绘制如图 2-61 所示的圆弧。

（6）使用快捷键"O"激活"偏移"命令，将所绘制的圆弧向内偏移 150 个绘图单位，同时删除最上侧的两条水平线段，结果如图 2-62 所示。

（7）使用快捷键"TR"激活"修剪"命令，图线进行修剪编辑，结果如图 2-63 所示。

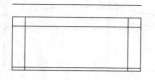

图 2-60　偏移结果

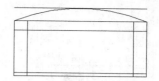

图 2-61　三点画弧

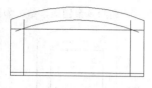

图 2-62　偏移结果

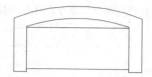

图 2-63　修剪结果

（8）使用快捷键"L"激活"直线"命令，配合中点捕捉功能绘制双人沙发的分界线，最终结果如图 2-59 所示。

（9）最后执行"保存"命令，将图形命名为"双人沙发.dwg"。

2.2.4　绘制沙发组合

本例主要学习沙发组合平面图例的绘制过程和相关技巧。沙发组合平面图例的最终绘制效果如图 2-64 所示。

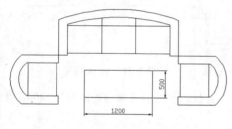

图 2-64　本例效果

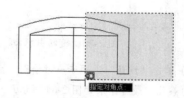

图 2-65　窗交选择

绘图步骤

（1）打开上例绘制的双人沙发文件。

（2）单击"默认"选项卡→"修改"面板→"复制"按钮，选择双人沙发进行复制。

（3）单击"默认"选项卡→"修改"面板→"拉伸"按钮，将双人沙发拉伸为三人沙发。

命令行操作如下：

```
命令：_stretch
以交叉窗口或交叉多边形选择要拉伸的对象…
选择对象：                        //使用窗口选择方式从右向左拉出如图 2-65 所示的选择框
选择对象：                        // Enter，结束选择
指定基点或位移：                   //捕捉如图 2-66 所示的端点
指定位移的第二个点或 <用第一个点作位移>：  //@600,0 Enter，结果如图 2-67 所示
```

（4）使用快捷键"O"激活"偏移"命令，将偏移距离设置为 600，选择分界线将其向左偏移，然后以内侧的弧形轮廓线作为边界，对两条垂直分界线进行修剪，结果如图 2-68 所示。

图 2-66　捕捉端点

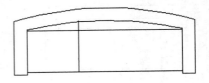

图 2-67　拉伸结果

（5）重复执行"拉伸"命令，将另一双人沙发拉伸成为单人沙发，并删除多余图线，结果如图 2-69 所示。

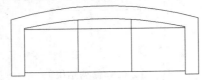

图 2-68　偏移并修剪

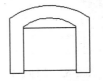

图 2-69　捕捉端点

（6）单击"默认"选项卡→"修改"面板→"旋转"按钮 ⟳，将单人沙发旋转 90°，然后对其进行位移，结果如图 2-70 所示。

（7）单击"默认"选项卡→"修改"面板→"镜像"按钮 ⚠，分别捕捉中点 P 和 Q，对单人沙发图形进行镜像，结果如图 2-71 所示。

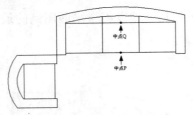

图 2-70　旋转并移动

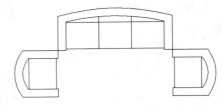

图 2-71　镜像结果

（8）单击"默认"选项卡→"绘图"面板→"矩形"按钮 ▭，在沙发组内绘制长为 1200、宽为 500 的矩形作为茶几，最终结果如图 2-64 所示。

（9）最后执行"另存为"命令，将图形命名保存为"沙发组合.dwg"。

2.2.5　绘制双人床

本例主要学习双人床平面图例的绘制过程和相关技巧。双人床平面图例的最终绘制效果如图 2-72 所示。

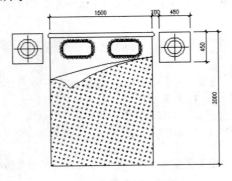

图 2-72　本例效果

图 2-73　操作结果

绘图步骤

（1）新建文件并将视图高度设置为 3500 个单位。

（2）单击"默认"选项卡→"绘图"面板→"矩形"按钮 ▭，绘制长度为 1500、宽度为 2000 的矩形作为床轮廓线。

（3）将矩形分解，然后执行"偏移"命令，将矩形上侧水平边向下偏移 60。

（4）使用快捷键"LEN"激活"拉长"命令，将两条垂直的矩形边缩短 60 个绘图单位，结果如图 2-73 所示。

（5）单击"默认"选项卡→"修改"面板→"圆角"按钮 ◰，对上侧的两条平行图线进行圆角，圆角结果如图 2-74 所示。

（6）单击"默认"选项卡→"绘图"面板→"矩形"按钮 ▭，绘制半径为 80 的圆角矩形作为枕头轮廓线，矩形的长度为 440、宽度为 225。

（7）将刚绘制的矩形向内偏移 10 个单位，然后执行"椭圆"命令，配合象限点捕捉功能，绘制两个椭圆。

命令行操作如下：

```
命令：_ellipse
指定椭圆的轴端点或 [圆弧(A)/中心点(C)]：         //在适当位置拾取一点
指定轴的另一个端点：                            //@0,37 Enter
指定另一条半轴长度或 [旋转(R)]：                //19 Enter
命令：                                          //Enter，重复命令
ELLIPSE 指定椭圆的轴端点或 [圆弧(A)/中心点(C)]： //捕捉椭圆的下象限点
指定轴的另一个端点：                            //@0,17 Enter
指定另一条半轴长度或 [旋转(R)]：                //9 Enter，结果如图 2-75 所示
```

（8）使用快捷键"B"激活"创建块"命令，以椭圆的下象限点作为基点，将两个椭圆创建为内部块，并删除源对象，其中块名为 11。

（9）单击"默认"选项卡→"绘图"面板→"定数等分"按钮 ▨，将外侧的圆角矩形进行定数等分。

命令行操作如下：

```
命令：_divide
选择要定数等分的对象：                //选择外侧的圆角矩形
输入线段数目或 [块(B)]：             //bEnter
输入要插入的块名：                   //11 Enter
是否对齐块和对象？[是(Y)/否(N)] <Y>： //Enter，
输入线段数目：                       //28 Enter，等分结果如图 2-76 所示
```

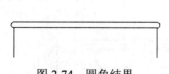
图 2-74　圆角结果

图 2-75　绘制椭圆

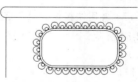
图 2-76　等分结果

（10）使用快捷键"MI"激活"镜像"命令，配合中点捕捉功能，将枕头图例进行镜像，结果如图 2-77 所示。

（11）使用三点画弧功能，配合最近点捕捉功能，绘制如图 2-78 所示的三段闭合弧形轮廓线，作为床被示意线。

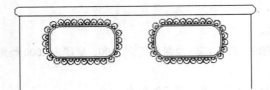

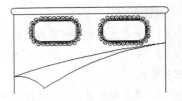

图 2-77　镜像结果　　　　　　　　　　图 2-78　绘制示意线

（12）单击"默认"选项卡→"绘图"面板→"图案填充"按钮，为双人床填充 CROSS 图案，填充角度为 30、填充比例为 7.5，结果如图 2-79 所示。

（13）单击"默认"选项卡→"绘图"面板→"矩形"按钮，，配合捕捉与追踪功能绘制如图 2-80 所示的矩形，作为床头柜轮廓线。

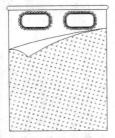

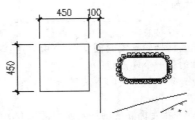

图 2-79　填充结果　　　　　　　　　　图 2-80　绘制矩形

（14）选择菜单栏"格式"→"点样式"命令，设置点样式为，点尺寸为 200 个单位。

（15）选择菜单栏"绘图"→"点"→"单点"命令，以如图 2-81 所示的追踪交点作为目标点，绘制点标记作为台灯图例，结果如图 2-82 所示。

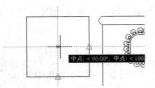

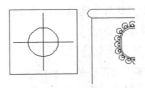

图 2-81　捕捉追踪交点　　　　　　　　图 2-82　绘制点

（16）使用画圆命令，配合节点捕捉功能，以刚绘制的点作为圆心，绘制半径为 144 的圆，结果如图 2-83 所示。

（17）使用快捷键"MI"激活"镜像"命令，配合中点捕捉功能，将床头柜及台灯图例进行镜像，结果如图 2-84 所示。

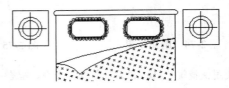

图 2-83　绘制圆　　　　　　　　　　　图 2-84　最终结果

（18）最后执行"保存"命令，将图形命名为"双人床.dwg"。

2.2.6　绘制茶几图例

本例主要学习茶几平面图例的绘制过程和相关技巧。茶几平面图例的最终绘制效果如图 2-85 所示。

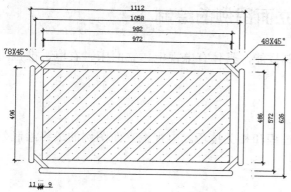

图 2-85　本例效果

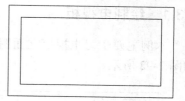

图 2-86　偏移结果

绘图步骤

（1）新建文件并将视图高度设置为 1200 个单位。

（2）使用快捷键"REC"激活"矩形"命令，绘制长度为 972，宽度为 486 的矩形，然后将矩形向外偏移 86 个单位，结果如图 2-86 所示。

（3）单击"默认"选项卡→"修改"面板→"倒角"按钮，设置倒角长度为 48，倒角角度为 45，对外侧矩形进行倒角，结果如图 2-87 所示。

（4）重复使用"倒角"命令，将修剪模式设置为"不修剪"，将倒角距离设置为 78，角度为 45，为外侧矩形再次倒角，结果如图 2-88 所示。

（5）将外侧的倒角矩形分解，然后使用"拉长"命令，将分解后的水平和垂直图线两端拉长 9 个单位，结果如图 2-89 所示。

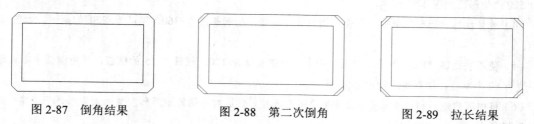

图 2-87　倒角结果　　　　　图 2-88　第二次倒角　　　　　图 2-89　拉长结果

（6）使用"偏移"命令，将拉长后的四条图线向外偏移 27 个绘图单位，然后分别对各组平行线进行圆角，结果如图 2-90 所示。

图 2-90　圆角结果

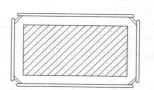

图 2-91　填充结果

（7）使用快捷键"H"激活"图案填充"命令，为茶几填充 SACNCR 图案，填充比例为 20，填充结果如图 2-91 所示。

（8）最后执行"保存"命令，将图形命名存储为"茶几.dwg"。

2.3 室内立面图例的绘制

本节主要学习室内立面构件图例的绘制技能，具体有电视柜、立面床、衣柜、推拉门、橱柜等构件。

2.3.1 绘制电视柜

本例主要学习电视柜立面图例的绘制过程和相关技巧。电视柜立面图例的最终绘制效果如图 2-92 所示。

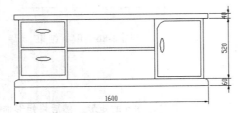

图 2-92 本例效果

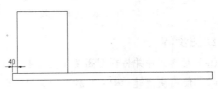

图 2-93 绘制矩形

绘图步骤

（1）新建文件并将视图高度设置为 1200 个单位。

（2）单击"默认"选项卡→"绘图"面板→"矩形"按钮□，，绘制长度为 1600、宽度为 60 的矩形作为电视柜底板边框。

（3）重复执行"矩形"命令，配合"捕捉自"功能，以矩形左上角点作为参照点，绘制长度为 400、宽度为 520 的矩形，如图 2-93 所示。

（4）重复执行"矩形"命令，配合"捕捉自"功能，绘制长度为 360、宽度为 220 的矩形，如图 2-94 所示。

（5）使用快捷键"EL"激活"椭圆"命令，绘制长轴为 120、短轴为 15 的椭圆，其中椭圆中心点距离上侧边为 80 个单位，绘制结果如图 2-95 所示。

（6）将内部的矩形和椭圆垂直向上复制 240 个单位，然后对下侧的矩形和左侧的大矩形进行镜像，结果如图 2-96 所示。

图 2-94 绘制结果

图 2-95 绘制椭圆

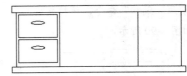

图 2-96 镜像结果

（7）单击"默认"选项卡→"绘图"面板→"矩形"按钮□，配合"捕捉自"功能绘制长度为 720、宽度为 20 的矩形隔板，如图 2-97 所示。

（8）使用快捷键"O"激活"偏移"命令，将右侧矩形向内偏移 20 个单位，然后对偏移出的矩形进行圆角，圆角半径为 80，结果如图 2-98 所示。

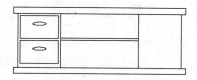

图 2-97　绘制结果

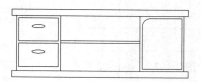

图 2-98　偏移并圆角

（9）设置圆角半径为"30"，对下侧矩形进行圆角，结果如图 2-99 所示。

（10）将左侧的椭圆形把手进行复制，并将复制出的椭圆旋转 90°，然后对其进行位移，结果如图 2-100 所示。

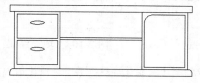

图 2-99　圆角结果

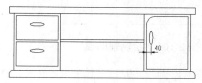

图 2-100　最终结果

（11）最后执行"保存"命令，将图形命名存储为"电视柜.dwg"。

2.3.2　绘制双人床

本例主要学习双人床立面图例的绘制过程和相关技巧。双人床立面图例的最终绘制效果如图 2-101 所示。

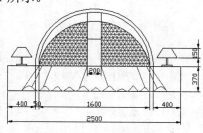

图 2-101　本例效果

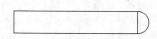

图 2-102　style-01 样式

绘图步骤

（1）新建文件，然后在命令行输入命令 MLSTYLE，设置名为"style-01"和"style-02"两种多线样式，样式效果如图 2-102 和图 2-103 所示。

（2）使用快捷键"ML"激活"多线"命令，设置多线比例分别为 1600 和 1700、使用"style-01"样式绘制高度都为 370 多线作为床和半圆形靠背，如图 2-104 所示。

（3）单击"默认"选项卡→"绘图"面板→"直线"按钮 ，绘制靠背内部的轮廓线，如图 2-105 所示。

（4）单击"默认"选项卡→"绘图"面板→"构造线" ，绘制图 2-106 所示的水平构造线作为定位辅助线。

（5）单击"默认"选项卡→"绘图"面板→"圆弧"按钮 ，配合捕捉功能绘制如图 2-107 所示的弧形轮廓线。

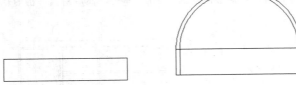

图 2-103　style-02 样式　　　图 2-104　绘制结果　　　图 2-105　绘制内部轮廓线

（6）删除辅助线，然后为靠背填充 NET3 图案，填充比例为 15，填充结果如图 2-108 所示。

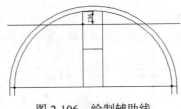

图 2-106　绘制辅助线　　　　图 2-107　绘制圆弧　　　　图 2-108　填充结果

（7）将"style-02"设置为当前样式，然后使用"多线"命令绘制床头柜轮廓线，其中多线比例为 400、高度为 370，结果如图 2-109 所示。

（8）执行"多线"命令，绘制宽度为 150、高度为 20 以及宽度为 20、高度为 150 的多线，作为台灯底座和台灯柱轮廓线，如图 2-110 所示。

（9）单击"默认"选项卡→"绘图"面板→"多段线"按钮，配合中点捕捉和点的坐标输入功能，绘制台灯轮廓线。

命令行操作过程如下。

```
命令：_pline
指定起点：                                    //捕捉如图 2-111 所示的中点
当前线宽为 0.0000
指定下一个点或 [圆弧(A)/半宽(H)/长度(L)/放弃(U)/宽度(W)]:      //@-150,0 Enter
指定下一点或 [圆弧(A)/闭合(C)/半宽(H)/长度(L)/放弃(U)/宽度(W)]://@90,150 Enter
指定下一点或 [圆弧(A)/闭合(C)/半宽(H)/长度(L)/放弃(U)/宽度(W)]://@120,0 Enter
指定下一点或 [圆弧(A)/闭合(C)/半宽(H)/长度(L)/放弃(U)/宽度(W)]://@90,-150 Enter
指定下一点或 [圆弧(A)/闭合(C)/半宽(H)/长度(L)/放弃(U)/宽度(W)]:
                              //c Enter，绘制结果如图 2-112 所示
```

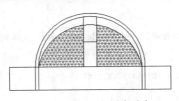

图 2-109　绘制床头柜　　　图 2-110　绘制结果　　　图 2-111　定位起点

（10）使用快捷键"MI"激活"镜像"命令，绘制右侧的台灯座、台灯柱和台灯轮廓线。

（11）接下来综合使用"样条曲线"和"直线"命令，配合最近点捕捉功能，绘制如图 2-113 所示的床单皱褶示意线。

（12）最后执行"保存"命令，将图形命名存储为"立面床.dwg"。

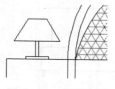

图 2-112　绘制结果

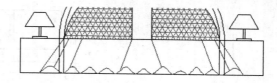

图 2-113　最终效果

2.3.3　绘制沙发

本例主要学习沙发立面图例的绘制过程和相关技巧。沙发立面图例的最终绘制效果如图 2-114 所示。

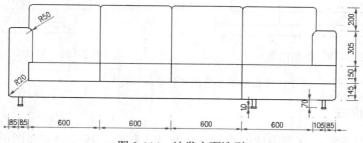

图 2-114　沙发立面造型

绘图步骤

（1）新建文件，并绘制长为 2420、宽为 800 的矩形。

（2）将矩形分解，然后将下侧水平边向上偏移 140 和 300 个单位。

（3）单击"默认"选项卡→"修改"面板→"矩形阵列"按钮 ⊞，对分解后的矩形左侧垂直边进行阵列四列，列间距为 600，结果如图 2-115 所示。

（4）单击"默认"选项卡→"绘图"面板→"矩形"按钮 ▭，配合"捕捉自"功能，以图形左下角点水平向右 30 个单位的点为起点，向左上方绘制尺寸为 200×600 的矩形 2，作为沙发的扶手，结果如图 2-116 所示。

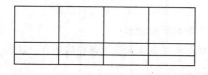

图 2-115　阵列结果

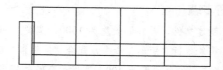

图 2-116　绘制沙发扶手

（5）重复执行"矩形"命令，配合"捕捉自"功能，以扶手左下角端点水平向右 85 个单位的点作为起点，向右下方绘制尺寸为 30×70 的沙发脚。

（6）重复执行"矩形"命令，以沙发脚左下角点水平向左 5 个单位的点为起点，向右下方绘制尺寸为 40×10 的沙发脚垫，如图 2-117 所示。

（7）执行"镜像"命令，将扶手及沙发脚、脚垫镜像到沙发右侧，然后将镜像后的沙发脚及脚垫向左复制 590 个单位。

（8）综合"修剪"和"延伸"等命令对图形编辑，结果如图 2-118 所示。

（9）设置圆角半径为 50，分别对沙发左、右两侧的扶手进行编辑。

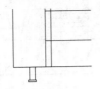

图 2-117　绘制沙发脚及脚垫

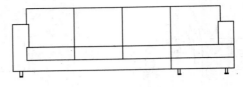

图 2-118　编辑结果

（10）设置圆角半径为 25，依次对其余的角进行编辑，结果如图 2-119 所示。

（11）综合"修剪"、"延伸"等命令，对图形进行修整完善，结果如图 2-120 所示。

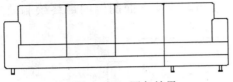

图 2-119　圆角结果

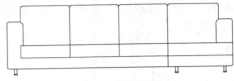

图 2-120　编辑结果

（12）最后执行"保存"命令，将图形命名保存为"沙发.dwg"。

2.3.4　绘制梳妆台

本例主要学习梳妆台立面图例的绘制过程和相关技巧。梳妆台立面图例的最终绘制效果如图 2-121 所示。

图 2-121　本例效果

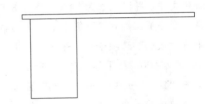

图 2-122　绘制矩形

绘图步骤

（1）新建文件，并绘制长度为 1500、宽度为 40 的矩形作为桌面板轮廓线。

（2）重复执行"矩形"命令，配合"捕捉自"功能，以桌面板左下角点作为偏移的基点，以点（@70,0）作为左上角点，绘制长度为 400、宽度为 720 的矩形，如图 2-122 所示。

（3）将绘制的矩形向内偏移 20，然后再配合中点捕捉进行镜像，结果如图 2-123 所示。

（4）将桌面板分解，然后对桌面板两端进行圆角，结果如图 2-124 所示。

（5）执行"椭圆"命令，以距离内框中点水平向左 70 个单位的点作为中心点，绘制长轴为 120、短轴为 30 的椭圆形把手，如图 2-125 所示。

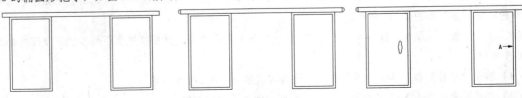

图 2-123　镜像结果　　　　　图 2-124　圆角结果　　　　　图 2-125　绘制椭圆

（6）将内框矩形 A 分解，然后将分解后的矩形下侧水平边向上偏移，偏移距离分别为 20、280、20、20、140、20、20、140；将矩形两侧的垂直边向内偏移 20，结果如图 2-126 所示。

（7）执行"修剪"和"删除"命令，对各图线进行编辑，并删除多余图线，结果如图 2-127 所示。

（8）执行"矩形"命令，配合"捕捉自"功能，以图 2-127 所示的 D 点作为偏移的基点，以点（@110,-100）作为左上角点，绘制长度为 100、宽度为 20 的矩形把手，如图 2-128 所示。

图 2-126　偏移结果　　　　图 2-127　操作结果　　　　图 2-128　绘制结果

（9）将矩形把手垂直向上复制 220 和 410 个单位，然后对所有图形进行垂直镜像，最终结果如图 2-121 所示。

（10）最后执行"保存"命令，将图形命名存储为"梳妆台.dwg"。

2.3.5　绘制橱柜

本例主要学习立面图例的绘制过程和相关技巧。橱柜立面图例的最终绘制效果如图 2-129 所示。

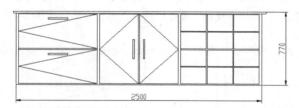

图 2-129　本例效果

绘图步骤

（1）新建文件，绘制长为 2580、宽为 20、圆角半径为 10 的圆角矩形作为橱柜面板。

（2）重复执行"矩形"命令，配合"捕捉自"功能，绘制长为 2500、宽为 750 的矩形，如图 2-130 所示。

（3）重复执行"矩形"命令，配合"捕捉自"功能，以刚绘制的矩形左下角点作为参照点，以点（@25,10）作为第一角点，绘制长为 800、宽为 730 的矩形，结果如图 2-131 所示。

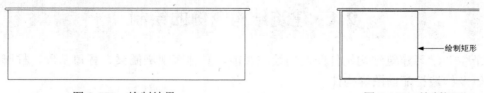

图 2-130　绘制结果　　　　　　　　图 2-131　绘制矩形

（4）单击"默认"选项卡→"修改"面板→"矩形阵列"按钮 ，对刚绘制的矩形水平阵列 3 份，列偏移为 825，结果如图 2-132 所示。

（5）执行"多线"命令，配合中点捕捉功能绘制宽度为 10 的多线作为抽屉的分隔线，如图 2-133 所示。

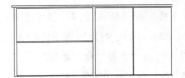

图 2-132　阵列结果　　　　　　　　　　图 2-133　绘制分隔线

（6）重复执行"多线"命令，绘制右侧的轮廓线，如图 2-134 所示。

（7）执行"多线编辑工具"对多线进行编辑，结果如图 2-135 所示。

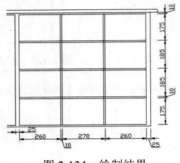

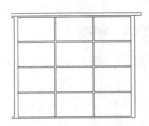

图 2-134　绘制结果　　　　　　　　　　图 2-135　编辑多线

（8）使用快捷键"REC"激活"矩形"命令，绘制如图 2-136 所示的矩形作为把手。

（9）加载一种名为"DASHED2"的线型，线型比例为 4，并将此线型设置为当前线型。

（10）使用快捷键"PL"激活"多段线"命令，绘制开启方向线，如图 2-137 所示。

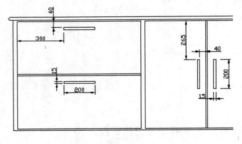

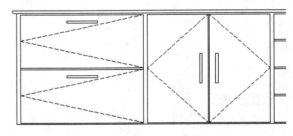

图 2-136　绘制把手　　　　　　　　　　图 2-137　绘制方向线

（11）最后执行"保存"命令，将图形命名存储为"橱柜.dwg"。

2.4　建筑结构图例的绘制

本节主要学习建筑结构构件图例的绘制技能，具体有现浇圈梁、杯口基础、柱脚、孔洞加强筋以及构造柱配筋图等构件。

2.4.1　绘制现浇圈梁

本例主要学习现浇圈梁平面图例的绘制过程和相关技巧。现浇圈梁平面图例的最终绘制效果如图 2-138 所示。

绘图步骤

（1）新建文件，并设置视图高度为350个单位。

（2）单击"默认"选项卡→"绘图"面板→"矩形"按钮 ，，绘制长宽都为240的矩形外框。

（3）重复执行"矩形"命令，配合"捕捉自"功能绘制内侧的箍筋结构，命令行操作如下：

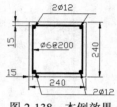

图 2-138　本例效果

```
命令：_rectang
指定第一个角点或 [倒角(C)/标高(E)/圆角(F)/厚度(T)/宽度(W)]：　　//w Enter
指定矩形的线宽 <0.0000>：　　　　　　//5 Enter
指定第一个角点或 [倒角(C)/标高(E)/圆角(F)/厚度(T)/宽度(W)]：
_from 基点：　　　　　　　　　//捕捉刚绘制的矩形左下角点
<偏移>：　　　　　　　　　　//@15,15 Enter
指定另一个角点或 [尺寸(D)]：　　　//@210,210 Enter ，结果如图 2-139 所示
```

（4）使用快捷键"O"激活"偏移"命令，将内侧的宽度矩形向内偏移7.5个单位，作为辅助矩形。

（5）选择菜单栏"绘图"→"圆环"命令，以偏移出的矩形四个角点作为中心点，绘制外径为12的实心圆环，作为构造筋，结果如图 2-140 所示。

（6）使用快捷键"E"激活"删除"命令，删除偏移出的辅助矩形，结果如图 2-141 所示。

图 2-139　绘制箍筋　　　　图 2-140　绘制构造筋　　　　图 2-141　删除结果

（7）最后执行"保存"命令将图形命名存储为"现浇圈梁.dwg"。

2.4.2　绘制杯口基础

本例主要学习杯口基础平面图例的绘制过程和相关技巧。杯口基础平面图例的最终绘制效果如图 2-142 所示。

绘图步骤

（1）新建文件并设置图形界线为2000×1000。

（2）最大化显示图形界限，并开启"极轴追踪"功能，设置增量角为15°。

（3）单击"默认"选项卡→"绘图"面板→"多段线"按钮 ，绘制杯口基础外轮廓线。

图 2-142　本例效果

命令行操作如下：

```
命令：_pline
指定起点：　　　　　　　　　//在绘图区拾取一点
当前线宽为 0.0000
指定下一个点或 [圆弧(A)/半宽(H)/长度(L)/放弃(U)/宽度(W)]：//@700,0 Enter
指定下一点或 [圆弧(A)/闭合(C)/半宽(H)/长度(L)/放弃(U)/宽度(W)]：//@0,195 Enter
```

指定下一点或 [圆弧(A)/闭合(C)/半宽(H)/长度(L)/放弃(U)/宽度(W)]: //@250<165 Enter
指定下一点或 [圆弧(A)/闭合(C)/半宽(H)/长度(L)/放弃(U)/宽度(W)]: //@0,300 Enter
指定下一点或 [圆弧(A)/闭合(C)/半宽(H)/长度(L)/放弃(U)/宽度(W)]: //@-200,0 Enter
指定下一点或 [圆弧(A)/闭合(C)/半宽(H)/长度(L)/放弃(U)/宽度(W)]: //@400<255 Enter
指定下一点或 [圆弧(A)/闭合(C)/半宽(H)/长度(L)/放弃(U)/宽度(W)]: //@-155,0 Enter
指定下一点或 [圆弧(A)/闭合(C)/半宽(H)/长度(L)/放弃(U)/宽度(W)]:
// Enter，绘制结果如图 2-143 所示

（4）使用快捷键"MI"激活"镜像"命令，将刚绘制的多段线进行垂直镜像，结果如图 2-144 所示。

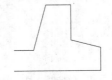

图 2-143　绘制结果

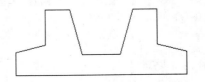

图 2-144　镜像结果

（5）最后执行"保存"命令，将图形命名存储为"杯口基础.dwg"。

2.4.3　绘制柱脚详图

本例主要学习柱脚结构图例的绘制过程和相关技巧。柱脚结构图例的最终绘制效果如图 2-145 所示。

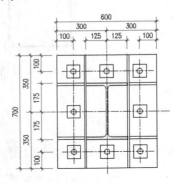

图 2-145　本例效果

图 2-146　绘制结果

绘图步骤

（1）新建公制文件并设置视图高度为 1500 个单位。

（2）使用快捷键"LT"激活"线型"命令，加载名为 CENTER 的线型，将此线型设置为当前线型，并调整线型比例为 1.5。

（3）将当前颜色设置红色，然后使用"直线"命令绘制如图 2-146 所示的定位轴线。

（4）将水平轴线对称偏移 250 个单位，将垂直轴线对称偏移 200 个单位，并适当调整图线的长度，结果如图 2-147 所示。

（5）重复执行"偏移"命令，分别将偏移出四条图线再向外侧偏移 100 个单位，结果如图 2-148 所示。

（6）使用快捷键"F"激活"圆角"命令，将圆角半径设置为 0，对刚偏移出的四条图线进行圆角，并修改图线的线型为随层，颜色为随层，结果如图 2-149 所示。

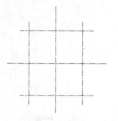

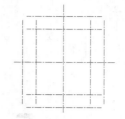

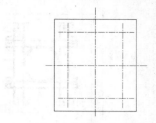

图 2-147　偏移结果　　　　　　图 2-148　偏移结果　　　　　　图 2-149　编辑结果

（7）修改当前线型为随层，颜色为随层，然后绘制边长为 80 的正四边形和直径为 32 的圆，如图 2-150 所示。

（8）单击"默认"选项卡→"修改"面板→"矩形阵列"按钮 🔡，将正四边形和圆进行阵列 3 行 3 列，其中行间距为 250、列间距为 200，结果如图 2-151 所示。

（9）使用快捷键"O"激活"偏移"命令，将两侧水平轮廓边向内偏移 175 和 190；将两侧垂直轮廓边分别向内偏移 165 和 175，结果如图 2-152 所示。

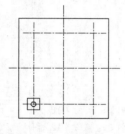

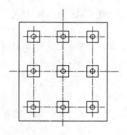

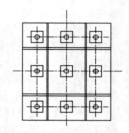

图 2-150　绘制结果　　　　　　图 2-151　阵列结果　　　　　　图 2-152　偏移结果

（10）使用快捷键"TR"激活"修剪"命令，对偏移出的图线进行修剪，并删除多余图线，结果如图 2-153 所示。

（11）使用快捷键"I"激活"插入块"命令，以默认参数插入光盘"\图块文件\工形钢.dwg"，插入点为图 2-154 所示的交点，插入结果如图 2-155 所示。

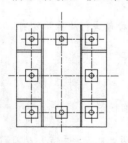

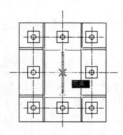

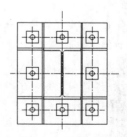

图 2-153　编辑结果　　　　　　图 2-154　定位插入点　　　　　图 2-155　插入结果

（12）最后执行"保存"命令，将图形命名存储为"柱脚详图.dwg"。

2.4.4　绘制孔洞加强筋

本例主要学习孔洞加强筋结构图例的绘制过程和相关技巧。孔洞加强筋结构图例的最终绘制效果如图 2-156 所示。

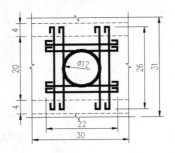

图 2-156　本例效果　　　　　　　　　　图 2-157　绘制结果

绘图步骤

（1）新建公制文件并设置视图高度为 80 个单位。

（2）单击"默认"选项卡→"绘图"面板→"多段线"按钮，配合坐标输入功能绘制横筋轮廓线。

命令行操作如下：

```
命令: _pline
指定起点:                                    //在绘图区拾取一点
当前线宽为 0.0
指定下一个点或 [圆弧(A)/半宽(H)/长度(L)/放弃(U)/宽度(W)]:      //w Enter
指定起点宽度 <0.0>:              //0.5 Enter
指定端点宽度 <0.5>:              //0.5 Enter
指定下一个点或 [圆弧(A)/半宽(H)/长度(L)/放弃(U)/宽度(W)]:      //@-2,0 Enter
指定下一点或 [圆弧(A)/闭合(C)/半宽(H)/长度(L)/放弃(U)/宽度(W)]:   //@0,-1 Enter
指定下一点或 [圆弧(A)/闭合(C)/半宽(H)/长度(L)/放弃(U)/宽度(W)]:   //@22,0 Enter
指定下一点或 [圆弧(A)/闭合(C)/半宽(H)/长度(L)/放弃(U)/宽度(W)]:   //@0,1 Enter
指定下一点或 [圆弧(A)/闭合(C)/半宽(H)/长度(L)/放弃(U)/宽度(W)]:   //@-2,0 Enter
指定下一点或 [圆弧(A)/闭合(C)/半宽(H)/长度(L)/放弃(U)/宽度(W)]:
                                    // Enter, 绘制结果如图 2-157 所示
```

（3）使用快捷键"CO"激活"复制"命令，选择横筋轮廓线垂直向上复制 2、13 和 15 个单位，结果如图 2-158 所示。

（4）单击"默认"选项卡→"修改"面板→"旋转"按钮，对所有横筋进行旋转并复制。

命令行操作如下：

```
命令: _rotate
UCS 当前的正角方向:  ANGDIR=逆时针  ANGBASE=0.0
选择对象:                              //选择所有横筋
选择对象:                              // Enter
指定基点:                              //激活"两点之间的中点"功能
_m2p 中点的第一点:                      //捕捉第二道横筋的中点
中点的第二点:                          //捕捉第三道横筋的中点
指定旋转角度, 或 [复制(C)/参照(R)] <0.0>:   //c Enter
旋转一组选定对象。
指定旋转角度, 或 [复制(C)/参照(R)] <0.0>:   //90 Enter, 结果如图 2-159 所示
```

（5）使用快捷键"S"激活"拉伸"命令，对四道纵筋进行两端拉长 2 个单位，结果如图 2-160 所法。

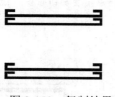

图 2-158　复制结果

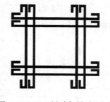

图 2-159　旋转并复制

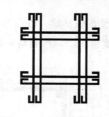

图 2-160　拉伸结果

（6）使用快捷键"M"激活"移动"命令，分别将两侧的纵筋向两侧外移 1 个单位，结果如图 2-161 所示。

（7）使用快捷键"DO"激活"圆环"命令，以如图 2-162 所示的中点追踪矢量交点作为中心点，绘制如图 2-163 所示的圆环，其中圆环内径为 10.2、外径为 12。

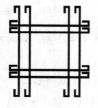

图 2-161　移动结果

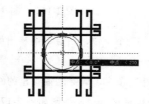

图 2-162　定位中心点

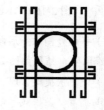

图 2-163　绘制结果

（8）单击"默认"选项卡→"绘图"面板→"直线"按钮，配合捕捉或追踪功能绘制如图 2-164 所示的四条折断线。

（9）使用快捷键"LT"激活"线型"命令，加载名为 HIDDEN 的线型，将此线型设置为当前线型，同时调整线型比例为 0.2。

（10）使用快捷键"L"激活"直线"命令，配合捕捉或追踪功能绘制如图 2-165 所示的四条隐藏线。

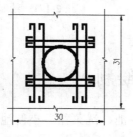

图 2-164　绘制折断线

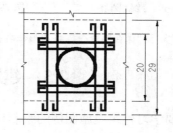

图 2-165　绘制隐藏线

（11）最后执行"保存"命令，图形命名存储为"孔洞加强筋.dwg"。

2.4.5　绘制构造柱配筋图

本例主要学习构造柱配筋图例的绘制过程和相关技巧。构造柱配筋图例的最终绘制效果如图 2-166 所示。

绘图步骤

（1）新建公制文件并设置视图高度为 500 个单位。

（2）使用快捷键"REC"激活"矩形"命令，绘制边长为 300 的正四边形作为构造柱外轮廓线。

（3）使用快捷键"O"激活"偏移"命令，将正四边形向内偏移 20 个单位，结果如图 2-167 所示。

（4）使用快捷键"PL"激活"多段线"命令，分别捕捉内侧矩形的四角点，绘制四条多段线作为配筋轮廓线，线宽为13.5，绘制结果如图2-168所示。

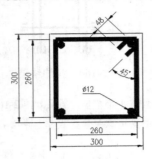

图2-166　本例效果

图2-167　偏移结果

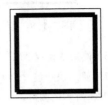

图2-168　绘制结果

（5）将最外侧的矩形向内侧偏移37个单位，然后以偏移出的矩形四角点作为中心点，绘制四个外径为24的实线圆环，结果如图2-169所示。

（6）使用快捷键"E"激活"删除"命令，删除刚偏移出的矩形，结果如图2-170所示。

（7）执行"多段线"命令，配合极轴追踪功能绘制如图2-171所示的两条倾斜线段，线宽为13.5。

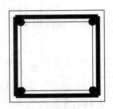

图2-169　绘制圆环

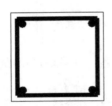

图2-170　删除结果

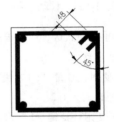

图2-171　绘制结果

（8）最后执行"保存"命令，将图形命名存储为"构造柱.dwg"。

2.5　建筑设施图例绘制

本节主要学习建筑设施图例的绘制技能，具体有洗手池、洗菜盆、小便池、坐便器和蹲便器等构件。

2.5.1　绘制洗手池

本例主要学习洗手池图例的绘制过程和相关技巧。洗手池平面图例的最终绘制效果如图2-172所示。

绘图步骤

（1）新建文件，使用画线和"起点、端点、角度"画弧等命令，绘制洗手池外轮廓线，如图2-173所示。

（2）执行"圆"命令，在圆心垂直下方60个单位的距离为圆心，绘制半径为305的圆图形，如图2-174所示。

（3）单击"默认"选项卡→"修改"面板→"偏移"按钮，将水平图线向下偏移30、将圆弧向内偏移12，结果如图2-175所示。

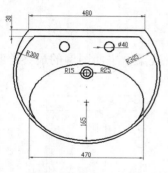

图 2-172　本例效果

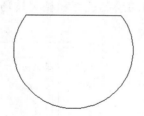

图 2-173　绘制线与弧

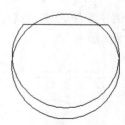

图 2-174　绘制圆

（4）单击"默认"选项卡→"修改"面板→"修剪"按钮 ⁻∕⁻，对偏移出的轮廓线进行修剪。结果如图 2-176 所示。

图 2-175　偏移结果

图 2-176　修剪结果

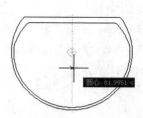

图 2-177　圆心追踪

（5）选择菜单栏"绘图"→"椭圆"→"中心点"命令，绘制长轴和短轴分别为 470 和 330 的椭圆。命令行操作如下。

```
命令：_ellipse
指定椭圆的轴端点或 [圆弧(A)/中心点(C)]：          //c Enter
指定椭圆的中心点：          //引出如图 2-177 所示的追踪虚线，输入 125 Enter
指定轴的端点：                              //@235,0 Enter
指定另一条半轴长度或 [旋转(R)]：     //165 Enter，绘制结果如图 2-178 所示
```

（6）执行"圆心，半径"命令，以同心圆弧的圆心作为圆心，绘制半径分别为 15 和 25 的两上圆，作为漏水孔，如图 2-179 所示。

（7）单击"默认"选项卡→"绘图"面板→"圆"按钮 ⊘，绘制两个直径为 40 的圆作为圆形阀门，如图 2-180 所示。

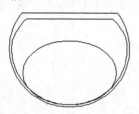

图 2-178　绘制椭圆

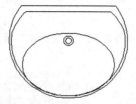

图 2-179　绘制同心圆

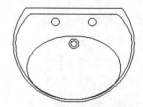

图 2-180　绘制结果

（8）使用"修剪"和"删除"命令，对图形进行编辑完善，最终结果如图 2-181 所示。

（9）最后执行"保存"命令，将图形命名存储为"洗手池.dwg"。

2.5.2　绘制洗菜盆

本例主要学习洗菜盆平面图例的绘制过程和相关技巧。洗菜盆平面图例的最终绘制效果如图 2-182 所示。

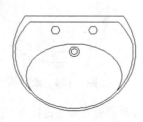

图 2-181　最终结果

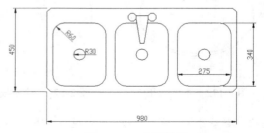

图 1-182　本例效果

绘图步骤

（1）新建文件，设置作图区域为 1500×1000，并最大化显示。

（2）单击"默认"选项卡→"绘图"面板→"矩形"按钮 ▭，绘制长度为 980、宽度为 450 的矩形，作为洗涤槽轮外轮廓线。

（3）重复执行"矩形"命令，配合"捕捉自"功能，以矩形左下角点作为参照点，以（@30,30）作为左下角点，以（@275,340）作为右上角点，绘制内部的矩形，结果如图 2-183 所示。

（4）单击"默认"选项卡→"修改"面板→"倒角"按钮 ◸，设置倒角长度为 20、角度为 45，为大矩形倒角，结果如图 2-184 所示。

（5）单击"默认"选项卡→"修改"面板→"圆角"按钮 ◠，设置圆角半径为 60，对内侧的小矩形进行圆角，结果如图 2-185 所示。

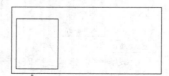

图 2-183　绘制结果

图 2-184　倒角结果

图 2-185　圆角结果

（6）配合中点捕捉和对象追踪功能，以圆角矩形中心点作为圆心，绘制半径为 30 的圆作为漏水孔，如图 2-186 所示。

（7）单击"默认"选项卡→"修改"面板→"复制"按钮 ⊙，选择内侧的矩形和圆进行复制，圆心距为 322.5，结果如图 2-187 所示。

（8）使用快捷键"L"激活"直线"命令，配合"捕捉自"功能绘制水龙头。

命令行操作如下。

```
命令：l                          // Enter
LINE 指定第一点：                //激活"捕捉自"功能
_from 基点：                     //捕捉大矩形上侧边的中点作为偏移的基点
<偏移>：                         //@0,-40 Enter
指定下一点或 [放弃(U)]：         //@31,0 Enter
指定下一点或 [放弃(U)]：         //@0,-17 Enter
```

指定下一点或 [闭合(C)/放弃(U)]:	//@-21,-130 Enter
指定下一点或 [闭合(C)/放弃(U)]:	// @-10,0 Enter
指定下一点或 [闭合(C)/放弃(U)]:	// Enter，绘制结果如图 2-188 所示

图 2-186　绘制圆

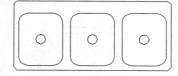
图 2-187　复制结果

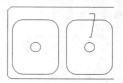
图 2-188　绘制结果

（9）单击"默认"选项卡→"绘图"面板→"正多边形"按钮◯，绘制图 2-189 所示的正八边形。

（10）综合使用"镜像"和"修剪"命令，对把手等图形进行镜像和修剪，结果如图 2-190 所示。

（11）最后执行"保存"命令，将图形命名存储为"洗菜盆.dwg"。

2.5.3　绘制小便池

本例主要学习小便池平面图例的绘制过程和相关技巧。小便池平面图例的最终绘制效果如图 2-191 所示。

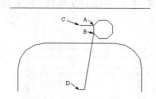
图 2-189　绘制正八边形

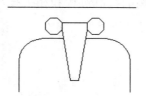
图 2-190　镜像结果

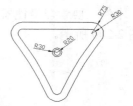
图 2-191　本例效果

绘图步骤

（1）创建文件并设置视图高度为 1000 个单位。

（2）单击"默认"选项卡→"绘图"面板→"直线"按钮✎，绘制边长为 700 的正三角形，如图 2-192 所示。

（3）单击"默认"选项卡→"绘图"面板→"圆弧"按钮✎，分别捕捉下侧端点和上侧的两个角点，绘制半径为 15 和–15 度的两条圆弧，结果如图 2-193 所法。

（4）选择两侧的倾斜直线段进行删除，结果如图 2-194 所示。

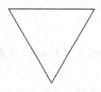
图 2-192　绘制结果

图 2-193　绘制结果

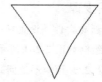
图 2-194　删除结果

（5）单击"默认"选项卡→"修改"面板→"圆角"按钮◻，对圆弧和直线进行圆角，圆角半径为 75，圆角结果如图 2-195 所示。

（6）单击"默认"选项卡→"修改"面板→"偏移"按钮，分别将图 2-195 所示的各图线向内偏移 45 个绘图单位，结果如图 2-196 所示。

（7）单击"默认"选项卡→"绘图"面板→"直线"按钮，配合中点捕捉功能，绘制如图 2-197 所示的直线作为辅助线。

图 2-195　圆角结果

图 2-196　圆角结果

图 2-197　绘制辅助线

（8）单击"默认"选项卡→"绘图"面板→"圆"按钮，以辅助线交点作为圆心，绘制半径分别为 30 和 20 的同心圆，如图 2-198 所示。

（9）删除两条辅助直线，结果如图 2-199 所示。

（10）最后执行"保存"命令，将图形命名存储为"小便器.dwg"。

2.5.4　绘制坐便器

本例主要学习坐便器平面图例的绘制过程和相关技巧。坐便器平面图例的最终绘制效果如图 2-200 所示。

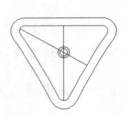
图 2-198　绘制同心圆

图 2-199　删除结果

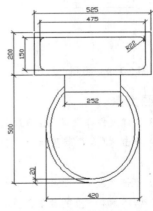
图 2-200　本例效果

绘图步骤

（1）新建文件并设置视图高度为 1000 个单位。

（2）绘制如图 2-201 所示的两个矩形，外矩形长度为 525、宽度为 200；内矩形长度为 475、宽度为 150、圆角半径为 22；两矩形边间距为 25。

（3）以大矩形下侧边中点为起点，绘制长度为 500 的直线作为辅助线，然后以辅助线作为长轴，绘制短轴为 420 的椭圆，结果如图 2-202 所示。

（4）单击"默认"选项卡→"修改"面板→"偏移"按钮，将刚绘制的椭圆向内偏移复制 20、将辅助线对称偏移 126，结果如图 2-203 所示。

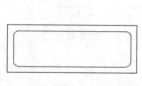

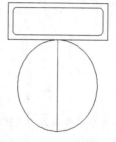

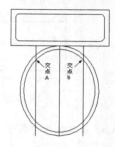

图 2-201　绘制结果　　　　图 2-202　绘制结果　　　　图 2-203　偏移结果

（5）连接交点 A 和交点 B，绘制水平轮廓线，并对偏移出的垂直辅助线进行修剪，结果如图 2-204 所示。

（6）综合使用"修剪"和"删除"命令，继续对图形进行编辑完善，结果如图 2-205 所示。

（7）最后执行"保存"命令，将图形命名存储为"坐便器.dwg"。

2.5.5　绘制蹲便器

本例主要学习蹲便器平面图例的绘制过程和相关技巧。蹲便器平面图例的最终绘制效果如图 2-206 所示。

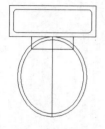

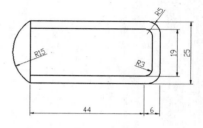

图 2-204　操作结果　　　　图 2-205　编辑结果　　　　图 2-206　本例效果

绘图步骤

（1）新建文件并设置视图高度为 100 个单位。

（2）使用快捷键"L"激活"直线"命令，配合"正交"功能绘制如图 2-207 所示的外轮廓线，其中，长度为 50、宽度为 25。

（3）单击"默认"选项卡→"修改"面板→"倒角"按钮，对刚绘制的外侧轮廓线进行圆角，圆角半径为 5，结果如图 2-208 所示。

图 2-207　绘制结果　　　　　　　　图 2-208　圆角结果

（4）将外侧的轮廓线向内侧偏移 3 个绘图单位，然后配合端点捕捉功能绘制左侧垂直轮廓线，绘制结果如图 2-209 所示。

（5）单击"默认"选项卡→"绘图"面板→"圆弧"按钮，分别捕捉左侧垂直直线的上下两个端点，绘制半径为 15 的圆弧，结果如图 2-210 所示。

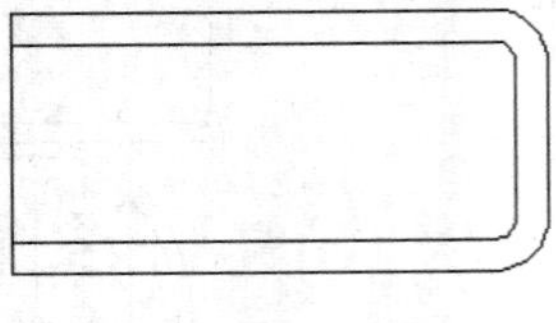

图 2-209　操作结果 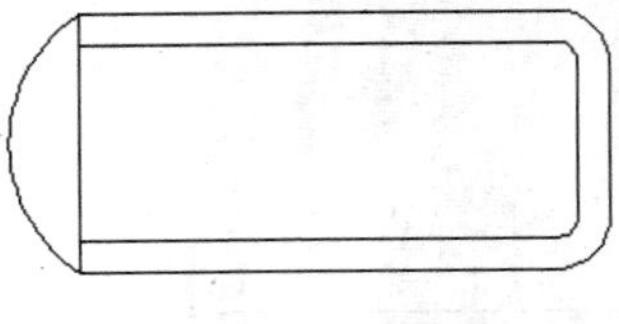　　　　　　　　　图 2-210　绘制结果

（6）最后执行"保存"命令，将图形命名存储为"蹲便器.dwg"。

2.6　本 章 小 结

　　本章在综合巩固和应用常用制图工具的前提下，通过绘制建筑构件图例、室内平面图例、室内立面图例、建筑结构图例和建筑设施图例，主要学习了各类图例的绘制技能和相关技巧，在具体绘制过程中要注意各类工具的组合搭配技能，以方便快捷地绘制各类图形结构。

　　本章所绘制的各类图例，都是后续施工图中经常用到的构图图例，在实用时直接以块的方式调用即可。

第3章 制作建筑绘图样板文件

在 AutoCAD 制图中，"绘图样板"也称为"样板图"，或"样板文件"等，此类文件指的就是包含一定的绘图环境、参数变量、绘图样式、页面设置等内容，但并未绘制图形的空白文件，当将此空白文件保存为".dwt"格式后，就成为了样板文件。用户在样板文件的基础上绘图，可以避免许多参数的重复性设置，大大节省绘图时间，不但提高绘图效率，还可以使绘制的图形更符合规范、更标准，保证图面、质量的完整统一。

那么如何在此类样板文件的基础上绘图呢？操作很简单，只需执行"新建"命令，在打开的"选择样板"对话框中选择并打开事先定制的样板文件即可，如图 3-1 所示。

图 3-1 "选择样板"对话框

■ **学习内容**
- ◇ 建筑样板的制作思路
- ◇ 设置建筑绘图环境
- ◇ 设置建筑图层及特性
- ◇ 设置建筑绘图样式
- ◇ 绘制建筑图纸边框
- ◇ 绘制建筑常用符号
- ◇ 建筑样板的页面布局

3.1 建筑样板的制作思路

建筑绘图样板文件的设置思路如下。

（1）首先根据绘图需要，设置相应单位的空白文件。

（2）设置模板文件的绘图环境，包括绘图单位、单位精度、绘图区域、捕捉模数、追踪模式以及常用系统变量等。

（3）设置模板文件的系列图层以及图层的颜色、线型、线宽、打印等特性，以便规划管理各类图形资源。

（4）设置模板文件的系列作图样式，具体包括各类文字样式、标注样式、墙线样式、窗线样式等。

（5）为绘图样板配置并填充标准图框。

（6）为绘图样板配置打印设备、设置打印页面等。

（7）最后将包含上述内容的文件存储为绘图样板文件。

3.2 设置建筑绘图环境

下面以设置一个 A2-H 绘图样板文件为例，学习建筑制图样板文件的详细制作过程和技巧。下面首先从设置绘图样板的绘图环境开始，具体内容包括绘图单位、图形界限、捕捉模数、追踪功能以及各种常用变量的设置等。

3.2.1 设置绘图单位

（1）单击"快速访问"工具栏→"新建"按钮，打开"选择样板"对话框。

（2）在"选择样板"对话框中选择"acadISO -Named Plot Styles"作为基础样板，新建空白文件。

（3）选择菜单栏"格式"→"单位"命令，或使用快捷键"UN"激活"单位"命令，打开"图形单位"对话框。

（4）在"图形单位"对话框中设置长度类型、角度类型以及单位、精度等参数，如图 3-2 所示。

3.2.2 设置绘图区域

（1）继续上节操作。

（2）选择菜单栏"格式"→"图形界限"命令，设置默认作图区域为 59400×42000。

命令行操作如下：

```
命令：'_limits
重新设置模型空间界限：
指定左下角点或 [开(ON)/关(OFF)] <0.0,0.0>:    //Enter
指定右上角点 <420.0,297.0>:                    //59400,42000 Enter
```

（3）选择菜单栏"视图"→"缩放"→"全部"命令，将图形界限全部显示。

图 3-2 设置单位与精度

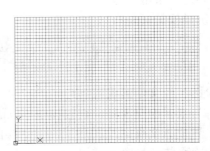

图 3-3 栅格显示界限

技巧提示：如果用户想直观地观察到设置的图形界限，可按 F7 功能键，打开"栅格"功能，通过坐标的栅格线或栅格点，直观形象地显示出图形界限，如图 3-3 所示。

3.2.3　设置捕捉追踪

（1）继续上节操作。

（2）在状态栏"对象捕捉"按钮 ⬚▾ 上单击右键，选择"对象捕捉设置"选项，打开"草图设置"对话框。

（3）展开"对象捕捉"选项卡，启用和设置对象捕捉模式，如图 3-4 所示。

（4）展开"极轴追踪"选项卡，设置追踪角参数如图 3-5 所示。

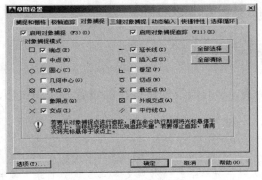

图 3-4　设置捕捉参数

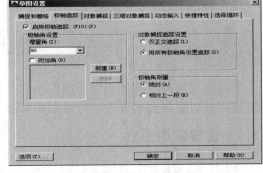

图 3-5　设置追踪角参数

技巧提示：此处设置的捕捉和追踪模式不是绝对的，用户可以在实际操作过程中随时更改。

（5）单击 确定 ，关闭"草图设置"对话框。

（6）按下 12 功能键，打开状态栏上的"动态输入"功能。

3.2.4　设置系统变量

（1）继续上节操作。

（2）在命令行输入系统变量"LTSCALE"，以调整线型的显示比例。

命令行操作如下：

```
命令：LTSCALE                          // Enter
输入新线型比例因子 <1.0000>：          // 100 Enter
正在重生成模型
```

（3）使用系统变量"DIMSCALE"设置和调整尺寸标注样式的比例。

具体操作如下：

```
命令：DIMSCALE                         // Enter
输入 DIMSCALE 的新值 <1>：             //100 Enter
```

（4）系统变量"MIRRTEXT"用于设置镜像文字的可读性。当变量值为 0 时，镜像后的文字具有可读性；当变量为 1 时，镜像后的文字不可读。

具体设置如下：

```
命令：MIRRTEXT                         // Enter
输入 MIRRTEXT 的新值 <1>：             // 0 Enter
```

（5）由于属性块的引用一般有"对话框"和"命令行"两式，可以使用系统变量"ATTDIA"，进行控制属性值的输入方式。

具体操作如下：

```
命令：ATTDIA                          // Enter
输入 ATTDIA 的新值 <1>：               //0 Enter
```

技巧提示： 当变量 ATTDIA=0 时，系统将以"命令行"形式提示输入属性值；为 1 时，以"对话框"形式提示输入属性值。

（6）最后使用"保存"命令，将当前文件命名存储为"设置绘图环境.dwg"。

3.3 设置建筑图层及特性

下面通过为样板文件设置常用的图层及图层特性，学习层及层特性待的设置方法和技巧，以方便用户对各类图形资源进行组织和管理。

3.3.1 设置常用图层

（1）打开上例存储的"设置绘图环境.dwg"，或直接从随书光盘中的"\效果文件\第 3 章\"目录下调用此文件。

（2）单击"默认"选项卡→"图层"面板→"图层特性"按钮 绢，打开"图层特性管理器"对话框。

（3）在"图层特性管理器"对话框中单击"新建图层"按钮 绿，创建一个名为"墙线层"的新图层，如图 3-6 所示。

图 3-6 新建图层

（4）连续按 Enter 键，分别创建填充层、吊顶层、家具层、楼梯层等图层，如图 3-7 所示。

图 3-7 设置图层

技巧提示：连续按两次 Enter 键，也可以创建多个图层。图层名最长可达 255 个字符，可以是数字、字母或其他字符；图层名中不允许含有大于号（＞）、小于号（＜）、斜杠（/）、反斜杠（\）以及标点符号等；另外，为图层命名时，必须确保图层名的唯一性。

3.3.2 设置图层颜色

（1）继续上节操作。

（2）选择"尺寸层"，在如图 3-8 所示的颜色图标上单击左键，打开"选择颜色"对话框。

（3）在"选择颜色"对话框中的"颜色"文本框中输入蓝，为所选图层设置颜色值，如图 3-9 所示。

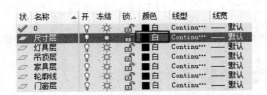

图 3-8 定位图层益

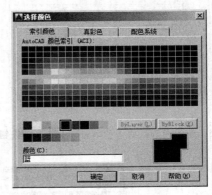

图 3-9 "选择颜色"对话框

（4）单击 确定 按钮返回"图层特性管理器"对话框，结果"尺寸层"的颜色被设置为"蓝色"，如图 3-10 所示。

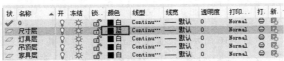

图 3-10 设置结果

（5）参照上面的操作，分别为其他图层设置颜色特性，设置结果如图 3-11 所示。

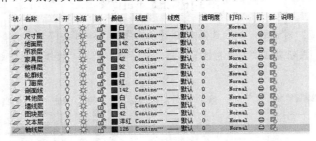

图 3-11 设置颜色特性

3.3.3 设置与加载线型

（1）继续上节操作。

（2）选择"轴线层"，在如图 3-12 所示的"Continuous"位置上单击左键，打开"选择线型"对话框。

图 3-12　指定位置

（3）在"选择线型"对话框中单击 加载(L)... 按钮，从打开的"加载或重载线型"对话框中选择如图 3-13 所示的"ACAD_ISO04W100"线型。

（4）单击 确定 按钮，结果选择的线型被加载到"选择线型"对话框中，如图 3-14 所示。

图 3-13　选择线型　　　　　　　　　　　　　图 3-14　加载线型

（5）选择刚加载的线型单击 确定 按钮，将加载的线型附给当前被选择的"轴线层"，结果如图 3-15 所示。

图 3-15　设置图层线型

3.3.4　设置与显示线宽

（1）继续上节操作。

（2）选择"墙线层"，在如图 3-16 所示的位置上单击左键，以对其设置线宽。

图 3-16　指定单击位置

（3）此时打开"线宽"对话框，然后选择 1.00 毫米的线宽，如图 3-17 所示。

（4）单击 确定 按钮返回"图层特性管理器"对话框，结果"墙线层"的线宽被设置为 0.35mm，如图 3-18 所示。

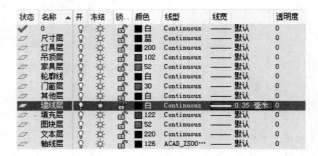

图 3-17　选择线宽　　　　　　　　　　　　　图 3-18　设置线宽

（5）在"图层特性管理器"对话框中单击✖，关闭对话框。

（6）最后执行"另存为"命令，将文件命名存储为"设置层及特性.dwg"。

3.4　设置建筑绘图样式

本节主要学习样板图中，各种常用样式的具体设置过程和设置技巧，如文字样式、尺寸样式、墙线样式、窗线样式等。

3.4.1　设置建筑墙窗线样式

（1）打开上例存储的"设置层及特性.dwg"，或直接从随书光盘中的"\效果文件\第3章\"目录下调用此文件。

（2）在命令行输入"mlstyle"后按Enter键，打开"多线样式"对话框。

（3）单击 新建(N)… 按钮，打开"创建新的多线样式"对话框，为新样式赋名，如图3-19所示。

（4）单击 继续 按钮，打开"新建多线样式：墙线样式"对话框，设置多线样式的封口形式，如图3-20所示。

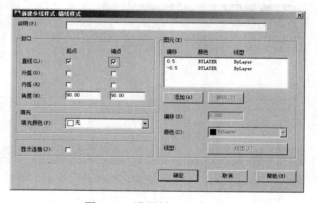

图 3-19　为新样式赋名　　　　　　　图 3-20　设置封口形式

（5）单击 确定 按钮返回"多线样式"对话框，结果设置的新样式显示在预览框内。

（6）参照上述操作步骤，设置"窗线样式"样式，其参数设置和效果预览分别如图3-21和图3-22所示。

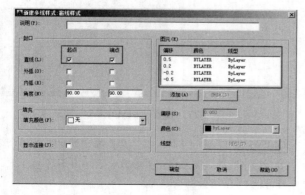

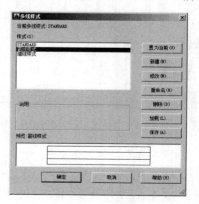

图 3-21　设置参数　　　　　　　　　图 3-22　设置窗线样式

技巧提示： 如果需要将新样式应用在其他文件中，可以单击 保存(A)... 按钮，以"*mln"的格式进行保存，在其他文件中使用时，仅需要加载即可。

（7）在"多线样式管理器"对话框中选择"墙线样式"单击 置为当前(U) 按钮，将其设为当前样式，并关闭对话框。

3.4.2 设置建筑文字样式

（1）继续上节操作。

（2）单击"默认"选项卡→"注释"面板→"文字样式"按钮，打开"文字样式"对话框。

（3）单击 新建(N)... ，打开"新建文字样式"对话框，为新样式赋名，如图3-23所示。

（4）单击 确定 按钮返回"文字样式"对话框，设置新样式的字体、字高以及宽度比例等参数，如图3-24所示。

图3-23 设置样式名

（5）单击 应用(A) 按钮，至此创建了一种名为"仿宋体"文字样式。

（6）参照第2～4操作步骤，设置一种名为"宋体"的文字样式，其参数设置如图3-25所示。

图3-24 设置"仿宋体"样式

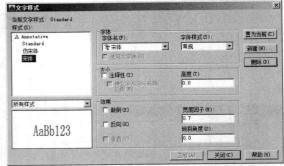

图3-25 设置"宋体"样式

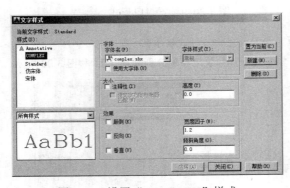

图3-26 设置"COMPLEX"样式

图3-27 设置"SIMPLEX"样式

（7）参照第2～4操作步骤，设置一种名为"COMPLEX"的轴号字体样式，其参数设置如图3-26所示。

（8）参照第2～4操作步骤，设置一种名为"SIMPLEX"的文字样式，其参数设置如图3-27所示。

（9）单击 关闭(C) 按钮，关闭"文字样式"对话框。

3.4.3 设置建筑尺寸箭头

（1）继续上节操作。

（2）单击"默认"选项卡→"绘图"面板→"多段线"按钮 ，绘制宽度为 0.5、长度为 2 的多段线，作为尺寸箭头。

（3）使用"直线"命令绘制一条长度为 3 的水平线段，并使直线段的中点与多段线的中点对齐，如图 3-28 所示。

（4）单击"默认"选项卡→"修改"面板→"旋转"按钮 ，将箭头进行旋转 45°，旋转结果如图 3-29 所示。

图 3-28　绘制细线　　　　　　　　　　　　　图 3-29　旋转结果

（5）单击"默认"选项卡→"块"面板→"创建"按钮 ，打开"块定义"对话框。

（6）单击"拾取点"按钮 ，返回绘图区捕捉多段线中点作为块的基点，将其创建为图块，块名为"尺寸箭头"。

3.4.4 设置建筑标注样式

（1）继续上节操作。

（2）单击"默认"选项卡→"注释"面板→"标注样式"按钮 ，在打开的"创建新标注样式"对话框中单击 新建(N)... 按钮，为新样式赋名，如图 3-30 所示。

（3）单击 继续 按钮，打开"新建标注样式：建筑标注"对话框，设置基线间距、起点偏移量等参数，如图 3-31 所示。

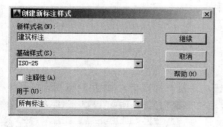

图 3-30　"创建新标注样式"对话框

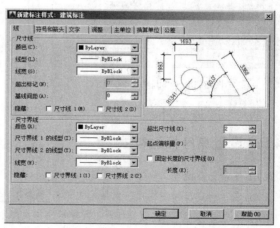

图 3-31　设置"线"参数

（4）展开"符号和箭头"选项卡，然后单击"箭头"组合框中的"第一项"列表框，选择列表中的"用户箭头"选项。此时打开"选择自定义箭头块"对话框，然后选择"尺寸箭头"块作为尺寸箭头。

（5）返回"符号和箭头"选项卡，然后设置参数如图 3-32 所示。

（6）展开"文字"选项卡，设置尺寸字体的样式、颜色、大小等参数，如图 3-33 所示。

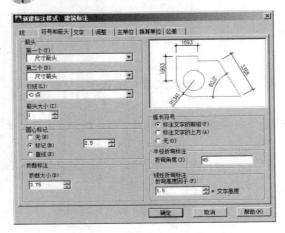

图 3-32　设置直线和箭头参数

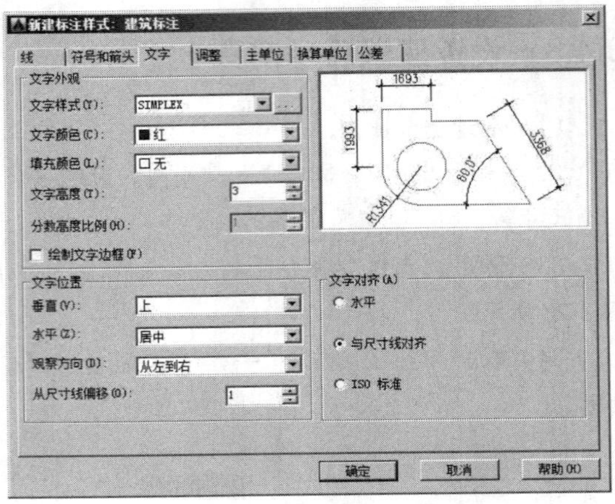

图 3-33　设置文字参数

（7）展开"调整"选项卡，调整文字、箭头与尺寸线等的位置如图 3-34 所示。

（8）展开"主单位"选项卡，设置线型参数和角度标注参数如图 3-35 所示。

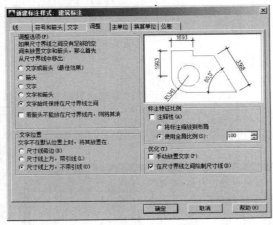

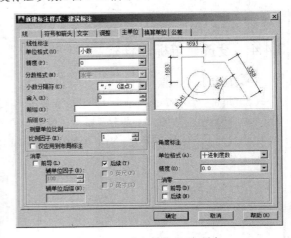

图 3-34　"调整"选项卡

图 3-35　"主单位"选项卡

（9）单击 确定 按钮，返回"标注样式管理器"对话框。

3.4.5　设置角度标注样式

（1）继续上节操作。

（2）在"创建新标注样式"对话框中单击 新建(N)... 按钮，为新样式赋名，如图 3-36 所示。

（3）单击 继续 按钮，打开"新建标注样式：角度标注"对话框。

（4）展开"符号和箭头"选项卡，设置尺寸箭头和大小如图 3-37 所示。

（5）展开"文字"选项卡，设置尺寸字体的样式、颜色、大小等参数，如图 3-38 所示。

图 3-36　为新样式命名

（6）展开"调整"选项卡，调整文字、箭头与尺寸线等的位置如图 3-39 所示。

（7）单击 确定 按钮返回"标注样式管理器"对话框，结果如图 3-40 所示。

（8）选择"建筑标注"样式，将其设置为当前标注样式，并关闭对话框。

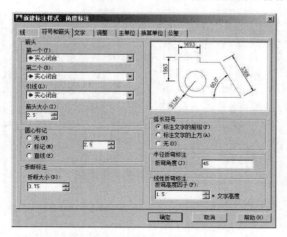

图 3-37 设置尺寸箭头

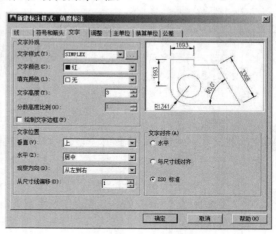

图 3-38 设置文字参数

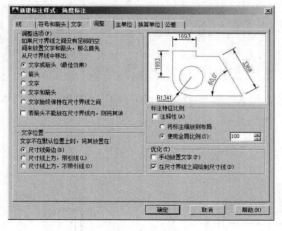

图 3-39 设置调整参数

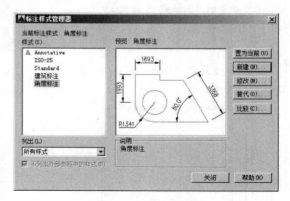

图 3-40 设置的新样式

（9）最后执行"另存为"命令，将当前文件命名存储为"设置绘图样式.dwg"。

3.5 绘制建筑图纸边框

本节主要学习样板图中，A2-H 号图纸标准图框的绘制技巧以及图框标题栏、会签栏文字的填充技巧。

3.5.1 绘制标准图框

（1）打开上例存储的"设置绘图样式.dwg"，或直接从随书光盘中的"\效果文件\第 3 章\"目录下调用此文件。

（2）单击"默认"选项卡→"绘图"面板→"矩形"按钮▭，绘制长度为594、宽度为420的矩形，作为2号图纸的外边框。

（3）重复执行"矩形"命令，配合"捕捉自"功能绘制内框。

命令行操作如下：

```
命令：                                        //Enter
RECTANG 指定第一个角点或 [倒角(C)/标高(E)/圆角(F)/厚度(T)/宽度(W)]：//w Enter
指定矩形的线宽 <0>：                           //2 Enter，设置线宽
指定第一个角点或 [倒角(C)/标高(E)/圆角(F)/厚度(T)/宽度(W)]：//激活"捕捉自"功能
_from 基点：                                   //捕捉外框的左下角点
<偏移>：                                       //@25,10 Enter
指定另一个角点或 [面积(A)/尺寸(D)/旋转(R)]：    //激活"捕捉自"功能
_from 基点：                                   //捕捉外框右上角点
<偏移>：                                       //@-10,-10 Enter，绘制结果如图3-41所示
```

（4）重复执行"矩形"命令，配合"端点捕捉"功能绘制标题栏外框。

命令行操作如下：

```
命令：_rectang
当前矩形模式：宽度=2.0
指定第一个角点或 [倒角(C)/标高(E)/圆角(F)/厚度(T)/宽度(W)]：// w Enter
指定矩形的线宽 <2.0>：                         //1.5 Enter，设置线宽
指定第一个角点或 [倒角(C)/标高(E)/圆角(F)/厚度(T)/宽度(W)]：//捕捉内框右下角点
指定另一个角点或 [面积(A)/尺寸(D)/旋转(R)]：//@-240,50 Enter，结果如图3-42所示
```

（5）重复执行"矩形"命令，捕捉内框的左上角点，输入对角点坐标"@-20,-100"，绘制会签栏，结果如图3-43所示。

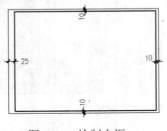

图3-41　绘制内框

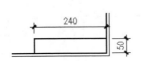

图3-42　标题栏外框

图3-43　会签栏外框

（6）使用快捷键"L"激活"直线"命令，参照所示尺寸绘制标题栏和会签栏内部的分格线，如图3-44和图3-45所示。

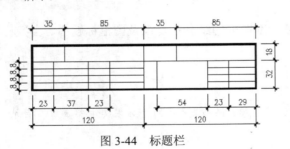

图3-44　标题栏

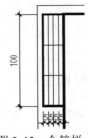

图3-45　会签栏

3.5.2 填充标准图框

（1）继续上节操作。

（2）单击"默认"选项卡→"注释"面板→"多行文字"按钮 **A**，分别捕捉如图 3-46 所示的方格对角点 A 和 B，打开"文字编辑器"选项卡。

（3）在"文字编辑器"选项卡相应面板中设置文字的对正方式为正中，设置文字样式为"宋体"、字体高度为 8，然后填充如图 3-47 所示的文字。

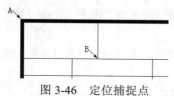

图 3-46　定位捕捉点

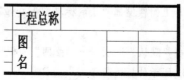

图 3-47　填充结果

（4）重复执行"多行文字"命令，设置字体样式为"宋体"、字体高度为 4.6、对正方式为"正中"，填充标题栏其他文字，如图 3-48 所示。

设计单位		工程总称		
批　准	工程主持	图		工程编号
审　定	项目负责			图　号
审　核	设　计	名		比　例
校　对	绘　图			日　期

图 3-48　填充结果

（5）单击"默认"选项卡→"修改"面板→"旋转"按钮，选择会签栏进行旋转–90°。

（6）使用快捷键"T"激活"多行文字"命令，设置样式为"宋体"、高度为 2.5，对正方式为"正中"，为会签栏填充文字，结果如图 3-49 所示。

专　业	名　称	日　期
建　筑		
结　构		
给排水		

图 3-49　填充文字

（7）单击"默认"选项卡→"修改"面板→"旋转"按钮，将会签栏及填充的文字旋转–90°，基点不变。

（8）单击"默认"选项卡→"块"面板→"创建块"按钮，设置块名为"A2-H"，基点为外框左下角点，其他块参数如图 3-50 所示，将图框及填充文字创建为内部块。

（9）最后执行"另存为"命令，将当前文件命名存储为"绘制标准图框.dwg"。

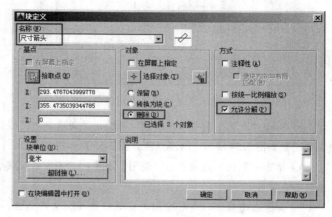

图 3-50　设置块参数

3.6 绘制建筑常用符号

本节主要学习建筑制图样板文件中，各种常用符号属性块的具体设置过程和设置技巧，具体有标高符号、轴线标号和投影符号等。

3.6.1 绘制标高符号

（1）打开上例存储的"绘制标准图框.dwg"，或直接从随书光盘中的"\效果文件\第3章\"目录下调用此文件。

（2）单击"默认"选项卡→"绘图"面板→"多段线"按钮，配合捕捉与追踪功能，在"0图层"上绘制如图3-51所示的标高符号。

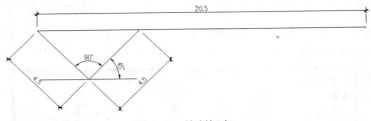

图 3-51　绘制标高

（3）单击"默认"选项卡→"块"面板→"定义属性"按钮，为标高符号定义如图3-52所示的文字属性。

（4）单击 确定 按钮，返回绘图区捕捉标高符号右侧端点，作为属性的插入点，结果如图3-53所示。

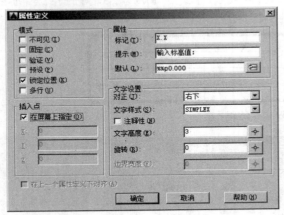

图 3-52　"属性定义"对话框

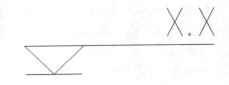

图 3-53　定义属性结果

（5）单击"默认"选项卡→"块"面板→"创建块"按钮，将标高符号与属性一起创建为属性块，块参数设置如图3-54所示，块基点为如图3-55所示的中点。

（6）单击"默认"选项卡→"绘图"面板→"多段线"按钮，配合捕捉与追踪功能绘制如图3-56所示的标高符号02。

（7）参照上述操作，为刚绘制的标高符号定义文字属性，参数设置如图3-52所示，定义属性结果如图3-57所示。

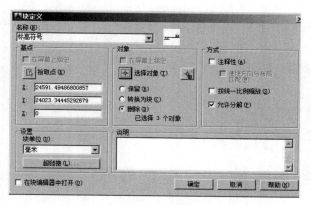

图 3-54 "块定义"对话框

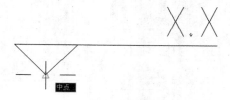

图 3-55 捕捉中点

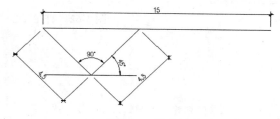

图 3-56 绘制结果

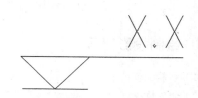

图 3-57 定义属性

（8）使用"创建快"命令，将标高符号与属性一起创建为属性块，块名为"标高符号 02"，块基点为如图 3-58 所示的中点。

3.6.2 绘制轴线标号

（1）继续上节操作。

（2）单击"默认"选项卡→"绘图"面板→"圆"按钮，在"0 图层"内绘制直径为 8 的圆作为轴标号，并对其进行窗口缩放。

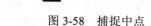

图 3-58 捕捉中点

（3）使用快捷键"ATT"激活"定义属性"命令，为轴标号定义文字属性，参数设置如图 3-59 所示。

（4）单击 **确定** 按钮，返回绘图区捕捉圆心，作为属性的插入点，结果如图 3-60 所示。

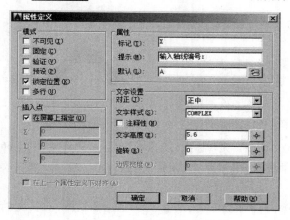

图 3-59 "属性定义"对话框

图 3-60 定义属性

（5）使用快捷键"B"激活"创建快"命令，将圆与属性一起创建为属性块，块参数设置如图 3-61 所示，块基点为如图 3-62 所示的圆心。

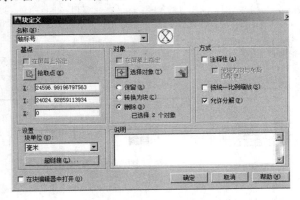

图 3-61　"块定义"对话框　　　　　　　　　　　　　　图 3-62　捕捉圆心

3.6.3　绘制投影符号

（1）继续上节操作。

（2）使用快捷键"PL"激活"多段线"命令，在"0 图层"内绘制直角三角形。

命令行操作如下：

```
命令: _pline
指定起点:                                //在绘图区单击左键，指定起点
当前线宽为 0
指定下一个点或 [圆弧(A)/半宽(H)/长度(L)/放弃(U)/宽度(W)]:      //@10<45 Enter
指定下一点或 [圆弧(A)/闭合(C)/半宽(H)/长度(L)/放弃(U)/宽度(W)]:   //@10<315 Enter
指定下一点或 [圆弧(A)/闭合(C)/半宽(H)/长度(L)/放弃(U)/宽度(W)]:
                                //C Enter，结果如图 3-63 所示
```

（3）使用快捷键"C"激活"圆"命令，以三角形的斜边中点作为圆心，绘制一个半径为 3.5 的圆。

（4）使用快捷键"TR"激活"修剪"命令，以圆作为边界，将位于内部的线段修剪掉。将位于圆内的界线修剪掉，结果如图 3-64 所示。

（5）使用快捷键"H"激活"图案填充"命令，为投影符号填充如图 3-65 所示的"SOLID"实体图案。

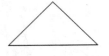　　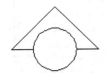　　

图 3-63　绘制三角形　　　　图 3-64　投影符号　　　　图 3-65　填充实体图案

（6）使用快捷键"ATT"激活"定义属性"命令，为轴标号定义文字属性，参数设置如图 3-66 所示。

（7）单击 确定 按钮，返回绘图区捕捉投影符号的圆心作为属性的插入点，为其定义属性，如图 3-67 所示。

（8）使用快捷键"B"激活"创建快"命令，将投影符号与属性一起创建为属性块，设置块名为"投影符号"，块基点为如图 3-68 所示的端点。

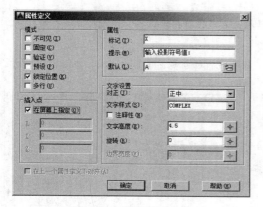

图 3-66 设置属性参数

图 3-67 定义属性

图 3-68 捕捉圆心

（9）最后执行"另存为"命令，将当前文件命名存储为"绘制常用建筑符号.dwg"。

3.7 建筑样板的页面布局

本节主要学习建筑制图样板文件的页面设置、图框配置以及样板文件的存储方法和具体的操作过程等内容。

3.7.1 设置图纸打印页面

（1）打开上例存储的"绘制建筑符号.dwg"，或直接从随书光盘中的"\效果文件\第3章\"目录下调用此文件。

（2）单击绘图区底部的"布局1"标签，进入到如图3-69所示的布局空间。

（3）单击"输出"选项卡→"打印"面板→"页面设置管理器"按钮 ，打开"页面设置管理器"对话框。

（4）单击 新建(N)... 按钮，打开"新建页面设置"对话框，为新页面赋名，如图3-70所示。

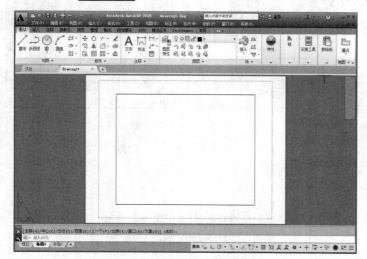

图 3-69 布局空间

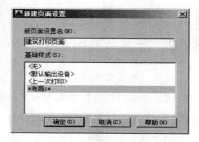

图 3-70 为新页面赋名

（5）单击 确定 按钮进入"页面设置-布局1"对话框，然后设置打印设备、图纸尺寸、打印样式、打印比例等各页面参数，如图 3-71 所示。

（6）单击 确定 按钮返回"页面设置管理器"话框，将刚设置的新页面设置为当前，如图 3-72 所示。

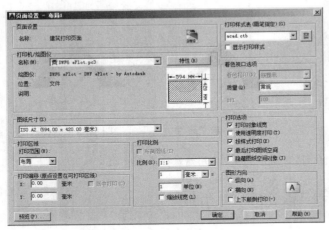

图 3-71　设置页面参数　　　　　图 3-72　"页面设置管理器"话框

（7）单击 关闭(C) 按钮，页面设置后的效果如图 3-73 所示。

（8）使用快捷键"E"激活"删除"命令，选择布局内的矩形视口边框进行删除，新布局的页面设置效果如图 3-74 所示。

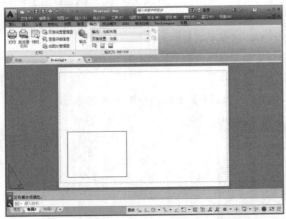
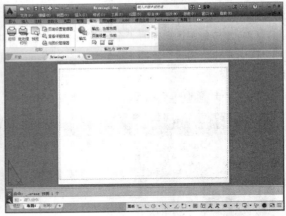

图 3-73　页面设置效果　　　　　图 3-74　删除结果

3.7.2　配置标准图纸边框

（1）继续上节操作。

（2）单击"默认"选项卡→"绘图"面板→"插入块"按钮，打开"插入"话框。

（3）在"插入"对话框中设置插入点、缩放比例等参数，如图 3-75 所示。

（4）单击 确定 按钮，结果 A2-H 图表框被插入当前布局中的原点位置上，如图 3-76 所示。

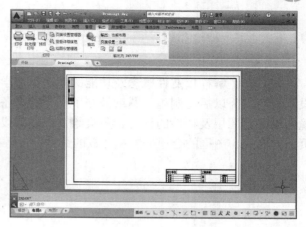

图 3-75　设置块参数　　　　　　　　　　图 3-76　插入结果

3.7.3　室内样板图的存储

（1）继续上节操作。

（2）单击状态栏上的 图纸 ，返回模型空间，

（3）按 Ctrl+Shift+S 组合键，打开"图形另存为"对话框。

（4）在"图形另存为"对话框中设置文件的存储类型为"AutoCAD 图形样板（*dwt）"，如图 3-77 所示。

（5）在"图形另存为"对话框下部的"文件名"文本框内输入"建筑样板.dwt"，如图 3-78 所示。

（6）单击 保存(S) 按钮，打开"样板选项"对话框，输入"A2-H 幅面的建筑施工图样板文件"，如图 3-79 所示。

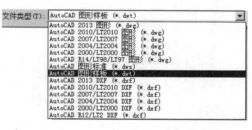

图 3-77　"文件类型"下拉列表框

（7）单击 确定 ，结果创建了制图样板文件，保存于 AutoCAD 安装目录下的"Template"文件夹目录下。

图 3-78　样板文件的存储

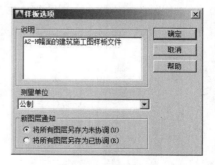

图 3-79　"样板选项"对话框

（8）最后执行"另存为"命令，将当前文件命名存储为"建筑样板的页面布局.dwg"。

3.8 本章小结

　　本章在了解样板文件概念及功能的前提下，学习了建筑绘图样板文件的具体设置过程和设置技巧，为以后绘制施工图纸做好了充分的准备。在具体的设置过程中，需要掌握绘图环境的设置、图层及特性的设置、各类绘图样式的设置、各类常用符号属性块的制作以及打印页面的布局、图框的合理配置和样板的命名存储等技能。

第二部分 建筑施工图篇

第4章 绘制民用建筑平面图

本章通过绘制如图4-1所示的某小区1#居民楼施工平面图,在了解和掌握工程平面图的形成、功能、表达内容、绘图思路等的前提下,主要学习民用建筑平面图的具体绘制过程和绘制技巧。

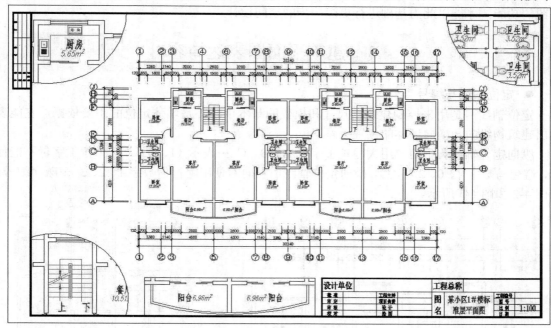

图 4-1 某小区居民楼施工平面图

■ **学习内容**

◇ 建筑平面图的形成 ◇ 绘制民用建筑相关构件

◇ 建筑平面图的用途 ◇ 标注民用建筑文字注释

◇ 建筑平面图表达内容 ◇ 标注民用建筑使用面积

◇ 建筑平面图绘图思路 ◇ 标注民用建筑施工尺寸

◇ 绘制民用建筑纵横轴线 ◇ 编写民用建筑墙体序号

◇ 绘制民用建筑主次墙体

4.1 建筑平面图的形成

所谓"平面图",实际上就是水平剖面图,它是假想用一水平的剖切平面,沿着房屋的门窗洞口位置将房屋剖开，移去剖切平面以上的部分，将余下的部分用直接正投影法投影到 H 面上而得到的正投影图，这样就可以看清房间的相对位置以及门窗洞口、楼梯、走道等的布置和各墙体的结构及厚度等。

4.2　建筑平面图的用途

平面图主要用于表达房屋建筑的平面形状、房间布置、内外交通联系，以及墙、柱、门窗构配件的位置、尺寸、材料和做法等，它是建筑施工图的主要图纸之一，是施工过程中房屋的定位放线、砌墙、设备安装、装修以及编制概预算、备料等的重要依据。

无论是绘制建筑施工图还是绘制建筑装修图，都必须从绘制平面图开始，只有明确了平面图的功能，才能以此为基础进行更深一步的空间设计。

4.3　建筑平面图表达内容

● **定位轴线与编号**

定位轴线网是用来控制建筑物尺寸和模数的基本手段，是墙体定位的主要依据，它能表达出建筑物纵向和横向墙体的位置关系。

纵向定位轴线自下而上用大写拉丁字母 A、B、C …表示（I、O、Z 三个拉丁字母不能使用，避免与数字 1、0、2 相混），横向定位轴线由左向右使用阿拉伯数字 1、2、3 …顺序编号，如图 4-2 和图 4-3 所示。

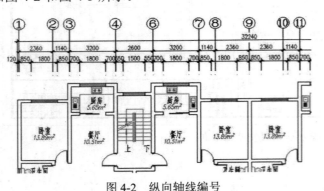

图 4-2　纵向轴线编号

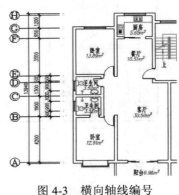

图 4-3　横向轴线编号

● **内部结构和朝向**

平面图的内部布置和朝向应包括各种房间的分布及结构间的相互关系，入口、走道、楼梯的位置等。一般平面图均注明房间的名称或编号，层平面图还需要表明建筑的朝向。在平面图中应表明各层楼梯的形状、走向和级数。在楼梯段中部，使用带箭头的细实线表示楼梯的走向，并注明"上"或"下"字样。

● **建筑尺寸**

建筑尺寸主要用于反映建筑物的长、宽及内部各结构的相互位置关系，是施工的依据。它主要包括外部尺寸和内部尺寸两种，其中，"内部尺寸"就是在施工平面图内部标注的尺寸，主要表现外部尺寸无法表明的内部结构的尺寸，比如门洞及门洞两侧的墙体尺寸等。

"外部尺寸"就是在施工平面图的外围所标注的尺寸，它在水平方向和垂直方向上各有三道尺寸，由内向外依次为细部尺寸、轴线尺寸和外包尺寸，具体如下。

◆ 细部尺寸：细部尺寸也叫定形尺寸，它表示平面图内的门窗距离、窗间墙、墙体等细部的详细尺寸，如图 4-4 所示。

◆ 轴线尺寸：轴线尺寸表示平面图的开间和进深，如图 4-4 所示。一般情况下两横墙之间的距离称为"开间"，两纵墙之间的距离为"进深"。

◆ 总尺寸：总尺寸也叫外包尺寸，它表示平面图的总宽和总长，通常标在平面图的最外部，如图 4-4 所示。

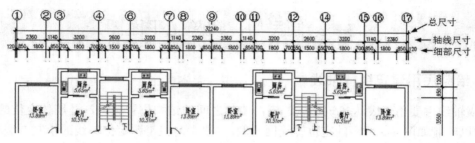

图 4-4　外部尺寸

● **文本注释**

在平面图中应注明必要的文字性说明。例如标注出各房间的名称以及各房间的有效使用面积，平面图的名称、比例以及各门窗的编号等文本对象。

施工平面图中的门使用大写字母"M"表示，窗使用大写字母"C"表示，并采用阿拉伯数字编号，如 M1、M2、M3 … C1、C2、C3 … 一般情况下，在本页图纸上或前面图纸上附有一个门窗表，列出门窗表的编号、名称、洞口尺寸及数量等。

● **标高尺寸**

在平面图中应标注不同楼地面标高，表示各层楼地面距离相对标高零点的高差，除此之外还应标注各房间及室外地坪、台阶等的标高。

在首层平面图上应标注剖切符号，以表明剖面图的剖切位置和剖视方向。

● **详图及编号**

当某些构造细部或构件另画有详图表示时，要在平面图中的相应位置注明索引符号，表明详图的位置和编号，以便与详图对照查阅。

对于平面较大的建筑物，可以进行分区绘制，但每张平面图均应绘制出组合示意图。各区需要使用大写拉丁字母编号。在组合示意图上要提示的分区，应采用阴影或填充的方式表示。

● **层次、图名及比例**

在平面图中，不仅要注明该平面图表达的建筑的层次，还有表明建筑物的图名和比例，以便查找、计算和施工等。另外，在底层平面图上还需要标注剖切符号、指南针或风玫瑰。

4.4　建筑平面图绘图思路

在绘制建筑平面图时，具体可以遵循如下思路。

（1）设置绘图环境（可直接调用设计样板）

（2）绘制施工图定位轴线。

（3）定位门、窗、阳台等构件的位置。

（4）绘制墙体平面图。

（5）在平面图上创建出门、窗、柱、楼梯、阳台等建筑细部构件。

（6）在平面图上标注必要的文字注释、房间面积等。

（7）在平面图上精确标注施工尺寸。

（8）为平面图标注必要的符号，如轴标号、指北针、标高、剖切符号，等等。

4.5　绘制民用建筑施工平面图

4.5.1　绘制民用建筑纵横轴线

纵横轴线主要用于表达建筑物纵、横向墙体之间的结构位置关系，是墙体定位的主要依据，本例以绘制如图 4-5 所示的定位轴线网为例，主要学习施工图定位轴线的绘制方法与技巧。

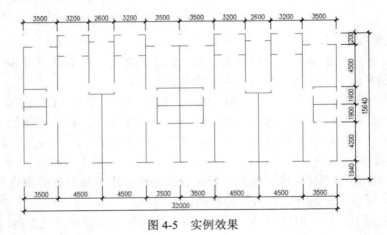

图 4-5　实例效果

绘图思路

施工图定位轴线的绘制思路如下。

◆ 首先在建筑样板文件的基础上新建空白文件。

◆ 使用"矩形"、"分解"命令绘制基准轴线。

◆ 使用"偏移"、"夹点编辑"、"修剪"等命令创建纵横轴线网。

◆ 使用"偏移"、"修剪"、"删除"命令创建门窗洞。

◆ 使用"打断"、捕捉和坐标点输入功能创建门窗洞。

◆ 使用"打断"、捕捉和追踪功能创建门窗洞。

◆ 最后使用"保存"命令将图形命名存储。

绘图步骤

（1）单击"快速访问"工具栏→"新建"按钮 📄，在打开的"选择样板"对话框中选择"建筑样板"样板作为基础样板，新建文件。

（2）展开"默认"选项卡→"图层"面板→"图层"下拉列表，选择"轴线层"设置为当前图层。

（3）使用快捷键"LT"激活"线型"命令，在打开的"线型管理器"对话框中，调整线型比例为 1。

（4）单击"默认"选项卡→"绘图"面板→"矩形"按钮 ，绘制长度为 8000、宽度为 15640 的矩形，作为定位基准线。

（5）将绘制的矩形分解，然后单击"默认"选项卡→"修改"面板→"偏移"按钮 ，将矩形左侧的垂直边向右偏移 2360 和 3500；将右侧的垂直边向左偏移 1300 个单位。

（6）重复执行"偏移"命令，将矩形下侧水平轴线向上偏移 1940、6140、8040；将上侧水平边向下偏移 1200、2150、5700 和 6300，创建水平轴线结果如图 4-6 所示。

（7）删除最下侧水平轴线，然后夹点显示最上侧的水平轴线，如图 4-7 所示。

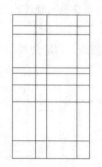　　　　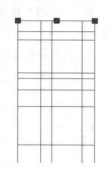　　　　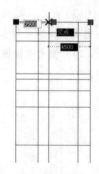

图 4-6　创建水平轴线　　　　图 4-7　夹点效果　　　　图 4-8　捕捉交点

（8）单击左侧的夹点，进入夹点编辑模式，在命令行"指定拉伸点或[基点（B）/复制（C）/放弃（U）/退出（X）]:"提示下，捕捉如图 4-8 所示的交点作为拉伸目标点，拉伸结果如图 4-9 所示。

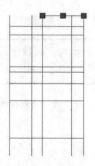　　　　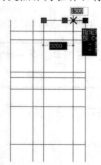　　　　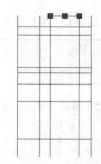

图 4-9　拉伸结果　　　　图 4-10　捕捉交点　　　　图 4-11　拉伸结果

（9）单击右侧的夹点，进入夹点拉伸模式，然后根据命令行的提示捕捉如图 4-10 所示的交点，拉伸结果如图 4-11 所示。

（10）接下来重复执行夹点拉伸功能，分别对其他位置的轴线进行编辑，结果如图 4-12 所示，取消夹点后的效果如图 4-13 所示。

（11）使用快捷键"L"激活"直线"命令，配合延伸捕捉功能绘制长度为 550 的楼梯间水平轴线，如图 4-14 所示。

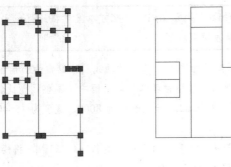

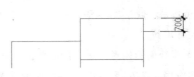

图 4-12 编辑其他轴线	图 4-13 取消夹点	图 4-14 绘制结果

（12）单击"默认"选项卡→"修改"面板→"偏移"按钮 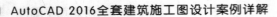，将最左侧的垂直轴线向右偏移 700 和 2800 个绘图单位，如图 4-15 所示。

（13）单击"默认"选项卡→"修改"面板→"修剪"按钮，选择偏移出的两条垂直轴线作为边界，对下侧水平轴线进行修剪，结果如图 4-16 所示。

（14）使用快捷键"E"激活"删除"命令，选择偏移出的两条垂直轴线进行删除，删除结果如图 4-17 所示。

图 4-15 偏移结果	图 4-16 修剪结果	图 4-17 删除结果

技巧提示： 综合"修剪"和"偏移"命令创建门窗洞口，是一种比较方便直观的打洞方式，此种方式应用很普遍。

（15）单击"默认"选项卡→"修改"面板→"打断"按钮，在上侧水平轴线创建宽度为 1800 的窗洞，命令行操作如下：

```
命令: _break
选择对象:                        //选择最上侧的水平轴线
指定第二个打断点 或 [第一点(F)]:   //F Enter
指定第一个打断点:                //激活"捕捉自"功能
_from 基点:                     //捕捉如图 4-18 所示的端点
<偏移>:                         //@700,0 Enter
指定第二个打断点:                //@1800,0 Enter，打断结果如图 4-19 所示
```

技巧提示： 此种打洞方式是使用频率最高的一种方式，特别是在内部结构比较复杂的施工图中，使用此种开洞方式，不需要绘制任何辅助线，操作极为简捷。

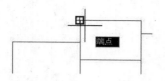

图 4-18 选择打断对象

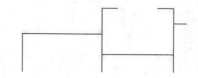

图 4-19 捕捉端点

（16）参照第 12～15 操作步骤，综合使用"偏移"、"修剪"、"打断"等命令，分别创建其他位置处的门洞和窗洞，结果如图 4-20 所示。

（17）单击"默认"选项卡→"修改"面板→"镜像"按钮 ◭，拉出如图 4-21 所示的窗交选择框，对选择的轴线进行镜像，结果如图 4-22 所示。

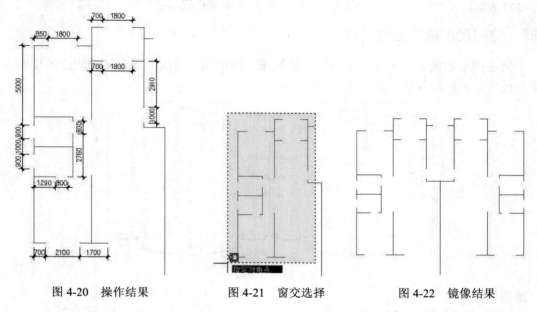

图 4-20 操作结果　　　　图 4-21 窗交选择　　　　图 4-22 镜像结果

（18）使用快捷键"J"激活"合并"命令，，选择最右侧的垂直轴线进行合并为一条垂直轴线，结果如图 4-23 所示。

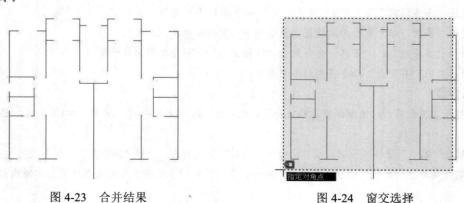

图 4-23 合并结果　　　　　　图 4-24 窗交选择

（19）重复执行"镜像"命令，窗交选择如图 4-24 所示的轴线进行镜像，镜像结果如图 4-25 所示。

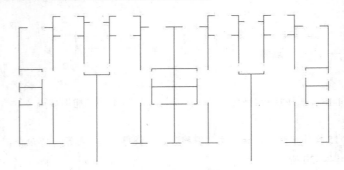

图 4-25　操作结果

（20）最后执行"保存"命令，将图形命名保存为"绘制纵横轴线.dwg"。

4.5.2　绘制民用建筑主次墙体

本例根据绘制的定位轴线，主要学习建筑施工图墙线、窗线、阳台等轮廓线的绘制方法和绘制技巧。本例绘制效果如图 4-26 所示。

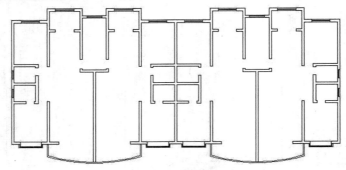

图 4-26　实例效果

绘图思路

施工图定位轴线的绘制思路如下

◆ 首先使用"多线"、"镜像"命令绘制纵横墙体。

◆ 使用"多线编辑"工具中的"T 形合并"功能编辑 T 形墙线。

◆ 使用"多线"命令配合对象捕捉功能绘制平面窗与阳台。

◆ 使用"多段线"、"偏移"命令配合"极轴追踪"功能绘制阳台和凸窗。

◆ 最后使用"另存为"命令将图形命名存储。

绘图步骤

（1）打开上例保存的"绘制纵横轴线.dwg"，或直接从随书光盘中的"\效果文件\第 4 章\"目录下调用此文件。

（2）展开"默认"选项卡→"图层"面板→"图层"下拉列表，选择"墙线层"，将其设置为当前图层。

（3）选择菜单栏"格式"→"多线样式"命令，在打开的"多线样式"对话框中设置"墙线样式"为当前样式。

（4）选择菜单栏"绘图"→"多线"命令，配合"端点捕捉"功能绘制主墙线。

命令行操作如下：

```
命令: _mline
当前设置: 对正 = 上, 比例 = 20.00, 样式 = 墙线样式
指定起点或 [对正(J)/比例(S)/样式(ST)]:          // J Enter
输入对正类型 [上(T)/无(Z)/下(B)] <上>:          // Z Enter
当前设置: 对正 = 无, 比例 = 20.00, 样式 = 墙线样式
指定起点或 [对正(J)/比例(S)/样式(ST)]:          // S Enter
输入多线比例 <20.00>:                        //240 Enter
当前设置: 对正 = 无, 比例 = 240.00, 样式 = 墙线样式
指定起点或 [对正(J)/比例(S)/样式(ST)]:          //捕捉端点 1
指定下一点:                                 //捕捉端点 2
指定下一点或 [放弃(U)]:                       //捕捉轴线端点 3
指定下一点或 [闭合(C)/放弃(U)]:               // Enter, 绘制结果如图 4-27 所示
```

（5）重复执行"多线"命令，设置多线样式、对正方式和多线比例不变，配合捕捉功能分别绘制其他位置的墙线，结果如图 4-28 所示。

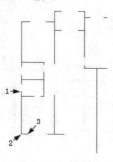

图 4-27　绘制结果

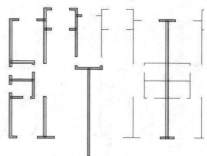

图 4-28　绘制其他墙线

（6）展开"默认"选项卡→"图层"面板→"图层"下拉列表，关闭"轴线层"，图形的显示结果如图 4-29 所示。

（7）在墙线上双击左键，在打开的"多线编辑工具"对话框内单击"T 形合并"按钮 ┳。

（8）在命令行"选择第一条多线:"提示下，选择右侧垂直的墙线 A。

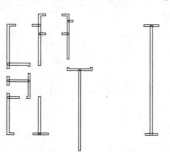

图 4-29　关闭轴线后的显示

图 4-30　T 形合并

（9）在"选择第二条多线："提示下选择右上侧水平的墙线 B，对这两条垂直相交的多线进行合并，结果如图 4-30 所示。

（10）继续在"选择第一条多线或 [放弃（U）]："提示下，分别选择其他位置 T 形墙线进行合并，结果如图 4-31 所示。

（11）单击"默认"选项卡→"修改"面板→"镜像"按钮 ⚎，选择如图 4-32 所示的墙线进行镜像，镜像结果如图 4-33 所示。

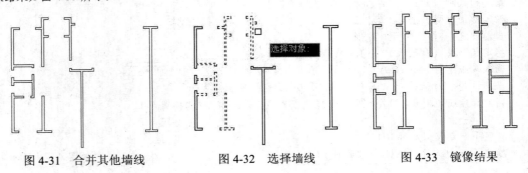

图 4-31　合并其他墙线　　　　图 4-32　选择墙线　　　　图 4-33　镜像结果

（12）重复执行"镜像"命令，配合中点捕捉功能，选择如图 4-34 所示的墙线进行镜像，结果如图 4-35 所示。

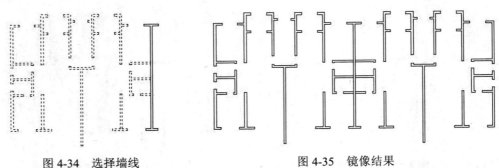

图 4-34　选择墙线　　　　　　　　　图 4-35　镜像结果

（13）使用"多线编辑工具"中的"T 型合并"功能对镜像后的墙线进行合并，结果如图 4-36 所示。

（14）选择菜单栏"格式"→"多线样式"命令，将"窗线样式"设置为当前多线样式。

（15）把"门窗层"设置为当前图层，使用快捷键"ML"激活"多线"命令，配合中点捕捉绘制如图 4-37 所示的窗线，其中多线比例为 240。

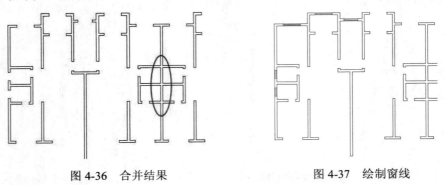

图 4-36　合并结果　　　　　　　　　图 4-37　绘制窗线

（16）单击"默认"选项卡→"绘图"面板→"多段线"按钮 ⤵，配合捕捉追踪绘制如图 4-38 所示的凸窗轮廓线。

（17）使用快捷键"O"激活"偏移"命令，将凸窗下侧的轮廓线向下偏移 50 和 120 个单位，偏移结果如图 4-39 所示。

图 4-38　绘制结果

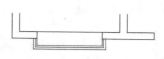

图 4-39　偏移结果

（18）使用快捷键 "MI" 激活 "镜像" 命令，选择如图 4-40 所示的窗线进行镜像，结果如图 4-41 所示。

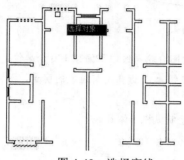

图 4-40　选择窗线

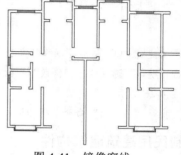

图 4-41　镜像窗线

（19）单击 "默认" 选项卡→ "绘图" 面板→ "多段线" 按钮 ，配合 "对象捕捉" 和 "对象追踪" 功能绘制下侧的阳台轮廓线。

命令行操作如下：

```
命令：_pline
指定起点：                        //捕捉如图 4-42 所示的虚线交点
指定下一个点或 [圆弧(A)/半宽(H)/长度(L)/放弃(U)/宽度(W)]：    //1150 Enter
指定下一点或 [圆弧(A)/闭合(C)/半宽(H)/长度(L)/放弃(U)/宽度(W)]：  //a Enter
指定圆弧的端点或[角度(A)/圆心(CE)/闭合(CL)/方向(D)/半宽(H)/直线(L)/半径(R)/第二
个点(S)/放弃(U)/宽度(W)]：         //s Enter
指定圆弧上的第二个点：             //捕捉如图 4-43 所示的中点
指定圆弧的端点：                   //捕捉如图 4-44 所示的追踪虚线的交点
指定圆弧的端点或[角度(A)/圆心(CE)/闭合(CL)/方向(D)/半宽(H)/直线(L)/半径(R)/第二
个点(S)/放弃(U)/宽度(W)]：         //L Enter
指定下一点或 [圆弧(A)/闭合(C)/半宽(H)/长度(L)/放弃(U)/宽度(W)]：
                                  //@0,1150 Enter
指定下一点或 [圆弧(A)/闭合(C)/半宽(H)/长度(L)/放弃(U)/宽度(W)]：
                                  //Enter，绘制结果如图 4-45 所示
```

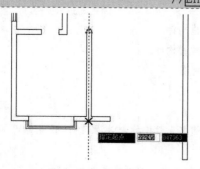

图 4-42　捕捉交点

图 4-43　捕捉中点

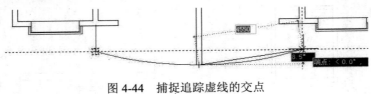

图 4-44　捕捉追踪虚线的交点

图 4-45　绘制结果

（20）使用快捷键"O"激活"偏移"命令，将刚绘制的阳台轮廓线向下偏移 120 个单位。

（21）单击"默认"选项卡→"修改"面板→"镜像"按钮⚮，选择所有位置的窗子、阳台等构件进行镜像，结果如图 4-26 所示。

（22）最后执行"另存为"命令，将图形命名存储为"绘制纵横墙体.dwg"。

4.5.3　绘制民用建筑建筑构件

本例借助于施工平面图的平面门、推拉门、楼梯以及卫生设施等基本建筑构件，在综合巩固所学知识的前提下，主要学习施工图建筑构件的快速布置技巧。本例效果如图 4-46 所示。

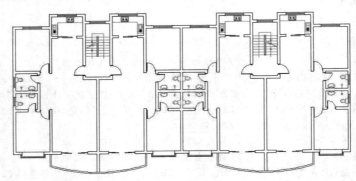

图 4-46　实例效果

绘图思路

施工图建筑构件的绘制思路如下。

◆ 使用"插入块"命令绘制平面门构件。

◆ 使用"设计中心"或"插入块"命令绘制卫生间设施构件。

◆ 使用文档间的数据共享功能或"插入块"命令绘制楼梯构件。

◆ 使用"复制"、"镜像"等命令对平面图构件进行完善。

◆ 最后使用"另存为"命令将图形命名存盘。

绘图步骤

（1）打开上例保存的"绘制纵横墙体.dwg"或直接从随书光盘中的"\效果文件\第 4 章\"目录下调用此文件。

（2）展开"默认"选项卡→"图层"面板→"图层"下拉列表，打开被关闭的"轴线层"。

（3）使用快捷键"I"激活"插入块"命令，以默认参数插入随书光盘中的"\图块文件\单开门.dwg"，插入点为如图 4-47 所示的追踪虚线的交点，插入结果如图 4-48 所示。

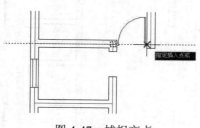

图 4-47　捕捉交点

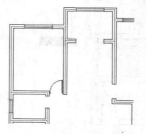

图 4-48　插入结果

（4）关闭"轴线层"，然后重复执行"插入块"命令，设置块参数如图 4-49 所示，插入另一位置的单开门，插入点如图 4-50 所示。

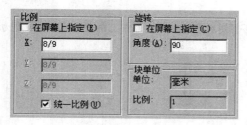

图 4-49　设置插入参数

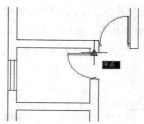

图 4-50　定位插入点

（5）重复执行"插入块"命令，设置图块的参数如图 4-51 所示，再次插入此单开门图形，插入点为如图 4-52 所示的中点。

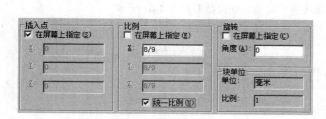

图 4-51　设置插入参数

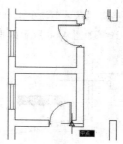

图 4-52　定位插入点

（6）重复执行"插入块"命令，设置图块的参数如图 4-53 所示，再次插入此单开门图形，插入点为如图 4-54 所示的中点。

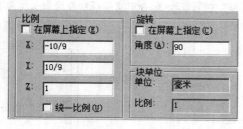

图 4-53　设置插入参数

图 4-54　定位插入点

（7）单击"默认"选项卡→"修改"面板→"镜像"按钮，选择如图 4-55 所示的单开门进行镜像，镜像线上的点为如图 4-56 所示的中点，镜像结果如图 4-57 所示。

图 4-55　选择结果　　　　　　　图 4-56　捕捉中点　　　　　　　图 4-57　镜像结果

（8）单击"默认"选项卡→"绘图"面板→"矩形"按钮，以如图 4-58 所示的中点作为矩形左下角点，绘制长度为 625、宽度为 50 的矩形推拉门。

（9）重复执行"矩形"命令，以刚绘制的矩形下侧水平边中点作为左上角点继续绘制长度为 625、宽度为 50 的推拉门，结果如图 4-59 所示。

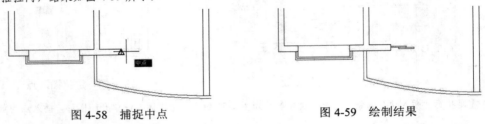

图 4-58　捕捉中点　　　　　　　　　　图 4-59　绘制结果

（10）单击"默认"选项卡→"修改"面板→"镜像"按钮，配合"对象追踪"和"对象捕捉"捕捉功能，窗交选择如图 4-60 所示的推拉门和墙线进行镜像，镜像结果如图 4-61 所示。

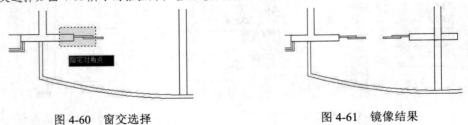

图 4-60　窗交选择　　　　　　　　　　图 4-61　镜像结果

（11）在镜像出的墙线上双击左键，然后使用"多线编辑工具"中的"T 型合并"功能对其进行完善，结果如图 4-62 所示。

（12）单击"默认"选项卡→"绘图"面板→"矩形"按钮，配合中点捕捉功能绘制长度为 900、宽度为 50 的推拉门，绘制结果如图 4-63 所示。

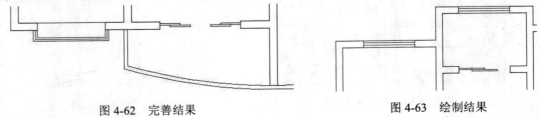

图 4-62　完善结果　　　　　　　　　　图 4-63　绘制结果

（13）将"图块层"设置当前图层，使用快捷键"I"激活"插入块"命令，插入随书光盘中的"\图块文件\马桶.dwg"。

（14）返回绘图区，根据命令行提示向上引出如图 4-64 所示的端点追踪虚线，输入 690 并按 Enter 键，插入结果如图 4-65 所示。

（15）重复执行"插入块"命令，分别为卫生间插入"淋浴器"和"洗手盆"图块，插入结果如图 4-66 所示。

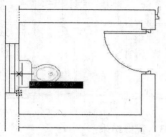
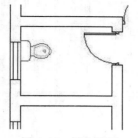
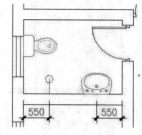

图 4-64　引出端点追踪虚线　　　图 4-65　插入结果　　　图 4-66　插入结果

（16）单击"默认"选项卡→"修改"面板→"镜像"按钮 ⚔，选择刚插入的马桶、洗手盆等图块进行镜像，镜像线上的点为图 4-67 所示的中点，镜像结果如图 4-68 所示。

（17）重复执行"插入块"命令，以默认参数插入"燃气灶"、"洗菜池"、"楼梯"等图块，并绘制厨房操作台轮廓线，结果如图 4-69 所示。

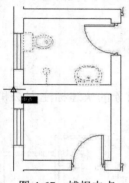
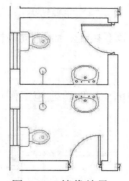
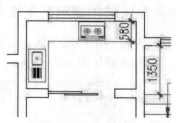

图 4-67　捕捉中点　　　图 4-68　镜像结果　　　图 4-69　操作结果

（18）在无命令执行的前提下夹点显示如图 4-70 所示的单开门、推拉门以及相关图块等对象。

（19）单击"默认"选项卡→"修改"面板→"镜像"按钮 ⚔，配合中点捕捉功能，对夹点对象进行镜像，镜像结果如图 4-71 所示。

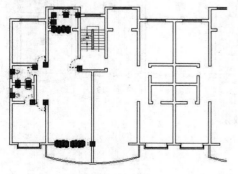
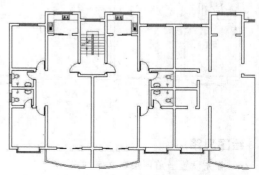

图 4-70　夹点效果　　　　　　　图 4-71　镜像结果

（20）在无命令执行的前提下夹点显示如图 4-72 所示的门、楼梯以及厨卫设施等平面构件。

（21）使用快捷键"MI"激活"镜像"命令，配合中点捕捉功能，选择如图 4-72 所示的对象进行镜像，镜像结果如图 4-73 所示。

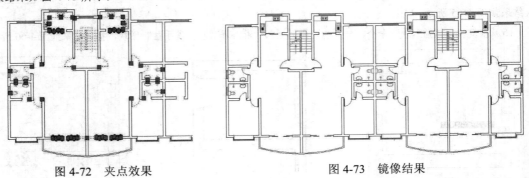

图 4-72　夹点效果　　　　　　　　　　图 4-73　镜像结果

（22）接下来使用"多线编辑工具"中的"T 型合并"功能对镜像出的墙线进行完善，结果如图 4-74 所示。

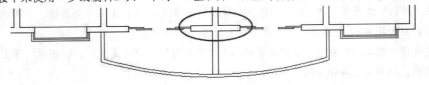

图 4-74　完善结果

（23）最后执行"另存为"命令，将图形命名存储为"绘制建筑构件.dwg"。

4.5.4　标注民用建筑文字注释

本例为平面图标注房间功能性注释，主要学习施工图中文字对象的快速标注方法和标注技巧，本例效果如图 4-75 所示。

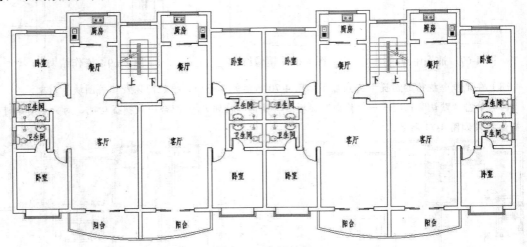

图 4-75　实例效果

绘图思路

◆ 首先设置当前图层和文字样式。

◆ 使用"单行文字"命令标注左侧户型图各房间功能。

◆ 使用"镜像"、"快速选择"命令快速创建右侧户型图的各房间功能。

◆ 最后使用"另存为"命令将图形命名存盘。

绘图步骤

（1）打开上例保存的"绘制建筑构件.dwg"或直接从随书光盘中的"\效果文件\第 4 章\"目录下调用此文件。

（2）展开"默认"选项卡→"图层"面板→"图层"下拉列表，设置"文本层"作为当前图层。

（3）展开"默认"选项卡→"注释"面板→"文字样式"下拉列表，将"仿宋体"设为当前样式。

（4）单击"默认"选项卡→"注释"面板→"单行文字"按钮**A**，在命令行"指定文字的起点或[对正（J）/样式（S）]："提示下，在平面图左下角房间内单击左键取一点，作为文字的起点。

（5）在"指定高度 <2.5000>："提示下输入 420 按 Enter 键，表示文字高度为 420 个绘图单位。

（6）在"指定文字的旋转角度 <0>："提示下输入 0 按 Enter 键，并文字旋转角度设置为 0。

（7）移动光标至厨房房间内单击左键，指定位置，然后输入"厨房"，如图 4-76 所示。

（8）移动光标至右侧的房间内，表示将从这一点开始进行另外一行文字标注。然后输入"卧室"，如图 4-77 所示。

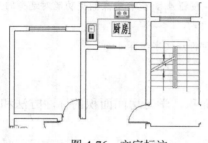

图 4-76　文字标注

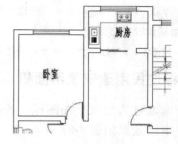

图 4-77　文字标注

（9）参照上述操作步骤，分别移动光标至平面图其他房间，标注各房间内的文字对象，结果如图 4-78 所示。

（10）最后连续按两次 Enter 键，结束"单行文字"命令。

（11）单击"默认"选项卡→"修改"面板→"镜像"按钮，配合中点捕捉功能，选择各房间内的文字进行镜像，结果如图 4-79 所示。

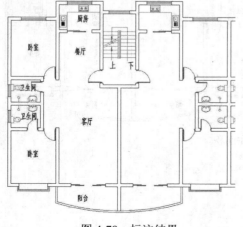

图 4-78　标注结果

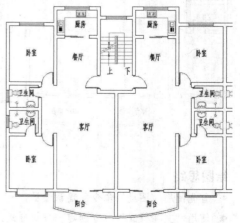

图 4-79　镜像结果

（12）选择菜单栏"工具"→"快速选择"命令，在打开的"快速选择"对话框中设置过滤参数如图 4-80 所示，对所文字对象进行过滤选择，选择结果如图 4-81 所示。

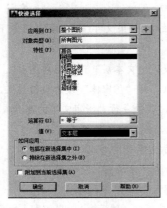

图 4-80　设置快速选择

图 4-81　选择结果

（13）单击"默认"选项卡→"修改"面板→"镜像"按钮 ⟁，配合中点捕捉功能对选择的文字进行镜像，镜像结果如图 4-75 所示。

（14）最后执行"另存为"命令，将图形命名存储为"标注文字注释.dwg"。

4.5.5　标注民用建筑使用面积

接下来通过为建筑平面图标注各房间的使用面积，学习房间面积的标注方法和快速的标注技巧，本例效果如图 4-82 所示。

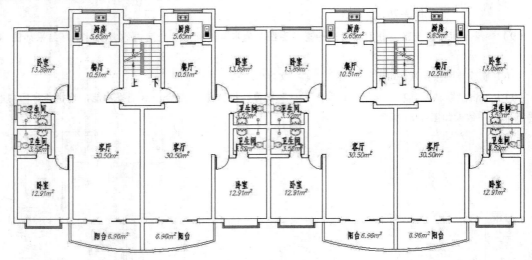

图 4-82　标注面积

绘图思路

◆ 首先使用"图层"命令创建新图层。

◆ 使用"文字样式"命令创建一种新样式。

◆ 使用"面积"命令查询各房间的使用面积。

◆ 使用"多行文字"命令标注单个房间的面积。

◆ 综合使用"复制"和"编辑文字"命令标注其他房间面积。

◆ 使用"快速选择"和"镜像"命令创建右侧户型的房间面积。

◆ 最后使用"另存为"命令将图形命名存储。

绘图步骤

（1）打开上例保存的"标注文字注释.dwg"或直接从随书光盘中的"\效果文件\第4章\"目录下调用此文件。

（2）使用快捷键"LA"激活"图层"命令，新建名为"面积层"图层，图层颜色为104号色，并将其设为当前图层。

（3）使用快捷键"ST"激活"文字样式"命令，设置一种名为"面积"的文字样式，并将其设置为当前样式，如图4-83所示。

（4）选择菜单栏"工具"→"查询"→"面积"命令，查询"卧室"的使用面积。

命令行操作如下：

```
命令：_MEASUREGEOM
输入选项 [距离(D)/半径(R)/角度(A)/面积(AR)/体积(V)] <距离>：_area
指定第一个角点或 [对象(O)/增加面积(A)/减少面积(S)/退出(X)] <对象(O)>：
//捕捉如图4-84所示的端点
指定下一个点或 [圆弧(A)/长度(L)/放弃(U)]：                //捕捉端点1
指定下一个点或 [圆弧(A)/长度(L)/放弃(U)]：                //捕捉端点2
指定下一个点或 [圆弧(A)/长度(L)/放弃(U)/总计(T)] <总计>：
//捕捉如图4-85所示的追踪虚线与墙线的交点
指定下一个点或 [圆弧(A)/长度(L)/放弃(U)/总计(T)] <总计>： // Enter
区域 = 13887600.0, 周长 = 15040.0
输入选项 [距离(D)/半径(R)/角度(A)/面积(AR)/体积(V)/退出(X)] <面积>： // Enter
```

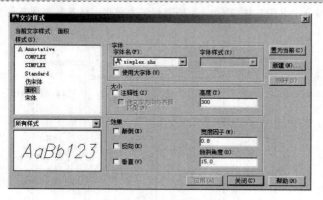

图4-83 设置文字样式

图4-84 定位查询点

技巧提示：在查询面积时，需按照一定顺序依次拾取区域的各角点。

（5）重复执行"面积"命令，分别查询出其他各房间的使用面积。

（6）单击"默认"选项卡→"注释"面板→"多行文字"按钮**A**，根据命令行的提示拉出如图4-86所示的矩形框。

（7）此时系统自动打开"文字编辑器"选项卡面板，然后在文本编辑框内输入"11.79m2^"字样，如图4-87所示。

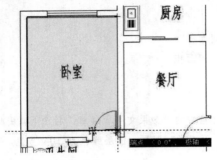

图 4-85　捕捉交点

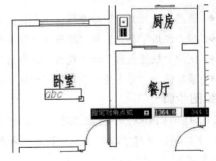

图 4-86　拉出矩形框

（8）在文本编辑框中选择"2^"字样，使其反白显示，然后单击"格式"面板中的中的"堆叠"按钮 ，结果如图 4-88 所示，面积的标注结果如图 4-89 所示。

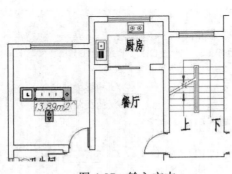

图 4-87　输入文本

图 4-88　堆叠结果

（9）单击"默认"选项卡→"修改"面板→"复制"按钮 ，选择刚标注的面积，将其复制到其他房间内，结果如图 4-90 所示。

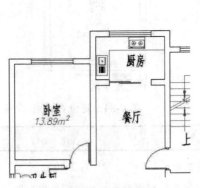

图 4-89　标注面积

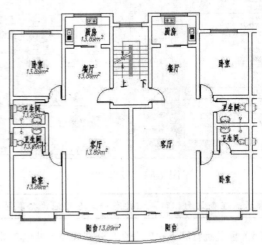

图 4-90　复制结果

（10）使用快捷键"ED"激活"编辑文字"命令，在"选择注释对象或[放弃（U）]："提示下，选择厨房内的面积对象，输入正确的使用面积，如图 4-91 所示，修改结果如图 4-92 所示。

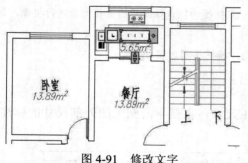

图 4-91　修改文字

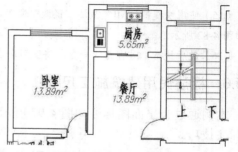

图 4-92　修改结果

（11）继续在"选择注释对象或［放弃（U）］："提示下，分别选择其他房间的面积对象进行修改，修改结果如图 4-93 所示。

（12）选择菜单栏"工具"→"快速选择"命令，选择"面积层"上的所有面积对象，如图 4-94 所示。

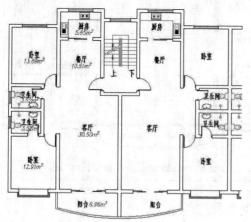

图 4-93　修改结果

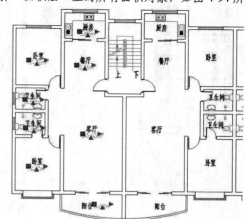

图 4-94　选择结果

（13）单击"默认"选项卡→"修改"面板→"镜像"按钮 ⚮，对夹点显示的面积对象进行镜像，结果如图 4-95 所示。

（14）接下来重复执行"快速选择"命令，再次选择所示的面积对象，如图 4-96 所示。

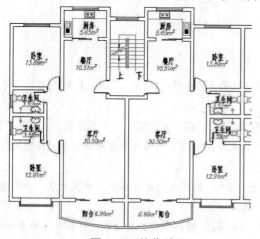

图 4-95　镜像结果

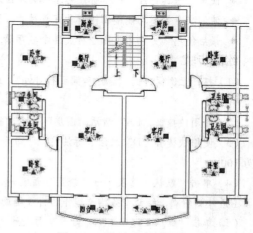

图 4-96　快速选择结果

（15）使用快捷键"MI"激活"镜像"命令，配合中点捕捉功能选择所示的面积对象进行镜像，最终结果如图 4-82 所示。

（16）最后执行"另存为"命令，将图形命名存储为"标注房间面积.dwg"。

4.5.6 标注民用建筑施工尺寸

本例通过为平面图标注如图 4-97 所示的施工尺寸，主要学习施工图外部尺寸的标注方法和标注技巧。

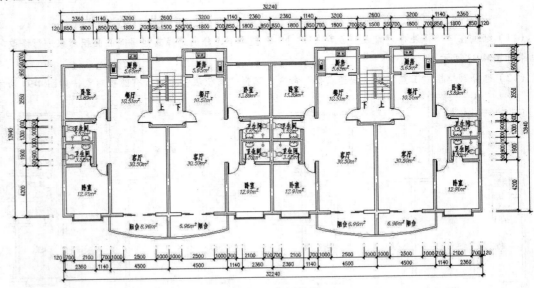

图 4-97 实例效果

绘图思路

◆ 首先设置当前图层和标注样式。

◆ 使用"构造线"命令绘制尺寸定位线。

◆ 使用"线性"、"连续"命令标注细部尺寸和总尺寸。

◆ 使用"快速标注"命令标注施工图的定位尺寸。

◆ 使用夹点编辑功能编辑协调和完善尺寸。

◆ 最后使用"另存为"命令将文件命名存储。

绘图步骤

（1）打开上例保存的"标注房间面积.dwg"或直接从随书光盘中的"\效果文件\第 4 章\"目录下调用此文件。

（2）使用快捷键"LA"激活"图层"命令，打开"轴线层"，将"尺寸层"作为当前层。

（3）使用快捷键"D"激活"标注样式"命令，将"建筑标注"设置为当前标注样式，同时修改标注比例为 100。

（4）单击"默认"选项卡→"绘图"面板→"构造线" ，配合端点捕捉和中点捕捉功能，分别通过平面图最外侧端点，绘制四条构造线作为标注辅助线，如图 4-98 所示。

（5）单击"默认"选项卡→"修改"面板→"偏移"按钮 ，将两条垂直构造线向外偏移 800 个单位，将两条水平构造线向外偏移 600 个单位，并删除源构造线，结果如图 4-99 所示。

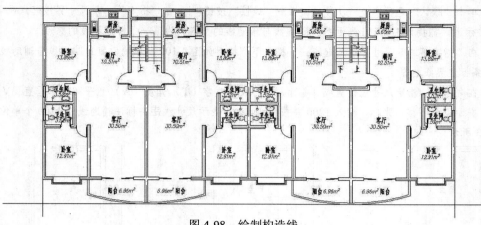

图 4-98　绘制构造线

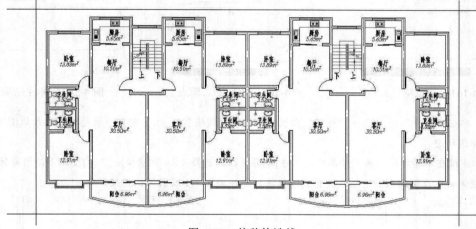

图 4-99　偏移构造线

（6）单击"默认"选项卡→"修改"面板→"圆角"按钮，将圆角半径设置为 0，对偏移出的四条构造线进行圆角，结果如图 4-100 所示。

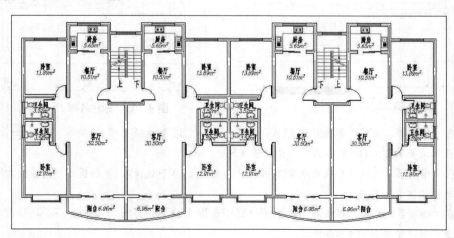

图 4-100　圆角结果

（7）单击"默认"选项卡→"注释"面板→"线性"按钮□，在"指定第一条尺寸界线起点或<选择对象>："提示下，捕捉如图4-101所示的追踪虚线与辅助线的交点作为第一条标注界线的原点。

（8）在"指定第二条尺寸界线的起点："提示下，捕捉如图4-102所示的垂直追踪虚线与辅助线的交点作为第二条标注界线的原点。

（9）在命令行"指定尺寸线位置或 [多行文字（M）/文字（T）/角度（A）/水平（H）/垂直（V）/旋转（R）]："提示下向下移动光标，输入1200并按 Enter 键，表示尺寸线距离标注辅助线为1200个单位，结果如图4-103所示。

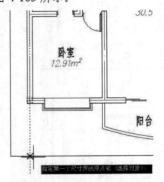

图4-101　定位第一原点

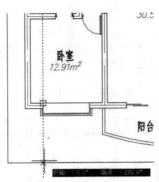

图4-102　定位第二原点

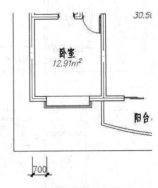

图4-103　标注结果

（10）单击"注释"选项卡→"标注"面板→"连续"按钮┡┤，水平向右移动光标，进入如图4-104所示的连续标注状态。

（11）连续在"指定第二条尺寸界线起点或[放弃（U）/选择（S）]<选择>："的提示下，沿着轴线向右依次捕捉墙体轴线及窗洞两侧的端点进行连续标注，标注如图4-105所示的连续尺寸。

图4-104　连续标注状态

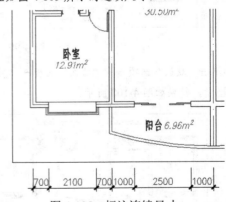

图4-105　标注连续尺寸

（12）在"指定第二条尺寸界线起点或[放弃（U）/选择（S）]<选择>："的提示下按 Enter 键，然后根据命令行的提示选择如图4-106所示的尺寸作为基准尺寸。

（13）在"指定第二条尺寸界线起点或[放弃（U）/选择（S）]<选择>："的提示下，捕捉如图4-107所示的交点，标注墙体的半宽尺寸。

（14）在"指定第二条尺寸界线起点或[放弃（U）/选择（S）]<选择>："的提示下，连续两次按 Enter 键，结束命令，标注结果如图4-108所示。

（15）夹点显示刚标注的墙体半宽尺寸，适当调整标注文字的位置，调整结果如图4-109所示。

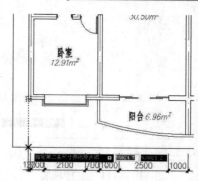

图 4-106　选择基准尺寸

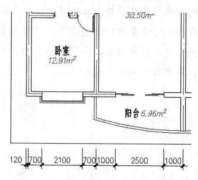

图 4-107　定位尺寸界线原点

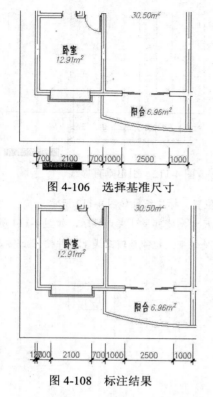

图 4-108　标注结果

图 4-109　调整标注文字的位置

（16）使用快捷键"LA"激活"图层"命令，暂时关闭"墙线层、门窗层、面积层和文本层"，图形的显示结果如图 4-110 所示。

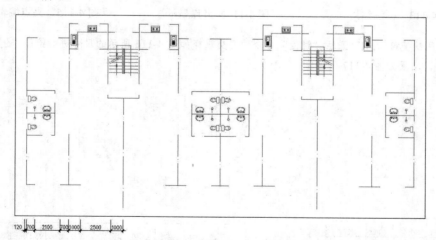

图 4-110　关闭图层后的显示

（17）单击"注释"选项卡→"标注"面板→"快速标注" ，根据命令行的提示依次点取如图 4-111 所示的四条垂直轴线。

（18）按 Enter 键结束选择，然后继续根据命令行的提示，以辅助线左下角点作为追踪点，垂直向下引出追踪虚线，如图 4-112 所示。

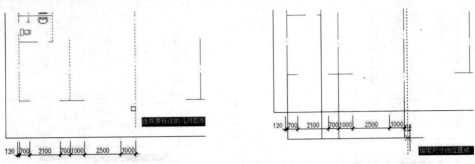

图 4-111　选择轴线　　　　　　　　图 4-112　引出垂直虚线

（19）此时输入 800 并按 [Enter] 键，以确定轴线尺寸的位置，标注结果如图 4-113 所示。

（20）在无任何命令执行的前提下，选择刚标注的轴线尺寸，使其呈现夹点显示，如图 4-114 所示。

（21）使用夹点拉伸功能，分别将各轴线尺寸界限原点处的夹点拉伸至辅助线上，并按 Esc 键取消对象的夹点显示，结果如图 4-115 所示。

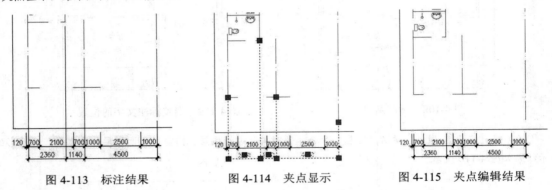

图 4-113　标注结果　　　　图 4-114　夹点显示　　　　图 4-115　夹点编辑结果

（22）使用快捷键"MI"激活"镜像"命令，窗交选择如图 4-116 所示的尺寸进行镜像，创建平面图另一单元的尺寸，结果如图 4-117 所示。

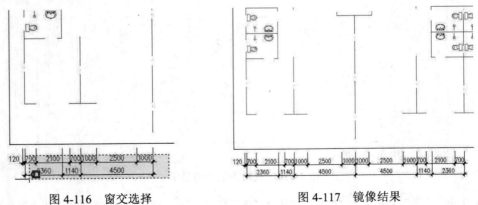

图 4-116　窗交选择　　　　　　　　图 4-117　镜像结果

（23）展开"图层"下拉列表，打开被关闭的所有图层。

（24）单击"默认"选项卡→"修改"面板→"镜像"按钮 ⚑，配合中点捕捉功能，选择所有尺寸进行镜像，结果如图 4-118 所示。

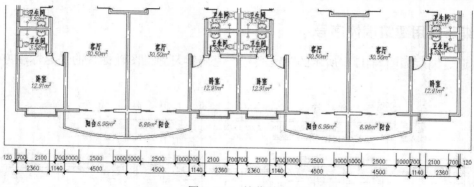

图 4-118 镜像结果

（25）单击"默认"选项卡→"注释"面板→"线性"按钮┠，标注平面图下侧的总尺寸，结果如图 4-119 所示。

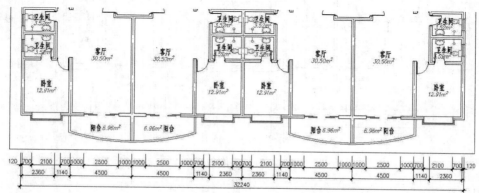

图 4-119 标注总尺寸

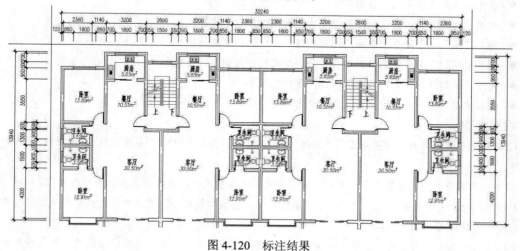

图 4-120 标注结果

（26）接下来参照上述操作步骤，综合使用"线性"、"连续"、夹点编辑等功能，分别标注平面图其他三侧的细部尺寸、轴线尺寸和总尺寸，标注结果如图 4-120 所示。

（27）使用快捷键"E"激活"删除"命令，选择标注辅助线进行删除，最终结果如图 4-97 所示。

（28）最后执行"另存为"命令，将图形命名存储为"标注施工尺寸.dwg"。

4.5.7　编写民用建筑墙体序号

本例通过编写如图 4-121 所示的轴线序号，主要学习施工图轴标号的快速标注方法和标注技巧。

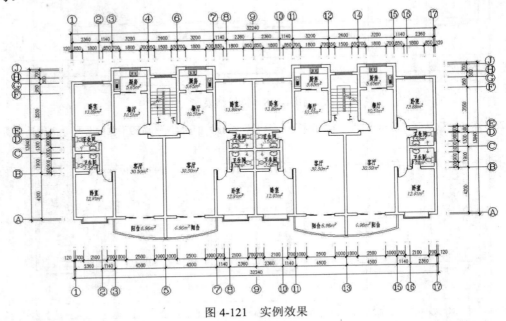

图 4-121　实例效果

绘图思路

◆ 首先调用源文件并设置当前操作层。

◆ 使用"特性"和"特性匹配"命令修改轴线尺寸的尺寸界线。

◆ 使用"插入块"命令配合端点捕捉功能插入任一位置的轴标号。

◆ 使用"复制"命令将插入的轴标号分别复制到平面图其他位置上。

◆ 使用"编辑属性"和"移动"命令修改轴线编号。

◆ 最后使用"另存为"命令将文件另命名存盘。

绘图步骤

（1）打开上例保存的"标注施工尺寸.dwg" 或直接从随书光盘中的"\效果文件\第 4 章\"目录下调用此文件。

（2）在无命令执行的前提下夹点显示平面图中的一个轴线尺寸，使其夹点显示，如图 4-122 所示。

（3）按 Ctrl+1 组合键，打开"特性"对话框，在"直线和箭头"选项组中修改尺寸界线超出尺寸线的长度，修改参数如图 4-123 所示。

（4）关闭"特性"对话框，并按 Esc 键，取消对象的夹点显示，结果所选择的轴线尺寸的尺寸界线被延长，如图 4-124 所示。

（5）展开"默认"选项卡→"图层"面板→"图层"下拉列表，关闭"轴线层"和"文本层"。

（6）使用快捷键"MA"激活"特性匹配"命令，选择被延长的轴线尺寸作为源对象，将其尺寸界线的特性复制给其他位置的轴线尺寸，匹配结果如图 4-125 所示。

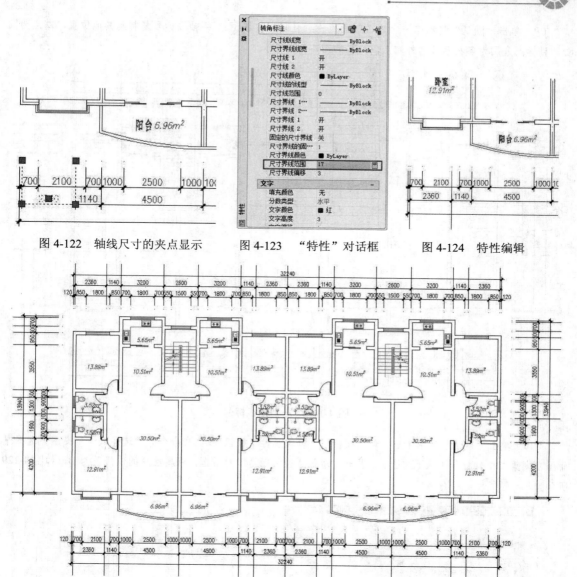

图 4-122　轴线尺寸的夹点显示　　　图 4-123　"特性"对话框　　　图 4-124　特性编辑

图 4-125　特性匹配

（7）展开"默认"选项卡→"图层"面板→"图层"下拉列表，设置"其他层"作为当前图层。

（8）使用快捷键"I"激活"插入块"命令，设置参数如图 4-126 所示，为轴线编号，如图 4-127 所示。

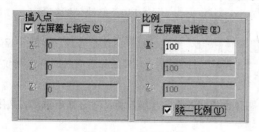

图 4-126　设置参数

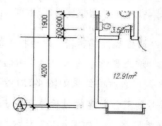

图 4-127　为轴线编号

（9）单击"默认"选项卡→"修改"面板→"复制"按钮，将轴线标号复制到其他位置，基点为圆心，目标点分别为各指示线的外端点，结果如图 4-128 所示。

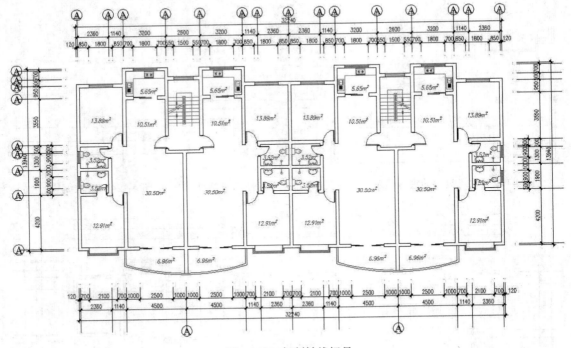

图 4-128 复制轴线标号

（10）单击"默认"选项卡→"块"面板→"编辑属性"按钮，在命令行"选择块："提示下选择平面图左侧第二个轴标号（从下向上），打开"增强属性编辑器"对话框，将属性块的值修改为 B，如图 4-129 所示。

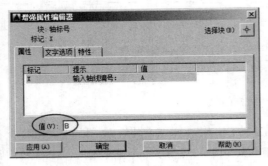

图 4-129 "增强属性编辑器"对话框

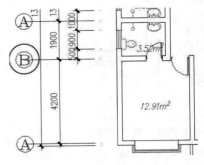

图 4-130 修改轴线编号

（11）单击"增强属性编辑器"对话框中的 应用(A) 按钮，结果轴标号的值被修改，如图 4-130 所示。

（12）单击"增强属性编辑器"对话框右上角的"选择块"按钮，返回绘图区分别选择其他位置的轴线编号进行修改，修改后的结果如图 4-131 所示。

（13）在编号为双位数字的轴标号上双击左键，在弹出的"增强属性编辑器"对话框中激活"文字选项"选项卡，修改属性宽度比例如图 4-132 所示。

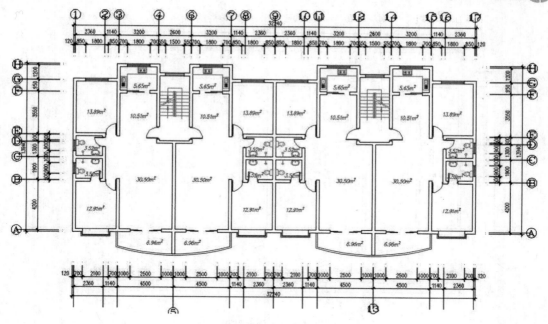

图 4-131 修改结果

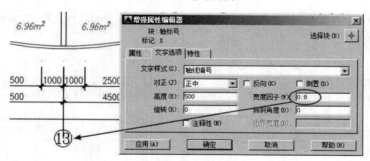

图 4-132 修改属性的宽度比例

（14）依次选择所有位置的双位编号，进行修改宽度比例，使双位数字编号完全处于轴标符号内，结果如图 4-133 所示。

（15）使用快捷键"M"激活"移动"命令，将轴标号进行外移，结果如图 4-134 所示。

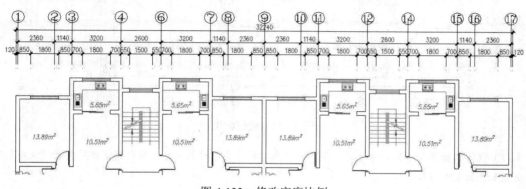

图 4-133 修改宽度比例

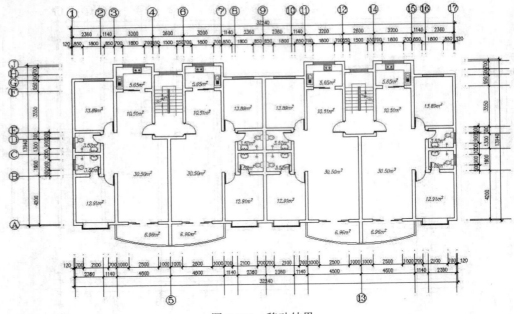

图 4-134　移动结果

（16）单击"默认"选项卡→"修改"面板→"镜像"按钮 ⚭，分别选择上侧和左侧的轴标号进行镜像，镜像结果如图 4-135 所示。

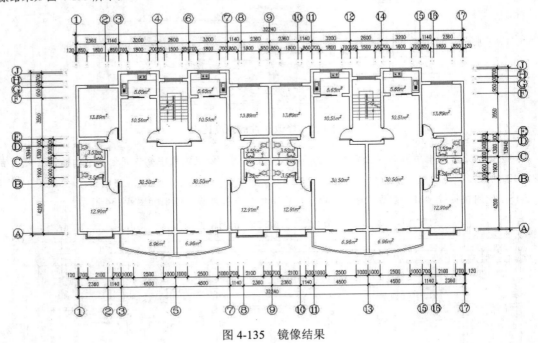

图 4-135　镜像结果

（17）执行"标注打断"命令，对上下两侧总尺寸标注文字处的尺寸界线打断，然后打开"文本层"，最终效果如图 4-121 所示。

（18）最后执行"另存为"命令，将图形命名保存为"编写墙体序号.dwg"。

4.6　本　章　小　结

　　平面图是一种表达房屋建筑的平面形状，房间布置以及内部构造的相互位置等的图样，本章在概述平面图功能、形成、构图要素等的前提下，通过"绘制纵横轴线、绘制主次墙体、绘制建筑构件、标注文字注释、标注使用面积、标注施工尺寸、编写墙体序号"等实例，配合相关的制图命令和操作技巧，详细讲解了施工平面图的完整绘制过程和绘制技巧。

　　希望读者通过本章的学习，在理解和掌握建筑施工平面图完整的绘制过程和绘制技巧的前提下，灵活运用 CAD 各制图工具，快速绘制符合建筑制图标准和施工要求的平面图。

第 5 章　绘制民用建筑立面图

建筑立面图也称立面图，是一种表达建筑物外立面的重要图纸，本章通过绘制如图 5-1 所示的某小区居民楼施工立面图，在了解和掌握工程立面图的形成、功能、表达内容、绘图思路等的前提下，主要学习建筑立面图的具体绘制过程和绘制技巧。

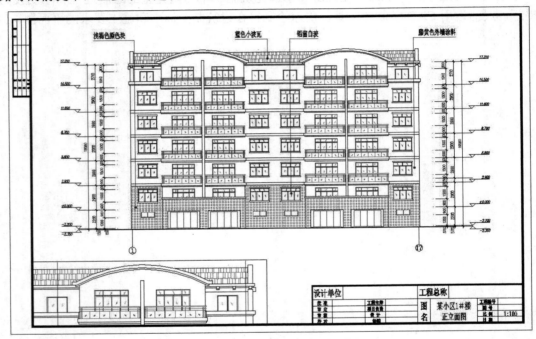

图 5-1　某小区居民楼施工立面图

■ 学习内容

◇ 建筑立面图的形成
◇ 建筑立面图的用途
◇ 建筑立面图表达内容
◇ 建筑立面图绘图思路
◇ 绘制民用建筑负一层立面图
◇ 绘制民用建筑一层立面图

◇ 绘制民用建筑标准层立面图
◇ 绘制民用建筑顶层立面图
◇ 标注民用建筑立面图尺寸
◇ 标注建筑立面图标高和轴号
◇ 标注民用建筑外墙面材质

5.1　建筑立面图的形成

立面图也称建筑立面图，它相当于正投影图中的正立和侧立投影图，是使用直接正投影法，将建筑物各个方向的外表面进行投影所得到的正投影图，通过几个不同方向的立面图，来反映一幢建筑物的体型、外貌以及各墙面的装饰和用料。

一般情况下，在绘制此类立面图时，其绘图比例需要与建筑平面图的比例保持一致，以便与建筑平面图对照绘制和识读。

5.2　建筑立面图的用途

立面图它是一种用于表达建筑物的外立面的造型和外貌、门窗在外立面上的位置形状态和开启方向、表明建筑物外墙的装修做法，以及屋顶、阳台、雨篷、窗台、勒脚、雨水管等构件的建筑材料和具体做法，是建筑施工图中的基本图纸之一。

一般情况下，在设计立面图时，需要根据建筑物各立面的形状和墙面装修的要求等因素，确定立面图的数量。当建筑物的各个立面造型不一样、墙面装修各异时，就需要画出所有立面的图形；当建筑物各立面造型简单，则仅需画出主要立面图即可。

5.3　建筑立面图表达内容

● **立面图的图名**

建筑立面图有三种命名，第一种方式就是按立面图的主次命名，即把建筑物的主要出入口或反映建筑物外貌主要特征的立面图称为正立面图，而把其他立面图分别称为背立面图、左立面图和右立面图等；

第二种命名方式是按照建筑物的朝向命名，根据建筑物立面的朝向可分别称为南立面图、北立面图、东立面图和西立面图。

第三种命名方式是按照轴线的编号命名名，根据建筑物立面两端的轴线编号命名，如①～⑨图等。

● **立面图定位轴线**

立面图横向定位线是一种用于表达建筑物的层高线及窗台、阳台等立面构件的高度线，纵向轴线代表的是建筑物门、窗、阳台等建筑构件位置的辅助线，因此对于立面图的纵向定位轴线，可以根据建筑施工平面图结合起来，为建筑物各立面构件进行定位，如图5-2所示。

● **比例与轴线编号**

建筑立面图采用的比例应与建筑平面图的比例一致，以便与建筑平面图对照阅读。

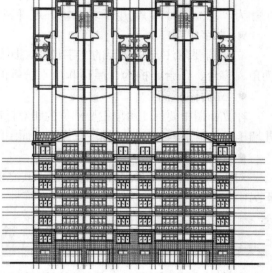

图 5-2　立面图纵横定位线

另外，在建筑立面图中，只需画出两端的轴线并注出其编号，编号应与建筑平面图该立面两端的轴线编号一致，以便与建筑平面图对照阅读，从而确认立面的方位。对于没有定位轴线的建筑物，可以按照平面图各面的朝向进行绘制。

● **尺寸标注**

沿建筑物立面图的高度方向只需要标注三道尺寸，分别是细部尺寸、层高尺寸和总高尺寸，各尺寸标注如图 5-3 所示。其中，最里面的一道尺寸是"细部尺寸"，它用于表示室内外地面高度差、窗下墙高度、门窗洞口高度、洞口顶面到上一层楼面的高度、女儿墙或挑檐板高度等。

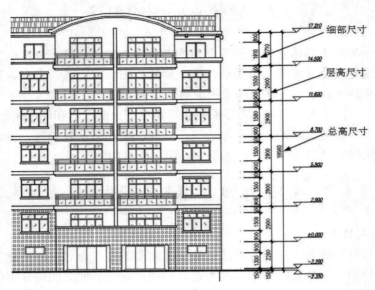

图 5-3　立面图尺寸

中间一道尺寸称为"层高尺寸"，它用于表明每上下两层楼地面之间的距离；最外面一道尺寸为"总高尺寸"，它用于表明室外地坪至女儿墙压顶功至檐口的距离。

● **文字说明**

立面图要附注一些必要的文字说明，比如表明外墙装饰的做法及分格、表明室外台阶、勒角、窗台、阳台、檐沟、屋顶和雨水管等的立面形状及材料做法等，以方便指导施工。

● **立面图标高**

在立面图中要标注房屋主要部位的相对标高，如室外地坪、室内地面、各层楼面、檐口、女儿墙压顶，雨罩等；其尺寸标注只需沿立面图的高度方向标注细部尺寸、层高尺寸和总高度。

● **符号标注**

对于比较简单的对称式的建筑物，其立面图可以只绘制一半，但必须标出对称符号；对于另画详图的部位，一般需要标注索引符号，以指明查阅详图。

5.4　建筑立面图绘图思路

在绘制建筑立面图时，具体可以遵循如下思路。

（1）绘制纵横向定位线。

（2）根据立面图的纵横向定位线，绘制出立面图的主体框架和地坪线。

（3）根据纵横向定位线，绘制立面图的主体构件轮廓。

（4）对立面图内部细节进行填充和完善。比如编辑轮廓线特性、填充图案、绘制墙体、阳台或窗扇等构件方格线等。

（5）在立面图上标明必要的文字注释，以表明立面图部件材料及做法等。

（6）标注建筑立面的细部尺寸、层高尺寸和总尺寸。

（7）标注立面图的标高。

（8）最后一个环节就是为立面图标注一些符号，比如索引符号和轴标号等。

5.5 绘制民用建筑施工立面图

5.5.1 绘制民用建筑负一层立面图

本例主要学习建筑物负一层立面图及立面图定位轴线的具体绘制过程和绘制技巧。建筑物负层立面图的绘制效果如图 5-4 所示。

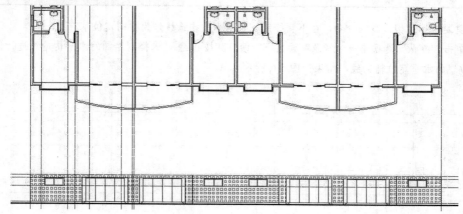

图 5-4　实例效果

绘图思路

◆ 首先调用建筑平面图文件。

◆ 使用"构造线"和"偏移"命令创建负一层立面图的纵横向定位辅助线。

◆ 使用"多段线"命令绘制具有一定宽度的地坪线。

◆ 使用"直线"命令绘制负一层垂直立面轮廓线。

◆ 使用"偏移"、"矩形"、"修剪"等命令绘制负一层窗子构件。

◆ 使用"直线"、"偏移"、"修剪"等命令绘制立面门构件。

◆ 使用"图案填充"、"镜像"命令绘制负一层墙面材质图。

◆ 最后使用"另存为"命令将图形另名存盘。

绘图步骤

（1）单击"快速访问"工具栏→"打开"按钮 📂，打开随书光盘"\效果文件\第4章\编写墙体序号.dwg"。

（2）使用快捷键"LA"激活"图层"命令，冻结"尺寸层、其他层、面积层、文本层"，然后打开"轴线层"，并将此图层设为当前层。

（3）使用快捷键"LT"激活"线型"命令，在打开的"线型管理器"对话框中设置线型比例为20。

（4）单击"默认"选项卡→"绘图"面板→"构造线" ✐，根据视图间的对正关系，分别通过平面图下侧墙线的墙、窗及阳台等位置，绘制如图 5-5 所示的垂直构造线作为纵向定位线。

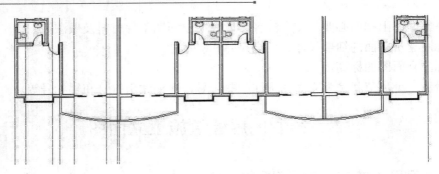

图 5-5　创建纵向定位线

（5）重复执行"构造线"命令，在下侧绘制一条水平的构造线作为横向定位基准线。

（6）单击"默认"选项卡→"修改"面板→"偏移"按钮 ，选择刚绘制的水平构造线进行偏移复制，创建其他位置的水平定位辅助线，结果如图 5-6 所示。

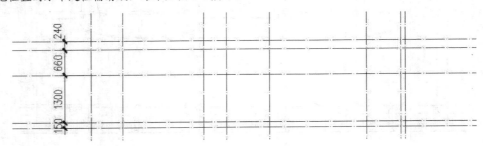

图 5-6　偏移结果

（7）展开"默认"选项卡→"图层"面板→"图层"下拉列表，将"轮廓线"设为当前图层。

（8）单击"默认"选项卡→"绘图"面板→"多段线"按钮 ，配合最近点捕捉功能，绘制宽度为 50 个绘图单位的多段线作为地坪线，绘制结果如图 5-7 所示。

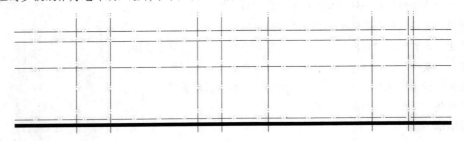

图 5-7　绘制地坪线

（9）单击"默认"选项卡→"绘图"面板→"直线"按钮 ，配合交点捕捉功能绘制如图 5-8 所示的两条垂直轮廓线 1 和 2。

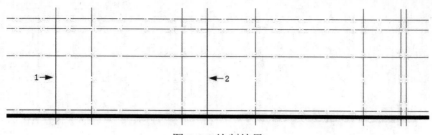

图 5-8　绘制结果

（10）单击"默认"选项卡→"绘图"面板→"矩形"按钮 □ ，配合"捕捉自"功能，在"门窗层"内绘制长度为 1500、宽度为 600 的窗子构件。

命令行操作如下：

```
命令：_rectang
指定第一个角点或 [倒角(C)/标高(E)/圆角(F)/厚度(T)/宽度(W)]：  //激活"捕捉自"功能
_from 基点：          //捕捉垂直轮廓线 1 的上端点
<偏移>：             //@1120,-900 Enter
指定另一个角点或 [面积(A)/尺寸(D)/旋转(R)]： //@1500,600 Enter ，结果如图 5-9 所示
```

图 5-9　绘制结果

（11）单击"默认"选项卡→"修改"面板→"偏移"按钮 ，选择刚绘制的矩形向内侧偏移 50 个单位。

（12）单击"默认"选项卡→"修改"面板→"分解"按钮 ，将外侧的矩形分解。

（13）单击"默认"选项卡→"修改"面板→"偏移"按钮 ，将分解后的矩形左侧垂直边向右偏移 700，将矩形右侧的垂直边向左偏移 750，结果如图 5-10 所示。

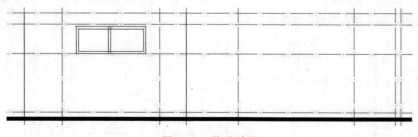

图 5-10　偏移结果

（14）单击"默认"选项卡→"修改"面板→"修剪"按钮 ，对偏移出的矩形和直线进行修剪，结果如图 5-11 所示。

（15）单击"默认"选项卡→"绘图"面板→"直线"按钮 ，配合捕捉追踪捕捉功能绘制如图 5-12 所示的立面门外框结构。

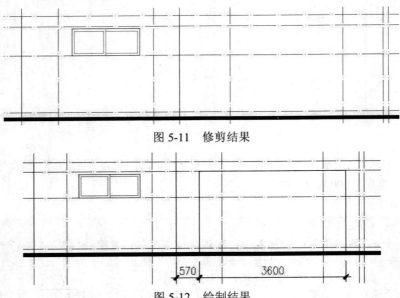

图 5-11　修剪结果

图 5-12　绘制结果

（16）单击"默认"选项卡→"修改"面板→"偏移"按钮 ，将刚绘制水平轮廓边向下偏移 60 和 1960；将左侧的垂直轮廓边向右偏移 300、1050 和 1800；将右侧的垂直边向左偏移 300 和 1050，偏移结果如图 5-13 所示。

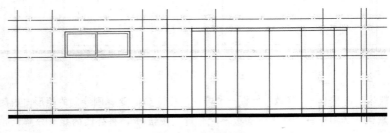

图 5-13　偏移结果

（17）单击"默认"选项卡→"修改"面板→"修剪"按钮 ，对偏移出的图线进行修剪，并使用"直线"命令绘制下侧的两条倾斜图线，结果如图 5-14 所示。

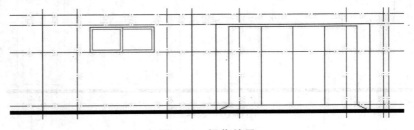

图 5-14　操作结果

（18）展开"默认"选项卡→"图层"面板→"图层"下拉列表，将"填充层"设为当前层。

（19）单击"默认"选项卡→"绘图"面板→"图案填充"按钮 ，设置填充图案与参数如图 5-15 所示，为立面图填充如图 5-16 所示的图案。

图 5-15 设置填充图案与参数

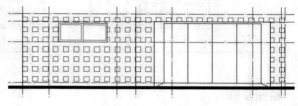

图 5-16 填充结果

（20）单击"默认"选项卡→"修改"面板→"镜像"按钮 ◢▙，选择刚绘制的负一层立面轮廓图进行镜像，结果如图 5-17 所示。

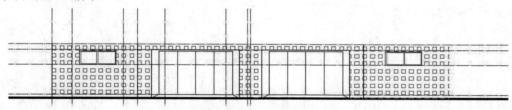

图 5-17 镜像结果

（21）重复执行"镜像"命令，对负层立面轮廓结构进行镜像，结果如图 5-18 所示。

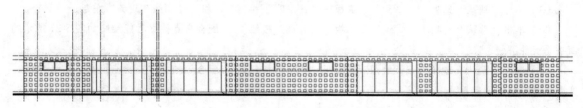

图 5-18 镜像结果

（22）最后执行"另存为"命令，将图形另名存储为"绘制负一层立面图.dwg"。

5.5.2 绘制民用建筑一层立面图

本例主要学习建筑物一层立面图的具体绘制过程和绘制技巧。建筑物一层立面图的绘制效果如图 5-19 所示。

绘图思路

◆ 首先使用"偏移"命令创建一层立面图的横向定位辅助线。

◆ 使用"直线"命令绘制一层立面图垂直轮廓线。

◆ 使用"多段线"、"矩形"、"修剪"等命令绘制一层立面图内部结构。

◆ 使用"插入块"、"分解"、"修剪"、"镜像"等命令绘制一层立面图门窗构件图。

◆ 使用"图案填充"和"构造线"等命令绘制一层立面图墙面材质。

◆ 最后使用"另存为"命令将图形另名存盘。

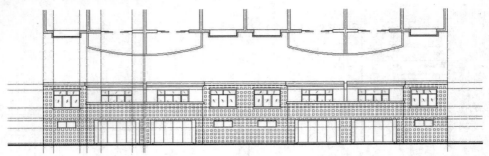

图 5-19　实例效果

绘图步骤

（1）打开上例保存的"绘制负一层立面图.dwg"，或直接从随书光盘中的"\效果文件\第 5 章\"目录下调用此文件。

（2）单击"默认"选项卡→"修改"面板→"偏移"按钮 ，将最上侧的水平定位线向上偏移 900、2400、2900 个单位，如图 5-20 所示。

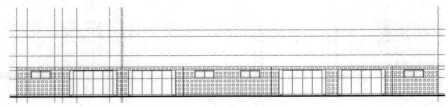

图 5-20　偏移结果

（3）展开"默认"选项卡→"图层"面板→"图层"下拉列表，将"轮廓线"设为当前层。

（4）单击"默认"选项卡→"绘图"面板→"直线"按钮 ，配合交点捕捉功能绘制如图 5-21 所示的四条垂直轮廓线。

（5）单击"默认"选项卡→"绘图"面板→"矩形"按钮 ，配合"捕捉自"功能绘制长度为 8000、宽度为 280 的立面轮廓线。

命令行操作如下：

```
命令: _rectang
指定第一个角点或 [倒角(C)/标高(E)/圆角(F)/厚度(T)/宽度(W)]:
                        //激活"捕捉自"功能
_from 基点:             //捕捉左侧垂直轮廓线的上端点
<偏移>:                 //@0,160 Enter
指定另一个角点或 [面积(A)/尺寸(D)/旋转(R)]:
                        //@8000,-280 Enter，绘制结果如图 5-22 所示
```

（6）单击"默认"选项卡→"绘图"面板→"多段线"按钮 ，配合"捕捉自"和坐标输入功能绘制如图 5-23 所示的轮廓线。

命令行操作如下：

```
命令: _pline
指定起点:              //激活"捕捉自"功能
_from 基点:            //捕捉刚绘制的矩形右下角点
<偏移>:                //@0,-120 Enter
```

当前线宽为 50.0

指定下一个点或 [圆弧(A)/半宽(H)/长度(L)/放弃(U)/宽度(W)]: //w Enter

指定起点宽度 <50.0>: //0 Enter

指定端点宽度 <0.0>: // Enter

指定下一个点或 [圆弧(A)/半宽(H)/长度(L)/放弃(U)/宽度(W)]: @-4560,0 Enter

指定下一点或 [圆弧(A)/闭合(C)/半宽(H)/长度(L)/放弃(U)/宽度(W)]: @0,120 Enter

指定下一点或 [圆弧(A)/闭合(C)/半宽(H)/长度(L)/放弃(U)/宽度(W)]: @-80,0 Enter

指定下一点或 [圆弧(A)/闭合(C)/半宽(H)/长度(L)/放弃(U)/宽度(W)]: @0,280 Enter

指定下一点或 [圆弧(A)/闭合(C)/半宽(H)/长度(L)/放弃(U)/宽度(W)]:

// Enter，绘制结果如图 5-23 所示

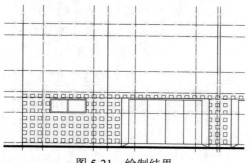

图 5-21　绘制结果

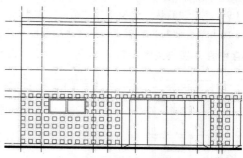

图 5-22　绘制结果

（7）重复执行"多段线"命令，配合"捕捉自"和坐标输入功能绘制如图 5-24 所示的轮廓线。

命令行操作如下：

命令：_pline

指定起点: //激活"捕捉自"功能

_from 基点: //捕捉刚绘制的多段线右端点

<偏移>: //@120,-1300 Enter

当前线宽为 50.0

指定下一个点或 [圆弧(A)/半宽(H)/长度(L)/放弃(U)/宽度(W)]: @-4700,0 Enter

指定下一点或 [圆弧(A)/闭合(C)/半宽(H)/长度(L)/放弃(U)/宽度(W)]: @0,-150 Enter

指定下一点或 [圆弧(A)/闭合(C)/半宽(H)/长度(L)/放弃(U)/宽度(W)]: @4700,0 Enter

指定下一点或 [圆弧(A)/闭合(C)/半宽(H)/长度(L)/放弃(U)/宽度(W)]:

// Enter，绘制结果如图 5-24 所示

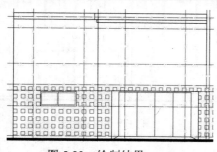

图 5-23　绘制结果

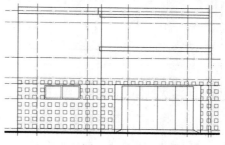

图 5-24　绘制结果

（8）单击"默认"选项卡→"修改"面板→"修剪"按钮 ，对轮廓线进行修剪，并删除多余图线，结果如图 5-25 所示。

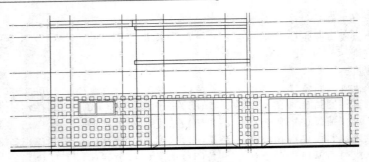

图 5-25　操作结果

（9）展开"默认"选项卡→"图层"面板→"图层"下拉列表，将"门窗层"设置为当前图层。

（10）单击"默认"选项卡→"块"面板→"插入"按钮，激活"插入块"命令，以默认参数插入随书光盘中的"\图块文件\凸窗.dwg"，插入点为图 5-26 所示的交点，插入结果如图 5-27 所示。

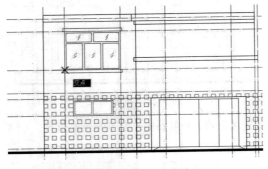

图 5-26　捕捉交点

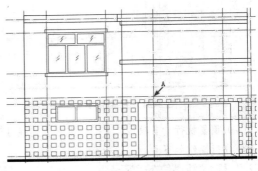

图 5-27　插入结果

（11）重复执行"插入块"命令，以默认参数插入随书光盘中的"\图块文件\推拉门.dwg"，插入点为图 5-27 所示的交点 A，插入结果如图 5-28 所示。

（12）单击"默认"选项卡→"修改"面板→"分解"按钮，将刚插入的推拉门图块分解，然后关闭"轴线层"。

（13）综合使用"修剪"和"删除"命令，对推拉门进行修剪编辑，结果如图 5-29 所示。

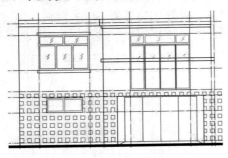

图 5-28　插入结果

图 5-29　编辑结果

（14）单击"默认"选项卡→"修改"面板→"镜像"按钮，对一层立面进行镜像，结果如图 5-30 所示。

（15）重复执行"镜像"命令，继续对一层立面图进行镜像，结果如图 5-31 所示。

图 5-30　镜像结果

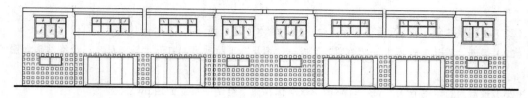

图 5-31　镜像结果

（16）在无命令执行的前提下夹点显示如图 5-32 所示的立面图轮廓线，然后执行"分解"命令将其分解。

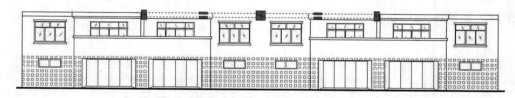

图 5-32　夹点效果

（17）使用快捷键"E"激活"删除"命令，删除垂直的轮廓线，结果如图 5-33 所示。

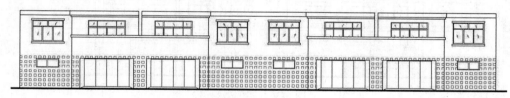

图 5-33　删除结果

（18）单击"默认"选项卡→"绘图"面板→"构造线" ，配合端点捕捉功能绘制如图 5-34 所示的水平辅助线。

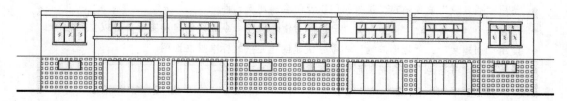

图 5-34　绘制结果

（19）在负一层建筑立面图墙面填充图案上单击右键，选择"图案填充编辑"命令，在打开的"图案填充编辑"对话框中单击"添加：拾取点"按钮 。

（20）返回绘图区根据命令行的提示拾取填充区域，为一层立面图填充如图 5-35 所示的墙面图案。

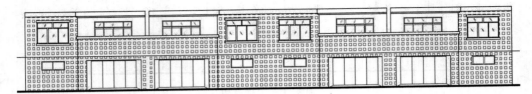

图 5-35　填充结果

（21）使用快捷键"E"激活"删除"命令，删除水平辅助线。

（22）展开"默认"选项卡→"图层"面板→"图层"下拉列表，打开"轴线层"，最终结果如图 5-19
所示。

（23）最后执行"另存为"命令，将图形命名保存为"绘制一层立面图.dwg"。

5.5.3　绘制民用建筑标准层立面图

本例主要学习建筑物标准层立面图的具体绘制过程和绘制技巧。建筑物标准层立面图的
绘制效果，如图 5-36 所示。

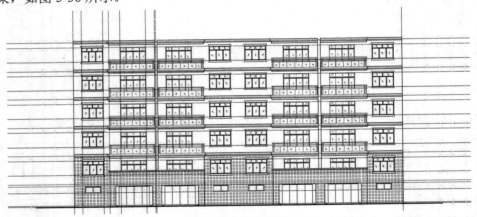

图 5-36　实例效果

绘图思路：

◆ 首先使用"偏移"命令绘制二层立面图横向定位辅助线。

◆ 使用"复制"命令复制一层立面轮廓及凸窗构件。

◆ 使用"插入块"命令创建二层推拉门以及阳台等建筑构件。

◆ 综合使用"分解"、"修剪"、"删除"镜像"等命令继续创建和完善二层以立面构件。

◆ 使用"创建块"、"矩形阵列"等命令快速创建完整的标准层立面图。

◆ 最后使用"另存为"命令将图形命名存盘。

绘图步骤

（1）打开上例保存的"绘制一层立面图.dwg"，或直接从随书光盘中的"\效果文件\第 5 章\"目录下调
用此文件。

（2）单击"默认"选项卡→"修改"面板→"偏移"按钮 ，将最上侧的水平构造线进行向上偏移 900、
2400 和 2900 个绘图单位，偏移结果如图 5-37 所示。

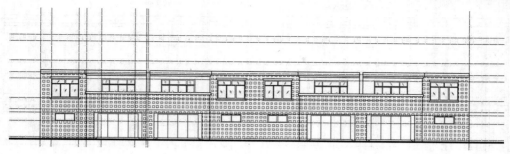

图 5-37　偏移结果

（3）在无命令执行的前提下夹点显示如图 5-38 所示的立面轮廓线和凸窗等构件。

（4）单击"默认"选项卡→"修改"面板→"复制"按钮 ，配合坐标输入功能将夹点对象沿 Y 轴正方向复制 2900 个单位，结果如图 5-39 所示。

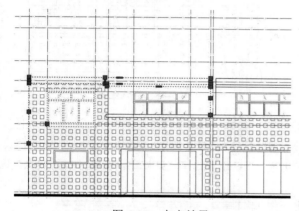

图 5-38　夹点效果

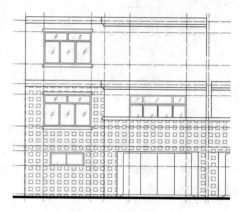

图 5-39　复制结果

（5）在无命令执行的前提下夹点显示如图 5-40 所示的垂直轮廓线，对其进行夹点拉伸，结果如图 5-41 所示。

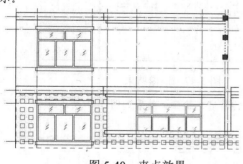

图 5-40　夹点效果

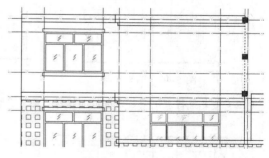

图 5-41　拉伸结果

（6）展开"默认"选项卡→"图层"面板→"图层"下拉列表，将"门窗层"设置为当前图层。

（7）单击"默认"选项卡→"块"面板→"插入"按钮 ，以默认参数插入随书光盘中的 "\图块文件\推拉门.dwg"，插入点为图 5-42 所示的交点，插入结果如图 5-43 所示。

（8）重复执行"插入块"命令，插入随书光盘中的"\图块文件\阳台栏杆.dwg"，插入点为图 5-43 所示的交点 A，参数设置如图 5-44 所示，插入结果如图 5-45 所示。

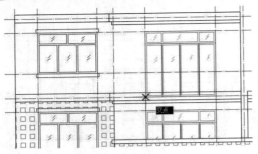

图 5-42 捕捉交点

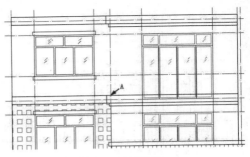

图 5-43 插入结果

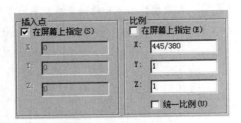

图 5-44 设置参数

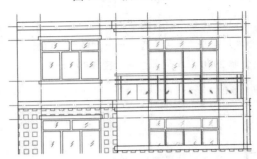

图 5-45 插入结果

（9）单击"默认"选项卡→"修改"面板→"分解"按钮，将推拉门图块分解。

（10）接下来综合使用"修剪"和"删除"命令，对推拉门进行修剪编辑，结果如图 5-46 所示。

（11）单击"默认"选项卡→"修改"面板→"镜像"按钮，选择二层立面结构及构件进行镜像，镜像结果如图 5-47 所示。

图 5-46 编辑结果

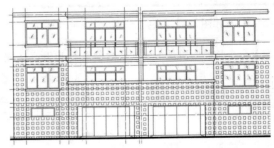

图 5-47 镜像结果

（12）重复执行"镜像"命令，继续对二层立面结构及构件进行镜像，结果如图 5-48 所示。

图 5-48 镜像结果

（13）展开"默认"选项卡→"图层"面板→"图层"下拉列表，暂时关闭"轴线层"，然后夹点显示如图 5-49 所示的轮廓线分解。

图 5-49 夹点效果

（14）使用快捷键"E"激活"删除"命令，将分解后的多余图线删除，结果如图 5-50 所示。

图 5-50 删除结果

（15）单击"默认"选项卡→"块"面板→"创建块"按钮，将二层立面图定义为内部块，参数设置如图 5-51 所示，基点为图 5-52 所示的端点。

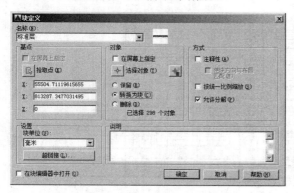

图 5-51 "块定义"对话框

图 5-52 捕捉端点

（16）单击"默认"选项卡→"修改"面板→"矩形阵列"按钮，选择刚定义的标准层内部块进行阵列。命令行操作如下：

```
命令: _arrayrect
选择对象:                          //选择标准层内部块
选择对象:                          // Enter
类型 = 矩形  关联 = 是
```

选择夹点以编辑阵列或〔关联(AS)/基点(B)/计数(COU)/间距(S)/列数(COL)/行数(R)/层数(L)/退出(X)〕<退出>: 　　//COU Enter
　　输入列数数或〔表达式(E)〕<4>: 　　//1 Enter
　　输入行数数或〔表达式(E)〕<3>: 　　//4 Enter
选择夹点以编辑阵列或〔关联(AS)/基点(B)/计数(COU)/间距(S)/列数(COL)/行数(R)/层数(L)/退出(X)〕<退出>: 　　//s Enter
　　指定列之间的距离或〔单位单元(U)〕<0>: 　　//1Enter
　　指定行之间的距离<540>: 　　//2900 Enter
选择夹点以编辑阵列或〔关联(AS)/基点(B)/计数(COU)/间距(S)/列数(COL)/行数(R)/层数(L)/退出(X)〕<退出>: 　　//AS Enter
　　创建关联阵列〔是(Y)/否(N)〕<否>: 　　//N Enter
选择夹点以编辑阵列或〔关联(AS)/基点(B)/计数(COU)/间距(S)/列数(COL)/行数(R)/层数(L)/退出(X)〕<退出>: 　　//Enter，阵列结果如图5-53所示

图 5-53　阵列结果

（17）展开"默认"选项卡→"图层"面板→"图层"下拉列表，打开"轴线层"，结果如图 5-54 所示。

图 5-54　打开轴线后的效果

（18）重复执行"矩形阵列"命令，选择最上侧的三条水平构造线进行阵列 4 行，行间距为 2900，阵列后的最终效果，如图 5-54 所示。

（19）最后执行"另存为"命令，将图形另名存储为"绘制标准层立面图.dwg"。

5.5.4　绘制民用建筑顶层立面图

本例主要学习建筑物顶层立面图的具体绘制过程和绘制技巧。建筑物顶层立面图的绘制效果如图 5-55 所示。

图 5-55　顶层立面

绘图思路

◆ 首先使用"修剪"、"直线"和"复制"等命令初步绘制顶层立面图。

◆ 使用"构造线"、"偏移"命令绘制顶层立面图定位辅助线。

◆ 使用"圆弧"、"偏移"、"修剪"和"圆角"命令绘制顶层立面图弧形结构。

◆ 使用"构造线"、"偏移"、"圆角"、"修剪"等命令绘制顶层线角及女儿墙构件。

◆ 使用"矩形"、"矩形阵列"、"修剪"和"插入块"命令绘制顶层线角装饰块及窗子构件。

◆ 使用"镜像"、"合并"命令对顶层构件图进行镜像。

◆ 最后使用"构造线"、"修剪"和"图案填充"命令绘制屋顶和屋瓦材质轮廓图。

绘图步骤

（1）打开上例保存的"绘制标准层立面图.dwg"，或直接从随书光盘中的"\效果文件\第5章\"目录下调用此文件。

（2）展开"默认"选项卡→"图层"面板→"图层"下拉列表，关闭"轴线层"，并将"轮廓线"设为当前层。

（3）单击"默认"选项卡→"修改"面板→"修剪"按钮 ，对最上侧的轮廓结构进行修剪，结果如图 5-56 所示。

图 5-56　修剪结果

（4）单击"默认"选项卡→"绘图"面板→"直线"按钮 ，配合端点捕捉功能绘制如图 5-57 所示的轮廓线。

（5）单击"默认"选项卡→"修改"面板→"复制"按钮 ，选择标准层中的阳台栏杆和推拉门构件，垂直向上复制 2900 个单位，复制结果如图 5-58 所示。

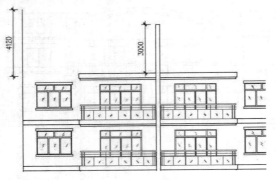

图 5-57　绘制结果

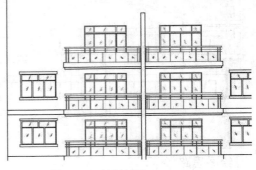

图 5-58　复制结果

（6）单击"默认"选项卡→"绘图"面板→"构造线" ，配合中点捕捉功能绘制两条垂直的构造线作为辅助线，如图 5-59 所示。

（7）单击"默认"选项卡→"修改"面板→"偏移"按钮 ，将水平的构造线向上偏移 1220、向下偏移 80、330 和 450 个绘图单位，并删除源水平构造线；将垂直构造线对称偏移 4850、4900 和 5150 个绘图单位，结果如图 5-60 所示。

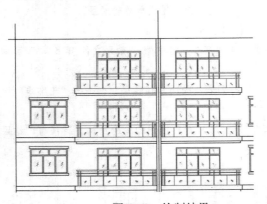

图 5-59　绘制结果

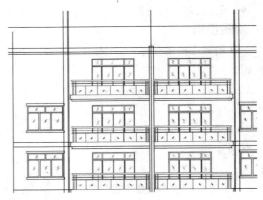

图 5-60　偏移结果

（8）单击"默认"选项卡→"绘图"面板→"圆弧"按钮 ，配合交点捕捉绘制如图 5-61 所示的圆弧轮廓线。

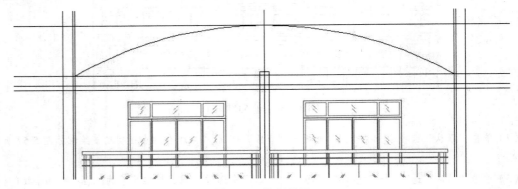

图 5-61　绘制结果

（9）将圆弧向下偏移 240 和 360 个单位，并对偏移出的圆弧两端进行延伸，然后单击"默认"选项卡→"修改"面板→"修剪"按钮 ，对圆弧及构造线进行修剪，并删除多余图线，结果如图 5-62 所示。

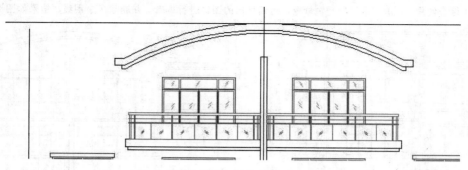

图 5-62　操作结果

（10）单击"默认"选项卡→"修改"面板→"偏移"按钮 ，将水平构造线向下偏移 3540、3820 和 3940；将垂直构造线向左偏移 4620、4680、7750、8300 和 8200，偏移结果如图 5-63 所示。

（11）单击"默认"选项卡→"修改"面板→"修剪"按钮 ，对偏移出的图线进行修剪，修剪结果如图 5-64 所示。

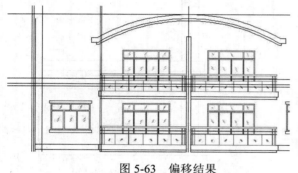
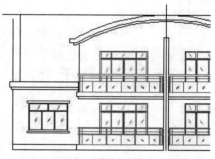

图 5-63　偏移结果　　　　　　　　　　　　　　　　图 5-64　修剪结果

（12）单击"默认"选项卡→"修改"面板→"偏移"按钮 ，将水平构造线向下偏移 1890、2040 和 2190；将垂直构造线向左偏移 8340，偏移结果如图 5-65 所示。

（13）单击"默认"选项卡→"修改"面板→"修剪"按钮 ，对偏移出的图线进行修剪，修剪结果如图 5-66 所示。

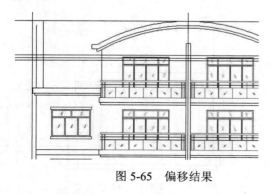

图 5-65　偏移结果　　　　　　　　　　　　图 5-66　修剪结果

（14）单击"默认"选项卡→"修改"面板→"偏移"按钮 ，将水平构造线向下偏移 100、1550 和 1790；将垂直构造线向左偏移 7750、8160 和 8260，偏移结果如图 5-67 所示。

（15）综合使用"圆角"和"修剪"命令，对偏移出的图线进行编辑，并删除多余图线，结果如图 5-68 所示。

图 5-67　偏移结果

图 5-68　修剪结果

（16）单击"默认"选项卡→"绘图"面板→"矩形"按钮 ，配合"捕捉自"功能绘制长度为 200、宽度为 150 的矩形，如图 5-69 所示。

（17）重复执行"矩形"命令，绘制长度为 200、宽度为 100 的矩形，如图 5-70 所示。

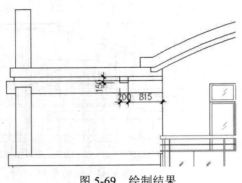

图 5-69　绘制结果

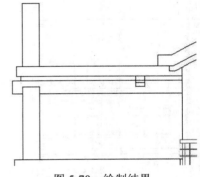

图 5-70　绘制结果

（18）单击"默认"选项卡→"修改"面板→"矩形阵列"按钮 ，选择两个矩形向左阵列三份，列偏移为 1200，阵列结果如图 5-71 所示。

（19）单击"默认"选项卡→"修改"面板→"修剪"按钮 ，以矩形作为边界，对水平图线进行修剪，结果如图 5-72 所示。

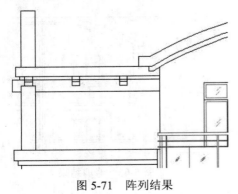

图 5-71　阵列结果

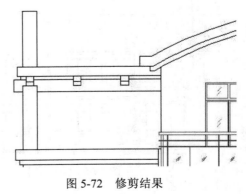

图 5-72　修剪结果

（20）使用快捷键"I"激活"插入块"命令，以默认参数插入随书光盘中的"\图块文件\立面窗02.dwg"，结果如图 5-73 所示。

图 5-73　插入结果　　　　　　　　　　图 5-74　选择结果

（21）单击"默认"选项卡→"修改"面板→"镜像"按钮，配合中点捕捉功能，选择如图 5-74 所示的立面轮廓线和窗子构件进行镜像，镜像结果如图 5-75 所示。

图 5-75　镜像结果

（22）重复执行"镜像"命令，配合对象捕捉功能继续对顶层立面图进行镜像，结果如图 5-76 所示。

图 5-76　镜像结果

（23）单击"默认"选项卡→"修改"面板→"合并"按钮，对内部的水平图线进行合并，结果如图 5-77 所示。

图 5-77　合并结果

（24）单击"默认"选项卡→"绘图"面板→"构造线" ，配合延伸捕捉功能绘制如图 5-78 所示的水平构造线。

图 5-78　绘制结果

（25）单击"默认"选项卡→"修改"面板→"修剪"按钮 ，对构造线进行修剪，修剪结果如图 5-79 所示。

图 5-79　修剪结果

（26）单击"默认"选项卡→"绘图"面板→"图案填充"按钮 ，在打开的"图案填充和渐变色"对话框中设置填充图案与填充参数如图 5-80 所示，为顶层立面图填充如图 5-81 所示的图案。

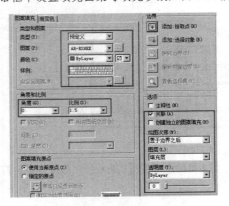

图 5-80　设置填充图案与参数

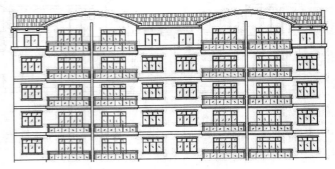

图 5-81　填充结果

（27）最后执行"另存为"命令，将图形命名保存为"绘制顶层立面图.dwg"。

5.5.5　标注民用建筑立面图尺寸

接下来通过为立面图标注细部尺寸、层高尺寸、总尺寸等，主要学习建筑立面图尺寸的标注方法和标注技巧。本例效果如图 5-82 所示。

图 5-82 本例效果

绘图思路

◆ 首先使用"标注样式"命令调整当前的尺寸标注比例。

◆ 使用"偏移"命令为立面图绘制标注辅助线。

◆ 综合使用"线性"、"连续"和"矩形阵列"命令标注立面图的细部尺寸。

◆ 综合使用"线性"、"连续"和"矩形阵列"命令标注立面图的层高尺寸。

◆ 使用"线性"命令标注立面图的总高尺寸。

◆ 使用夹点编辑功能对立面图重叠尺寸进行协和完善寸。

◆ 最后使用"另存为"命令将图形另名存储。

绘图步骤

（1）打开上例保存的"绘制顶层立面图.dwg"，或直接从随书光盘中的"\效果文件\第5章\"目录下调用此文件。

（2）展开"默认"选项卡→"图层"面板→"图层"下拉列表，设置"尺寸层"为当前层，并打开"轴线层"。

（3）使用快捷键"D"激活"标注样式"命令，设置"建筑标注"为当前样式，并修改标注比例为100。

（4）单击"默认"选项卡→"修改"面板→"偏移"按钮 ⚁，将最右侧垂直构造线向右偏移1500作为尺寸定位辅助线，偏移结果如图5-83所示。

图 5-83 偏移结果

（5）单击"默认"选项卡→"注释"面板→"线性"按钮┣━┫，在"指定第一个尺寸界线原点或<选择对象>："提示下捕捉图5-84所示的交点。

（6）在"指定第二条尺寸界线原点："提示下捕捉图5-85所示的交点A作为第二条尺寸界线原点。

（7）继续在命令行"指定尺寸线位置或 [多行文字（M）/文字（T）/角度（A）/水平（H）/垂直（V）/旋转（R）]："提示下水平向右移动光标，输入1500，表示尺寸线距离尺寸界线原点的距离为1500个单位，结果如图5-85所示。

（8）单击"注释"选项卡→"标注"面板→"连续"按钮┣┼┼┫，配合交点捕捉功能标注如图5-86所示的细部尺寸。

（9）重复执行"线性"和"连续"命令，配合交点捕捉功能标注如图5-87所示的层高尺寸。

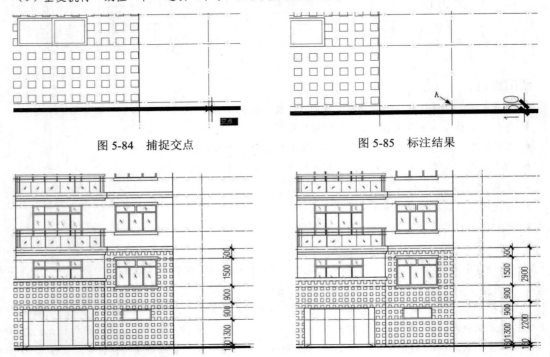

图 5-84　捕捉交点　　　　　　　　　图 5-85　标注结果

图 5-86　标注细部尺寸　　　　　　　图 5-87　标注层高尺寸

（10）单击"默认"选项卡→"修改"面板→"矩形阵列"按钮┣┫，选择一层的细部尺寸和层高尺寸阵列五份，行偏移为2900，结果如图5-88所示。

（11）单击"注释"选项卡→"标注"面板→"连续"按钮┣┼┼┫，配合交点捕捉功能标注 5-89所示的顶层立面尺寸。

（12）在无命令执行的前提下单击标注文字为150的尺寸对象，使其呈现夹点显示状态。

（13）将光标放在标注文字夹点上，然后从弹出的快捷菜单中选择"仅移动文字"选项。

（14）在命令行"** 仅移动文字 **指定目标点："提示下，在适当位置指定文字的位置，并按 Esc 键取消尺寸的夹点，调整结果如图5-90所示。

（15）单击"默认"选项卡→"注释"面板→"线性"按钮┣━┫，配合交点捕捉功能标注立面图的总高尺寸，层高尺寸与总高尺寸之间的距离为900，标注结果如图5-91所示。

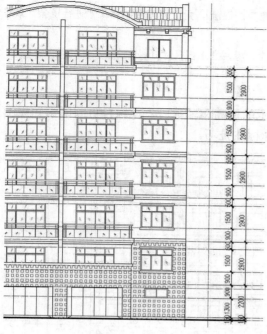

图 5-88 阵列结果

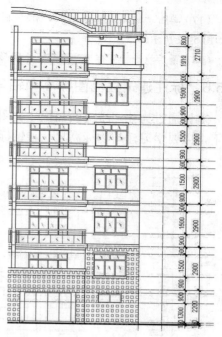

图 5-89 标注结果

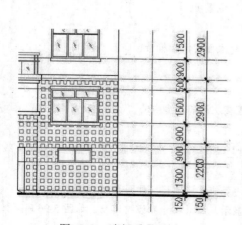

图 5-90 选择重叠尺寸

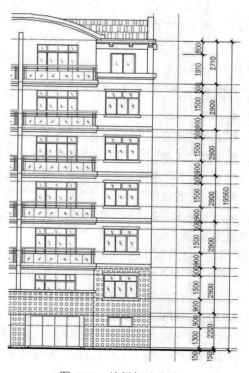

图 5-91 编辑标注文字

（16）展开"默认"选项卡→"图层"面板→"图层"下拉列表，然后关闭"轴线层"。

（17）单击"默认"选项卡→"修改"面板→"镜像"按钮 △，对立面图右侧的尺寸进行镜像，最终结果如图 5-82 所示。

（18）最后执行"另存为"命令，将图形命名保存为"标注立面图尺寸.dwg"。

5.5.6 标注建筑立面图标高和轴号

本例通过为住宅楼立面图标注如图 5-92 所示的标高和轴标号，在综合巩固所学知识的前提下，主要学习建筑物标高尺寸和轴标号的快速标注技巧。

图 5-92 实例效果

绘图思路

◆ 使用"特性"和"特性匹配"命令快速创建标高尺寸指示线。

◆ 使用"插入块"命令标注一个标高尺寸。

◆ 使用"复制"命令将所标注的标高尺寸复制到其他位置上。

◆ 使用"编辑属性"命令修改各位置的标高属性值。

◆ 使用"构造线"、"复制"和"修剪"等命令创建立面图的轴标号。

◆ 最后使用"另存为"命令将图形另名存储。

绘图步骤

（1）打开上例保存的"标注立面图尺寸.dwg"，或直接从随书光盘中的"\效果文件\第 5 章\"目录下调用此文件。

（2）夹点显示如图 5-93 所示的尺寸，然后按下 Ctrl+1 组合键，打开"特性"对话框，修改延伸线 超出尺寸线的长度，如图 5-94 所示。

（3）关闭"特性"对话框，结果所选择的层高尺寸的延伸线被延长，如图 5-95 所示。

（4）接下来按下键盘上的 Esc 键，取消尺寸的夹点显示，结果尺寸界线被延长，如图 5-96 所示。

（5）展开"默认"选项卡→"图层"面板→"图层"下拉列表，将"其他层"设置为当前层。

（6）单击"默认"选项卡→"特性"面板→"特性匹配"按钮 ，选择被延长的层高尺寸作为匹配的源对象，将其延伸线的特性分别匹配给其他位置的层高尺寸，结果如图 5-97 所示。

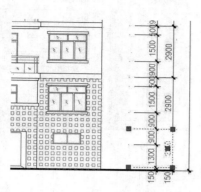

图 5-93 夹点显示

图 5-94 "特性"对话框

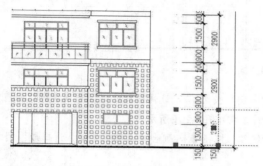

图 5-95 延长结果

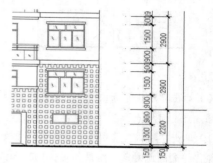

图 5-96 取消夹点后的效果

图 5-97 特性匹配

（7）单击"默认"选项卡→"块"面板→"插入"按钮，激活"插入块"命令，设置块的缩放比例及旋转角度如图 5-98 所示，将其插入下侧尺寸延伸线的末端。

（8）此时系统会自动打开"编辑属性"对话框，在"输入标高值"文本框内输入属性值如图 5-99 所示。

（9）单击"编辑属性"对话框中的 确定 按钮，标注结果如图 5-100 所示。

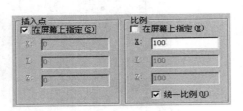

图 5-98　设置参数

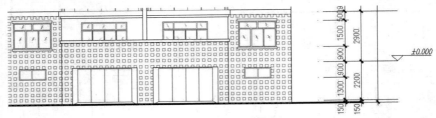

图 5-99　"编辑属性"对话框

图 5-100　插入结果

（10）单击"默认"选项卡→"修改"面板→"复制"按钮，选择插入的标高符号块进行多重复制，基点为插入点，目标点为各层高延伸线 的端点，复制结果如图 5-101 所示。

（11）单击"默认"选项卡→"修改"面板→"镜像"按钮，配合端点捕捉功能，选择最下侧的标高进行镜像，并删除源对象，结果如图 5-102 所示。

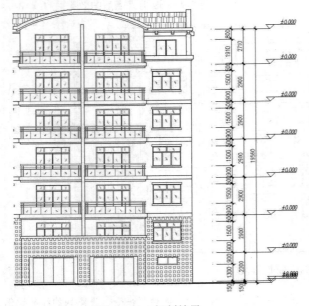

图 5-101　复制结果

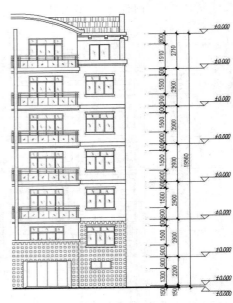

图 5-102　镜像结果

（12）单击"默认"选项卡→"块"面板→"编辑属性"按钮，在"选择块："提示下选择最下侧的标高属性块，在打开的"增强属性编辑器"对话框中修改属性值如图 5-103 所示。

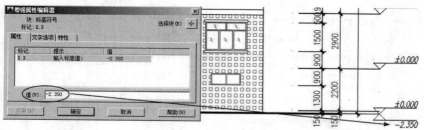

图 5-103　修改属性值

（13）单击 **应用 (A)** 按钮，结果标高尺寸被自动修改。

（14）单击右上角的"选择块"按钮 ✛，选择一层立面图的标高尺寸，修改其属性值如图 5-104 所示。

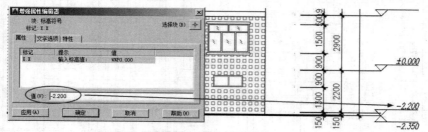

图 5-104　修改属性值

（15）接下来依次单击右上角的"选择块"按钮 ✛，分别修改其他位置的标高属性值，修改结果如图 5-105 所示。

（16）单击"默认"选项卡→"修改"面板→"镜像"按钮 ⚖，选择立面图右侧的标高进行镜像，镜像结果如图 5-106 所示。

图 5-105　修改其他标高

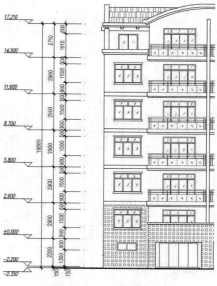

图 5-106　镜像结果

（17）单击"默认"选项卡→"绘图"面板→"构造线" ↗，根据视图间的对正关系，分别通过 1 号轴线和 17 号轴线，绘制如图 5-107 所示的两条垂直构造线作为辅助线。

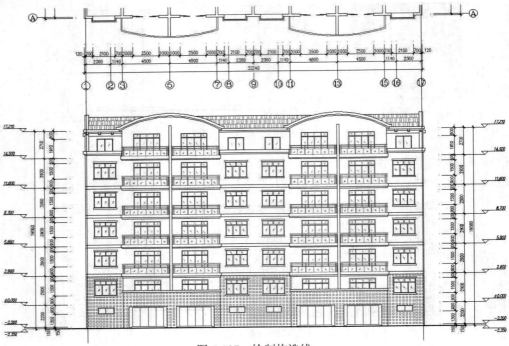

图 5-107　绘制构造线

（18）单击"默认"选项卡→"修改"面板→"复制"按钮，选择平面图中的第 1、17 道轴线编号进行复制，结果如图 5-108 所示。

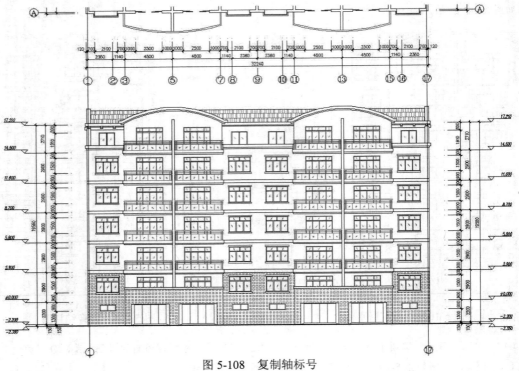

图 5-108　复制轴标号

（19）单击"默认"选项卡→"修改"面板→"修剪"按钮 ⊱，分别以地坪线和轴标号作为剪切边界，对两条构造线进行修剪，将其转化为轴标号指示线，并删除多余图线，结果如图 5-109 所示。

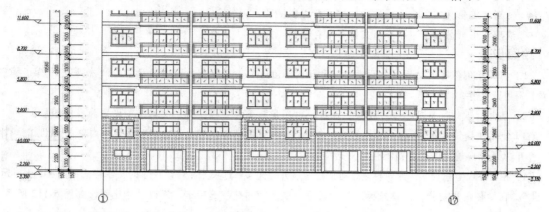

图 5-109 修剪结果

（20）最后执行"另存为"命令，将图形命名存储为"标注立面图标高和轴标浦号.dwg"。

5.5.7 标注民用建筑外墙面材质

本例主要学习建筑物立面图外墙材质的具体标注过程和标注技巧。建筑物外墙面材质的最终标注效果，如图 5-110 所示。

图 5-110 实例效果

绘图思路

◆ 首先准备立面图及用于放置文字的图层。

◆ 使用"标注样式"命令替代当前的标注样式。

◆ 使用"快速引线"命令中的设置功能设置引线样式。

◆ 使用"快速引线"命令标注引线注释对象。

◆ 使用"编辑文字"命令对注释文字进行编辑。

◆ 最后使用"另存为"命令将文件另名存盘。

绘图步骤

（1）打开上例保存的"标注立面图标高和轴标号.dwg"，或直接从随书光盘中的"\效果文件\第5章\"目录下调用此文件。

（2）展开"默认"选项卡→"图层"面板→"图层"下拉列表，将"文本层"设置为当前图层。

（3）使用快捷键"D"激活"标注样式"命令，在打开的"标注样式管理器"对话框内单击 替代(0)... 按钮，打开"替代当前样式：建筑标注"对话框。

（4）在"替代当前样式：建筑标注"对话框中展开"文字"选项卡，修改尺寸的文字样式如图5-111所示。

（5）在"替代当前样式：建筑标注"对话框中展开"调整"选项卡，修改尺寸比例，如图5-112所示。

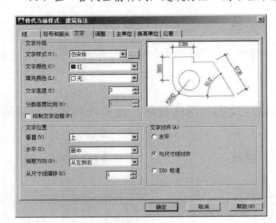

图 5-111　修改文字样式

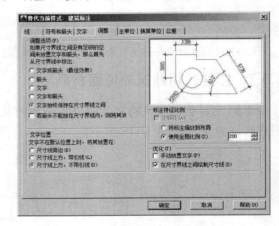

图 5-112　修改尺寸比例

（6）单击 确定 按钮返回"标注样式管理器"对话框，替代结果如图5-113所示，并关闭该对话框。

（7）标注立面图引线注释。使用快捷键"LE"激活"快速引线"命令，在"指定第一个引线点或 [设置（S）] <设置>："提示下输入"S"并按 Enter 键，在打开的"引线设置"对话框中设置引线参数如图5-114所示。

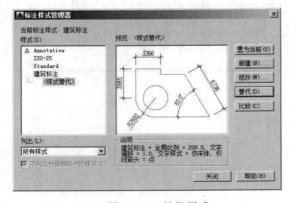

图 5-113　替代样式

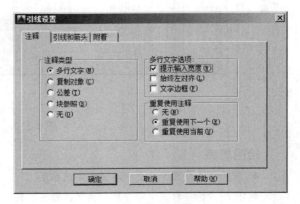

图 5-114　设置注释参数

（8）在"引线设置"对话框中展开"引线和箭头"选项卡，设置引线参数如图 5-115 所示。

（9）在"引线设置"对话框中激活"附着"选项卡，设置注释文字的附着位置，如图 5-116 所示。

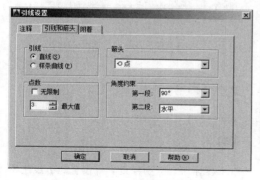

图 5-115　设置引线和箭头

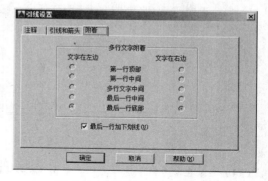

图 5-116　设置附着参数

技巧提示： 在此如果勾选了"重复使用下一个"复选项，那么用户在连续标注其他引线注释时，系统会自动以第一次标注的文字注释作为下一次的引线注释。

（10）单击　确定　返回绘图区，根据命令行提示在绘图区指定两个引线点，然后输入"铝窗白玻"，标注如图 5-117 所示的引线注释。

（11）重复执行"快速引线"命令，继续标注其他位置的引线注释，结果如图 5-118 所示。

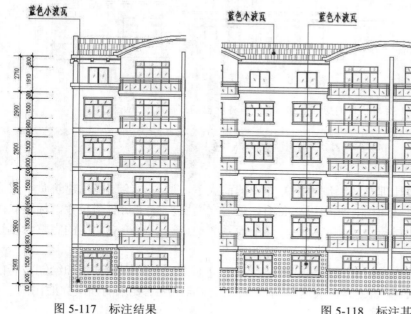

图 5-117　标注结果

图 5-118　标注其他注释

（12）选择菜单"修改"→"对象"→"文字"→"编辑"命令，在命令行"选择注释对象或[放弃（U）]："的提示下，选择最下侧的引线注释。

（13）此时系统自动打开"文字编辑器"面板，然后在下侧的多行文字输入框内输入正确的文字内容，如图 5-119 的示。

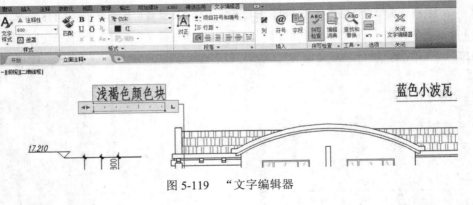

图 5-119　"文字编辑器

（14）继续在命令行"选择注释对象或 [放弃（U）]:"的提示下，分别修改其他位置的引线注释，结果如图 5-120 所示。

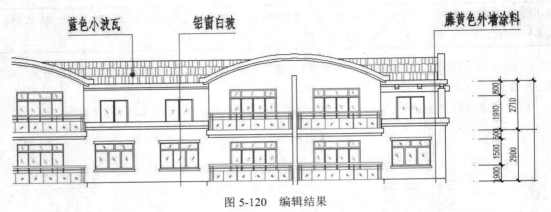

图 5-120　编辑结果

（15）最后执行"另存为"命令，将图形命名存储为"标注立面图墙面材质.dwg"。

5.6　本 章 小 结

本章在概述立面图设计理念、绘制思路等知识的前提下，通过"绘制民用建筑负一层立面图、一层立面图、二层立面图、标准层立面图、顶层立面图、标注立面图尺寸、标注立面图标高、标注立面图墙面材质"等典型实例，详细而系统地讲述了建筑立面图的完整绘制过程和绘制技巧。

希望读者通过本章的学习，在理解和掌握建筑施工立面图完整的绘制过程和绘制技巧的前提下，灵活运用 CAD 各制图工具，快速绘制符合制图标准和施工要求的建筑立面图。

第6章 绘制民用建筑剖面图

本章通过绘制如图 6-1 所示的某小区 1#居民楼剖面施工图，在了解和掌握工程剖面图的形成、功能、表达内容、绘图思路等的前提下，主要学习民用建筑剖面图的具体绘制过程和相关绘制技巧。

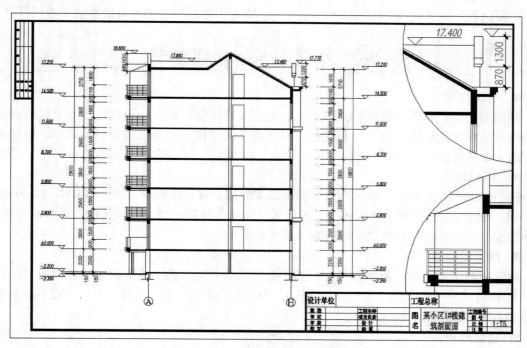

图 6-1 某小区居民楼施工剖面图

■ **学习内容**

◇ 建筑剖面图的形成　　　　　　　◇ 绘制民用建筑一层剖面图

◇ 建筑剖面图的用途　　　　　　　◇ 绘制民用建筑标准层剖面

◇ 建筑剖面图表达内容　　　　　　◇ 绘制民用建筑坡顶剖面图

◇ 建筑剖面图绘图思路　　　　　　◇ 标注民用建筑剖面图尺寸

◇ 绘制民用建筑负一层剖面图　　　◇ 标注民用建筑剖面图标高

6.1 建筑剖面图的形成

建筑剖面图是房屋的竖直剖视图，也就是用一个或多个假想的平行于正立投影面或侧立投影面的竖直剖切面，在建筑平面图的横向或纵向沿房屋的主要入口、窗洞口、楼梯等需要剖切的位置上，将房屋垂直地剖开，移去剖切平面某一侧的形体部分，将留下的形体部分按剖视方向向投影面做正投影所得到的图样称为剖面图。剖面图的数量是根据房屋的具体情况和施工实际需要而决定的。

6.2　建筑剖面图的用途

建筑剖面图主要具体表达建筑物内部垂直方向的高度、楼梯分层、垂直空间的利用以及简要的结构形式和构造方式等情况的因素，例如屋顶形式、屋顶坡度、檐口形式、楼板搁置方式、楼梯的形式及其简要的结构、构造等。在施工中，可作为进行分层、砌筑内墙、铺设楼板、屋面板和内装修等工作的依据，是与平、立面图相互配合的不可缺少的重要图样之一。

6.3　建筑剖面图表达内容

- **剖切位置**

剖面图的剖切位置一般应根据图纸的用途或设计深度来决定，通常选择菜单栏能表现建筑物内部结构和构造比较复杂、有变化、有代表性的部位，一般应通过门窗洞口、楼梯间及主要出入口等位置。

- **剖面比例**

剖面图的比例常与同一建筑物的平面图、立面图一致，即采用 1/50、1/100、1/200 的比例绘制，当剖面图的比例小于 1/50 时，可以采用简化的材料图例来表示其构配件断面的材料，如钢筋混凝土构件在断面涂黑、砖墙则用斜线表示。

- **剖面图数量**

建筑剖面图的数量应根据建筑物内部构造的复杂程度和施工需要而定，并使用阿拉伯数字（如 1—1、2—2）或拉丁字母（如 A—A、B—B）命名，并且在剖面图上一般不画基础，基础的上部需要使用折断线断开。

- **剖切结构**

在剖面图中，具体需要表达出以下剖切到的结构。

- ◆ 剖切到的室内外地面（包括台阶、明沟及散水等）、楼地面（包括吊天棚）、屋顶层（包括隔热通风层、防水层及吊天棚）；
- ◆ 剖切到的内外墙及其门、窗（包括过梁、圈梁、防潮层、女儿墙及压顶）等构件；
- ◆ 剖切到的各种承重梁和连系梁、楼梯梯段及楼梯平台、雨篷、阳台以及部切到的孔道、水箱等的位置、形状及其图例。

- **未剖切到的可见结构**

由于剖面图也是一种正投影图，所以对于没有部切到的可见结构，也需要在剖面图上体现出来，具体如下。

- ◆ 墙面及其凹凸轮廓、梁、柱、阳台、雨篷、门、窗、踢脚、勒脚、台阶（包括平台踏步）、水斗和雨水管；
- ◆ 楼梯段（包括栏杆、扶手）和各种建筑装饰构件、配件等的工艺做法与施工要求。

- **尺寸标注**

剖面图的尺寸标注分为外部尺寸和内部尺寸。内部尺寸主要标注剖面图内部各建筑构件间的位置尺寸；外部尺寸主要有水平方向和垂直方向两种方式，其中水平方向常标注剖到的墙、柱及剖面图两端的轴线编号及轴线之间的距离。

垂直方向上主要标注窗、阳台、楼板以及各层的垂直尺寸，具体分为细部尺寸、层高尺寸及总尺寸三种：最里面一道尺寸标注细部尺寸，标注墙段及门窗洞口等构件位置的尺寸；中间一道尺寸为剖面图的层高尺寸，用于标注建筑物各层之间的尺寸；最外一道尺寸为建筑总高度尺寸，用于表明建筑物的总高尺寸，剖面图尺寸效果如图 6-2 所示。

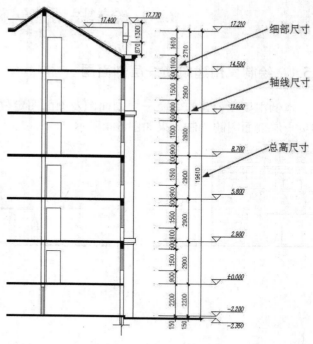

● 剖面标高

在建筑剖面图中应标注室内外地坪、室内地面、各层楼面、楼梯平台等位置的建筑标高，屋顶的结构标高等。

● 坡度

图 6-2　剖面图尺寸

建筑物倾斜的地方如屋面、散水等，需要使用坡度来表示倾斜的程度。如图 6-3（左）所示是坡度较小时的表示方法，箭头指向下坡方向，2%表示坡度的高宽比；图 6-3（中）和图 6-3（右）所示是坡度较大时的表示方法，分别读作 1:2 和 1:2.5。其中直角三角形的斜边应与坡度平行，直角边上的数字表示坡度的高宽比。

图 6-3　坡度的表示方法

6.4　建筑剖面图绘图思路

在绘制建筑剖面图时，具体可以遵循如下思路。

（1）首先根据三视图的对正关系，绘制出剖面图的定位线，即根据剖切到的墙体结构及各构件绘制纵横向定位辅助线。

（2）根据定位线绘制地坪线、剖切墙体、楼板等构架轮廓线。

（3）绘制建筑构件。即绘制门、窗、柱、楼梯、阳台、台阶等细部构件的剖切结构。

（4）标注剖面文字。为剖面图标注图名及一些必要的施工说明等。

（5）标注剖面尺寸。包括剖面图外部尺寸和内部尺寸两种。

（6）标注剖面符号。包括轴标号、标高以及索引等。

6.5 绘制民用建筑施工剖面图

6.5.1 绘制民用建筑负一层剖面图

本例主要学习建筑物负一层剖面图及剖面图定位轴线的具体绘制过程和绘制技巧。建筑物负一层剖面图的绘制效果如图6-4所示。

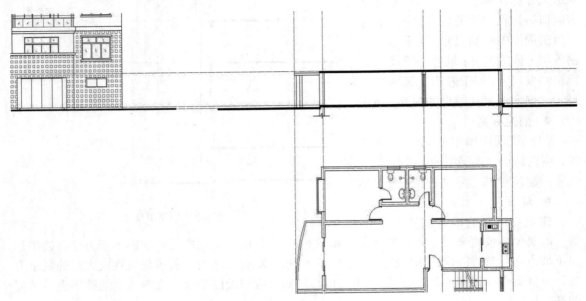

图6-4 实例效果

绘图思路

◆ 首先打开平面图和立面图文件，然后使用"旋转"、"移动"等命令调整平面图角度及位置。

◆ 使用"构造线"和"偏移"命令，根据视图间的对正关系绘制剖面图纵横向定位线。

◆ 使用"多段线"、"矩形"、"图案填充"等命令绘制地坪线。

◆ 综合"多线"、"复制"命令绘制墙体、过梁等轮廓线。

◆ 综合使用"直线"、"偏移"、"修剪"、"矩形"等命令绘制门、窗等构件。

◆ 最后使用"另存为"命令将图形命名存盘。

绘图步骤

（1）单击"快速访问"工具栏→"打开"按钮 ➢，打开随书光盘"\效果文件\第 5 章\标注立面图墙面材质.dwg"。

（2）展开"默认"选项卡→"图层"面板→"图层"下拉列表，打开被关闭和被冻结的所有图层。

（3）使用快捷键"E"激活"删除"命令，删除多余构造线，仅保留如图6-5所示的三条水平构造线。

（4）单击"默认"选项卡→"修改"面板→"旋转"按钮 ↻，将平面图旋转负 90 度，并冻结"文本层"和"面积层"，结果如图6-6所示的位置。

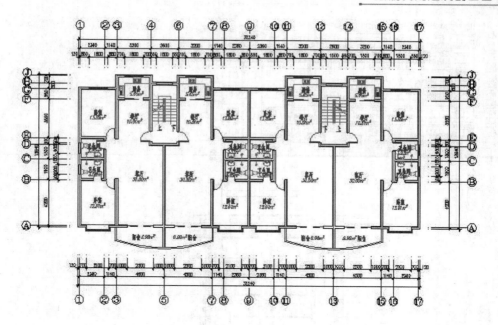

图 6-5　删除结果

（5）展开"默认"选项卡→"图层"面板→"图层"下拉列表，将"轴线层"设置为当前图层，并暂时冻结"尺寸层"和"其他层"。

（6）单击"默认"选项卡→"绘图"面板→"构造线"，根据视图间的对应关系，配合对象捕捉功能，分别从平面图中引出垂直的定位辅助线，结果如图 6-7 所示。

技巧提示： 根据视图间的对正关系，通过平面图引出纵向定位线，通过立面图，引出横向定位线，这是绘制剖面图纵横向定位线的一种典型技巧。

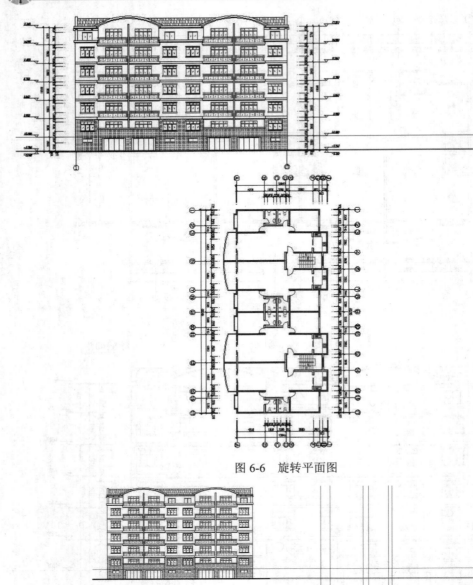

图 6-6　旋转平面图

图 6-7　绘制垂直定位线

（7）展开"默认"选项卡→"图层"面板→"图层"下拉列表，将"轮廓线"设为当前图层。

（8）单击"默认"选项卡→"绘图"面板→"多段线"按钮 ⤵，配合捕捉追踪功能绘制宽度为 100 的多段线作为地坪线，如图 6-8 所示。

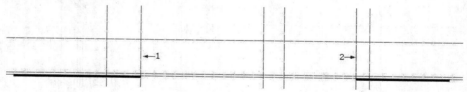

图 6-8 绘制地坪线

（9）将地坪线向下移动 50 个单位，然后单击"默认"选项卡→"修改"面板→"偏移"按钮 ⤢，将垂直构造线 1 向左偏移 370，将垂直构造线 2 向右偏移 260，偏移结果如图 6-9 所示。

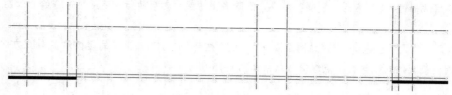

图 6-9 偏移结果

（10）单击"默认"选项卡→"绘图"面板→"矩形"按钮 ▭，配合交点捕捉功能绘制宽度为 120 矩形作为楼板外轮廓线，如图 6-10 所示。

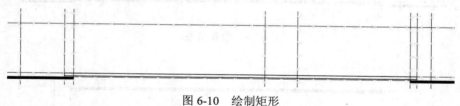

图 6-10 绘制矩形

（11）重复执行"矩形"命令，绘制如图 6-11 所示的两个矩形结构，并对下侧的地坪线进行修剪。

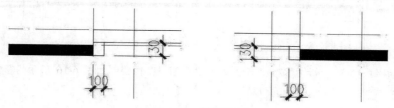

图 6-11 绘制结果

（12）单击"默认"选项卡→"绘图"面板→"图案填充"按钮 ▨，为矩形填充如图 6-12 所示的实体图案。

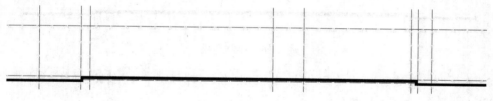

图 6-12 填充结果

（13）使用快捷键"ML"激活"多线"命令，设置多线样式为"墙线样式"、多线比例为240和370的墙线，绘制结果如图6-13所示的墙线。

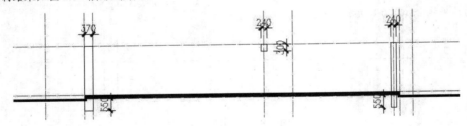

图6-13　绘制结果

（14）单击"默认"选项卡→"修改"面板→"分解"按钮 ，将刚绘制的墙线分解。

（15）使用快捷键"E"激活"删除"命令，删除多余图线，然后执行"直线"命令绘制如图6-14所示的折断线。

（16）单击"默认"选项卡→"修改"面板→"复制"按钮 ，选择负层的楼板沿Y轴正方向复制2200个单位，并对复制出的对象进行夹点编辑，结果如图6-15所示。

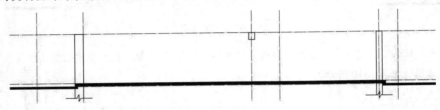

图6-14　绘制结果

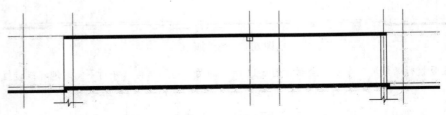

图6-15　复制结果

（17）使用快捷键"ML"激活"多线"命令，在"门窗层"内绘制如图6-16所示的窗线，其中多线宽度为240。

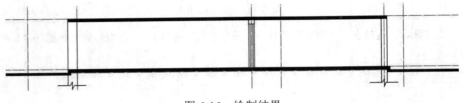

图6-16　绘制结果

（18）单击"默认"选项卡→"绘图"面板→"矩形"按钮 ，配合"端点捕捉"功能绘制长度为1690、宽度为120的矩形作，如图6-17所示。

（19）单击"默认"选项卡→"修改"面板→"偏移"按钮 ⚎，将图 6-17 所示的垂直轮廓线 A 向左偏移 1120、1280、1310 和 1550 个单位，结果如图 6-18 所示。

（20）单击"默认"选项卡→"修改"面板→"修剪"按钮 ⊁，对偏移出的图线进行修剪，修剪结果如图 6-19 所示。

图 6-17　绘制结果　　　　　图 6-18　偏移结果　　　　　图 6-19　修剪结果

（21）展开"默认"选项卡→"图层"面板→"图层"下拉列表，关闭"轴线层"。

（22）单击"默认"选项卡→"修改"面板→"拉伸"按钮 ▣，窗交选择如图 6-20 所示的对象，水平向右拉伸 120，拉伸结果如图 6-21 所示。

（23）接下来使用夹点拉伸功能，将上侧的楼板水平向右拉伸 120，结果如图 6-22 所示。

图 6-20　窗交选择　　　　　图 6-21　拉伸结果　　　　　图 6-22　拉伸结果

（23）最后执行"另存为"命令，将图形命名存储为"绘制负一层剖面图.dwg"。

6.5.2　绘制民用建筑一层剖面图

本例主要学习建筑物一层剖面图的具体绘制过程和绘制技巧。建筑物一层剖面图的绘制效果如图 6-23 所示。

图 6-23　实例效果

绘图思路

◆ 首先使用"构造线"命令绘制一层向定位辅助线。

◆ 使用"矩形"和"图案填充"命令，绘制一层楼板与过梁构件。

◆ 使用"多线"、"矩形"等命令一层墙线、窗了和门构件。

◆ 使用"矩形"、"直线"、"复制"等命令绘制阳台构件。

◆ 最后使用"另存为"命令将图形另名存盘。

绘图步骤

（1）打开上例存储的"绘制负一层剖面图.dwg"或直接从随书光盘中的"\效果文件\第 5 章\"目录下调用此文件。。

（2）展开"默认"选项卡→"图层"面板→"图层"下拉列表，将"轴线层"设置为当前图层，并打开"尺寸层"。

（3）单击"默认"选项卡→"绘图"面板→"构造线" ，根据视图间的对正关系，从立面图中引出如图 6-24 所示的三条水平构造线。

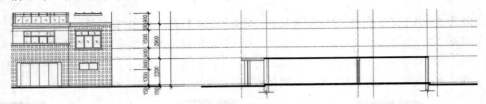

图 6-24　绘制结果

（4）展开"默认"选项卡→"图层"面板→"图层"下拉列表，将"轮廓线"设置为当前图层。

（5）单击"默认"选项卡→"绘图"面板→"矩形"按钮 ，配合"捕捉自"功能绘制楼板及过梁结构，如图 6-25 所示。

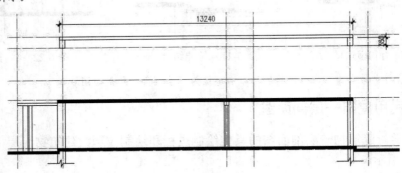

图 6-25　绘制结果

（6）单击"默认"选项卡→"绘图"面板→"图案填充"按钮 ，为楼板和过梁填充如图 6-26 所示的实体图案。

（7）使用快捷键"ML"激活"多线"命令，在"墙线层"内配合交点捕捉功能绘制宽度为 240 的墙体，如图 6-27 所示。

（8）在命令行输入命令 MLSTYLE，打开"多线样式"对话框，然后设置"窗线样式"为当前样式。

（9）使用快捷键"ML"激活"多线"命令，在"门窗层"内绘制宽度为 240 的窗线，如图 6-28 所示。

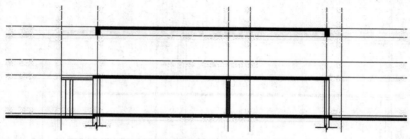

图 6-26　填充结果

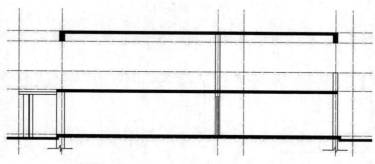

图 6-27　绘制墙线

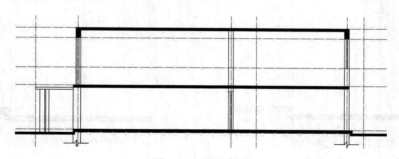

图 6-28　绘制窗线

（10）单击"默认"选项卡→"绘图"面板→"矩形"按钮□，配合交点捕捉功能绘制长度为 1000、宽度为 2200 的矩形门构件，如图 6-29 所示。

（11）展开"默认"选项卡→"图层"面板→"图层"下拉列表，将"轮廓线"设为当前层。

（12）综合使用"矩形"和"直线"命令，配合端点捕捉和交点捕捉功能绘制如图 6-30 所示的轮廓结构。

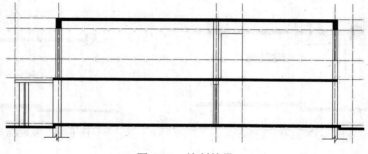

图 6-29　绘制结果

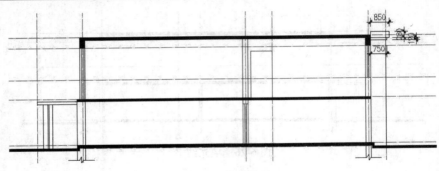

图 6-30　绘制结果

（13）单击"默认"选项卡→"绘图"面板→"矩形"按钮□，配合"捕捉自"和"对象捕捉"功能绘制如图 6-31 所示。

（14）单击"默认"选项卡→"绘图"面板→"图案填充"按钮▨，为矩形填充如图 6-32 所示的实体图案。

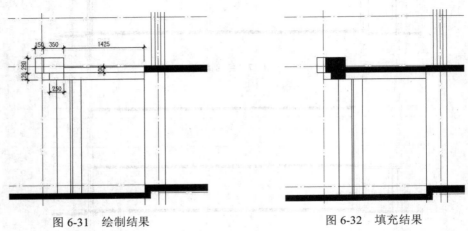

图 6-31　绘制结果　　　　　　　　　　　　　图 6-32　填充结果

（15）单击"默认"选项卡→"修改"面板→"复制"按钮🗐，窗口选择如图 6-33 所示的对象，沿 Y 轴正方向复制 2900 个单位，结果如图 6-34 所示。

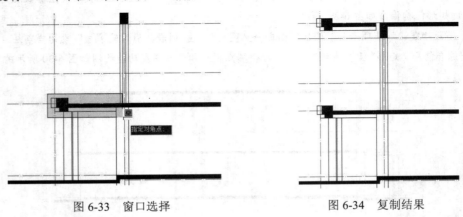

图 6-33　窗口选择　　　　　　　　　　　　　图 6-34　复制结果

（16）接下来使用夹点编辑中的夹点拉伸功能对复制出的对象进行拉伸操作，结果如图 6-35 所示。

（17）单击"默认"选项卡→"绘图"面板→"直线"按钮 ，配合"对象捕捉"和"极轴追踪"功能绘制如图 6-36 所示的阳台结构。

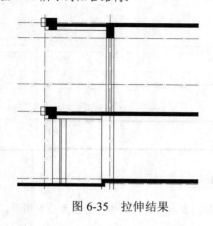
图 6-35　拉伸结果

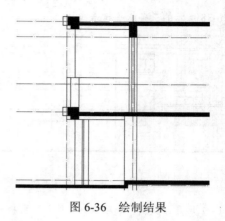
图 6-36　绘制结果

（18）最后执行"另存为"命令，将图形命名存储为"绘制一层剖面图.dwg"。

6.5.3　绘制民用建筑标准层剖面

本例主要学习建筑物标准层剖面图的具体绘制过程和绘制技巧。建筑物标准层剖面图的绘制效果如图 6-37 所示。

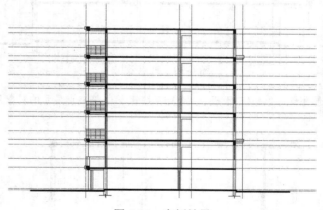
图 6-37　实例效果

绘图思路

◆ 首先根据视图间的对正关系，使用"构造线"命令绘制二层定位辅助线。
◆ 接下来使用"复制"、"直线"命令绘制二层楼板、过梁和墙体。
◆ 使用"插入块"、"修剪"命令绘制和完善阳台构件。
◆ 使用"矩形阵列"、"合并"、"复制"、"修剪"等命令绘制标准层剖面图和定位线。
◆ 最后使用"另存为"命令将图形另名存盘。

绘图步骤

（1）打开上例存储的"绘制一层剖面图.dwg"或直接从随书光盘中的"\效果文件\第 6 章\"目录下调用此文件。

（2）展开"默认"选项卡→"图层"面板→"图层"下拉列表，将"轴线层"设置为当前图层。

（3）单击"默认"选项卡→"绘图"面板→"构造线" ，根据视图间的对正关系，从立面图中引出如图6-38所示的三条水平构造线。

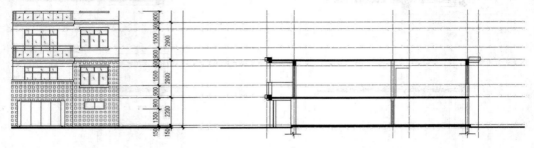

图6-38　绘制结果

（4）展开"默认"选项卡→"图层"面板→"图层"下拉列表，将"轮廓线"设置为当前图层，并暂时关闭"轴线层"。

（5）在无命令执行的前提下夹点显示如图6-39所示的楼板、过梁以及墙窗构件等。

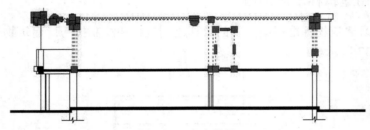

图6-39　夹点效果

（6）单击"默认"选项卡→"修改"面板→"复制"按钮 ，将夹点显示的对象沿Y轴正方向复制2900个单位，结果如图6-40所示。

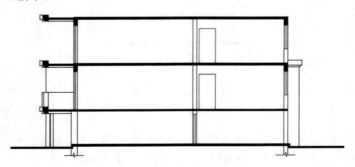

图6-40　复制结果

（7）单击"默认"选项卡→"绘图"面板→"直线"按钮 ，配合"对象捕捉追踪"和"对象捕捉"功能，绘制两侧的垂直轮廓线，绘制结果如图6-41所示。

（8）展开"默认"选项卡→"图层"面板→"图层"下拉列表，将"图块层"设置为当前图层。

（9）单击"默认"选项卡→"块"面板→"插入"按钮 ，以默认参数插入随书光盘中的"/图块文件/阳台.dwg"。

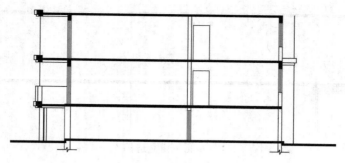

图 6-41　绘制结果

（10）在命令行"指定插入点或 [基点(B)/比例(S)/旋转(R)]:"提示下向右引出如图 6-42 所示的端点追踪虚线，然后输入 115Enter，定位插入点，插入结果如图 6-43 所示。

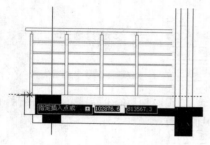

图 6-42　引出端点追踪虚线

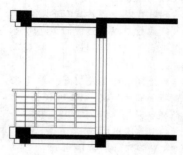

图 6-43　插入结果

（11）单击"默认"选项卡→"修改"面板→"修剪"按钮，选择如图 6-44 所示的阳台轮廓线作为边界，对垂直的轮廓线进行修剪，结果如图 6-45 所示。

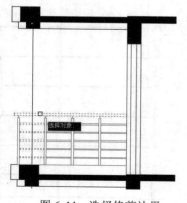

图 6-44　选择修剪边界

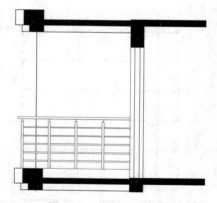

图 6-45　修剪结果

（12）单击"默认"选项卡→"修改"面板→"矩形阵列"按钮，对二层剖面图进行阵列。

命令行操作如下：

```
命令：_arrayrect
选择对象：                        //窗交选择如图 6-46 所示的二层剖面图
```

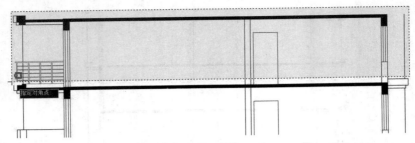

图 6-46　窗交选择

```
选择对象：                                    // Enter
类型 = 矩形  关联 = 是
选择夹点以编辑阵列或［关联(AS)/基点(B)/计数(COU)/间距(S)/列数(COL)/行数(R)/层数
(L)/退出(X)]<退出>：                          //COU Enter
输入列数数或［表达式(E)]<4>：                  //1 Enter
输入行数数或［表达式(E)]<3>：                  //4 Enter
选择夹点以编辑阵列或［关联(AS)/基点(B)/计数(COU)/间距(S)/列数(COL)/行数(R)/层数
(L)/退出(X)]<退出>：                          //s Enter
指定列之间的距离或［单位单元(U)]<0>：//1 Enter
指定行之间的距离<540>：              //4 Enter
选择夹点以编辑阵列或［关联(AS)/基点(B)/计数(COU)/间距(S)/列数(COL)/行数(R)/层数
(L)/退出(X)]<退出>：                          //AS Enter
创建关联阵列［是(Y)/否(N)]<否>：              //N Enter
选择夹点以编辑阵列或［关联(AS)/基点(B)/计数(COU)/间距(S)/列数(COL)/行数(R)/层数
(L)/退出(X)]<退出>：                          //Enter，阵列结果如图 6-47 所示
```

（13）单击"默认"选项卡→"修改"面板→"合并"按钮，对右侧的垂直轮廓线进行合并，结果如图 6-48 所示。

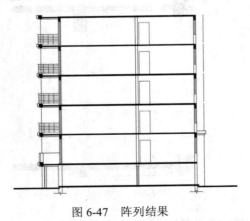

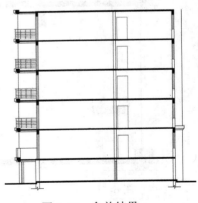

图 6-47　阵列结果　　　　　　　　图 6-48　合并结果

（14）单击"默认"选项卡→"修改"面板→"复制"按钮，窗交选择如图 6-49 所示的轮廓线，沿 Y 轴正方向复制 8700 个单位，复制结果如图 6-50 所示。

（15）单击"默认"选项卡→"修改"面板→"修剪"按钮，选择如图 6-51 所示的对象作为边界，对垂直轮廓线进行修剪，结果如图 6-52 所示。

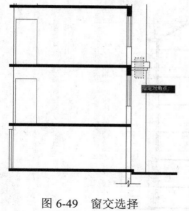

图 6-49 窗交选择

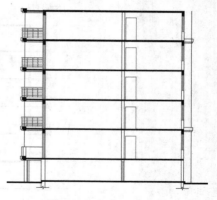

图 6-50 复制结果

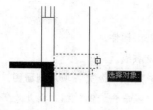

图 6-51 选择修剪边界

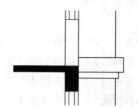

图 6-52 修剪结果

（16）展开"默认"选项卡→"图层"面板→"图层"下拉列表，打开"轴线层"，结果如图 6-53 所示。

（17）单击"默认"选项卡→"修改"面板→"矩形阵列"按钮，窗交选择如图 6-54 所示的构造线进行阵列，阵列结果如图 6-37 所示。

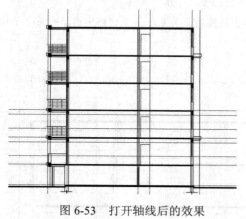

图 6-53 打开轴线后的效果

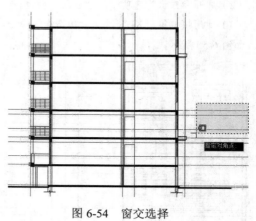

图 6-54 窗交选择

（18）最后执行"另存为"命令，将图形命名存储为"绘制标准层剖面图.dwg"。

6.5.4 绘制民用建筑坡顶剖面图

本例主要学习建筑物顶层剖面图的具体绘制过程和绘制技巧。建筑物顶层剖面图的绘制效果如图 6-55 所示。

绘图思路

◆ 首先根据视图间的对正关系，使用"构造线"命令从立面图中引出水平定位辅助线。

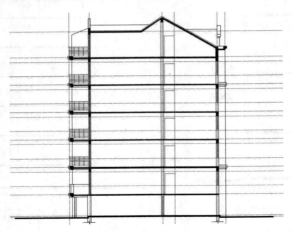

图 6-55   实例效果

◆ 使用"复制"、"多线"等命令绘制顶层门窗阳台等剖面构件。

◆ 使用"直线"、"偏移"和"圆角"等命令绘制坡顶轮廓线。

◆ 使用"多线"、"夹点拉伸"、"修剪"、"图案填充"等命令完善顶层剖面图。

◆ 使用"多段线"、"图案填充"、"修剪"、"偏移"等命令绘制挑檐、女儿墙等构件。

◆ 最后使用"另存为"命令将图形另名存盘。

绘图步骤

（1）打开上例存储的"绘制标准层剖面图.dwg" 或直接从随书光盘中的"\效果文件\第 6 章\"目录下调用此文件。。

（2）展开"默认"选项卡→"图层"面板→"图层"下拉列表，打开"轴线层"。

（3）使用快捷键"XL"激活"构造线"命令，根据视图间的对正关系，从立面图中引出一条水平构造线，如图 6-56 所示。

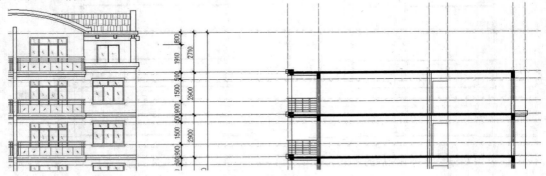

图 6-56   绘制结果

（4）暂时关闭"轴线层"，然后单击"默认"选项卡→"修改"面板→"复制"按钮，窗交选择如图 6-57 所示的五层剖面图，沿 Y 轴正方向复制 2900 个单位，结果如图 6-58 所示。

（5）展开"默认"选项卡→"图层"面板→"图层"下拉列表，打开"轴线层"，并将"轮廓线"设置为当前图层。

（6）在无命令执行的前提下夹点显示如图 6-59 所示的图形，然后使用夹点拉伸功能，将其垂直向上拉伸 300 个单位，编辑后的结果如图 6-60 所示。

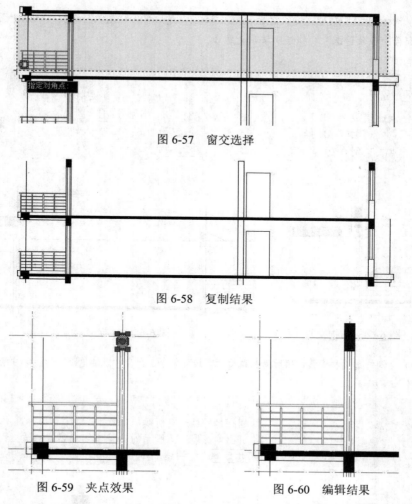

图 6-57　窗交选择

图 6-58　复制结果

图 6-59　夹点效果　　　　　　　图 6-60　编辑结果

（7）使用快捷键"ML"激活"多线"命令，配合交点捕捉功能绘制高度为1020的墙体，如图6-61所示。

（8）使用快捷键"LEN"激活"拉长"命令，根据命令行的提示，在图6-61所示的垂直轮廓线A的上端单击，将此垂直轮廓线缩短300个单位，结果如图6-62所示。

（9）单击"默认"选项卡→"绘图"面板→"直线"按钮 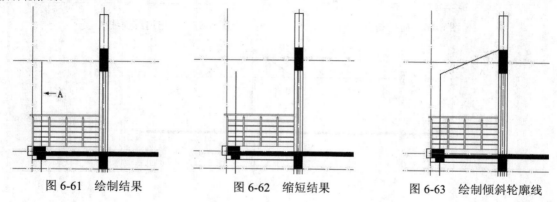，配合端点捕捉功能绘制如图6-63所示的倾斜轮廓线。

图 6-61　绘制结果　　　　　　图 6-62　缩短结果　　　　　　图 6-63　绘制倾斜轮廓线

（10）打开"极轴追踪"功能，并设置极轴角为35度，然后单击"默认"选项卡→"绘图"面板→"直线"按钮，配合"极轴追踪"功能绘制坡顶轮廓线。

命令行操作如下：

```
命令：_line
指定第一个点：                    //捕捉如图 6-64 所示的交点
指定下一点或 [放弃(U)]：           //@5160,0 Enter
指定下一点或 [放弃(U)]：           //捕捉如图 6-65 所示的交点
指定下一点或 [闭合(C)/放弃(U)]：   //Enter
```

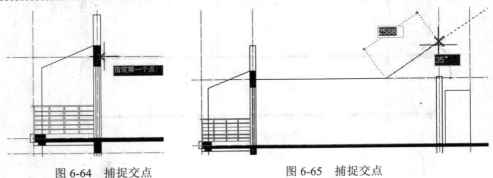

图 6-64　捕捉交点　　　　　　　　图 6-65　捕捉交点

（11）删除右上侧的过梁和窗线，然后重复执行"直线"命令，配合"极轴追踪"功能继续绘制坡顶轮廓线。

命令行操作如下：

```
命令：_line
指定第一个点：                    //捕捉如图 6-66 所示的端点
指定下一点或 [放弃(U)]：           //引出如图 6-67 所示的追踪虚线，然后在适当位置指定点
指定下一点或 [放弃(U)]：           //Enter，绘制结果如图 6-68 所示
```

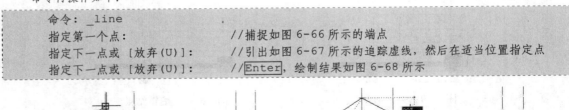

图 6-66　捕捉端点　　　　　　　　图 6-67　引出追踪虚线

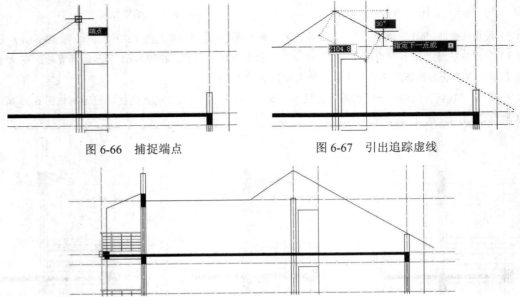

图 6-68　绘制结果

（12）单击"默认"选项卡→"修改"面板→"偏移"按钮 ，将坡顶轮廓线向上偏移 80、向下偏移 120，偏移结果如图 6-69 所示。

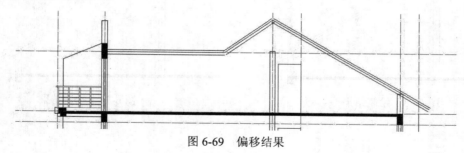

图 6-69 偏移结果

（13）单击"默认"选项卡→"修改"面板→"圆角"按钮 ，将圆角半径设置为 0，对偏移的各图线进行圆角，圆角结果如图 6-70 所示。

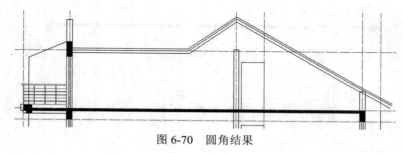

图 6-70 圆角结果

（14）在无命令执行的前提下夹点显示如图 6-71 所示的轮廓线，将其垂直向上拉伸 85 个单位，结果如图 6-72 所示。

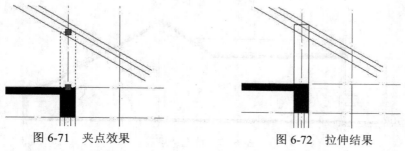

图 6-71 夹点效果   图 6-72 拉伸结果

（15）使用快捷键"ML"激活"多线"命令，配合交点捕捉功能绘制宽度为 240、高度为 400 的过梁轮廓线，如图 6-73 所示。

（16）在无命令执行的前提下，夹点显示垂直墙线 A，然后使用夹点拉伸功能将墙线 A 垂直向上拉伸，结果如图 6-74 所示。

（17）展开"默认"选项卡→"图层"面板→"图层"下拉列表，关闭"轴线层"。

（18）综合使用"分解"和"修剪"命令，对坡顶轮廓线进行编辑，结果如图 6-75 所示。

（19）单击"默认"选项卡→"绘图"面板→"直线"按钮 ，配合"对象捕捉追踪"和"极轴追踪"功能，绘制如图 6-76 所示的水平轮廓线。

（20）单击"默认"选项卡→"绘图"面板→"图案填充"按钮 ，为坡顶填充如图 6-77 所示的实体图案。

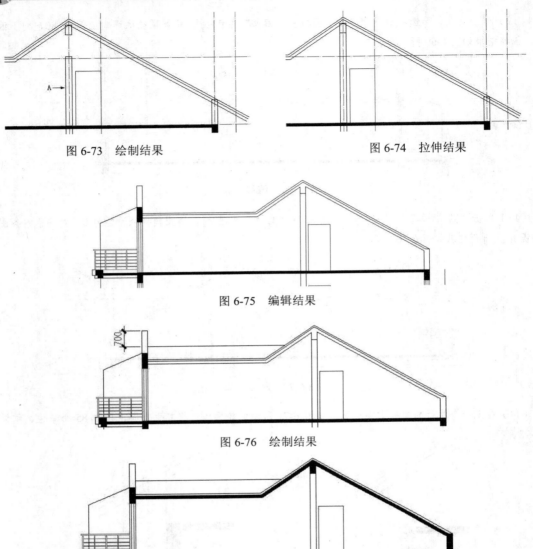

图 6-73　绘制结果　　　　　　　　　　　图 6-74　拉伸结果

图 6-75　编辑结果

图 6-76　绘制结果

图 6-77　填充结果

（21）单击"默认"选项卡→"绘图"面板→"多段线"按钮，配合"对象捕捉"和"对象追踪"功能绘制挑檐结构。

命令行操作如下：

```
命令：_pline
指定起点：                        //垂直向上引出如图 6-78 所示的端点追踪虚线，输入 700 Enter
当前线宽为 100.0
指定下一个点或 [圆弧(A)/半宽(H)/长度(L)/放弃(U)/宽度(W)]：     //w Enter
指定起点宽度 <100.0>：  //0 Enter
指定端点宽度 <0.0>：   //0 Enter
指定下一个点或 [圆弧(A)/半宽(H)/长度(L)/放弃(U)/宽度(W)]：     //@700,0 Enter
```

指定下一点或 [圆弧(A)/闭合(C)/半宽(H)/长度(L)/放弃(U)/宽度(W)]:	//@0,100 Enter
指定下一点或 [圆弧(A)/闭合(C)/半宽(H)/长度(L)/放弃(U)/宽度(W)]:	//@80,0 Enter
指定下一点或 [圆弧(A)/闭合(C)/半宽(H)/长度(L)/放弃(U)/宽度(W)]:	//@0,100 Enter
指定下一点或 [圆弧(A)/闭合(C)/半宽(H)/长度(L)/放弃(U)/宽度(W)]:	//@100,0 Enter
指定下一点或 [圆弧(A)/闭合(C)/半宽(H)/长度(L)/放弃(U)/宽度(W)]:	//@0,200 Enter
指定下一点或 [圆弧(A)/闭合(C)/半宽(H)/长度(L)/放弃(U)/宽度(W)]:	//@-340,0 Enter
指定下一点或 [圆弧(A)/闭合(C)/半宽(H)/长度(L)/放弃(U)/宽度(W)]:	//@0,-300 Enter
指定下一点或 [圆弧(A)/闭合(C)/半宽(H)/长度(L)/放弃(U)/宽度(W)]:	//@-540,0 Enter
指定下一点或 [圆弧(A)/闭合(C)/半宽(H)/长度(L)/放弃(U)/宽度(W)]:	

// Enter，结束命令，绘制结果如图 6-79 所示

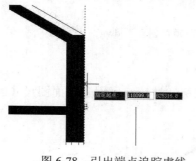

图 6-78　引出端点追踪虚线

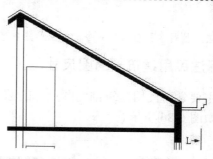

图 6-79　绘制结果

（22）单击"默认"选项卡→"修改"面板→"延伸"按钮 ，选择如图 6-80 所示的轮廓线作为边界，对垂直轮廓线 L 进行延伸，结果如图 6-81 所示。

（23）单击"默认"选项卡→"绘图"面板→"图案填充"按钮 ，为挑檐填充如图 6-82 所示的实体图案。

图 6-80　选择边界　　　　图 6-81　延伸结果　　　　图 6-82　填充结果

（24）单击"默认"选项卡→"绘图"面板→"构造线" ，绘制如图 6-83 所示的两条互相垂直的构造线。

（25）单击"默认"选项卡→"修改"面板→"偏移"按钮 ，将水平构线向上偏移 870、990、1240、1800、2170；将垂直构造线向左偏 250、向右偏移 60 和 120，结果如图 6-84 所示。

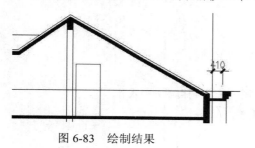

图 6-83　绘制结果

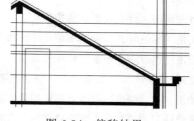

图 6-84　偏移结果

（26）单击"默认"选项卡→"修改"面板→"修剪"按钮 ⼻，对构造线进行修剪，修剪结果如图6-85
所示。

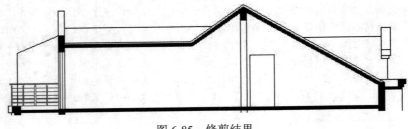

图 6-85　修剪结果

（27）最后执行"另存为"命令，将图形另名存储为"绘制顶层剖面图.dwg"。

6.5.5　标注民用建筑剖面图尺寸

本例主要学习民用建筑剖面图尺寸的标注过程和标注技巧。民用建筑面图尺寸的最终标
注效果，如图6-86所示。

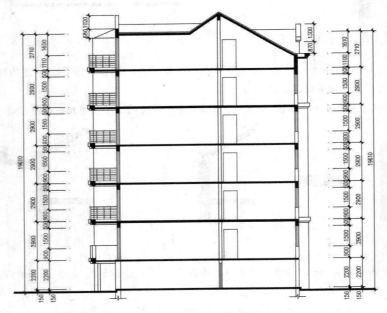

图 6-86　本例效果

绘图思路

◆ 首先调用文件并设置当前操作层。

◆ 使用"标注样式"设置当前尺寸样式并调整尺寸比例。

◆ 使用"偏移"命令创建标注辅助线。

◆ 使用"线性"、"连续"、"矩形阵列"等命令标注剖面图外部尺寸。

◆ 使用"夹点编辑"命令对剖面图尺寸进行完善。

◆ 最后使用"另存为"命令将图形另名存储。

绘图步骤

（1）打开上例存储的"绘制顶层剖面图.dwg"或直接从随书光盘中的"\效果文件\第 6 章\"目录下调用此文件。

（2）使用命令 LA 激活"图层"命令，设置"尺寸层"作为当前图层，并打开"轴线层"。

（3）单击"默认"选项卡→"注释"面板→"标注样式"按钮 ，将"建筑标注"设为当前标注样式，并修改标注比例为 100。

（4）单击"默认"选项卡→"修改"面板→"偏移"按钮 ，将最右侧的垂直构造线向右偏移 1500，作为尺寸定位辅助线，结果如图 6-87 所示。

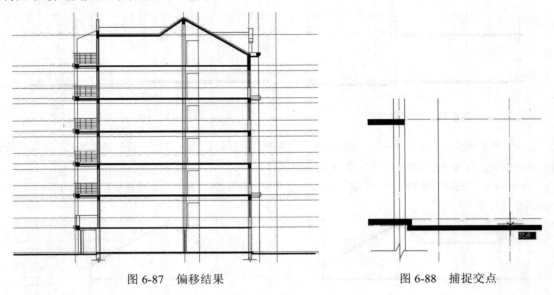

图 6-87　偏移结果　　　　　　　　　　　图 6-88　捕捉交点

（5）单击"默认"选项卡→"注释"面板→"线性"按钮 ，在"指定第一个尺寸界线原点或<选择对象>："提示下捕捉图 6-88 所示的交点。

（6）在"指定第二条尺寸界线原点："提示下捕捉图 6-89 所示的交点作为第二条尺寸界线原点。

（7）继续在命令行"指定尺寸线位置或 [多行文字(M)/文字(T)/角度(A)/水平(H)/垂直(V)/旋转(R)]："提示下水平向右移动光标输入 1500 按 Enter 键，尺寸线距离尺寸界线原点的距离为 1500 个单位，结果如图 6-90 所示。

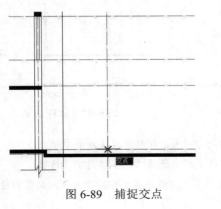
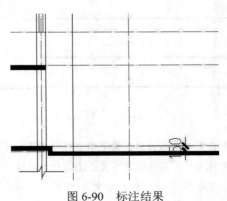

图 6-89　捕捉交点　　　　　　　　　　图 6-90　标注结果

（8）单击"注释"选项卡→"标注"面板→"连续"按钮 ⊞，配合交点捕捉功能标注如图 6-91 所示的细部尺寸。

（9）重复执行"线性"和"连续"命令，配合交点捕捉功能标注如图 6-92 所示的层高尺寸。

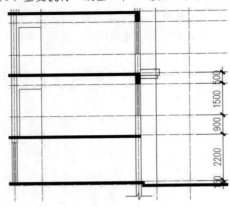

图 6-91 标注细部尺寸   图 6-92 标注层高尺寸

（10）单击"默认"选项卡→"修改"面板→"矩形阵列"按钮 ⊞，选择一层的编辑部尺寸和层高尺寸进行阵列五份，行偏移为 2900，阵列结果如图 6-93 所示。

（11）单击"注释"选项卡→"标注"面板→"连续"按钮 ⊞，配合交点捕捉功能标注如图 6-94 所示的顶层立面尺寸。

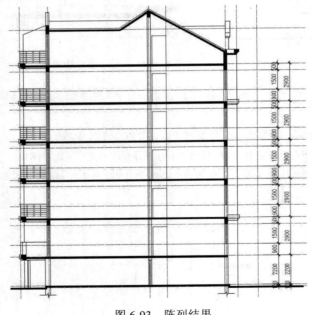
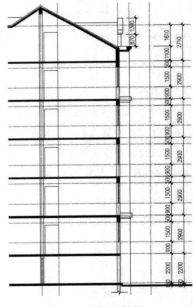

图 6-93 阵列结果   图 6-94 标注结果

（12）在无命令执行的前提下单击标注文字为 150 的尺寸对象，使其呈现夹点显示状态。

（13）将光标放在标注文字夹点上，然后从弹出的快捷菜中选择"仅移动文字"选项。

（14）在命令行"** 仅移动文字 **指定目标点："提示下，在适当位置指定李海霞注文字的位置，调整结果如图 6-95 所示。

（15）单击"默认"选项卡→"注释"面板→"线性"按钮 ⊢，标注立面图的总高尺寸，层高尺寸与总高尺寸之间的距离为900，标注结果如图6-96所示。

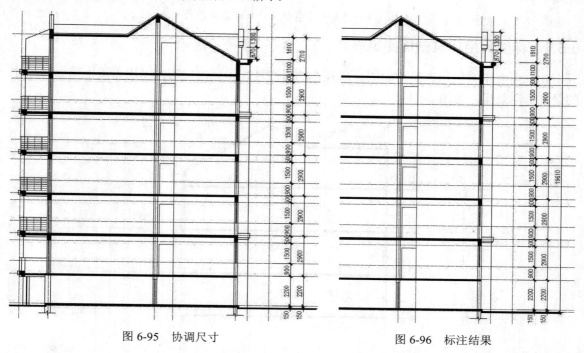

图6-95 协调尺寸　　　　　　　　　图6-96 标注结果

（16）参照上述操作，综合使用"线性"、"连续"和"矩形阵列"等命令标注剖面图左侧的尺寸，结果如图6-97所示。

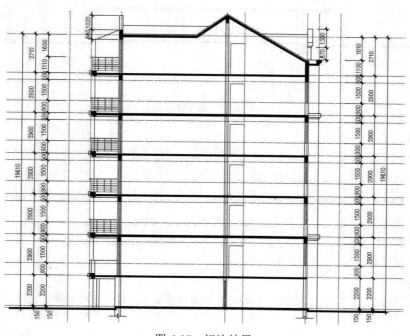

图6-97 标注结果

（17）展开"默认"选项卡→"图层"面板→"图层"下拉列表，然后关闭"轴线层"，结果如图 6-86 所示。

（18）最后执行"另存为"命令，并将图形命名存储为"标注剖面图尺寸.dwg"。

6.5.6 标注民用建筑剖面图标高

本例主要学习民用建筑剖面图标高尺寸的标注过程和标注技巧。民用建筑面图标高尺寸的最终标注效果，如图 6-98 所示。

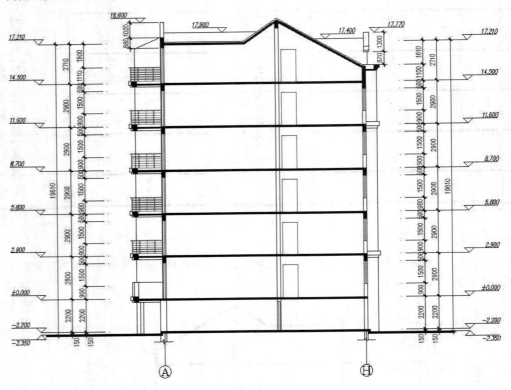

图 6-98 标注标高

绘图思路

- ◆ 首先使用"特性"和"特性匹配"命令创建标高尺寸指示线。
- ◆ 使用"插入块"命令插入标高属性块。
- ◆ 使用"复制"命令创建其它位置的标高属性块。
- ◆ 使用"编辑属性"命令修改各位置的标高属性值。
- ◆ 综合使用"构造线"、"复制"和"修剪"命令标注轴标号。
- ◆ 最后使用"另存为"命令将图形另名存储。

绘图步骤

（1）打开上例存储的"标注剖面图尺寸.dwg" 或直接从随书光盘中的"\效果文件\第 6 章\"目录下调用此文件。

（2）展开"默认"选项卡→"图层"面板→"图层"下拉列表，将"其他层"设置为当前图层。

（3）在无命令执行的前提下夹点显示如图 6-99 的层高尺寸，然后按下 Ctrl+1 组合键，执行"特性"命令，在打开的"特性"窗口中修改尺寸界线超出尺寸线的长度参数，如图 6-100 所示。

（4）关闭"特性"对话框，并按下 Esc 键，取消对象的夹点显示，结果所选择的层高尺寸的尺寸界线被延长，如图 6-101 所示。

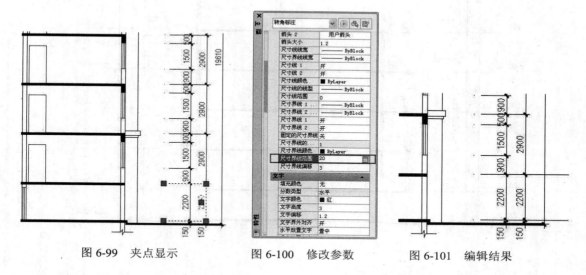

图 6-99　夹点显示　　　　　图 6-100　修改参数　　　　图 6-101　编辑结果

（5）单击"默认"选项卡→"特性"面板→"特性匹配"按钮，选择菜单栏被延长的层高尺寸作为匹配的源对象，将其尺寸界线的特性复制给其他位置的层高尺寸，匹配结果如图 6-102 所示。

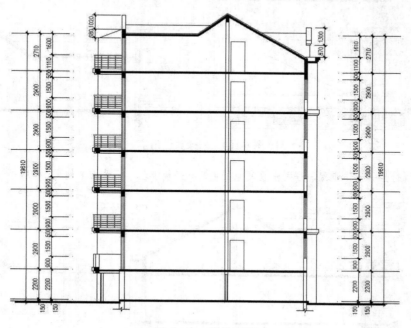

图 6-102　特性匹配

（6）单击"默认"选项卡→"修改"面板→"复制"按钮，配合端点捕捉功能，选择立面图中的标高尺寸，将其复制到剖面图中，复制结果如图 6-103 所示。

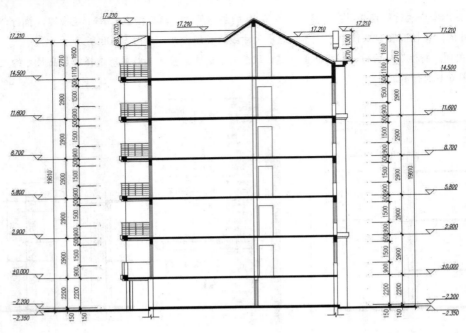

图 6-103　复制结果

（7）在剖面图上侧的标高尺寸上双击左键，打开"增强属性编辑器"，然后修改属性值，如图 6-104 所示。

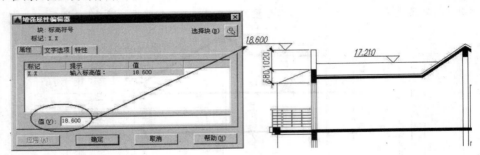

图 6-104　修改属性值

（8）重复执行上一操作步骤，分别修改其他位置的标高属性值，修改结果如图 6-105 所示。

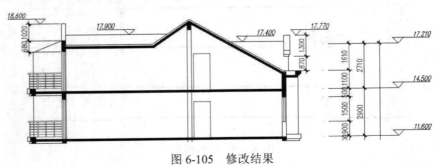

图 6-105　修改结果

（9）展开"默认"选项卡→"图层"面板→"图层"下拉列表，将"其他层"设置为当前图层。

（10）单击"默认"选项卡→"绘图"面板→"构造线"$\nearrow$，根据视图间的对正关系，从平面图中引出如图 6-106 所示的两条垂直构件线。

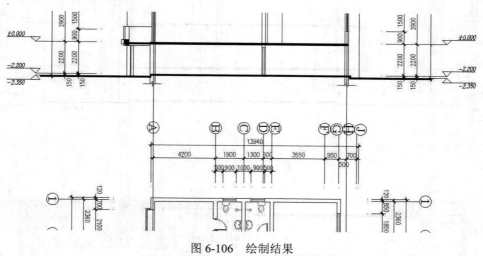

图 6-106　绘制结果

（11）单击"默认"选项卡→"修改"面板→"分解"按钮$\square$将平面图分解。

（12）单击"默认"选项卡→"修改"面板→"复制"按钮$\square$，从平面图中复制编号为 A 和 H 的两个轴标号，复制结果如图 6-107 所示。

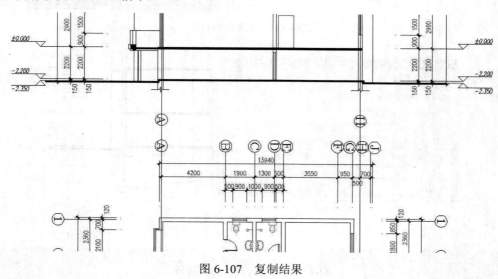

图 6-107　复制结果

（13）单击"默认"选项卡→"修改"面板→"修剪"按钮$\nearrow$，对构造线进行修剪，将其编辑为轴号指示线，结果如图 6-108 所示。

（14）在剖面图左侧的轴标号上双击左键，打开"增强属性编辑器"，然后修改属性的旋转角度，如图 6-109 所示。

（15）在"增强属性编辑器"中单击"选择块"按钮$\square$，修改属性的旋转角度，如图 6-110 所示。

（16）调整视图，使剖面图全部显示，最终结果如图 6-98 所示。

（17）最后执行"另存为"命令，将图形命名存储为"标注剖面图标高.dwg"。

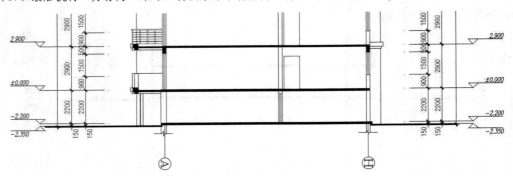

图 6-108　修剪结果

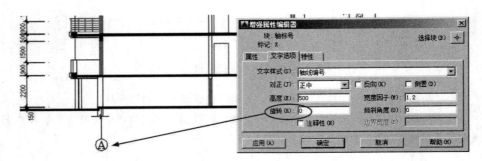

图 6-109　修改旋转角度

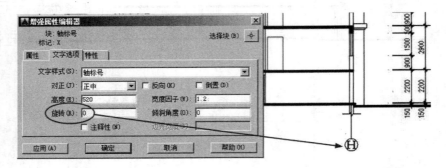

图 6-110　修改结果

6.6　本　章　小　结

　　本章在概述剖面图设计理念、绘制思路等知识的前提下，通过绘制负一层剖面图、一层剖面图、标准层剖面图、顶层剖面图、标注剖面图尺寸、标注剖面标高等操作案例，详细讲解了建筑施工剖面图的具体绘制过程、绘制技巧以及剖面结构的表达技巧等。希望读者通过本章的学习，在理解和掌握建筑施工剖面图完整绘制过程和绘制技巧的前提下，灵活运用 CAD 各制图工具，快速绘制符合制图标准和施工要求的建筑剖面图。

第 7 章 绘制民用建筑装修布置图

本章通过绘制如图 7-1 所示的民用建筑居室装修布置图，在了解和掌握布置图的形成、功能、表达内容、绘图思路等的前提下，主要学习民用建筑装修布置图的具体绘制方法、绘制过程和相关技巧。

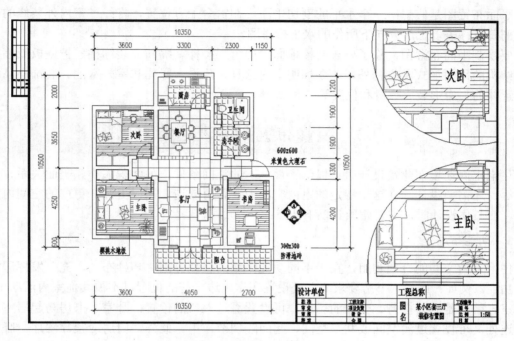

图 7-1 某小区居室装修布置图

■ **学习内容**

❖ 建筑装修布置图的形成   ❖ 绘制多居室家具布置图
❖ 装修布置图的表达特点   ❖ 绘制多居室地面材质图
❖ 建筑装修布置图绘图思路   ❖ 标注多居室布置图文字
❖ 绘制多居室墙体轴线图   ❖ 标注多居室布置图尺寸
❖ 绘制多居室墙体平面图   ❖ 标注多居室布置图投影

7.1 建筑装修布置图概述

在绘制布置图之前，首先简单介绍相关的设计理念及设计内容，使不具备理论知识的读者对布置图有一个大致认识和了解。

平面布置图是装修行业中的一种重要的图纸，主要用于表明建筑室内外种种装修布置的平面形状、位置、大小和所用材料，表明这些布置与建筑主体结构之间，以及这些布置与布置之间的相互关系等。

另外，建筑装修平面布置图还控制了水平向纵横两轴的尺寸数据，其他视图又多数是由它引出的，因而平面布置图是绘制和识读建筑装修施工图的重点和基础，是装修施工的首要图纸。

7.2　建筑装修布置图的形成

平面布置图是假想用一个水平的剖切平面，在窗台上方位置，将经过室内外装修的房屋整个剖开，移去以上部分向下所作的水平投影图。

要绘制平面布置图，除了要表明楼地面、门窗、楼梯、隔断、装饰柱、护壁板或墙裙等装饰结构的平面形式和位置外，还要标明室内家具、陈设、绿化和室外水池、装饰小品等配套设置体的平面形装、数量和位置等。

7.3　装修布置图的表达特点

住宅室内环境在建筑设计时只提供了最基本的空间条件，如面积大小、平面关系、结构位置等，还需要设计师在这一特定的室内空间中进行再创造，探讨更深、更广的空间内涵。为此，在具体设计时，需要兼顾到以下几点：

1．功能布局

住宅室内空间的合理利用，在于不同功能区域的合理分割、巧妙布局，充分发挥居室的使用功能。例如：卧室、书房要求静，可设置在靠里边一些的位置以不被其他室内活动干扰；起居室、客厅是对外接待、交流的场所，可设置靠近入口的位置；卧室、书房与起居室、客厅相连处又可设置过渡空间或共享空间，起间隔调节作用。此外，厨房应紧靠餐厅，卧室与卫生间贴近。

2．空间设计

平面空间设计主要包括区域划分和交通流线两个内容。区域划分是指室内空间的组成，交通流线是指室内各活动区域之间以及室内外环境之间的联系，它包括有形和无形两种，有形的指门厅、走廊、楼梯、户外的道路等；无形的指其他可能供作交通联系的空间。设计时应尽量减少有形的交通区域，增加无形的交通区域，以达到空间充分利用且自由、灵活、和缩短距离的效果。

另外，区域划分与交通流线是居室空间整体组合的要素，区域划分是整体空间的合理分配，交通流线寻求的是个别空间的有效连接。唯有两者相互协调作用，才能取得理想的效果。

3．内含物的布置

室内内含物主要包括家具、陈设、灯具、绿化等设计内容，这些室内内含物通常要处于视觉中显著的位置，它可以脱离界面布置于室内空间内，不仅具有实用和观赏的作用，对烘托室内环境气氛，形成室内设计风格等方面也起到举足轻重的作用。

4．整体上的统一

"整体上的统一"指的是将同一空间的许多细部，以一个共同的有机因素统一起来，使它变成一个完整而和谐的视觉系统。设计构思时，就需要根据业主的职业特点、文化层次、个人爱好、家庭成员构成、经济条件等做综合的设计定位。

7.4　建筑装修布置图绘图思路

在绘制布置图时，具体可以遵循如下思路。

（1）绘制轴线网。根据现场测量出来的尺寸，绘制各墙体的定位轴线。

（2）绘制墙体平面图。根据墙体定位轴线绘制主次墙线以及门、窗等构件。

（3）布置内含物。根据墙体平面图进行室内内含物的合理布置，如家具的陈设以及室内环境的绿化等。

（4）地面材质的表达。对室内地面、柱等进行装饰设计，分别以线条图案和文字注解的形式，表达出设计的内容。

（5）装修材料的注解。为室内布置图标注必要的文字注解，以体现出所选材料及装修要求等内容。

（6）标注施工尺寸。为布置图标注必要的尺寸，以方便施工人员进行施工。

（7）标注投影符号。为居室平面布置标注必要的符号注释。

7.5　绘制多居室户型装修布置图

7.5.1　绘制多居室墙体轴线图

本例首先从绘制套三户型的墙体定位轴线开始，逐步学习完整布置图的绘制过程。本例效果如图 7-2 所示。

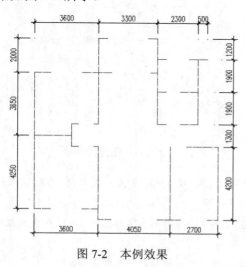

图 7-2　本例效果

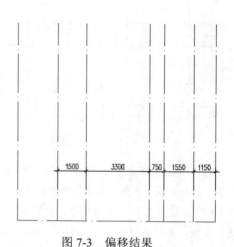

图 7-3　偏移结果

绘制思路

◆ 首先使用"新建"命令调用样板文件并绘制纵横向基准轴线。

◆ 使用"偏移"命令偏移纵横向基准轴线。

◆ 使用夹点编辑工具和"修剪"命令对轴线进行编辑完善。

◆ 综合使用"偏移"、"修剪"和"删除"命令创建洞口。

◆ 使用"打断"命令配合"捕捉自"和"临时追踪点"功能创建门窗洞口。

◆ 使用夹点编辑并配合"正交"或"对象捕捉追踪"功能创建洞口。

◆ 最后使用"保存"命令将图形另名存盘。

绘图步骤

（1）单击"快速访问"工具栏→"新建"按钮 🗋，以"建筑样板"样板作为基础样板，新建文件。

（2）展开"默认"选项卡→"图层"面板→"图层"下拉列表，将"轴线层"设置为当前图层。

（3）使用快捷键"L"激活"直线"命令，配合"正交"功能，绘制长度为10350的水平直线作为横向定位基准轴线。

（4）重复执行"直线"命令，配合"极轴追踪"功能，以水平轴线的左端点作为起点，绘制宽度为10500的基准轴线。

（5）单击"默认"选项卡→"修改"面板→"偏移"按钮 ⊄，将垂直基准轴线作为首次偏移对象，将偏移出的轴线作为后续偏移对象，创建右侧的垂直轴线，每相邻轴线之间的间距分别为2100、1500、3300、750、1550和1150。

（6）重复执行"偏移"命令，根据图示尺寸，偏移出其他位置的垂直轴线，结果如图7-3所示。

（7）参照第5、第6操作步骤，使用"偏移"命令，根据图示尺寸，创建水平方向上的垂直轴线，结果如图7-4所示。

（8）在没有任何命令执行的前提下，选择水平轴线H，使其夹点显示。

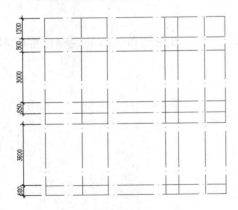

图 7-4　偏移水平轴线

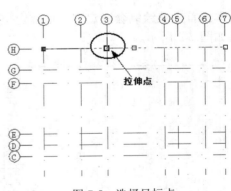

图 7-5　选择目标点

（9）单击轴线H左侧端点，转变为热点，在"指定拉伸点或 [基点（B）/复制（C）/放弃（U）/退出（X）]："提示下，选择如图7-5所示的点作为目标点，拉伸结果如图7-6所示。

（10）单击轴线H右侧的端点，使其变为热点，以垂直轴线4上部的端点作为拉伸点，使用夹点拉伸对其进行拉伸，并取消对象的夹点显示，结果如图7-7所示。

（11）参照以上操作，重复使用夹点拉伸功能，对轴线A进行夹点拉伸，结果如图7-8所示。

（12）单击"默认"选项卡→"修改"面板→"修剪"按钮，选择垂直轴线 4 作为边界，对水平轴线 G 和 H 进行修剪，结果如图 7-9 所示。

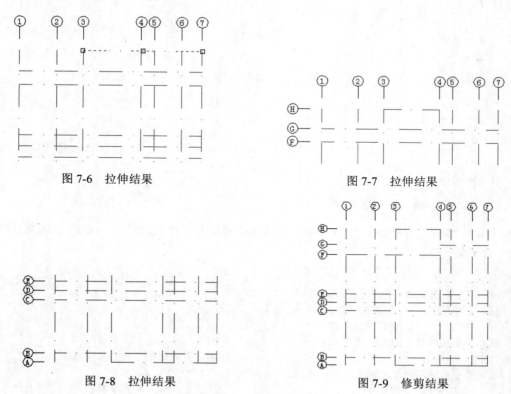

图 7-6　拉伸结果

图 7-7　拉伸结果

图 7-8　拉伸结果

图 7-9　修剪结果

（13）重复执行"修剪"命令，以垂直轴线作为剪切边，分别对水平轴线 C、D、E 进行修剪，结果如图 7-10 所示。

（14）单击"默认"选项卡→"修改"面板→"修剪"按钮，以垂直轴线 3 为剪切边，对水平轴线 B 进行修剪，结果如图 7-11 所示。

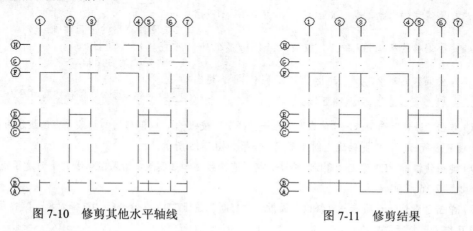

图 7-10　修剪其他水平轴线

图 7-11　修剪结果

（15）参照上述操作步骤，分别使用夹点拉伸或"修剪"命令，对各条垂直轴线进行编辑，结果如图 7-12 所示。

（16）单击"默认"选项卡→"绘图"面板→"直线"按钮 ✎ ，配合中点捕捉功能，绘制如图 7-13 所示的次轴线。

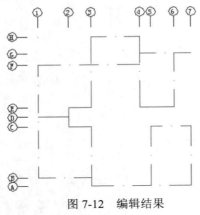

图 7-12　编辑结果

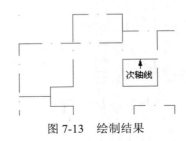

次轴线

图 7-13　绘制结果

（17）单击"默认"选项卡→"修改"面板→"偏移"按钮 ▱ ，将垂直轴线 1 向右侧，创建辅助轴线。命令行操作如下：

```
命令：_offset
当前设置：删除源=否　图层=源　OFFSETGAPTYPE=0
指定偏移距离或 [通过(T)/删除(E)/图层(L)] <通过>：
 //900 Enter，设置偏移距离
选择要偏移的对象，或 [退出(E)/放弃(U)] <退出>：
                        //单击垂直轴线 1 作为偏移对象
指定要偏移的那一侧上的点，或 [退出(E)/多个(M)/放弃(U)] <退出>：
                        //在垂直轴线 1 的右侧拾取一点
选择要偏移的对象，或 [退出(E)/放弃(U)] <退出>： //Enter，结束命令
命令：                   // Enter
OFFSET 当前设置：删除源=否　图层=源　OFFSETGAPTYPE=0
指定偏移距离或 [通过(T)/删除(E)/图层(L)] <900.0>：
                        //1800 Enter，重新设置偏移的距离
选择要偏移的对象，或 [退出(E)/放弃(U)] <退出>：
                        //单击刚偏移出的垂直轴线
指定要偏移的那一侧上的点，或 [退出(E)/多个(M)/放弃(U)] <退出>：
                        //在所选轴线的右侧拾取一点
选择要偏移的对象，或 [退出(E)/放弃(U)] <退出>：
                        //Enter，结束命令，偏移结果如图 7-14 所示
```

（18）单击"默认"选项卡→"修改"面板→"修剪"按钮 ⊹ ，以偏移出的两条垂直轴线作为修剪边界，对水平轴线 F 进行修剪，在此轴线上创建窗洞，结果如图 7-15 所示。

（19）使用快捷键"E"激活"删除"命令，将垂直图线 1 和 2 删除，结果在轴线 F 上创建了宽度为 1800 的窗洞，如图 7-16 所示。

（20）单击"默认"选项卡→"修改"面板→"打断"按钮 ⊡ ，在命令行"选择对象："提示下，选择水平轴线 E 作为要打断的对象。

（21）在"指定第二个打断点或 [第一点（F）]："提示下输入 F 并按 Enter 键，激活"第一点"选项功能，重新确定第一断点。

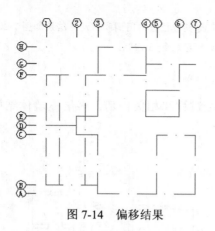

图 7-14　偏移结果

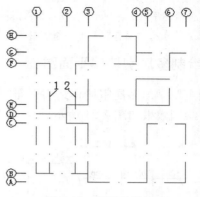

图 7-15　修剪结果

（22）在"指定第一个打断点："提示下单击右键，从弹出的右键菜单中激活临时追踪点功能。

（23）在"指定第一个打断点：_tt 指定临时对象追踪点："提示下，单击轴线 E 左侧端点，作为临时追踪点，然后向右引出水平的追踪虚线，输入 370 按 Enter 键，以确定目标点的位置。

（24）在"指定第二个打断点："提示下，在命令行输入第二断点的坐标"@900,0"按 Enter 键，创建宽度为 900 的门洞，如图 7-17 所示。

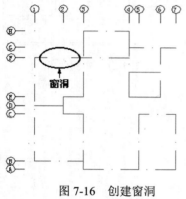

图 7-16　创建窗洞

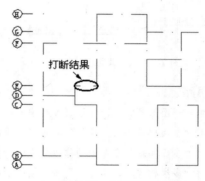

图 7-17　创建门洞

（25）在没有任何命令执行的前提下，选择水平轴线 C，使其呈现夹点显示。

（26）接下来单击左侧的夹点，使其转变为热点，进入夹点编辑模式，如图 7-18 所示。

（27）在"指定拉伸点或 [基点（B）/复制（C）/放弃（U）/退出（X）]："提示下，打开状态栏中的"正交"功能，然后向右移动光标，在命令行中输入"900"。

（28）敲击 Enter 键，退出夹点编辑模式，并按 Esc 键，取消轴线的夹点显示，结果创建了宽度为 900 的门洞，如图 7-19 所示。

图 7-18　夹点与热点

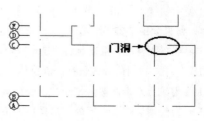

图 7-19　创建门洞

（29）综合运用以上各种开洞方法，根据图示尺寸，分别创建其他位置的门洞和窗洞，结果如图7-20所示。

（30）最后执行"保存"命令，将图形命名存储为"绘制定位轴线.dwg"。

7.5.2 绘制多居室墙体平面图

本例主要学习多居室墙体结构平面图的具体绘制过程和相关技巧。多居室墙体结构平面图的最终绘制效果如图7-21所示。

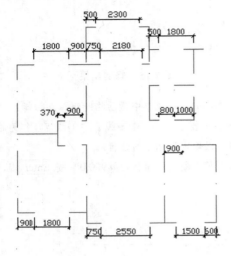

图7-20 创建其这他洞口

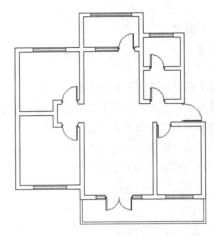

图7-21 实例效果

绘制思路

◆ 首先打开图形源文件，并设置捕捉模式。

◆ 使用"多线样式"、"多线"命令绘制纵横墙体轮廓线。

◆ 使用"多线编辑"命令对墙体轮廓线进行编辑。

◆ 使用"多线样式"、"多线"命令绘制窗线和阳台。

◆ 使用"插入块"命令为平面图布置门图例。

◆ 最后使用"另存为"命令将图形另名存盘。

绘图步骤

（1）打开上例存储的"绘制定位轴线.dwg" 或直接从随书光盘中的"\效果文件\第 7 章\"目录下调用此文件。

（2）按下 F3 功能键，打开"对象捕捉"功能，并将捕捉模式设置为端点捕捉和交点捕捉。

（3）展开"默认"选项卡→"图层"面板→"图层"下拉列表，将"墙线层"设为当前图层。

（4）使用快捷键"ML"激活"多线"命令，设置对正方式为无，然后配合端点捕捉功能绘制宽度为240的主墙体，结果如图7-22所示。

（5）参照以上步骤，重复执行"多线"命令，设置对正方式和比例保持不变，沿着其他位置处的轴线进行绘制墙线，并对右侧的轴线进行夹点拉伸，结果如图7-23所示。

（6）在墙线上双击左键，打开"多线编辑工具"对话框，然后单击"T形合并"按钮￿。

（7）返回绘图区在命令行的"选择第一条多线："提示下单击如图7-24所示的墙线。

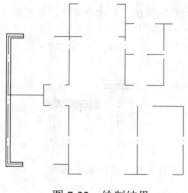

图 7-22　绘制结果

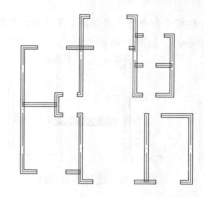

图 7-23　绘制其他墙线

（8）在"选择第二条多线："提示下选择如图 7-25 所示的墙线，结果这两条多线被合并，如图 7-26 所示。

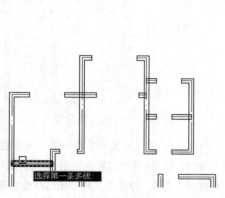

图 7-24　选择第一条多段线

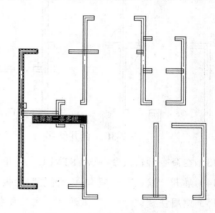

图 7-25　选择垂直墙线

（9）继续在命令行"选择第一条多线或 [放弃（U）]："提示下，分别选择其他位置 T 形相交的墙线进行合并，结果如图 7-27 所示。

（10）再次双击任一位置的墙线，在打开的"多线编辑工具"对话框中双击"十字合并"功能 ⊨。

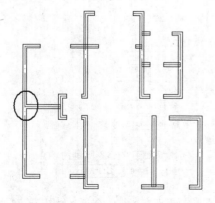

图 7-26　合并结果

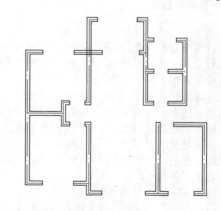

图 7-27　合并结果

（11）在命令行"选择第一条多线："提示下，选择如图 7-28 所示的垂直墙线。

（12）继续在命令行"选择第二条多线："提示下，选择如图7-29所示的水平墙线，结果此两条墙线相交的部分被合并，如图7-30所示。

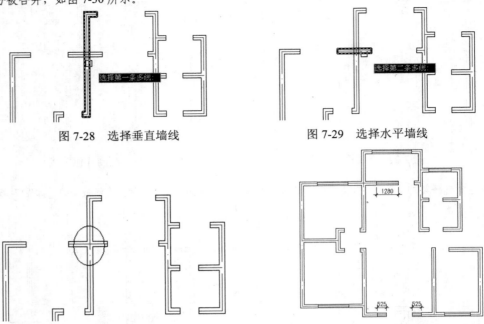

图7-28 选择垂直墙线　　　　　图7-29 选择水平墙线

图7-30 合并结果　　　　　图7-31 绘制其他窗线

（13）在命令行输入命令MLSTYLE，打开"多线样式"对话框，然后设置"窗线样式"为当前样式。

（14）展开"默认"选项卡→"图层"面板→"图层"下拉列表，设置"门窗层"为当前图层。

（15）使用快捷键"ML"激活"多线"命令，设置多线比例为240、对正方式为"无"，然后配合中点捕捉功能绘制如图7-31所示的窗线。

（16）在命令行输入命令MLSTYLE，打开"多线样式"对话框，然后设置"墙线样式"为当前样式。

（17）使用快捷键"ML"激活"多线"命令，配合"对象捕捉"、"极轴追踪"和"对象捕捉追踪"功能，绘制阳台轮廓线。

命令行操作如下：

```
命令：_mline
当前设置：对正 = 无，比例 = 240.00，样式 = 墙线样式
指定起点或 [对正(J)/比例(S)/样式(ST)]：        //s Enter
输入多线比例 <240.00>：                        //120 Enter
当前设置：对正 = 无，比例 = 120.00，样式 = 墙线
指定起点或 [对正(J)/比例(S)/样式(ST)]：        //j Enter
输入对正类型 [上(T)/无(Z)/下(B)] <无>：        //b Enter
当前设置：对正 = 下，比例 = 120.00，样式 = 墙线
指定起点或 [对正(J)/比例(S)/样式(ST)]：        //捕捉如图7-32所示的端点
指定下一点：                                   //@0,-1440 Enter
指定下一点或 [放弃(U)]：
        //引出水平极轴矢量和垂直追踪矢量，然后捕捉两条矢量的交点，如图7-33所示
指定下一点或 [闭合(C)/放弃(U)]：               //@0,1440 Enter
指定下一点或 [闭合(C)/放弃(U)]：               // Enter，绘制结果如图7-34所示
```

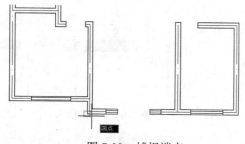

图 7-32　捕捉端点

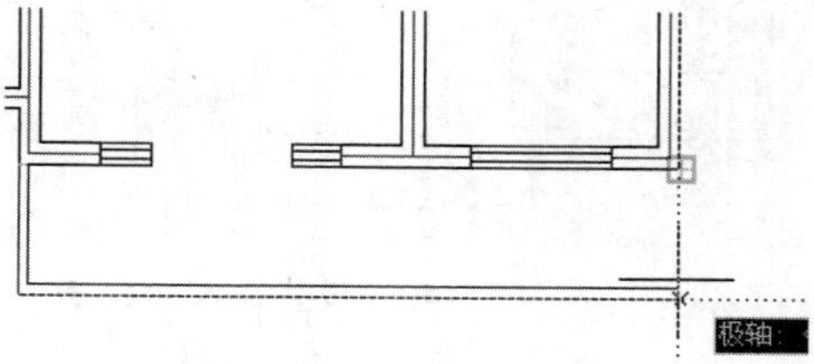

图 7-33　捕捉两条矢量交点

（18）展开"默认"选项卡→"图层"面板→"图层"下拉列表，关闭"轴线层"。

（19）单击"默认"选项卡→"块"面板→"插入"按钮，以默认参数插入随书光盘中的"\图块文件\单开门.dwg"，插入点为图 7-35 所示的中点。

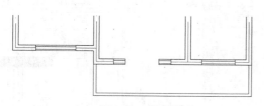

图 7-34　绘制结果

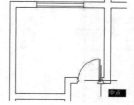

图 7-35　定位插入点

（20）重复执行"插入块"命令，设置块及块参数如图 7-36 所示，为平面图布置单开门，其中块的插入点为图 7-37 所示的中点。

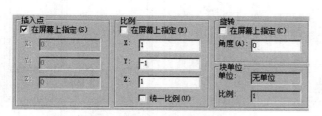

图 7-36　设置插入参数

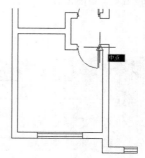

图 7-37　定位插入点

（21）重复执行"插入块"命令，设置块及块参数如图 7-38 所示，为平面图布置单开门，其中块的插入点为图 7-39 所示的中点。

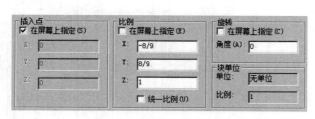

图 7-38　设置插入参数

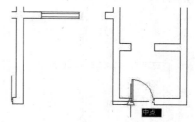

图 7-39　定位插入点

（22）重复执行"插入块"命令，设置块及块参数如图 7-40 所示，为平面图布置单开门，其中块的插入点为图 7-41 所示的交点。

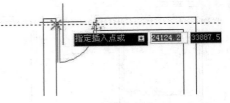

图 7-40　设置插入参数　　　　　　　　　图 7-41　定位插入点

（23）打开"轴线层"，然后重复执行"插入块"命令，设置块及块参数如图 7-42 所示，为平面图布置单开门，其中块的插入点为图 7-43 所示的追踪虚线的交点。

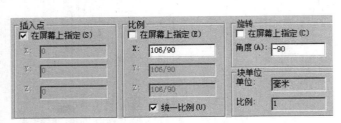

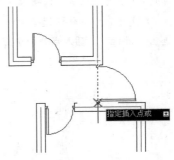

图 7-42　设置插入参数　　　　　　　　　图 7-43 定位插入点

（24.）重复执行"插入块"命令，设置块及块参数如图 7-44 所示，为平面图布置双开门，其中块的插入点为图 7-45 所示的中点。

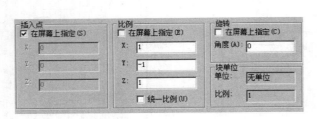

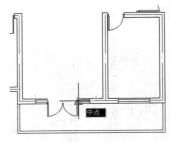

图 7-44　设置插入参数　　　　　　　　　图 7-45　定位插入点

（25）单击"默认"选项卡→"修改"面板→"复制"按钮，选择如图 7-46 所示的单开门进行复制，目标点为图 7-47 所示的中点。

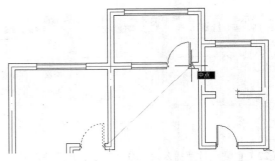

图 7-46　定位基点　　　　　　　　　图 7-47　定位目标点

（26）重复执行"复制"命令，配合中点捕捉功能，对右侧卫生间的门进行复制，结果如图7-48所示。

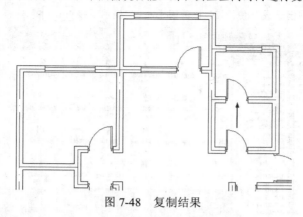

图7-48 复制结果

（27）展开"默认"选项卡→"图层"面板→"图层"下拉列表，关闭"轴线层"，最终效果如图7-21所示。

（28）最后执行"另存为"命令，将图形命名存储为"绘制多居室墙体平面图.dwg"。

7.5.3 绘制多居室家具布置图

本例主要学习多居室户型装修布置图的具体绘制过程和相关技巧。多居室户型装修布置图的最终绘制效果，如图7-49所示。

绘制思路

◆ 首先调用多居室墙体结构平面图文件。

◆ 使用"设计中心"命令，以"拖曳"方式为平面图布置用具图例

◆ 使用"设计中心"命令，以"复制粘贴"的方式为平面图布置用具图例。

◆ 使用"设计中心"命令，以"插入为块"的方式为平面图布置用具图例。

◆ 使用"直线"命令配合捕捉追踪功能绘制厨房操作台轮廓线。

◆ 最后对布置图进行修整完善和存盘。

绘图步骤

图7-49 本例效果

（1）打开上例存储的"绘制多居室墙体平面图.dwg"或直接从随书光盘中的"\效果文件\第7章\"目录下调用此文件。

（2）展开"默认"选项卡→"图层"面板→"图层"下拉列表，将"家具层"设置为当前图层。

（3）单击"视图"选项卡→"选项板"面板→"设计中心"按钮，在打开的"设计中心"窗口中定位素材盘中的"图块文件"文件夹，并展开此文件夹中的所有图块资源，如图7-50所示。

（4）向下拖动右侧窗口中的滑块，定位在"双人床.dwg"图形文件上，按住鼠标左键不动，将此图形拖曳至绘图区。

（5）松开左键，在命令行"指定插入点或 [基点（B）/比例（S）/X/Y/Z/旋转（R）]:"提示下引出如图7-51所示的端点追踪虚线，输入1650按Enter键，定位插入点。

（6）在"输入 X 比例因子，指定对角点，或 [角点（C）/XYZ（XYZ）] <1>："提示下，敲击 Enter 键。

（7）在"输入 Y 比例因子或 <使用 X 比例因子>："提示下按 Enter 键。

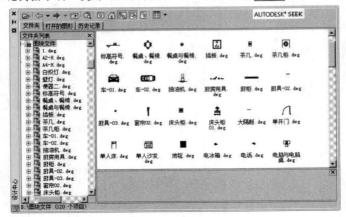

图 7-50　"设计中心"窗口

技巧提示：在此读者须要把随书光盘中的"图块文件"文件夹拷贝至 D 盘根目录下。

（8）在"指定旋转角度 <0>："提示下，在命令行输入 90°，并结束命令，结果此双人床图形被插入当前图形中，如图 7-52 所示。

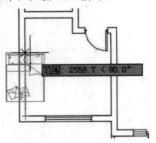

图 7-51　定位插入点

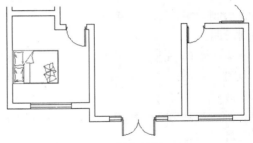

图 7-52　插入结果

（9）在"设计中心"右侧面板中移动滑块，找到"床头柜.dwg"文件后单击右键，然后从弹出的右键菜单中选择"复制"选项，如图 7-53 所示。

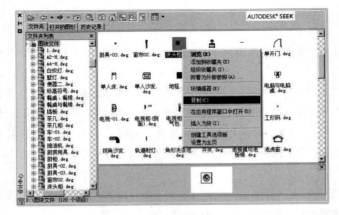

图 7-53　选择"复制"选项

（10）返回绘图区单击鼠标右键，选择右键菜单上的"粘贴"命令，然后在命令行"指定插入点或 [基点（B）/比例（S）/X/Y/Z/旋转（R）]:: "提示下，使用最近点捕捉功能在双人床的一侧的墙线捕捉插入点。

（11）继续在命令行"输入 X 比例因子，指定对角点，或 [角点（C）/XYZ（XYZ）] <1>: "提示下输入 X 轴方向上的缩放比例，即"550/500"，并敲击 Enter 键。

（12）在"输入 Y 比例因子或 <使用 X 比例因子>提示下，输入缩放比例"550/500"，敲击 Enter 键。

（13）继续在命令行"指定旋转角度<0>"提示下敲击 Enter 键，结果如图 7-54 所示。

（14）使用快捷键"MI"激活"镜像"命令，配合中点捕捉功能对床头柜进行镜像，结果如图 7-55 所示。

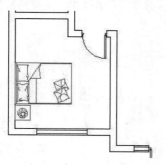

图 7-54　操作结果

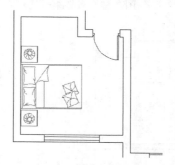

图 7-55　镜像结果

（15）拖动"设计中心"右侧窗口中的滑块，将光标定位在"电视柜与暖气包.dwg"文件上，然后单击右键。在右键菜单中选择"插入为块"选项，如图 7-56 所示。

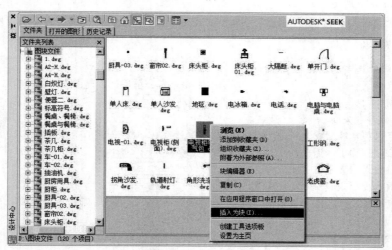

图 7-56　激活"插入为块"选项

（16）此时系统自动弹出"插入"对话框，在对话框内进行设置各项参数如图 7-57 所示。

（17）单击 确定 按钮，,返回绘图区捕捉如图 7-58 所示的中点作为图块的插入基点，把电视柜与暖气包以图块的形式插入当前文件内。

（18）参照上述操作步骤，使用"设计中心"的资源共享功能，分别插入"小隔断.dwg"、"沙发.dwg"和"茶几柜.dwg"等图形，并综合"复制"和"旋转"、"移动"命令为客厅布置沙发等家具，结果如图 7-59 所示。

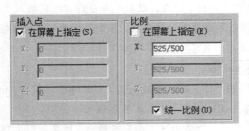

图 7-57　设置缩放比例

图 7-58　定位插入点

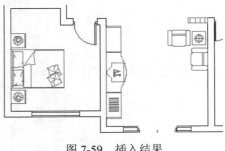

图 7-59　插入结果

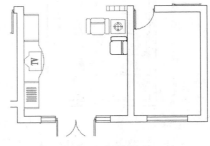

图 7-60　操作结果

（19）使用快捷键"X"激活"分解"命令，将旋转后的沙发进行分解，并把沙发一侧的扶手轮廓线进行删除，结果如图 7-60 所示。

（20）单击"默认"选项卡→"修改"面板→"矩形阵列"按钮，选择分解后的沙发进行阵列。

命令行操作如下：

```
命令: _arrayrect
选择对象:                          //选择分解后的沙发图形
选择对象:                          //Enter
类型 = 矩形  关联 = 是
选择夹点以编辑阵列或 [关联(AS)/基点(B)/计数(COU)/间距(S)/列数(COL)/行数(R)/层
数(L)/退出(X)] <退出>:              //COU Enter
输入列数数或 [表达式(E)] <4>:       //1 Enter
输入行数数或 [表达式(E)] <3>:       //3 Enter
选择夹点以编辑阵列或 [关联(AS)/基点(B)/计数(COU)/间距(S)/列数(COL)/行数(R)/层
数(L)/退出(X)] <退出>:              //s Enter
指定列之间的距离或 [单位单元(U)] <0>://1 Enter
指定行之间的距离 <1>:               //-525 Enter
选择夹点以编辑阵列或 [关联(AS)/基点(B)/计数(COU)/间距(S)/列数(COL)/行数(R)/层
数(L)/退出(X)] <退出>:              //AS Enter
创建关联阵列 [是(Y)/否(N)] <否>:    //N Enter
选择夹点以编辑阵列或 [关联(AS)/基点(B)/计数(COU)/间距(S)/列数(COL)/行数(R)/层
数(L)/退出(X)] <退出>:              // Enter, 阵列结果如图 7-61 所示
```

（21）单击"默认"选项卡→"修改"面板→"镜像"按钮，选择沙发、茶几柜和沙发扶手等图形分别作为镜像的对象，结果如图 7-62 所示。

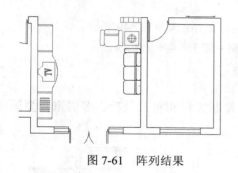

图 7-61　阵列结果

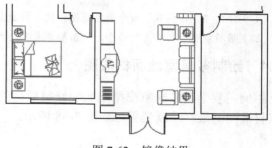

图 7-62　镜像结果

（22）单击"默认"选项卡→"绘图"面板→"矩形"按钮 ▭ ，绘制总长度为 1200、宽度为 650 的茶几平面图形，如图 7-63 所示。

（23）单击"默认"选项卡→"修改"面板→"偏移"按钮 ⬰ ，将刚绘制矩形向内侧偏移 22 个单位，结果如图 7-64 所示。

图 7-63　绘制矩形

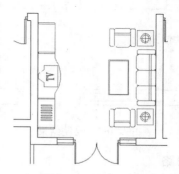

图 7-64　偏移矩形

（24）单击"默认"选项卡→"块"面板→"插入"按钮 ⬚ ，以默认参数插入随书光盘中的"图块文件"文件夹目录下的"植物-03.dwg"和"电话.dwg"，结果如图 7-65 所示。

（25）综合以上各种操作方式，分别为其他房间布置家具用品及绿化植物等，最终结果如图 7-66 所示。

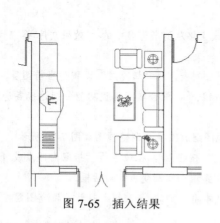

图 7-65　插入结果

图 7-66　布置其他用具图例

（26）单击"默认"选项卡→"绘图"面板→"直线"按钮 ⟋ ，配合捕捉或追踪功能绘制如图 7-67 所示的厨房操作台轮廓线。

（27）使用"范围缩放"命令调整视图，使平面图全部显示，最终效果如图 7-49 所示。

（28）最后执行"另存为"命令，将图形命名存储为"绘制多居室家具布置图.dwg"。

7.5.4 绘制多居室地面材质图

本例主要学习多居室户型地面装修材质图的具体绘制过程和相关技巧。多居室户型地面装修材质图的最终绘制效果，如图 7-68 所示。

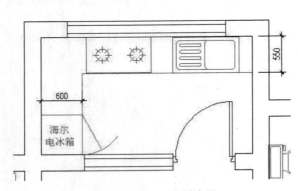

图 7-67 绘制结果

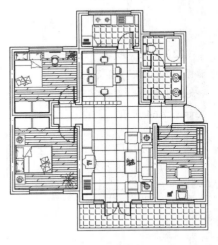

图 7-68 本例效果

绘图思路

◆ 首先调用平面图图形源文件。

◆ 使用画线命令配合捕捉功能封闭各房间的填充区域。

◆ 使用图层的控制功能，冻结与填充无关的复杂图形。

◆ 使用"图案填充"命令为平面图填充各类图案。

◆ 最后使用"另存为"命令将图形另名存盘。

绘图步骤

（1）打开上例存储的"绘制多居室家具布置图.dwg" 或直接从随书光盘中的"\效果文件\第 7 章\"目录下调用此文件。

（2）展开"默认"选项卡→"图层"面板→"图层"下拉列表，将"填充层"设置为当前图层。

（3）单击"默认"选项卡→"绘图"面板→"直线"按钮，配合端点捕捉功能分别连接各房间两侧门洞等，以封闭填充区域，绘制结果如图 7-69 所示。

（4）接下来综合使用"窗口缩放"和"实时平移"等视图缩放工具，调整视图如图 7-70 所示。

（5）单击"默认"选项卡→"绘图"面板→"图案填充"按钮，在命令行"拾取内部点或 [选择对象（S）/设置（T）]:"提示下激活"设置"选项，打开"图案填充和渐变色"对话框。

（6）在"图案填充和渐变色"对话框中单击"图案"文本框右侧的 ... 按钮，打开"填充图案控制板"对话框。

（7）在"填充图案选项板"对话框中的"其他预定义"选项卡选择如图 7-71 所示图案作为填充图案。

（8）单击 确定 按钮返回"图案填充和渐变色"对话框，然后设置填充参数如图 7-72 所示。

图 7-69 封闭填充区域

图 7-70 调整视图

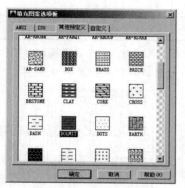

图 7-71 选择填充图案

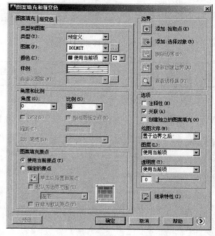

图 7-72 设置填充参数

（9）单击"图案填充编辑"对话框右侧的"添加：拾取点"按钮，返回绘图区，在卧室内部单击左键，拾取内部的一点。

（10）当系统选择卧室内部对象并对内部的孤岛分析后在命令行会继续出现"选择内部点："的提示，此时在平面门图形所在的区域内单击左键，指定填充区域，填充结果如图 7-73 所示。

（11）重复执行"图案填充"命令，设置填充图案和填充参数如图 7-72 所示，为其他卧室和书房填充图案，填充结果如图 7-74 所示。

图 7-73 填充结果

图 7-74 填充图案

（12）重复执行"图案填充"命令，在打开的"图案填充编辑"对话框中设置填充图案和填充参数如图 7-75 所示，对客厅、过道以及餐厅等填充地面图案，结果如图 7-76 所示。

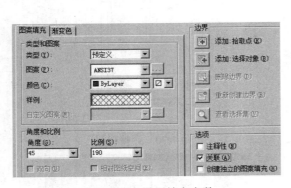

图 7-75　设置填充参数

图 7-76　填充结果

技巧提示：在填充图案时，可以事先将不相关的图块冻结，以加快填充速度。

（13）重复执行"图案填充"命令，在弹出的"图案填充和渐变色"对话框中设置填充图案和填充参数如图 7-77 所示，对阳台、卫生间以及厨房等填充地面图案，填充结果如图 7-78 和图 7-79 所示。

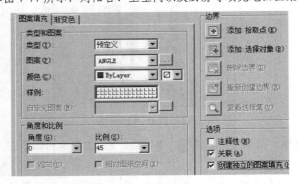

图 7-77　设置填充参数

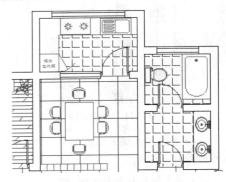

图 7-78　填充结果

（14）最后执行"另存为"命令，对图形命名存储为"绘制多居室地面装修材质图.dwg"。

7.5.5　标注多居室布置图文字

本例主要学习多居室装修布置图文字注释的具体标注过程和相关技巧。多居室装修布置图文字注释的最终标注效果，如图 7-80 所示。

绘制思路

◆ 首先调用源文件。

◆ 使用"文字样式"命令设置文字样式。

◆ 使用"单行文字"命令标注布置图房间功能。

◆ 使用"多行文字"和"直线"命令标注引线注解。

◆ 使用"图案填充编辑"命令调整与文字重合位置的图案。

◆ 最后使用"另存为"命令将图形另名存储。

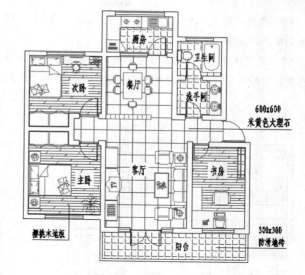

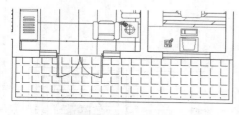

图 7-79　填充阳台材质

图 7-80　本例效果

绘图步骤

（1）打开上例存储的"绘制多居室地面装修材质图.dwg"或直接从随书光盘中的"\效果文件\第 7 章\"目录下调用此文件。

（2）单击"默认"选项卡→"注释"面板→"文字样式"按钮 **A**，在打开的"文字样式"对话框中设置"仿宋体"为当前文字样式。

（3）展开"默认"选项卡→"图层"面板→"图层"下拉列表，将"文本层"设置为当前操作层。

（4）单击"默认"选项卡→"注释"面板→"单行文字"按钮 **A**，为平面图标注房间功能。

命令行操作如下：

```
命令：_dtext
当前文字样式："仿宋体" 文字高度：350.0 注释性：否
指定文字的起点或［对正(J)/样式(S)］：　　//在客厅内单击左键，指定文字的插入点
指定高度 <2.5>：　　　　　　　　　　//350 Enter
指定文字的旋转角度 <0.00>：　　　　// Enter，显示单行文字输入框，如图 7-81 所示
```

（5）此时在单行文字输入框内输入"客厅"，然后按两次 Enter 键结束命令，标注结果如图 7-82 所示的文字。

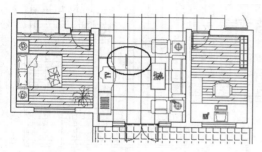

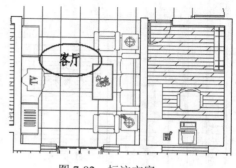

图 7-81　单行文字输入框

图 7-82　标注文字

（6）单击"默认"选项卡→"修改"面板→"复制"按钮 ，将刚标注的文字分别复制到其他房间内，结果如图7-83所示。

（7）使用快捷键"ed"激活"编辑文字"命令，在命令行"选择注释对象或 [放弃（U）]："提示下，选择复制出的文字对象，此时被选择的文字反白显示，如图7-84所示。

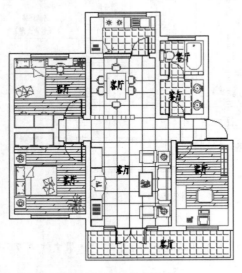

图7-83　复制文字

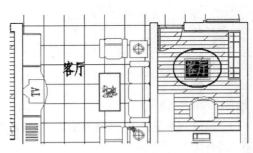

图7-84　选择文字

（8）此时在反白显示的输入框内输入正确的文字内容，如"书房"，结果原来的文字被修改，如图7-85所示。

（9）敲击 Enter 键，然后继续在命令行""提示下，分别选择其他位置的文字，修改其内容，结果如图7-86所示。

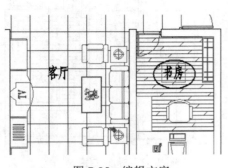

图7-85　编辑文字

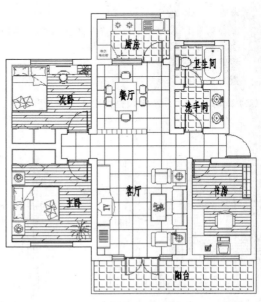

图7-86　编辑其他文字

（10）在书房房间内的地板填充图案上单右键，选择右键菜单上的"图案填充编辑"命令，在打开的"图案填充编辑"对话框中单击"添加：选择对象"按钮，返回绘图区选择如图 7-87 所示的文字，将选择文字对象以孤岛的形式排除在填充区域之外。

（11）按 Enter 键返回"图案填充编辑"对话框，单击 确定 按钮，结束命令，编辑结果如图 7-88 所示。

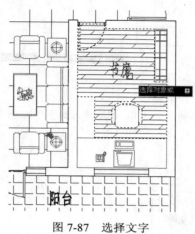

图 7-87　选择文字

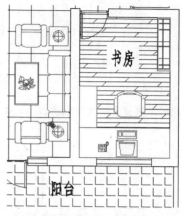

图 7-88　编辑结果

（12）接下来参照第 10、11 操作步骤，分别对其他位置的地面填充图案进行编辑，将文字对象以孤岛的形式排除在填充区域之外，编辑结果如图 7-89 所示。

（13）暂时关闭状态栏上的"对象捕捉"功能，然后单击"默认"选项卡→"绘图"面板→"直线"按钮，配合"极轴追踪"功能绘制如图 7-90 所示的直线段作为文字指示线。

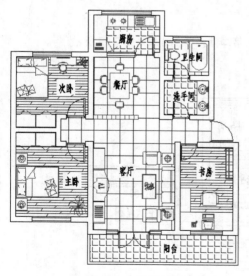

图 7-89　编辑结果

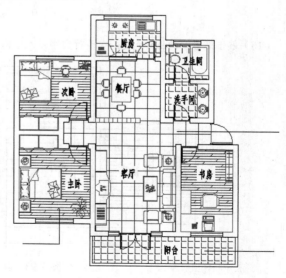

图 7-90　绘制指示线

（14）单击"默认"选项卡→"注释"面板→"多行文字"按钮 A，根据命令行的操作提示拉出如图 7-91 所示的矩形框。

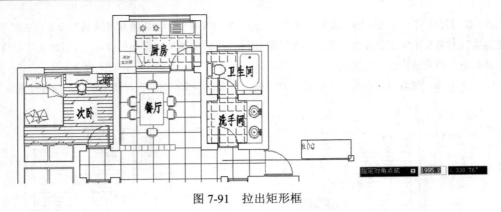

图 7-91　拉出矩形框

（15）此时系统打开"文字编辑器"选项卡面板，设置字体高度为 350，然后输入如图 7-92 所示的文字注解。

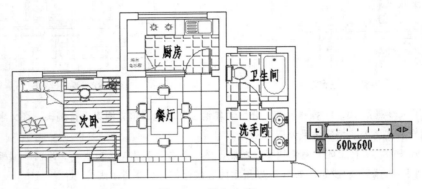

图 7-92　输入文字

（16）敲击键盘上的 Enter 键，在多行文字输入框内输入第二行文字，结果如图 7-93 所示。

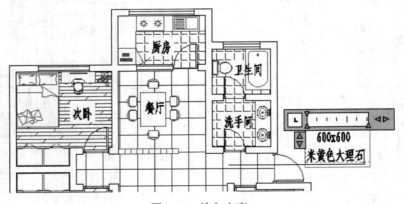

图 7-93　输入文字

（17）关闭"文字编辑器"选项卡，然后适当的调整文字的位置。

（18）接下来重复使用"多行文字"命令，设置字体样式、字高不变，分别输入其他位置的多行文字注解，结果如图 7-94 所示。

（19）使用"范围缩放"工具调整视图，使图形全部显示，最终效果如图7-80所示。

（20）最后执行"另存为"命令，将图形命名存储为"标注多居室布置图文字.dwg"。

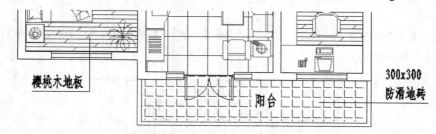

图 7-94　标注其他文字

7.5.6　标注多居室布置图尺寸

本例主要学习多居室装修布置图尺寸的具体标注过程和相关技巧。多居室装修布置图尺寸的最终标注效果，如图7-95所示。

绘图思路

◆ 首先打开平面图源文件。

◆ 使用"标注样式"命令设置标注样式。

◆ 使用"构造线"命令绘制尺寸定位辅助线。

◆ 使用"线性"命令标注单个线性尺寸。

◆ 使用"连续"命令标注平面尺寸。

◆ 最后使用"另存为"命令将图形另名存盘。

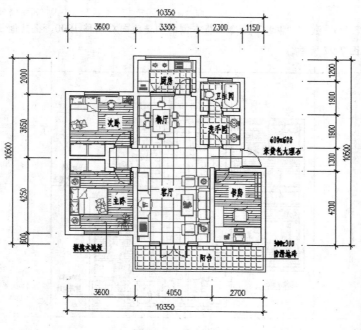

图 7-95　本例效果

绘图步骤

（1）打开上例存储的"标注多居室布置图文字.dwg"或直接从随书光盘中的"\效果文件\第 7 章\"目录下调用此文件。

（2）单击"默认"选项卡→"绘图"面板→"构造线" ⟋，在平面图四侧绘制如图 7-96 所示的四条构造线，作为尺寸定位辅助线。

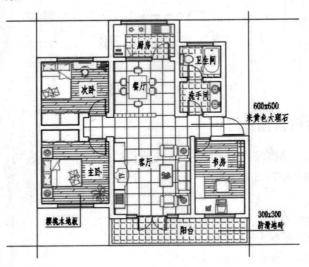

图 7-96　绘制结果

（3）激活状态栏上的"极轴追踪"、"对象捕捉"和"对象捕捉追踪"等辅助功能。

（4）使用快捷键"D"激活"标注样式"命令，将"建筑标注"设为当前标注样式，并修改标注比例为 100。

（5）使用快捷键"O"激活"偏移"命令，将右侧的构造线向右偏移 1900，将其他三条构造线分别向外侧偏移 500，结果如图 7-97 所示。

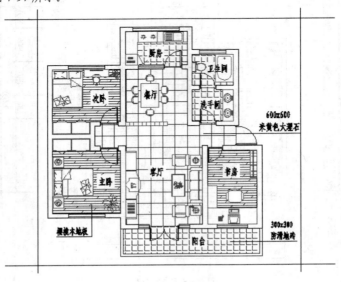

图 7-97　偏移结果

（6）展开"默认"选项卡→"图层"面板→"图层"下拉列表，将"尺寸层"设置为当前图层，打开被关闭的"轴线层"。

（7）单击"默认"选项卡→"注释"面板→"线性"按钮，在命令行在"指定第一个尺寸界线起点或<选择对象>："提示下，捕捉图7-98所示的交点作为作为第一条标注界线的起点。

（8）在"指定第二条尺寸界线的起点："提示下，捕捉图7-99所示的交点作为第二条标注界线的起点。

图 7-98　捕捉交点

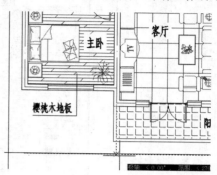

图 7-99　捕捉交点

（9）在"指定尺寸线位置或 [多行文字（M）/文字（T）/角度（A）/水平（H）/垂直（V）/旋转（R）]："提示下，在适当位置拾取点，标注下侧的细部尺寸，标注结果如图7-100所示。

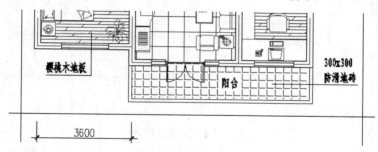

图 7-100　标注结果

（10）单击"注释"选项卡→"标注"面板→"连续"按钮，垂直向上移动光标，进入如图7-101所示的连续标注状态。

（11）继续在"指定第二条尺寸界线起点或[放弃（U）/选择菜单栏（S）]<选择菜单栏>："的提示下，捕捉各辅助线与定位线的交点，标注右侧的细部尺寸，标注如图7-102所示的尺寸。

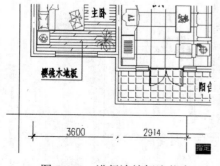

图 7-101　进行连续标注状态

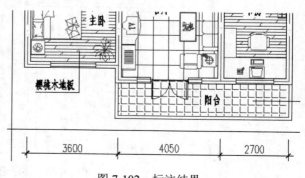

图 7-102　标注结果

（12）接下来综合使用"线性"和"连续"命令，配合交点捕捉功能标注平面图其他三侧的细部尺寸，结果如图 7-103 所示。

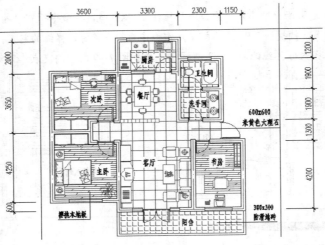

图 7-103　标注其他细部尺寸

（13）单击"默认"选项卡→"注释"面板→"线性"按钮 ⊢⊣，配合捕捉和追踪功能标注平面图下侧的总尺寸，结果如图 7-104 所示。

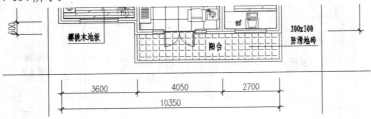

图 7-104　标注总尺寸

（14）重复使用"线性"命令，配合捕捉和追踪功能分别标注平面图其他三侧的总尺寸，结果如图 7-105 所示。

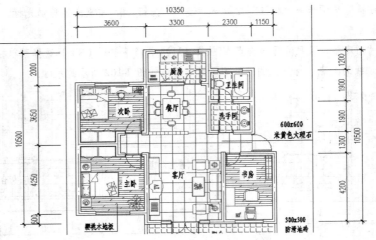

图 7-105　标注总尺寸

（15）展开"默认"选项卡→"图层"面板→"图层"下拉列表，关闭"轴线层"，此时平面图显示效果如图 7-106 所示。

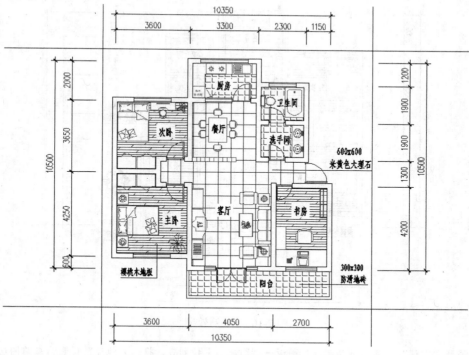

图 7-106　关闭轴线后的效果

技巧提示：为了方便尺寸界线原点都排列整齐，在具体标注过程中需要配合使用"极轴追踪"、"延伸捕捉"、"对象捕捉追踪"等多种追踪功能。

（16）使用快捷键"E"激活"删除"命令，删除四条构造线，最终结果如图 7-96 所示。

（17）最后执行"另存为"命令，将图形命名存储为"标注多居室布置图尺寸.dwg"。

7.5.7　标注多居室布置图投影

本例主要学习多居室装修布置图墙面投影符号的具体标注过程和相关技巧。多居室装修布置图墙面投影符号的最终标注效果，如图 7-107 所示。

绘图思路

◆ 首先打开平面图源文件。

◆ 使用"插入块"命令标注单面投影符号。

◆ 使用"复制"、"旋转"命令创建多面投影符号。

◆ 使用"编辑属性"命令对投影符号进行编辑。

◆ 最后使用"另存为"命令将图形另名存盘。

绘图步骤

（1）打开上例存储的"标注多居室布置图尺寸.dwg"或直接从随书光盘中的"\效果文件\第 7 章\"目录下调用此文件。

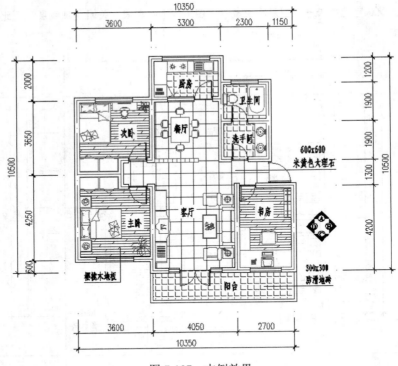

图 7-107　本例效果

（2）展开"默认"选项卡→"图层"面板→"图层"下拉列表，将"其他层"设置为当前图层。

（3）单击"默认"选项卡→"块"面板→"插入"按钮 ，插入随书光盘中的"\图块文件\投影符号.dwg"，块参数设置如图 7-108 所示，插入结果如图 7-109 所示。

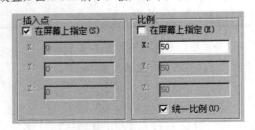

图 7-108　设置参数

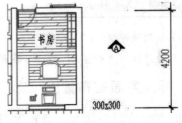

图 7-109　插入结果

（4）单击"默认"选项卡→"块"面板→"编辑属性"按钮 ，然后根据命令行的提示选择刚插入的投影符号，打开"增强属性编辑器"对话框。

（5）单击"默认"选项卡→"修改"面板→"旋转"按钮 ，将插入的投影符号属性块进行复制和旋转。

命令行操作如下：

```
命令：_rotate
UCS 当前的正角方向：ANGDIR=逆时针  ANGBASE=0.00
选择对象：                    //选择刚插入投影符号块
选择对象：                    // Enter ，结束选择
指定基点：                    //捕捉如图 7-110 所示的端点
```

指定旋转角度，或〔复制(C)/参照(R)〕<0.00>：　//c Enter
旋转一组选定对象。
指定旋转角度，或〔复制(C)/参照(R)〕<0.00>：

//90 Enter，结束命令，旋转结果如图 7-111 所示

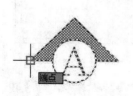

图 7-110　捕捉端点

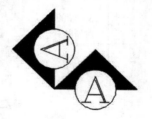

图 7-111　旋转结果

（6）单击"默认"选项卡→"修改"面板→"移动"按钮，将旋转后的属性块进行适当的位移，结果如图 7-112 所示。

（7）单击"默认"选项卡→"修改"面板→"镜像"按钮，配合"圆心捕捉"功能，分别对两个投影符号进行镜像，结果如图 7-113 所示。

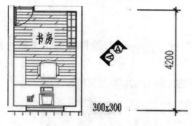

图 7-112　移动结果

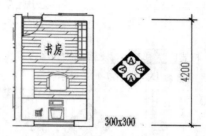

图 7-113　镜像结果

（8）双击右侧的投影条符号，在打开的"增强属性编辑器"对话框中，将属性值修改为"B"，如图 7-114 所示。

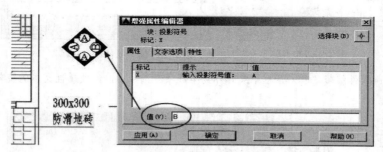

图 7-114　修改属性值

（9）在"增强属性编辑器"对话框中激活"文字选项"选项卡，修改属性文本的旋转角度，如图 7-115 所示。

（10）单击"增强属性编辑器"对话框中的 应用(A) 按钮，完成属性块的编辑操作。

（11）单击右上角的"选择块"按钮，选择最下侧的投影符号，修改其属性值为 C，结果如图 7-116 所示的。

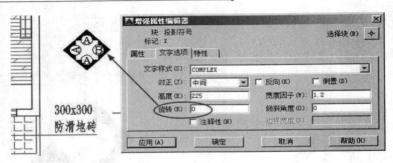

图 7-115　修改属性角度

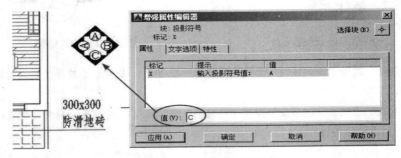

图 7-116　修改属性值

（12）单击 应用(A) 按钮，然后单击右上角的"选择块"按钮 ，返回绘图区选择左侧的投影符号，将其属性值修改为 D，如图 7-117 所示。

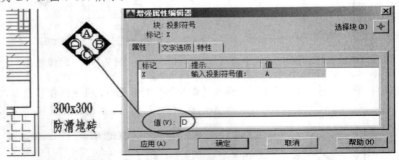

图 7-117　修改属性值

（13）在"增强属性编辑器"对话框中展开"文字选项"选项卡，修改属性文本的旋转角度如图 7-118 所示。

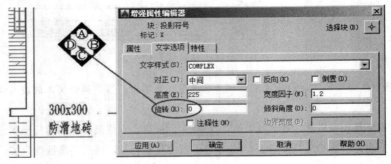

图 7-118　修改属性角度

（14）单击 应用(A) 按钮，然后关闭"增强属性编辑器"对话框。

（15）使用"范围缩放"工具调整视图，使图形全部显示，最终效果如图 7-107 所示。

（16）最后使用"另存为"命令，将图形命名存储为"标注多居室布置图投影.dwg"。

7.6　本　章　小　结

　　本章主要讲述了民用建筑室内装修布置图的具体绘制过程和绘制技巧，具体分为"墙体轴线图、墙体结构图、家具布置图、地面材质图、标注文字注解、标注尺寸和标注墙面投影等七个操作环节。其中，家具内含物的快速布置和地面装饰线的填充是本章的重点和难点，在布置内含物时，使用了"插入块、设计中心"等多种方式；在填充地面装饰线时，要注意配合使用图层的开关等状态控制功能。

　　希望读者通过本章的学习，在理解和掌握平面布置图完整的绘制过程和绘制技巧的前提下，灵活运用 CAD 各制图工具，快速绘制居室平面布置图。

第8章　绘制民用建筑吊顶装修图

本章通过绘制如图 8-1 所示的民用建筑吊顶装修图，在了解和掌握室内吊顶装修图的形成、功能、表达内容、绘图思路等的前提下，主要学习民用建筑室内吊顶装修图的具体绘制方法、绘制过程和相关技巧。

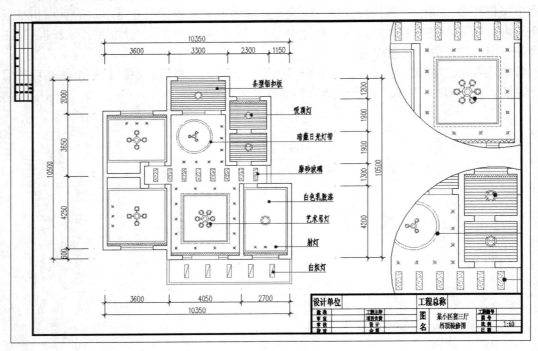

图 8-1　某小区多居室吊顶装修图

■ 学习内容

◆ 建筑装修吊顶图的形成
◆ 建筑装修吊顶图的类型
◆ 建筑装修吊顶图绘图思路
◆ 绘制多居室吊顶平面图
◆ 绘制多居室吊顶灯带图

◆ 绘制多居室主体灯具图
◆ 绘制阳台与过道灯具图
◆ 标注多居室吊顶图文字
◆ 标注多居室吊顶图尺寸

8.1　建筑装修吊顶图概述

在绘制天花图之前，首先简单介绍相关的设计理念及设计内容，使不具备理论知识的读者对天花图有一个大致认识和了解。

吊顶是室内设计中经常采用的一种手法，人们的视线往往与他接触的时间较多，因此吊顶的形状及艺术处理很明显地影响着空间效果。

天花也也称天棚、顶棚、天花板以及吊顶等，它是室内装饰的重要组成部分，也是室内空间装饰中最富有变化、最引人注目的界面，其透视感较强。通过不同的处理，再配以合适的灯具造型，能增强空间的感染力，使顶面造型丰富多彩，新颖美观。

8.2　建筑装修吊顶图的形成

吊顶平面图一般采用镜像投影法绘制，它主要是根据室内的结构布局，进行天花板的设计和灯具的布置，与室内其他内容构成一个有机联系的整体，让人们从光、色、形体等方面综合地感受室内环境。

一般情况下，吊顶的设计常常要从审美要求、物理功能、建筑照明、设备安装管线敷设、防火安全等多方面进行综合考虑。

8.3　建筑装修吊顶图的类型

归纳起来，吊顶一般可分为平板吊顶、异型吊顶、局部吊顶、格栅式吊顶、藻井式吊顶等五大类型，具体如下。

● **平板吊顶**

此种吊顶一般是以 PVC 板、铝扣板、石膏板、矿棉吸音板、玻璃纤维板、玻璃等作为主要装修材料，照明灯卧于顶部平面之内或吸于顶上。此种类型的吊顶多适用于卫生间、厨房、阳台和玄关等空间。

● **异型吊顶**

异型吊顶是局部吊顶的一种，使用平板吊顶的形式，把顶部的管线遮挡在吊顶内，顶面可嵌入筒灯或内藏日光灯，使装修后的顶面形成两个层次，不会产生压抑感。

异型吊顶采用的云型波浪线或不规则弧线，一般不超过整体顶面面积的三分之一，超过或小于这个比例，就难以达到好的效果。

● **格栅式吊顶**

此种吊顶需要使用木材作成框架，镶嵌上透光或磨沙玻璃，光源在玻璃上面。这也属于平板吊顶的一种，但是造型要比平板吊顶生动和活泼，装饰的效果比较好。一般适用于餐厅、门厅、中厅或大厅等大空间，它的优点是光线柔和、轻松自然。

● **藻井式吊顶**

藻井式吊顶是在房间的四周进行局部吊顶，可设计成一层或两层，装修后的效果有增加空间高度的感觉，还可以改变室内的灯光照明效果。

这类吊顶需要室内空间具有一定的高度，而且房间面积较大。

● **局部吊顶**

局部吊顶是为了避免室内的顶部有水、暖、气管道，而且空间的高度又不允许进行全部吊顶的情况下，采用的一种局部吊顶的方式。

● 无吊顶装修

由于城市的住房普遍较低，吊顶后会使人感到压抑和沉闷。随着装修的时尚，无顶装修开始流行起来。所谓无顶装修就是在房间顶面不加修饰的装修。无吊顶装修的方法是，顶面做简单的平面造型处理，采用现代的灯饰灯具，配以精致的角线，也给人一种轻松自然的怡人风格。

什么样的室内空间选用相应的吊顶，不但可以弥补室内空间的缺陷，还可以给室内增加个性色彩。

8.4 建筑装修吊顶图绘图思路

在绘制室内吊顶平面图时，具体可以遵循如下思路。

（1）初步准备墙体平面图。

（2）接下来进行补画室内吊顶图的细部构件，具体有门洞、窗洞、窗帘和窗帘盒等细节构件。

（3）为吊顶平面图绘制吊顶轮廓、灯池及灯带等内容。

（4）为吊顶平面图布置艺术吊顶、吸顶灯以及其他灯具等。

（5）为吊顶平面图布置辅助灯具，如筒灯、射灯等。

（6）为吊顶平面图标注尺寸及必要的文字注释。

8.5 绘制某多居室户型装修吊顶图

8.5.1 绘制多居室吊顶平面图

本例将在多居室装修布置图的基础上，通过绘制如图 8-2 所示的居室天花轮廓图，主要学习多居室吊顶平面结构图的具体绘制过程和绘制技巧。

绘图思路

◆ 首先调用平面图源文件。

◆ 使用"图层"、"删除"等命令对平面图进行初步编辑。

◆ 使用"直线"命令配合对象捕捉功能绘制门窗洞位置的轮廓线。

◆ 使用"线型"、"颜色"等命令设置线型和颜色特性。

◆ 使用"直线"、"偏移"、"线型"、"特性"等命令绘制窗帘和窗帘盒构件。

◆ 使用"图案填充"命令绘制厨房、卫生间吊顶轮廓线。

◆ 综合使用"矩形"、"边界"和"偏移"等命令绘制卧室、书房等房间的吊顶轮廓线。

◆ 最后使用"另存为"命令将图形另名存盘。

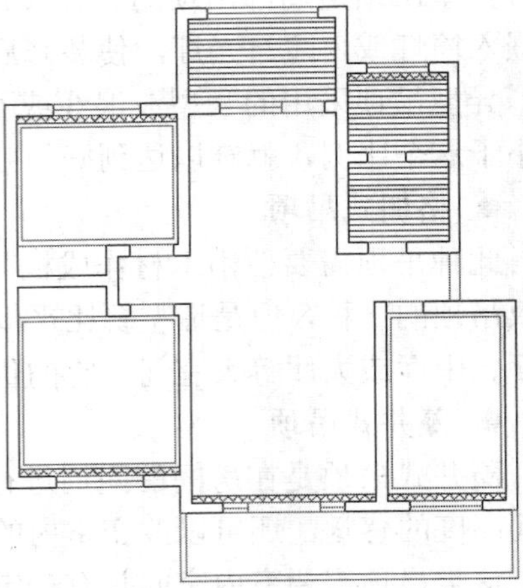

图 8-2 天花平面图

绘图步骤

（1）执行"打开"命令，打开随书光盘中的"\效果文件\第 7 章\标注多居室布置图投影.dwg"。

（2）使用快捷键"LA"激活"图层"命令，在打开的"图层特性管理器"对话框中冻结"填充层"、"尺寸层"、"图块层"和"其他层"，然后将"吊顶层"设置为当前图层，如图8-3所示。

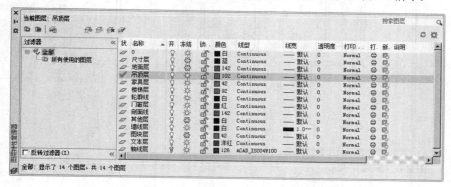

图8-3　"图层特性管理器"对话框

技巧提示：如果图层被关闭后，有些图形并没有被隐藏，此时可以使用图层的冻结功能，将图层冻结。

（3）关闭"图层特性管理器"对话框返回绘图会，此时平面图的显示效果如图8-4所示。

（4）在无命令执行的前提下，选择各位置的文字注解和门窗轮廓线等，使其夹点显示，如图8-5所示。

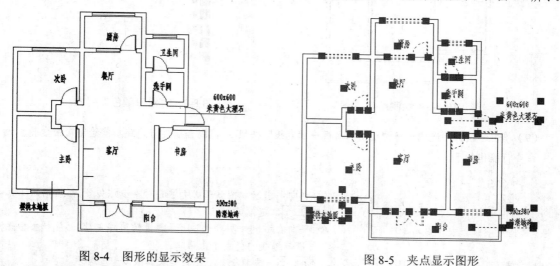

图8-4　图形的显示效果　　　　　　图8-5　夹点显示图形

技巧提示：另外也可以使用"快速选择"命令，快速选择门窗层和文本层上的所有对象。

（5）使用快捷键"E"激活"删除"命令，将夹点显示的图形删除，结果如图8-6所示。

（6）在无命令执行的前提下夹点显示下侧的阳台轮廓线，然后按下Ctrl+1组合键，激活"特性"命令，在打开的"特性"面板中修改其图层为"吊顶层"，如图8-7所示。

（7）单击"默认"选项卡→"绘图"面板→"直线"按钮 ✏，配合状态栏上 端点捕捉和中点捕捉功能，分别在门洞和窗洞位置绘制过梁底面的轮廓线，绘制结果如图8-8所示。

（8）展开"特性"工具栏或"特性"面板中的"对象颜色"下拉列表，将当前的图层颜色更改为"洋红"，如图8-9所示。

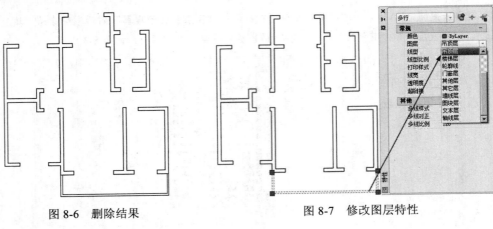

图 8-6　删除结果 　　　　　　　　　　　图 8-7　修改图层特性

图 8-8　绘制结果 　　　　　　　　　　图 8-9　"对象颜色"列表

（9）单击"默认"选项卡→"绘图"面板→"直线"按钮 ，配合捕捉与追踪功能绘制窗帘盒轮廓线。
命令行操作如下：

命令：_line	
指定第一点：	//垂直向下引出如图 8-10 所示的对象追踪矢量，然后输入 150 Enter，定位第一点
指定下一点或 [放弃(U)]：	//水平向右引出如图 8-11 所示的极轴追踪矢量，然后捕捉极轴矢量与墙线的交点作为第二点
指定下一点或 [放弃(U)]：	// Enter，结束命令，绘制结果如图 8-12 所示

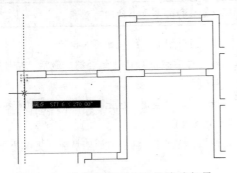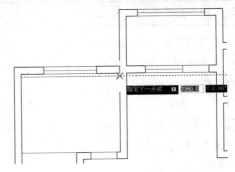

图 8-10　垂直向下引出对象追踪矢量 　　　图 8-11　水平向右引出水平极轴矢量

（10）单击"默认"选项卡→"修改"面板→"偏移"按钮 ，将窗帘盒轮廓线向上偏移复制 75 个绘图单位，作为窗帘轮廓线，结果如图 8-13 所示。

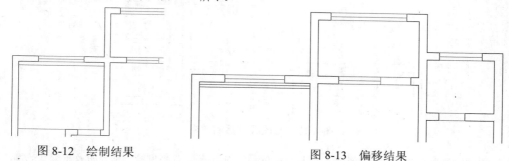

图 8-12　绘制结果　　　　　　　　　　　　　　图 8-13　偏移结果

（11）使用快捷键"LT"激活"线型"命令，打开"线型管理器"对话框，单击 加载(L)... 按钮，在弹出的"加载或重载线型"对话框中选择如图 8-14 所示的线型。

（12）单击 确定 按钮，返回"线型管理器"对话框中单击 显示细节(D) 按钮，设置线型的全局如图 8-15 所示，并结束命令。

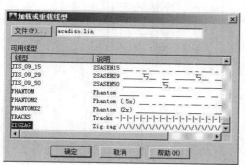

图 8-14　加载线型

图 8-15　设置线型比例

（13）选择所绘制的窗帘轮廓线，然后执行"特性"命令，在打开的"特性"面板上修改窗帘的线型，如图 8-16 所示。

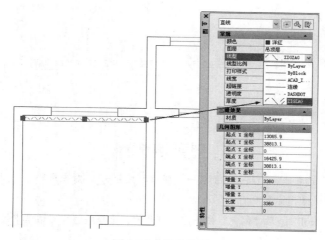

图 8-16　修改线型

（14）关闭"特性"面板，按下 Esc 键，取消对象的夹点显示，修改后的效果如图 8-17 所示。

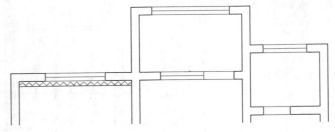

图 8-17　修改线型后的效果

（15）单击"默认"选项卡→"修改"面板→"镜像"按钮 ◢▮◣，选择刚绘制的窗帘及窗帘盒轮廓线进行镜像，结果如图 8-18 所示。

（16）单击"默认"选项卡→"修改"面板→"复制"按钮 🥠，选择窗帘及窗帘盒轮廓线进行复制，结果如图 8-19 所示。

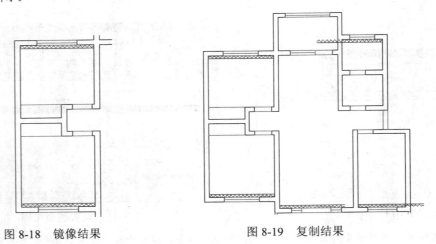

图 8-18　镜像结果　　　　　　　　　　图 8-19　复制结果

（17）单击"默认"选项卡→"修改"面板→"延伸"按钮 ￫，对客厅位置的窗帘、窗帘盒轮廓线进行延伸，结果如图 8-20 所示。

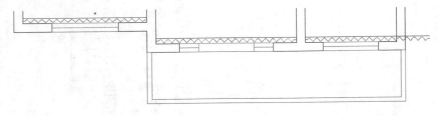

图 8-20　延伸结果

（18）单击"默认"选项卡→"修改"面板→"修剪"按钮 ￫，对书房和卫生间内的窗帘、窗帘盒轮廓线进行修剪，结果如图 8-21 所示。

（19）使用快捷键"col"激活"颜色"命令，在打开的"选择颜色"对话框中设置当前颜色值为 144 号色，如图 8-22 所示。

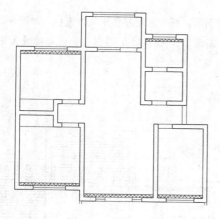

图 8-21 修剪结果

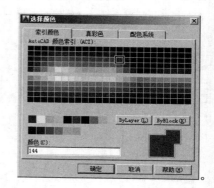

图 8-22 设置当前颜色

（20）单击"默认"选项卡→"绘图"面板→"图案填充"按钮，在打开的"图案填充和渐变色"对话框中设置填充参数如图 8-23 所示，为厨房填充吊顶图案，填充结果如图 8-24 所示。

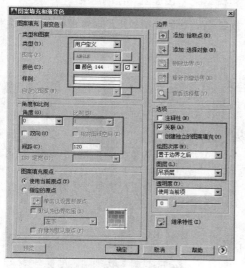

图 8-23 设置填充参数

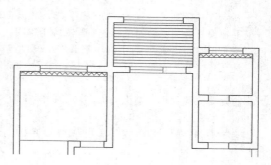

图 8-24 填充结果

（21）重复执行"图案填充"命令，设置填充图案和填充参数保持不变，为卫生间填充吊顶图案，填充后的效果如图 8-25 所示。

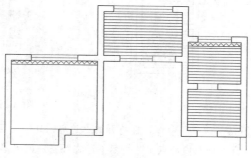

图 8-25 填充结果

（22）展开"特性"工具栏或面板上的"颜色控制"下拉列表，将当前前颜色恢复为随层，如图8-26所示。

（23）单击"默认"选项卡→"绘图"面板→"矩形"按钮▭，在次卧房间内沿着内墙线及窗帘盒绘制如图8-27所示的矩形。

图8-26　设置当前颜色

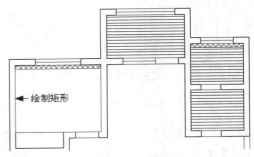

图8-27　绘制结果

（24）单击"默认"选项卡→"修改"面板→"偏移"按钮▱，将所绘制的矩形向内偏移100个绘图单位，同时删除所绘制的矩形。

命令行操作如下：

```
命令：_offset
当前设置：删除源=否　图层=源　OFFSETGAPTYPE=0
指定偏移距离或 [通过(T)/删除(E)/图层(L)] <75.0>： //e Enter，激活"删除"选项
要在偏移后删除源对象吗？[是(Y)/否(N)] <否>： Y Enter
指定偏移距离或 [通过(T)/删除(E)/图层(L)] <75.0>： //100 Enter，设置偏移的距离
选择要偏移的对象，或 [退出(E)/放弃(U)] <退出>：
                                        //选择刚绘制矩形作为偏移对象
指定要偏移的那一侧上的点，或 [退出(E)/多个(M)/放弃(U)] <退出>：
                                        //在矩形内部拾取一点
选择要偏移的对象，或 [退出(E)/放弃(U)] <退出>：      // Enter，结果如图8-28所示
```

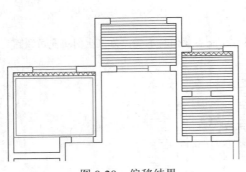

图8-28　偏移结果

图8-29　"边界创建"对话框

（25）使用快捷键"BO"激活"边界"命令，在打开的"边界创建"对话框单击"拾取点"按钮▨。

（26）返回绘图区，在命令行"拾取内部点："提示下，在卧室房间内单击左键，系统自动分板并提取一条虚线边界，如图8-30。

（27）继续在命令行"拾取内部点："提示下，在右侧的书房房间内单击左键，创建第二条多段线边界，如图 8-31 所示。

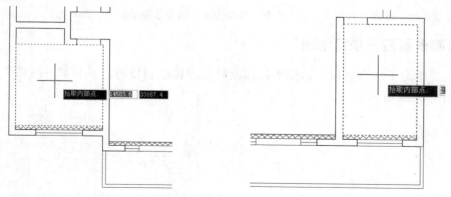

图 8-30　提取边界　　　　　　　　　　　图 8-31　提取边界 2

（28）继续在命令行"拾取内部点："提示下，按 Enter 键结束命令，结果创建了在卧室和书房内创建了两条闭合边界，如图 8-32 所示。

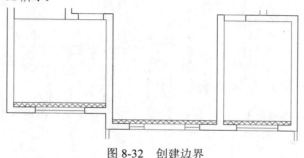

图 8-32　创建边界

（29）单击"默认"选项卡→"修改"面板→"偏移"按钮，对刚创建的两条边界进行偏移：
命令行操作如下：

```
命令：_offset
当前设置：删除源=否　图层=源　OFFSETGAPTYPE=0
指定偏移距离或［通过(T)/删除(E)/图层(L)］<75.0>：
                            //e Enter，激活"删除"选项
要在偏移后删除源对象吗？［是(Y)/否(N)］<否>：Y Enter
指定偏移距离或［通过(T)/删除(E)/图层(L)］<75.0>：
                            //100 Enter，重新设置偏移的距离
选择要偏移的对象，或［退出(E)/放弃(U)］<退出>：
                            //选择卧室房间内的多段线边界作为偏移对象
指定要偏移的那一侧上的点，或［退出(E)/多个(M)/放弃(U)］<退出>：
                            //在选择的边界内侧拾取一点
选择要偏移的对象，或［退出(E)/放弃(U)］<退出>：
                            //选择书房房间内的多段线边界作为偏移对象
指定要偏移的那一侧上的点，或［退出(E)/多个(M)/放弃(U)］<退出>：
                            //在选择的边界内侧拾取一点
选择要偏移的对象，或［退出(E)/放弃(U)］<退出>：// Enter，结果如图 8-33 所示
```

（30）使用快捷键"Z"激活"视图缩放"工具，调整视图，使平面图全部显示，最终效果如图 8-32 所示。

（31）最后执行"另存为"命令，将图形命名存储为"绘制多居室吊顶平面图.dwg"。

8.5.2　绘制多居室吊顶灯带图

本例主要学习多居室吊顶灯带图的具体绘制过程和绘制技巧。多居室吊顶灯带图的最终绘制效果如图 8-34 所示。

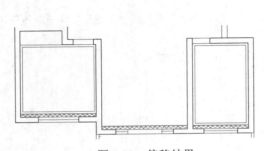

图 8-33　偏移结果

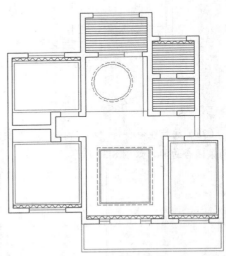

图 8-34　本例效果

绘图思路

◆ 首先打开平面图源文件。

◆ 综合使用"矩形"、"偏移"、"线型"、"特性"等命令绘制客厅吊顶及灯带轮廓线。

◆ 综合使用"圆"、"直线"、"移动"、"特性匹配"等命令绘制餐厅吊顶及灯带轮廓线。

◆ 最后使用"另存为"命令将图形另名存盘。

绘图步骤

（1）打开上例存储的"绘制多居室吊顶平面图.dwg"或直接从随书光盘中的"\效果文件\第 8 章\"目录下调用此文件。

（2）单击"默认"选项卡→"绘图"面板→"矩形"按钮□，配合端点捕捉功能，绘制辅助矩形。

命令行操作如下：

```
命令：_rectang
指定第一个角点或 [倒角(C)/标高(E)/圆角(F)/厚度(T)/宽度(W)]：
                        //捕捉如图 8-35 所示的端点
指定另一个角点或 [面积(A)/尺寸(D)/旋转(R)]：
                        //捕捉如图 8-36 所示的端点，绘制结果如图 8-37 所示
```

（3）单击"默认"选项卡→"修改"面板→"偏移"按钮，对刚绘制的矩形进行多重偏移。命令行操作如下：

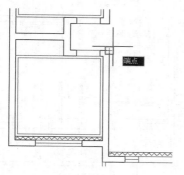

图 8-35　捕捉端点

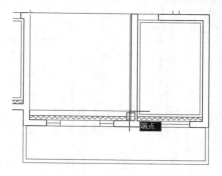

图 8-36　捕捉端点

```
命令：_offset
当前设置：删除源=否　图层=源　OFFSETGAPTYPE=0
指定偏移距离或 [通过(T)/删除(E)/图层(L)] <通过>:　　　//e Enter，激活"删除"选项
要在偏移后删除源对象吗？[是(Y)/否(N)] <否>:　　　　//Y Enter
指定偏移距离或 [通过(T)/删除(E)/图层(L)] <通过>: //550 Enter，重新设置偏移距离
选择要偏移的对象，或 [退出(E)/放弃(U)] <退出>:　　　//选择刚绘制的矩形作为偏移对象
指定要偏移的那一侧上的点，或 [退出(E)/多个(M)/放弃(U)] <退出>:
　　　　　　　　　　　　　　　　　　　　　　　　　　//在矩形的内部拾取一点
选择要偏移的对象，或 [退出(E)/放弃(U)] <退出>:　　　// Enter，结束命令
命令：　　　　　　　　　　　　　　　　　　　　　　　//Enter，重新执行命令
OFFSET 当前设置：删除源=是　图层=源　OFFSETGAPTYPE=0
指定偏移距离或 [通过(T)/删除(E)/图层(L)] <550.0>: //e Enter，激活"删除"选项
要在偏移后删除源对象吗？[是(Y)/否(N)] <是>:　　　　//N Enter
指定偏移距离或 [通过(T)/删除(E)/图层(L)] <550.0>://100 Enter，重新设置偏移距离
选择要偏移的对象，或 [退出(E)/放弃(U)] <退出>:　　　//选择刚偏移出的矩形
指定要偏移的那一侧上的点，或 [退出(E)/多个(M)/放弃(U)] <退出>:
　　　　　　　　　　　　　　　　　　　　　　　　　　//在所选择矩形的内部拾取一点
选择要偏移的对象，或 [退出(E)/放弃(U)] <退出>:　　　//Enter，结束命令。
命令：　　　　　　　　　　　　　　　　　　　　　　　//Enter，重新执行命令
OFFSET 当前设置：删除源=否　图层=源　OFFSETGAPTYPE=0
指定偏移距离或 [通过(T)/删除(E)/图层(L)] <100.0>:　//50 Enter，重新设置偏移距离
选择要偏移的对象，或 [退出(E)/放弃(U)] <退出>:　　　//选择刚偏移出的矩形
指定要偏移的那一侧上的点，或 [退出(E)/多个(M)/放弃(U)] <退出>:
　　　　　　　　　　　　　　　　　　　　　　　　　　//在所选择矩形的内部拾取一点
选择要偏移的对象，或[退出(E)/放弃(U)] <退出>:
　　　　　　　　　　　　　　//Enter，结束命令，偏移结果如图 8-38 所示
```

（4）使用快捷键"LT"激活"线型"命令，在打开的"线型管理器"对话框中单击 加载(L)... 按钮，从弹出的"加载或重载线型"对话框中选择如图 8-39 所示的线型进行加载。

（5）在"加载或重载线型"对话框中单击 确定 按钮，返回"线型管理器"对话框，然后设置线型比例如图 8-40 所示。

（6）在无命令执行的前提下选择最外侧的矩形，然后按 Ctrl+1 组合键，从打开的"特性"面板中修改线型如图 8-41 所示。

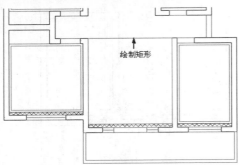

图 8-37 绘制结果

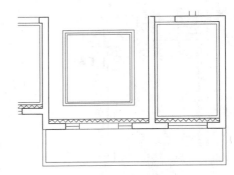

图 8-38 偏移结果

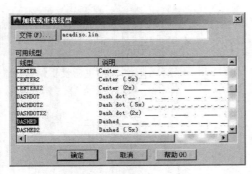

图 8-39 选择线型

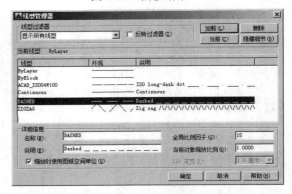

图 8-40 "线型管理器"对话框

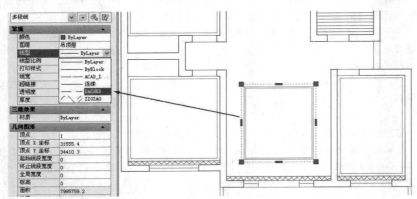

图 8-41 修改线型

（7）关闭"特性"面板，按下 Esc 键取消对象的夹点显示，修改线型后的显示效果如图 8-42 所示。

图 8-42 修改线型后的效果

（8）单击"默认"选项卡→"绘图"面板→"直线"按钮 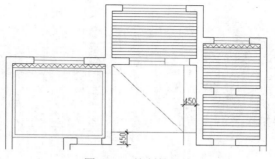，配合对象捕捉和追踪功能绘制如图 8-43 所示的三条辅助线。

图 8-43　绘制辅助线

（9）单击"默认"选项卡→"绘图"面板→"圆"按钮，以倾斜直线的中点作为圆心，绘制半径分别为 900 和 1000 的同心圆，作为灯池和灯带轮廓线，如图 8-44 所示。

图 8-44　绘制同心圆

图 8-45　选择源对象

（10）单击"默认"选项卡→"特性"面板→"特性匹配"按钮，对客厅位置的灯带轮廓线的线型进行匹配。

命令行操作如下：

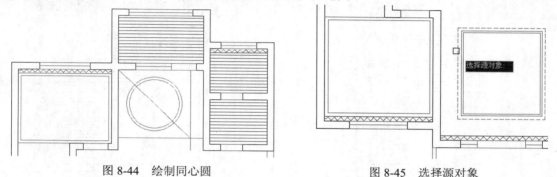

```
命令: '_matchprop
选择源对象:                        //选择如图 8-45 所示的矩形
当前活动设置: 颜色 图层 线型 线型比例 线宽 透明度 厚度 打印样式 标注 文字 图案填充
多段线 视口 表格材质 阴影显示 多重引线
选择目标对象或 [设置(S)]:          //选择如图 8-46 所示的圆
选择目标对象或 [设置(S)]:          //Enter，结束命令，匹配结果如图 8-47 所示
```

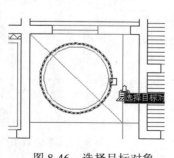

图 8-46　选择目标对象

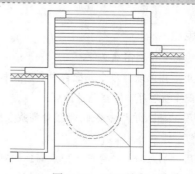

图 8-47　匹配结果

（11）使用快捷键 "E" 激活 "删除" 命令，删除倾斜的辅助线，结果如图 8-48 所示。

（12）单击 "默认" 选项卡→ "修改" 面板→ "移动" 按钮 ✛，对另外两条辅助线进行位移。

命令行操作如下：

```
命令：m                                    // Enter
MOVE
选择对象：                                 //选择水平的辅助线
选择对象：                                 // Enter
指定基点或 ［位移(D)］ <位移>：            //拾取任一点
指定第二个点或 <使用第一个点作为位移>：//@0,-225 Enter
命令：                                      // Enter
MOVE
选择对象：                                 //选择垂直的辅助线
选择对象：                                 // Enter
指定基点或 ［位移(D)］ <位移>：            //拾取任一点
指定第二个点或 <使用第一个点作为位移>：//@225,0 Enter，位移结果如图 8-49 所示
```

图 8-48　删除结果

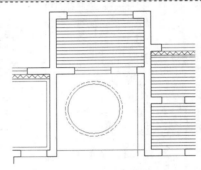

图 8-49　位移结果

（13）使用快捷键 "Z" 激活 "视图缩放" 工具，调整视图，使平面图全部显示，最终效果如图 8-34 所示。

（14）最后执行 "另存为" 命令，将图形命名存储为 "绘制多居室吊顶灯带图.dwg"。

8.5.3　绘制多居室主体灯具图

本例主要学习多居室吊顶灯带图的具体绘制过程和绘制技巧。多居室吊顶灯带图的最终绘制效果如图 8-50 所示。

绘图思路

◆ 首先打开平面图源文件。

◆ 使用 "插入块" 命令并配合中点捕捉和对象追踪等辅助功能布置客厅、卧室艺术吊灯。

◆ 使用 "插入块" 命令配合圆心捕捉功能布置餐厅艺术吊灯。

◆ 使用 "插入块" 命令配合中点捕捉和对象追踪功能布置书房吸顶灯具。

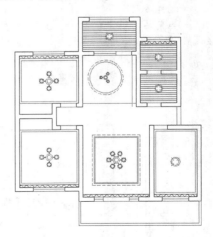

图 8-50　本例效果

◆ 使用"插入块"、"复制"命令配合中点捕捉、端点捕捉和两点之间的中点等辅助功能，布置厨房、卫生间和洗手间吸顶灯具。

◆ 接下来使用"图案填充编辑"命令编辑厨房、卫生间和洗手间等房间内的吊顶填充图案。

◆ 最后使用"另存为"命令将图形另名存盘。

绘图步骤

（1）打开上例存储的"绘制多居室吊顶灯带图.dwg"或直接从随书光盘中的"\效果文件\第8章\"目录下调用此文件。

（2）打开状态栏中的"对象捕捉"和"对象捕捉追踪"功能，并设置捕捉模式为中点捕捉。展开"默认"选项卡→"图层"面板→"图层"下拉列表，选择"灯具层"设置为当前图层。

布置客厅主灯。

（3）单击"默认"选项卡→"块"面板→"插入"按钮，激活"插入块"命令，在打开的"插入"对话框中单击 浏览(B)... 按钮，打开"选择图形文件"对话框。

（4）在"选择图形文件"对话框中选择随书光盘中的"/图块文件/艺术吊灯-01.dwg"，如图8-51所示。

（5）单击"选择图形文件"对话框中的 打开(O) ▼ 按钮，返回如图8-52所示的"插入"对话框，在此对话框内采用默认参数，然后单击 确定 按钮关闭"插入"对话框。

图8-51 选择文件

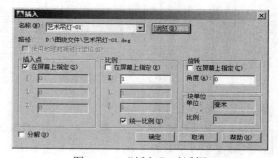

图8-52 "插入"对话框

（6）返回绘图区，在命令行"指定插入点或 [基点（B）/比例（S）/旋转（R）]:"提示下，捕捉如图8-53所示的两条追踪虚线的交点作为插入点，插入结果如图8-54所示。

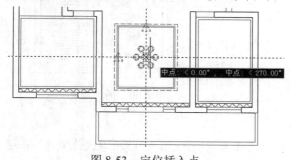

图8-53 定位插入点

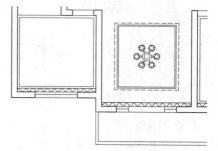

图8-54 插入结果

布置卧室主灯。

（7）使用快捷键"I"激活"插入块"命令，以默认参数插入随书光盘中的"/图块文件/艺术吊灯-02.dwg"，插入点如图8-55所示的追踪虚线交点，插入结果如图8-56所示。

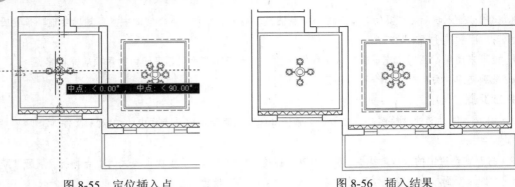

图 8-55　定位插入点　　　　　　　　　图 8-56　插入结果

（8）重复执行"插入块"命令，配合状态栏上的中点捕捉和对象追踪等辅助功能，为次卧室布置随书光盘中的"/图块文件/艺术吊灯-02.dwg"，块参数为默认设置，插入点为图 8-57 所示的追踪虚线的交点，插入结果如图 8-58 所示。

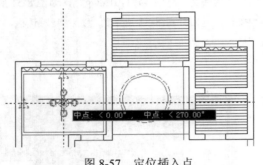
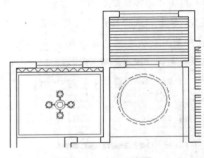

图 8-57　定位插入点　　　　　　　　　图 8-58　插入结果

布置餐厅主灯。

（9）使用快捷键"I"激活"插入块"命令，以默认参数插入随书光盘中的"/图块文件/艺术吊灯-03.dwg"，插入点如图 8-59 所示的圆心，插入结果如图 8-60 所示。

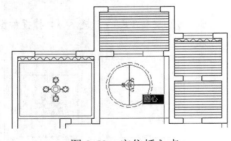
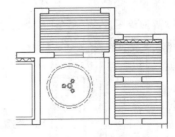

图 8-59　定位插入点　　　　　　　　　图 8-60　插入结果

布置书房主灯。

（10）使用快捷键"I"激活"插入块"命令，，以默认参数插入随书光盘中的"/图块文件/吸顶灯.dwg"，插入点如图 8-61 所示的追踪虚线交点，插入结果如图 8-62 所示。

布置厨房主灯。

（11）使用快捷键"I"激活"插入块"命令，插入随书光盘"/图块文件/吸顶灯.dwg"，参数设置如图 8-63 所示的，插入点如图 8-64 所示的追踪虚线交点，插入结果如图 8-65 所示。

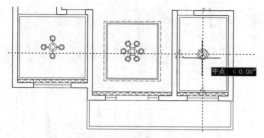

图 8-61　定位插入点

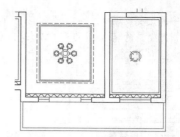

图 8-62　插入结果

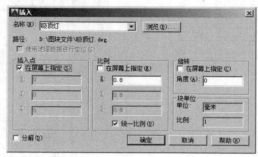

图 8-63　"插入"对话框

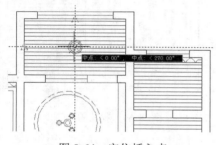

图 8-64　定位插入点

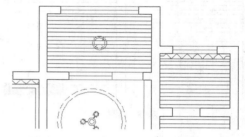

图 8-65　插入结果

（12）单击"默认"选项卡→"修改"面板→"复制"按钮，激活"复制"命令，配合捕捉和追踪功能，分别将刚插入的厨房吸顶灯复制到卫生间和洗手间内。

命令行操作如下：

```
命令：_copy
选择对象：                      //选择刚插入的吸顶灯具
选择对象：                      // Enter
当前设置：  复制模式 = 多个
指定基点或 [位移(D)/模式(O)] <位移>：
                               //捕捉如图 8-66 所示的圆心
指定第二个点或 [阵列(A)] <使用第一个点作为位移>：
                               //激活"两点之间的中点"捕捉功能
_m2p 中点的第一点：             //捕捉如图 8-67 所示的中点
中点的第二点：                  //捕捉如图 8-68 所示的中点
指定第二个点或 [阵列(A)/退出(E)/放弃(U)] <退出>：
                               //激活"两点之间的中点"捕捉功能
_m2p 中点的第一点：             //捕捉如图 8-69 所示的圆心
```

中点的第二点： //捕捉如图 8-70 所示的圆心
指定第二个点或 [阵列(A)/退出(E)/放弃(U)] <退出>：
// Enter，结束命令，复制结果如图 8-71 所示

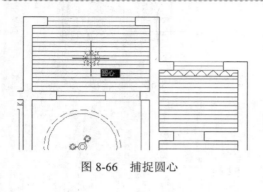

图 8-66　捕捉圆心　　　　　　　　　　　　　　图 8-67　捕捉中点

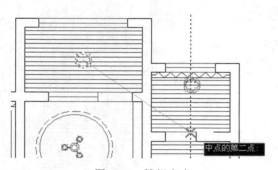

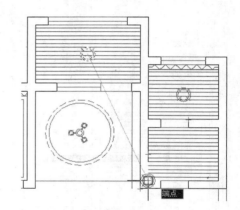

图 8-68　捕捉交点　　　　　　　　　　　　　　图 8-69　捕捉端点

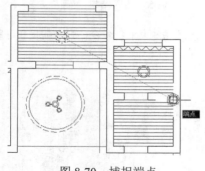

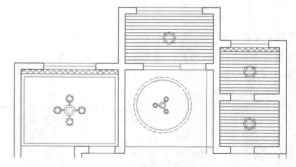

图 8-70　捕捉端点　　　　　　　　　　　　　　图 8-71　复制结果

编辑吊顶图案。

（13）在厨房吊顶图案上单击右键，选择右键菜单上的"图案填充编辑"命令，如图 8-72 所示。

（14）此时打开"图案填充编辑"对话框，然后展开隐藏面板，设置孤岛检测样式如图 8-73 所示。

（15）在"图案填充编辑"对话框中单击"添加：选择对象"按钮，然后返回绘图区选择厨房吸顶灯图块，如图 8-74 所示。

（16）敲击 Enter 键返回"图案填充编辑"对话框，单击 确定 按钮，编辑后的效果如图 8-75 所示。

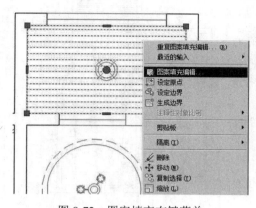

图 8-72　图案填充右键菜单

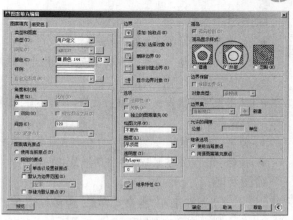

图 8-73　"图案填充编辑"对话框

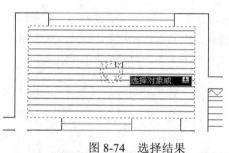

图 8-74　选择结果

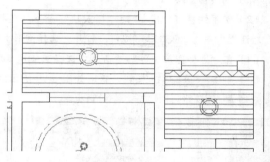

图 8-75　编辑结果

（17）参照第 13～16 绘图步骤，分别对卫生间和洗手间吊顶图案进行编辑，结果如图 8-76 所示。

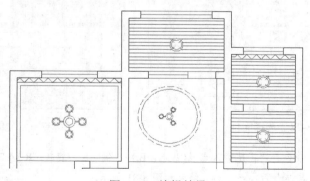

图 8-76　编辑结果

（18）使用快捷键"Z"激活"视图缩放"工具，调整视图，使平面图全部显示，最终效果如图 8-50 所示。

（19）最后执行"另存为"命令，将图形命名存储为"绘制多居室主体灯具图.dwg"。

8.5.4　绘制阳台与过道灯具图

本例主要学习多居室阳台吊顶与过道吊顶灯具图的具体绘制过程和绘制技巧。多居室阳台吊顶与过道吊顶灯具图的最终绘制效果如图 8-77 所示。

绘图思路

◆ 首先打开平面图源文件。

◆ 使用"插入块"命令并配合中点捕捉和对象追踪功能布置阳台白炽灯具图块。

◆ 使用夹点编辑命令中的移动功能，对白炽灯图块进行快速复制。

◆ 使用"插入块"、"阵列"命令布置过道磨砂玻璃图块。

◆ 最后使用"另存为"命令将图形另名存盘。

绘图步骤

（1）打开上例存储的"绘制多居室主体灯具图.dwg"或直接从随书光盘中的"\效果文件\第8章\"目录下调用此文件。

布置阳台灯具。

（2）使用快捷键"I"激活"插入块"命令，在打开的"插入"对话框中单击 浏览(B)... 按钮，打开"选择图形文件"对话框。

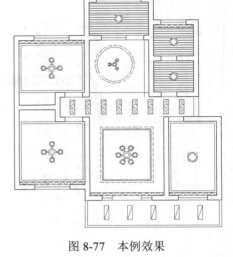

图8-77　本例效果

（3）在"选择图形文件"对话框中选择随书光盘中的"/图块文件/白炽灯.dwg"，如图8-78所示。

（4）单击 打开(O) ▼ 按钮，返回如图8-79所示的"插入"对话框，在此对话框内采用默认参数，然后单击 确定 按钮关闭"插入"对话框。

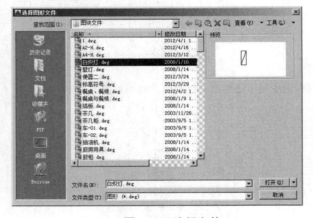

图8-78　选择文件

图8-79　"插入"对话框

（5）返回绘图区，在命令行"指定插入点或[基点（B）/比例（S）/旋转（R）]:"提示下，捕捉如图8-80所示的两条追踪虚线的交点作为插入点，插入结果如图8-81所示。

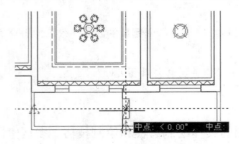

图8-80　定位插入点

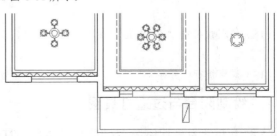

图8-81　插入结果

（6）在无命令执行的前提下夹点显示刚插入的白炽灯图例，以插入点作为夹基点，对其进行多重复制。

（7）在命令行"**拉伸**指定拉伸点或[基点（B）/复制（C）/放弃（U）/退出（X）]:"提示下，单击右键，选择夹点菜单上的"移动"命令，如图8-82所示。

图8-82　选择"移动"命令

图8-83　选择"复制"选项

（8）继续在命令行"** MOVE ** 指定移动点 或 [基点（B）/复制（C）/放弃（U）/退出（X）]:"提示下，单击右键，选择夹点菜单上的"复制"选项功能，如图8-83所示。

（9）返回绘图区根据命令行的提示对白炽灯图例进行夹点移动并复制。

命令行操作如下：

```
命令：
** 拉伸 **
指定拉伸点或 ［基点(B)/复制(C)/放弃(U)/退出(X)］：_move
** MOVE **
指定移动点 或 ［基点(B)/复制(C)/放弃(U)/退出(X)］：_copy
** MOVE（多个）**
指定移动点 或 ［基点(B)/复制(C)/放弃(U)/退出(X)］：        //@1200,0 Enter
** MOVE（多个）**
指定移动点 或 ［基点(B)/复制(C)/放弃(U)/退出(X)］：        //@2400,0 Enter
** MOVE（多个）**
指定移动点 或 ［基点(B)/复制(C)/放弃(U)/退出(X)］：        //@-1200,0 Enter
** MOVE（多个）**
指定移动点 或 ［基点(B)/复制(C)/放弃(U)/退出(X)］：        //@-2400,0 Enter
** MOVE（多个）**
指定移动点 或 ［基点(B)/复制(C)/放弃(U)/退出(X)］：
                                    // Enter，夹点移动并复制结果如图8-84所示
```

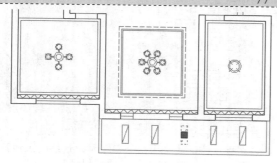

图8-84　夹点移动并复制

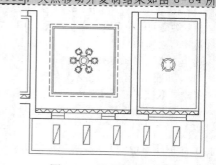

图8-85　取消夹点后效果

（10）按 Esc 键取消图块的夹点显示状态，结果如图 8-85 所示。

绘制磨沙玻璃图例。

（11）单击"默认"选项卡→"块"面板→"插入"按钮，以默认参数插入随书光盘中的"\图块文件\磨砂玻璃.dwg"。

命令行操作如下：

```
命令：_insert
指定插入点或 [基点(B)/比例(S)/旋转(R)]：
                              //按住 Shift 键单击右键，选择"自"选项
_from 基点：                  //捕捉如图 8-86 所示的端点
    <偏移>：                  //@505,150 Enter，插入结果如图 8-87 所示
```

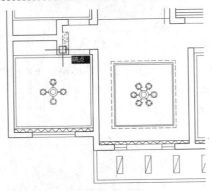

图 8-86　捕捉端点

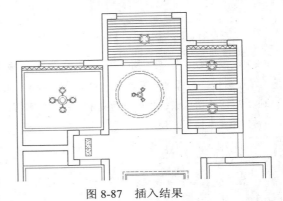

图 8-87　插入结果

（12）单击"默认"选项卡→"修改"面板→"矩形阵列"按钮，对刚插入的磨砂玻璃图块进行阵列。

命令行操作如下：

```
命令：_arrayrect                // Enter
选择对象：                      //选择刚插入的磨砂玻璃图块
选择对象：                      // Enter
类型 = 矩形　关联 = 是
选择夹点以编辑阵列或 [关联(AS)/基点(B)/计数(COU)/间距(S)/列数(COL)/行数(R)/层数
(L)/退出(X)] <退出>：　//COU Enter
输入列数数或 [表达式(E)] <4>：    //8 Enter
输入行数或 [表达式(E)] <3>：     //1 Enter
选择夹点以编辑阵列或 [关联(AS)/基点(B)/计数(COU)/间距(S)/列数(COL)/行数(R)/层数
(L)/退出(X)] <退出>：           //s Enter
指定列之间的距离或 [单位单元(U)] <0>：  //800 Enter
指定行之间的距离 <540>：         //1 Enter
选择夹点以编辑阵列或 [关联(AS)/基点(B)/计数(COU)/间距(S)/列数(COL)/行数(R)/层数
(L)/退出(X)] <退出>：           //AS Enter
创建关联阵列 [是(Y)/否(N)] <否>：  //N Enter
选择夹点以编辑阵列或 [关联(AS)/基点(B)/计数(COU)/间距(S)/列数(COL)/行数(R)/层数
(L)/退出(X)] <退出>：           //Enter，阵列结果如图 8-88 所示
```

（13）使用快捷键"Z"激活"视图缩放"工具，调整视图，使平面图全部显示，最终效果如图 8-77 所示。

（14）最后执行"另存为"命令，将图形命名存储为"绘制阳台与过道灯具 图.dwg"。

8.5.5 绘制多居室辅助灯具图

本例主要学习多居室吊顶辅助灯具图的具体绘制过程和绘制技巧。多居室吊顶辅助灯具图的最终绘制效果，如图 8-89 所示。

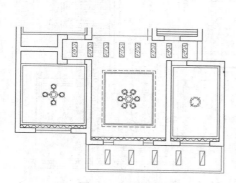

图 8-88 阵列结果

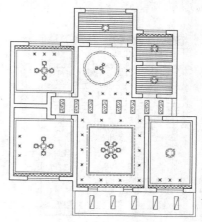

图 8-89 本例效果

绘图思路

- ◆ 首先打开平面图源文件。
- ◆ 使用"点样式"命令设置点的样式及尺寸。
- ◆ 使用"偏移"、"直线"、"圆角"、"分解"等命令绘制灯具定位辅助线。
- ◆ 使用"定数等分"、"多点"等命令绘制客厅、餐厅和书房辅助灯具图。
- ◆ 使用"旋转"、"移动"命令绘制主卧室辅助灯具图。
- ◆ 使用"复制"命令绘制次卧室辅助灯具图。
- ◆ 使用"删除"命令删除灯具定位辅助线。
- ◆ 最后使用"另存为"命令将图形另名存盘。

绘图步骤

（1）打开上例存储的"绘制阳台与过道灯具图.dwg" 或直接从随书光盘中的"\效果文件\第 8 章\"目录下调用此文件。

（2）单击"默认"选项卡→"实用工具"面板→"点样式"按钮 ，在打开的"点样式"对话框中选择点标记符号并设置其尺寸参数如图 8-90 所示。

（3）单击"默认"选项卡→"修改"面板→"偏移"按钮 ，将客厅位置的矩形灯带向外偏移 275 个绘图单位。

（4）单击"默认"选项卡→"修改"面板→"分解"按钮 ，并将偏移出的矩形分解。

（5）单击"默认"选项卡→"绘图"面板→"直线"按钮 ，配合捕捉和追踪功能，在书房到绘制如图 8-91 所示的直线作为灯具定位辅助线。

（6）单击"默认"选项卡→"修改"面板→"圆角"按钮 ，对图 8-91 所示的辅助线 2 和 3 进行圆角编辑。

命令行操作如下：

```
命令: _fillet
当前设置: 模式 = 修剪, 半径 = 0.0
选择第一个对象或 [放弃(U)/多段线(P)/半径(R)/修剪(T)/多个(M)]:
                                    //选择图 8-91 所示的辅助线 2
选择第二个对象, 或按住 Shift 键选择要应用角点的对象:
                                    //选择辅助线 3, 圆角结果如图 8-92 所示
```

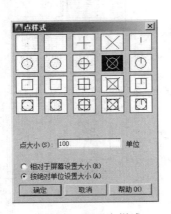

图 8-90　设置点样式

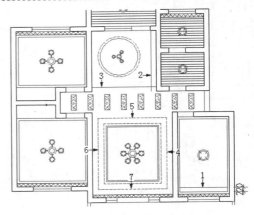

图 8-91　绘制结果

（7）单击"默认"选项卡→"绘图"面板→"定数等分"按钮，对圆角后的两条辅助线进行定数等分。命令行操作如下：

```
命令: _divide
选择要定数等分的对象:           //选择圆角后的水平辅助线
输入线段数目或 [块(B)]:          //4Enter, 将其等分四分
命令: _divide
选择要定数等分的对象:           //选择圆角后的垂直辅助线
输入线段数目或 [块(B)]:          //4Enter, 结束命令, 等分结果如图 8-93 所示
```

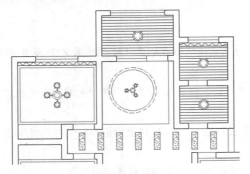

图 8-92　圆角结果

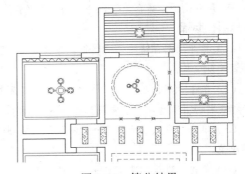

图 8-93　等分结果

（8）重复执行"定数等分"命令，将图 8-91 所示的辅助线 1、4、6 等分四份，将辅助线 5、7 等分三份，等分结果如图 8-94 所示。

（9）单击"默认"选项卡→"绘图"面板→"多点"按钮，配合端点捕捉功能，分别在各辅助线交点处绘制如图 8-95 所示的点标记。

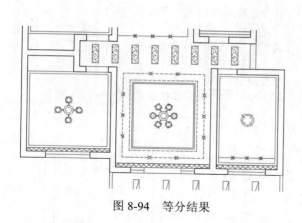

图 8-94 等分结果

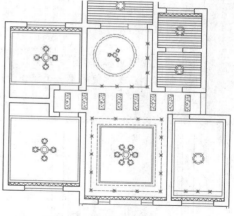

图 8-95 绘制结果

（10）使用快捷键 "E" 激活 "删除" 命令，将各位置的定位辅助线进行删除，结果如图 8-96 所示。

（11）使用快捷键 "DS" 激活 "草图设置" 命令，在打开的对话框中修改当前的捕捉模式如图 8-97 所示。

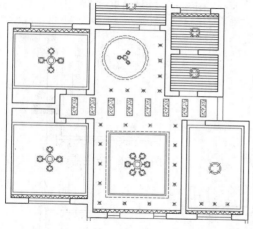

图 8-96 删除结果

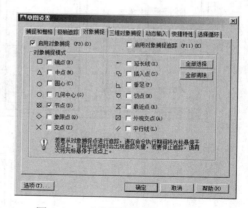

图 8-97 "草图设置"对话框

（12）单击 "默认" 选项卡→ "修改" 面板→ "旋转" 按钮 ⟳，将书房内的辅助灯具进行复制和旋转。命令行操作如下：

```
命令：_rotate
UCS 当前的正角方向：ANGDIR=逆时针  ANGBASE=0.00
选择对象：                        //拉出如图 8-98 所示的窗口选择框
选择对象：                        // Enter
指定基点：                        //在右侧适当位置拾取一点
指定旋转角度，或 [复制(C)/参照(R)] <0.00>：//c Enter，激活 "复制" 选项功能
旋转一组选定对象。
指定旋转角度，或 [复制(C)/参照(R)] <0.00>：//-90 Enter，结束命令，复制结果如图 8-99 所示
```

（13）单击 "默认" 选项卡→ "修改" 面板→ "移动" 按钮 ✛，将旋转后的三个辅助灯具进行位移。命令行操作如下：

```
命令：_move
选择对象：                           //拉出如图8-100所示的窗口选择框
选择对象：                           // Enter
指定基点或 [位移(D)] <位移>：        //捕捉如图8-101所示的节点
指定第二个点或 <使用第一个点作为位移>：//激活"捕捉自"功能
_from 基点：                         //捕捉如图8-102所示的中点
<偏移>：                             //@220,0 Enter，位移结果如图8-103所示
```

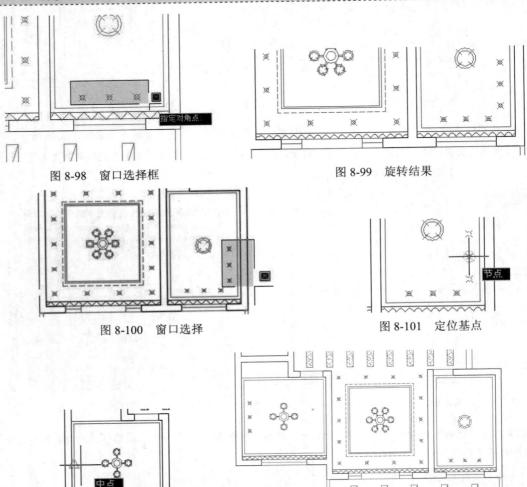

图 8-98　窗口选择框　　　　　　　　　图 8-99　旋转结果

图 8-100　窗口选择　　　　　　　　　图 8-101　定位基点

图 8-102　捕捉中点　　　　　　　　　图 8-103　位移结果

（14）单击"默认"选项卡→"修改"面板→"复制"按钮，配合节点捕捉和中点捕捉等功能，对书房内的辅助灯具进行复制。

命令行操作如下：

```
命令：_copy
选择对象：                           //拉出如图8-104所示的窗交选择框
```

选择对象： //Enter，结束选择
当前设置： 复制模式 = 多个
指定基点或 ［位移(D)/模式(O)］`<位移>： //捕捉如图8-105所示的节点
指定第二个点或 ［阵列(A)］<使用第一个点作为位移>：
//激活临时捕捉菜单上的"捕捉自"功能
_from 基点： //捕捉如图8-106所示的中点
<偏移>： //@0,-220 Enter
指定第二个点或 ［阵列(A)/退出(E)/放弃(U)］ <退出>：
//@220,0 Enter，复制结果如图8-107所示

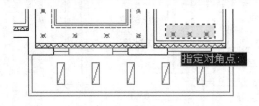

图8-104 窗交选择框

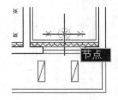

图8-105 定位基点

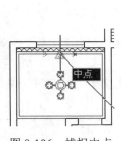

图8-106 捕捉中点

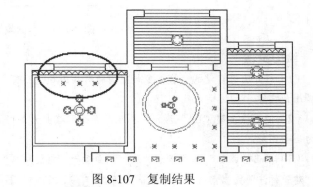

图8-107 复制结果

（15）使用快捷键"Z"激活"视图缩放"工具，调整视图，使平面图全部显示，最终效果如图8-89所示。

（16）最后执行"另存为"命令，将图形命名存储为"绘制多居室辅助灯具 图.dwg"。

8.5.6 标注多居室吊顶图文字

本例通过为居室吊顶平面图标注文字和尺寸，主要学习室内吊顶平面图文字及尺寸的标注方法和标注技巧。本例效果如图8-108所示。

绘图思路

◆ 首先打开平面图源文件，并设置当前操作层。

◆ 使用"标注样式"命令对当前尺寸样式进行替代。

◆ 使用"引线"命令设置引线的样式。

◆ 使用"引线"命令为平面图标注引线注释。

◆ 使用"编辑文字"命令对引线注释进行编辑。

◆ 最后使用"另存为"命令将图形另名存储。

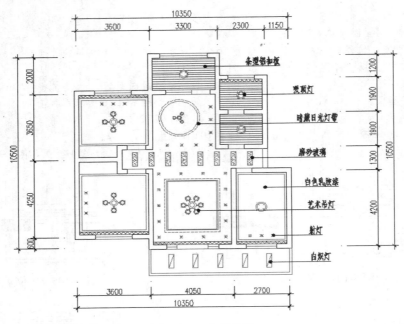

图 8-108　本例效果

绘图步骤

（1）打开上例存储的"绘制多居室辅助灯具图.dwg"或直接从随书光盘中的"\效果文件\第 8 章\"目录下调用此文件。

（2）使用快捷键"LA"激活"图层"命令，在打开的"图层特性管理器"对话框中，将"文本层"设置为当前图层。

（3）单击"默认"选项卡→"注释"面板→"标注样式"按钮 ，打开"标注样式管理器"对话框设置"建筑标注"为当前样式，然后单击 替代(0)... 按钮，如图 8-109 所示。

（4）在打开的"替代当前样式：建筑标注"对话框中的展开"符号和箭头"选项卡，然后设置引线箭头及尺寸参数如图 8-110 所示。

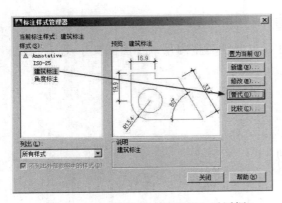

图 8-109　"标注样式管理器"对话框

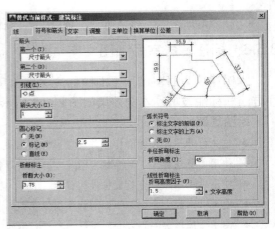

图 8-110　"符号和箭头"选项卡

（5）在"替代当前样式：建筑标注"对话框中的展开"文字"选项卡，然后设置文字样式及尺寸参数，如图 8-111 所示。

（6）在"替代当前样式：建筑标注"对话框中的展开"调整"选项卡，然后设置标注比例参数，如图 8-112 所示。

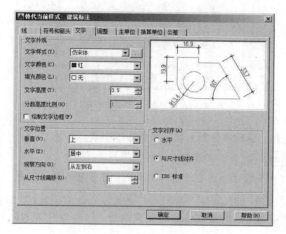

图 8-111 "文字"选项卡

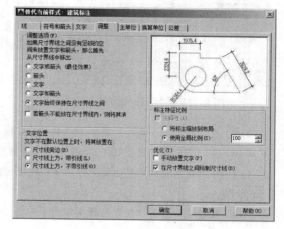

图 8-112 "调整"选项卡

（7）单击 确定 按钮返回"标注样式管理器"对话框，样式的替代结果如图 8-113 所示。

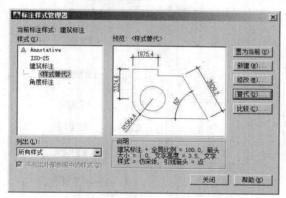

图 8-113 样式替代结果

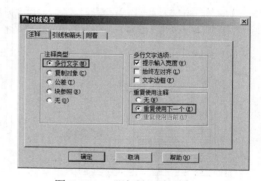

图 8-114 "注释"选项卡

（8）单击 关闭 按钮关闭"标注样式管理器"对话框。

（9）使用快捷键"LE"激活"引线"线命令，在命令行"在"指定第一个引线点或[设置（S）]<设置>："提示下输入"S"并敲击 Enter 键，打开"引线设置"对话框。

（10）在"引线设置"对话框中展开"注释"选项卡，设置引线的注释类型及参数，如图 8-114 所示。

（11）在"引线设置"对话框中展开"引线和箭头"选项卡，设置引线的样式、点数、箭头和角度约束等引线参数，如图 8-115 所示。

（12）在"引线设置"对话框中激活"附着"选项卡，设置引线注释的附着方式如图 8-116 所示。

（13）单击 确定 按钮，关闭"引线设置"对话框，结束引线样式的设置。

（14）在命令行"指定第一个引线点或 [设置（S）] <设置>："提示下，在厨房吊顶区域内单击左键，拾取一点作为第一个引线点。

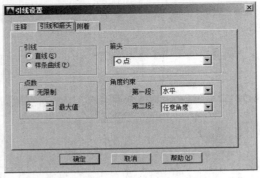

图 8-115　"引线和箭头"选项卡

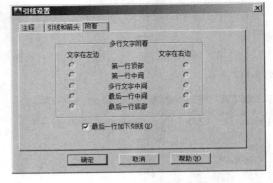

图 8-116　"附着"选项卡

（15）在"指定下一点："提示下，水平向右移动光标，在适当位置拾取引线的第二个点。

（16）在"指定文字宽度<0>："提示下直接敲击 Enter 键，表示不设置文字的宽度。

（17）在"输入注释文字的第一行 <多行文字（M）>："提示下，在命令行中输入"条型铝扣板"并敲击 Enter 键。

（18）继续在命令行"输入注释文字的下一行："的提示下，敲击 Enter 键结束命令，结果如图 8-117 所示。

（19）敲击 Enter 键重复执行"快速引线"命令，设置引线参数不变，分别标注其他位置的引线注释，结果如图 8-118 所示。

图 8-117　标注结果　　　　　　　　　　图 8-118　标注结果

（20）使用快捷键"ED"激活"编辑文字"命令，在命令行"选择注释对象或 [放弃（U）]："提示下，选择后续标注的引线注释，打开"文字编辑器"选项卡面板，此时所选择的引线注释呈现如图 8-119 所示的编辑状态。

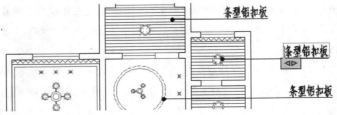

图 8-119　选择引线注释

（21）在下侧的多行文字输入框内输入正确的文本内容，并删除原来的文本内容，如图 8-120 所示。

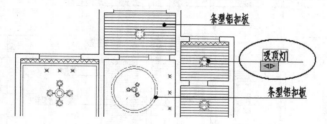

图 8-120　修改文本内容

（22）关闭"文字编辑器"选项卡面板，结束命令，修改后的效果如图 8-121 所示。

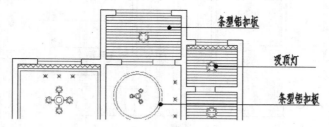

图 8-121　修改结果

（23）继续在命令行"选择注释对象或 [放弃（U）]："，分别选择其他位置的引线注释进行修改，输入正确的文字内容，结果如图 8-122 所示。

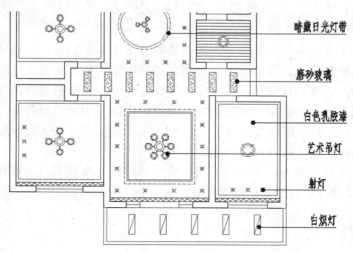

图 8-122　编辑结果

（24）最后继续在命令行"选择注释对象或[放弃（U）]："提示下，敲击 Enter 键，结束命令。

（25）使用快捷键"LA"激活"图层"命令，在打开的"图层特性管理器"对话框中打开被关闭的"尺寸层"，此时吊顶图形的显示效果如图 8-123 所示。

（26）使用快捷键"M"激活"移动"命令，适当调整尺寸的位置，最终结果如图 8-108 所示。

（27）最后使用"另存为"命令，将当前图形命名存储为"标注多居室吊顶图文字.dwg"。

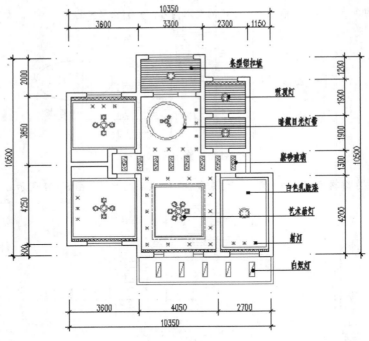

图 8-123　打开尺寸后的显示

8.6　本章小结

本章主要学习了多居室吊顶装修平面图的绘制方法和绘制技巧。在具体的绘制过程中，主要分为"绘制吊顶轮廓图、绘制吊顶灯带图、绘制吊顶主体灯具图、绘制阳台与过道灯具图、绘制吊顶辅助灯具图和标注吊顶图文字"等操作环节。在绘制室内吊顶轮廓图时，巧妙使用了"图案填充"工具中的用户定义图案，快速创建出卫生间吊顶图案，此种技巧有极强的代表性；在布置灯具时，则综合使用了"插入块"、点等分等多种工具，以绘制点标记来代表吊顶筒灯，这种操作技法简单直接，巧妙方便。

希望读者通过本章的学习，在学习应用相关命令工具的基础上，理解和掌握室内吊顶装饰平面图表达内容、绘制思路和具体的绘制过程。

第9章　绘制民用建筑装修立面图

本章通过绘制客厅立面装修图、卧室立面装修图、厨房立面装修图等，在了解和掌握立面图的形成、功能、表达内容、绘图思路等的前提下，主要学习民用建筑室内装修立面图的具体绘制过程和绘制技巧。

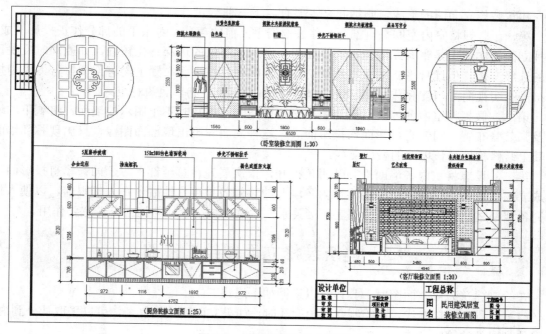

图 9-1　民用建筑装修立面图

■ **学习内容**

◇ 建筑装修立面图形成特点　　　◇ 绘制卧室装修立面图
◇ 建筑装修立面图绘图思路　　　◇ 标注卧室装修立面图
◇ 绘制客厅装修立面图　　　　　◇ 绘制厨房装修立面图
◇ 绘制客厅墙面材质图　　　　　◇ 标注厨房装修立面图
◇ 标注客厅装修立面图

9.1　建筑装修立面图功能概述

建筑装修立面图主要用于表明建筑物内部某一空间装修的立面形式、尺寸及室内配套布置等内容，其图示内容如下。

◆ 在建筑装修立面图中，具体需要表现出室内立面上各种装修品，如壁画、壁挂、金属等的式样、位置和大小尺寸。

◆ 在装修立面图上还需要体现出门窗、花格、装修隔断等构件的高度尺寸和安装尺寸，以及家具和室内配套产品的安放位置和尺寸等内容。

◆ 如果采用剖面图形表示的装修立面图，还要表明顶棚的选级变化以及相关的尺寸。

◆ 为建筑室内装修立面图标注水平方向的位置尺寸以及墙面各构件的高度尺寸等。

◆ 最后有必要时需要配合文字，说明其饰面材料的品名、规格、色彩和工艺要求等。

9.2　建筑装修立面图形成方式

建筑装修立面图的形成，归纳起来主要有以下三种方式。

第一，假想将室内空间垂直剖开，移去剖切平面前的部分，对余下的部分作正投影而成。这种立面图实质上是带有立面图示的剖面图。它所示图像的进深感比较强，并能同时反映顶棚的选级变化。但此种形式的缺点是剖切位置不明确（在平面布置上没有剖切符号，仅用投影符号表明视向），其剖面图示安排较难与平面布置图和顶棚平面图对应。

第二，假想将室内各墙面沿面与面相交处拆开，移去暂时不予图示的墙面，将剩下的墙面及其装修布置，向铅直投影面作投影而成。这种立面图不出现剖面图像，只出现相邻墙面及其上装修构件与该墙面的表面交线。

第三，设想将室内各墙面沿某轴阴角拆开，依次展开，直至都平等于同一铅直投影面，形成立面展开图。这种立面图能将室内各墙面的装修效果连贯地展示在人们眼前，以便人们研究各墙面之间的统一与反差及相互衔接关系，对室内装修设计与施工有着重要作用。

9.3　建筑装修立面图绘图思路

在绘制建筑装修立面图时，具体可以遵循如下思路。

（1）绘制立面轮廓线。在绘制立面轮廓线时，如果立面图结构复杂，可以采取从外到内、从整体到局部的绘图方式。

（2）绘制立面构件定位线，以方便各立面构件的快速定位。

（3）布置各种装修图块。将常用的装修用具以块的形式整理起来，在绘制立面图时直接插入装修块就可以了，不需要再逐一绘制。

（4）填充立面装修图案。在绘制立面图时，有些装修用具以及饰面装修材料等不容易绘制和表达，此时可采用填充图案的方式进行表示。

（5）标注文字注释，以体现出所使用的饰面材料及施工要求等。

（6）标注立面图的装修尺寸和各构件的安装尺寸。

9.4　绘制多居室户型装修立面图

9.4.1　绘制客厅装修立面图

本例主要学习民用建筑客厅装修立面图的具体绘制过程和相关技巧。客厅装修立面图的最终绘制效果，如图9-2所示。

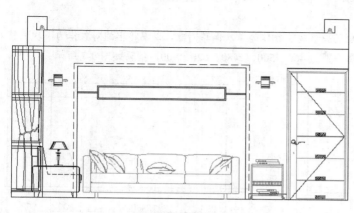

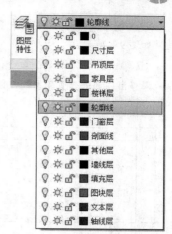

图 9-2 本例效果　　　　　　　　　　　　图 9-3 设置当前层

绘图思路

◆ 首先新建公制单位文件并设置绘图环境。

◆ 综合使用"矩形"、"直线"命令绘制立面图外部轮廓线。

◆ 综合使用"分解"、"偏移"、"修剪"、"圆角"等多种命令绘制立面图内部装修轮廓线。

◆ 使用"插入块"、"镜像"等命令绘制客厅立面构件。

◆ 最后使用"保存"命令将图形命名存盘。

绘图步骤

（1）单击"快速访问"工具栏→"新建"按钮，以光盘"/样板文件/建筑样板.dwt"作为基础样板，新建空白文件。

（2）展开"默认"选项卡→"图层"面板→"图层"下拉列表，在展开的下拉列表内设置"轮廓线"为当前图层，如图 9-3 所示。

（3）单击"默认"选项卡→"绘图"面板→"矩形"按钮，绘制如图 9-4 所示的矩形作为立面图外轮廓线。

（4）单击"默认"选项卡→"绘图"面板→"直线"按钮，配合"正交"或"极轴追踪"功能，根据图示尺寸，绘制如图 9-5 所示的外轮廓线。

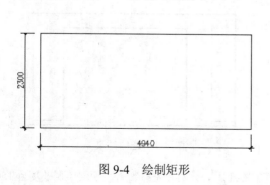

图 9-4 绘制矩形

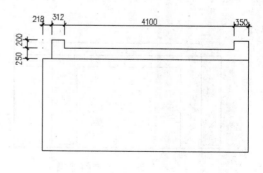

图 9-5 绘制结果

（5）使用快捷键"X"激活"分解"命令，将刚绘制矩形分解为四条独立的线段。

（6）使用快捷键"O"激活"偏移"命令，将最下侧的水平轮廓线分别向上偏移 80 和 2000 个绘图单位，结果如图 9-6 所示。

（7）重复执行"偏移"命令，以两侧的垂直轮廓线作为首次偏移对象，以偏移出的对象作为下次偏移对象，偏移出内部的垂直轮廓线，偏移距离分别为 460、500、2480、620、900，结果如图 9-7 所示。

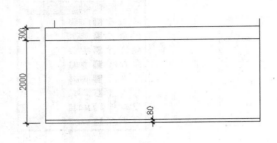

图 9-6　偏移水平图线

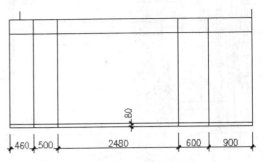

图 9-7　偏移垂直轮廓线结果

（8）单击"默认"选项卡→"修改"面板→"修剪"按钮 ⁄ʊ⁄，对偏移出的轮廓线进行修剪操作，并删除多余的轮廓线，结果如图 9-8 所示。

（9）单击"默认"选项卡→"修改"面板→"延伸"按钮 ⁒⁄，对修剪后的垂直轮廓线进行延伸。

命令行操作如下：

```
命令：_extend
当前设置：投影=UCS，边=无
选择边界的边...
选择对象或<全部选择>：              //选择图 9-8 所示的轮廓线 A
选择对象：                        // Enter ，结束对象的选择
选择要延伸的对象，或按住 Shift 键选择要修剪的对象，或[栏选(F)/窗交(C)/投影(P)/边
(E)/放弃(U)]：                    // E Enter ，激活"边"选项
输入隐涵边延伸模式 [延伸(E)/不延伸(N)] <不延伸>：   //E Enter ，激活延伸模式
选择要延伸的对象，或按住 Shift 键，选择要修剪的对象，或[栏选(F)/窗交(C)/投影(P)/边
(E)/放弃(U)]：                    //在轮廓线 B 的上端单击左键，使其延长
选择要延伸的对象，或按住 Shift 键选择要修剪的对象，或[栏选(F)/窗交(C)/投影(P)/边
(E)/放弃(U)]：                    // Enter ，延伸结果如图 9-9 所示
```

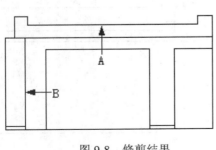

图 9-8　修剪结果

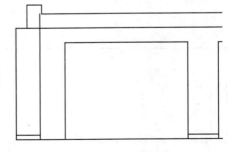

图 9-9　延伸结果

（10）单击"默认"选项卡→"绘图"面板→"直线"按钮 ⁄，分别在轮廓线 A 的两端绘制长度为 150，高度为 100 的线段作为灯槽，如图 9-10 所示。

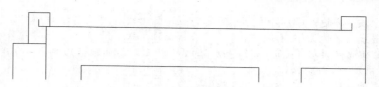

图 9-10 绘制灯槽

绘制立面窗。

（11）使用快捷键"ML"激活"多线"命令，配合捕捉追踪或坐标输入功能绘制立面窗轮廓线。

命令行操作如下：

```
命令: ml                                    // Enter，激活命令
MLINE
当前设置: 对正 = 上，比例 = 20.00，样式 = STANDARD
指定起点或 [对正(J)/比例(S)/样式(ST)]:    //s Enter，激活比例选项
输入多线比例 <20.00>:                       //30 Enter，设置多线比例
当前设置: 对正 = 上，比例 = 30.00，样式 = STANDARD
指定起点或 [对正(J)/比例(S)/样式(ST)]:    //J Enter，激活对正选项
输入对正类型 [上(T)/无(Z)/下(B)] <上>:  //B Enter，设置对正方式
当前设置: 对正 = 下，比例 = 20.00，样式 = STANDARD
指定起点或 [对正(J)/比例(S)/样式(ST)]:
              //垂直向上引出如图 9-11 所示的端点追踪虚线，然后输入 20 Enter
指定下一点:          //水平向右引出 0 度的极轴矢量，输入 430 Enter
指定下一点或 [放弃(U)]:    //垂直向上引出 90 度的极轴矢量，输入 680 Enter
指定下一点或 [闭合(C)/放弃(U)]: //水平向左引出 180 度的极轴矢量，输入 430 Enter
指定下一点或 [闭合(C)/放弃(U)]:  // Enter，绘制结果如图 9-12 所示
```

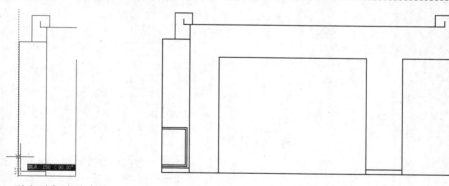

图 9-11 引出对象追踪虚线　　　　　　　图 9-12 绘制结果

（12）单击"默认"选项卡→"修改"面板→"矩形阵列"按钮，对刚绘制立面窗轮廓线进行阵列。

命令行操作如下：

```
命令: _arrayrect
选择对象:                        ///选择如图 9-13 所示的立面窗
选择对象:                        // Enter
类型 = 矩形  关联 = 是
选择夹点以编辑阵列或 [关联(AS)/基点(B)/计数(COU)/间距(S)/列数(COL)/行数(R)/层
数(L)/退出(X)] <退出>:           //COU Enter
```

```
输入列数数或 [表达式(E)] <4>:              //1 Enter
输入行数数或 [表达式(E)] <3>:              //3 Enter
选择夹点以编辑阵列或 [关联(AS)/基点(B)/计数(COU)/间距(S)/列数(COL)/行数(R)/层
数(L)/退出(X)] <退出>:                    //s Enter
指定列之间的距离或 [单位单元(U)] <0>: //1 Enter
指定行之间的距离 <1>:                     //730 Enter
选择夹点以编辑阵列或 [关联(AS)/基点(B)/计数(COU)/间距(S)/列数(COL)/行数(R)/层
数(L)/退出(X)] <退出>:                    //AS Enter
创建关联阵列 [是(Y)/否(N)] <否>:         //N Enter
选择夹点以编辑阵列或 [关联(AS)/基点(B)/计数(COU)/间距(S)/列数(COL)/行数(R)/层
数(L)/退出(X)] <退出>:                    // Enter, 阵列结果如图 9-14 所示
```

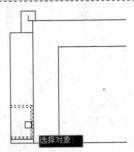

图 9-13 选择阵列对象　　　　图 9-14 阵列结果

（13）使用快捷键 "ML" 激活 "多线" 命令，配合端点捕捉、"对象追踪"、"捕捉自"、"极轴追踪"以及坐标输入等多种功能，绘制内部墙面装修轮廓线。

命令行操作如下：

```
命令: ml                                  // Enter
MLINE 当前设置: 对正 = 上, 比例 = 20.00, 样式 = STANDARD
指定起点或 [对正(J)/比例(S)/样式(ST)]:   //s Enter
输入多线比例 <20.00>:                     //15 Enter
当前设置: 对正 = 上, 比例 = 15.00, 样式 = STANDARD
指定起点或 [对正(J)/比例(S)/样式(ST)]:   //j Enter
输入对正类型 [上(T)/无(Z)/下(B)] <上>:   //t Enter
当前设置: 对正 = 上, 比例 = 15.00, 样式 = STANDARD
指定起点或 [对正(J)/比例(S)/样式(ST)]:   //垂直向下引出如图 9-15 所示的端点追踪虚
线, 输入 390 并按 Enter 键, 定位第一点
指定下一点:                               //水平向右引出 0 度的极轴追踪虚线线, 然后
                                          捕捉如图 9-16 所示的交点作为第二点

命令:                                     // Enter
MLINE 当前设置: 对正 = 上, 比例 = 15.00, 样式 = STANDARD
指定起点或 [对正(J)/比例(S)/样式(ST)]:   //激活 "捕捉自" 功能
_from 基点:                              //捕捉如图 9-17 所示的端点
<偏移>:                                  //@300,-297 Enter
指定下一点:                               //@1880,0 Enter
指定下一点或 [放弃(U)]:                   //@0,-201 Enter
指定下一点或 [闭合(C)/放弃(U)]:          //@-1880,0 Enter
指定下一点或 [闭合(C)/放弃(U)]:          //c Enter, 绘制结果如图 9-18 所示
```

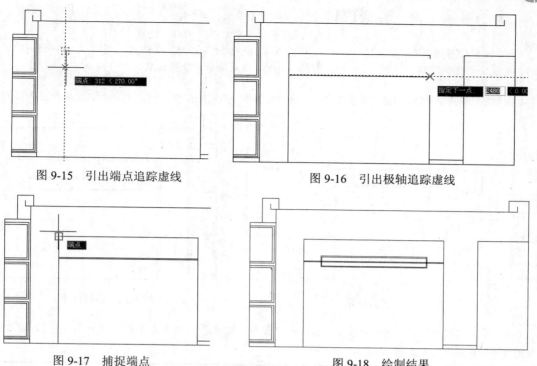

图 9-15　引出端点追踪虚线　　　　　图 9-16　引出极轴追踪虚线

图 9-17　捕捉端点　　　　　　　　　图 9-18　绘制结果

（14）单击"默认"选项卡→"修改"面板→"修剪"按钮 ⊬ ，选择如图 9-19 所示的闭合多线作为修剪边界，对水平多线进行修剪。

命令行操作过程如下：

```
命令：_trim
当前设置：投影=UCS，边=无
选择剪切边...
选择对象或 <全部选择>：        //选择如图 9-19 所示的多线
选择对象：             //Enter
选择要修剪的对象，或按住 Shift 键选择要延伸的对象，或[栏选(F)/窗交(C)/投影(P)/边
(E)/删除(R)/放弃(U)]：
                   //在如图 9-20 所示的位置单击水平多线，此时系统自动弹出如多线编辑右键菜单
```

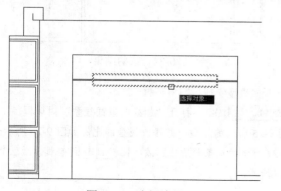

图 9-19　选择边界

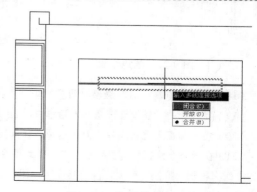

图 9-20　指定修剪位置

输入多线连接选项 [闭合(C)/开放(O)/合并(M)] <合并(M)>:

                                            // 在右键菜单中选择 "闭合" 选项

选择要修剪的对象，或按住 Shift 键选择要延伸的对象，或[栏选(F)/窗交(C)/投影(P)/边

(E)/删除(R)/放弃(U)]:   // Enter，结束命令，修剪结果如图 9-21 所示

（15）使用快捷键 "O" 激活 "偏移" 命令，将外轮廓线分别向外偏移 50 个绘图单位，结果如图 9-22 所示。

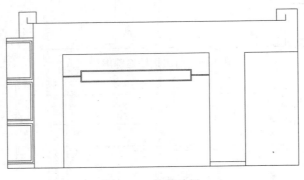

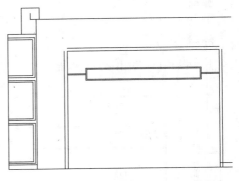

           图 9-21 修剪结果   图 9-22 偏移结果

（16）单击 "默认" 选项卡→ "修改" 面板→ "圆角" 按钮，将圆角半径设置为 0，分别对偏移出的三条图线进行编辑，结果如图 9-23 所示。

技巧提示： 在对多条图线进行圆角操作时，可以事先激活命令中 "多个" 选项，而不需要重复 "圆角" 命令。另外，在此也可以使用 "倒角" 命令对图线进行编辑，不过需要事先设置倒角长度为 0。

（17）单击 "默认" 选项卡→ "修改" 面板→ "修剪" 按钮，并下侧的踢脚线进行修剪，结果如图 9-24 所示。

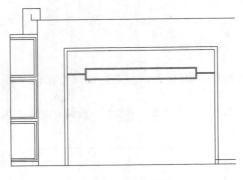

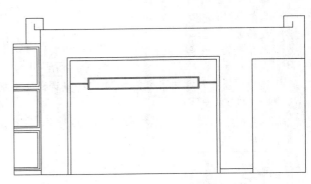

          图 9-23 圆角结果   图 9-24 修剪结果

（18）使用快捷键 "LT" 激活 "线型" 命令，打开 "线型管理器" 对话框。

（19）在打开的 "线型管理器" 对话框中单击 加载(L)... 按钮，打开 "加载或重载线型" 对话框。

（20）在 "加载或重载线型" 对话框中选择如图 9-25 所示的线型，并修改线型的比例如图 9-26 所示。

（21）在无命令执行的前提下，夹点显示如图 9-27 所示的三条轮廓线，然后按 Ctrl+1 组合键，激活 "特性" 命令，展开 "特性" 面板，修改其线型如图 9-28 所示。

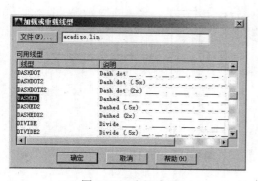

图 9-25 选择线型

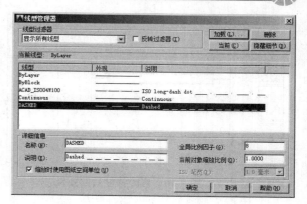

图 9-26 "线型管理器"对话框

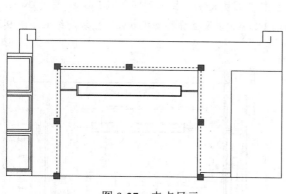

图 9-27 夹点显示

图 9-28 修改线型

（22）在"特性"面板中"颜色"下拉列表，修改对象的线型颜色为洋红，如图 9-29 所示。

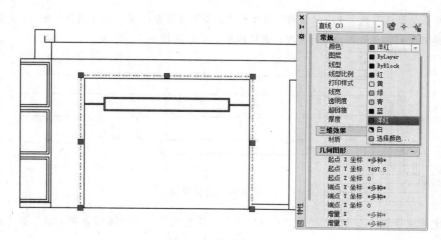

图 9-29 修改颜色

（23）关闭"特性"面板，并按下 Esc 键，取消对象的夹点显示，修改后的效果如图 9-30 所示。

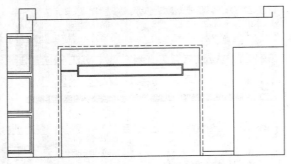

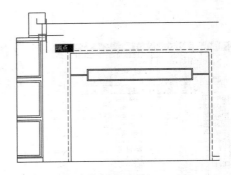

图 9-30 修改特性后的效果   图 9-31 定位插入点

（24）展开"默认"选项卡→"图层"面板→"图层"下拉列表，设置"图块层"作为当前图层。

（25）单击"默认"选项卡→"块"面板→"插入"按钮，激活"插入块"命令，插入随书光盘"/图块文件/窗帘 02.dwg"，图块参数为默认设置，插入点为图 9-31 所示的端点，插入结果如图 9-32 所示。

（26）重复执行"插入块"命令，分别插入配书盘中"/图块文件/"目录下的"台灯.dwg、壁灯.dwg、日光灯.dwg、立面沙发 02.dwg、立面沙发.dwg、立面门 02.dwg 以及立面移动柜.dwg"图块，结果如图 9-33 所示。

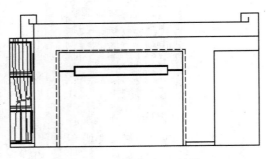

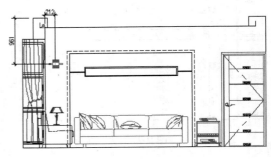

图 9-32 插入结果   图 9-33 插入其他图块

（27）单击"默认"选项卡→"修改"面板→"镜像"按钮，配合中点捕捉和坐标输入等辅助功能，分别对插入的日光灯和壁灯图块进行镜像，镜像结果如图 9-34 所示。

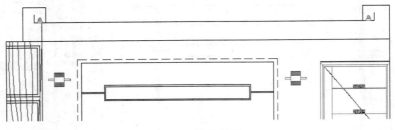

图 9-34 镜像结果

（28）使用快捷键"Z"激活"视图缩放"工具，调整视图，使平面图全部显示，最终效果如图 9-2 所示。

（29）最后执行"保存"命令，将图形命名存储为"绘制客厅装修立面图.dwg"。

9.4.2 绘制客厅墙面材质图

本例主要学习客厅装修墙面材质图的具体绘制过程和相关技巧。客厅装修墙面材材质图的最终绘制效果，如图9-35所示。

绘图思路

◆ 首先打开文件并设置当前操作层。

◆ 使用"直线"、"图案填充"命令绘制立面图装修图案。

◆ 使用"线型"命令加载线型并设置线型比例。

◆ 使用"特性"命令修改图案填充的线型和比例。

◆ 使用"分解"、"修剪"、"删除"等命令对立面图进行修整和完善。

◆ 最后使用"另存为"命令将图形另名存盘。

绘图步骤

（1）打开上例存储的"绘制客厅装修立面图.dwg"，或直接从随书光盘中的"\效果文件\第9章\"目录下调用此文件。

（2）展开"默认"选项卡→"图层"面板→"图层"下拉列表，设置"填充层"为当前图层，如图9-36所示。

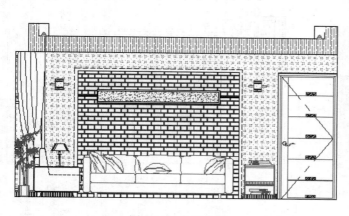

图9-35 本例效果

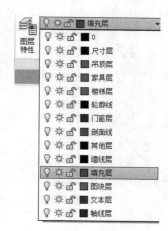

图9-36 设置当前层

（3）单击"默认"选项卡→"绘图"面板→"图案填充"按钮 ，或使用快捷键"H"激活"图案填充"命令，打开"图案填充和渐变色"对话框。

（4）在"图案填充和渐变色"对话框中设置填充图案的类型、填充比例以及其他填充参数如图 9-37 所示。

（5）单击在"图案填充和渐变色"对话框中的"添加：拾取点"按钮 ，返回绘图区拾取填充区域，为立面图填充如图9-38所示的图案。

（6）重复执行"图案填充"命令，设置填充图案类型以及填充比例如图 9-39 所示，为立面图填充如图9-40所示的图案。

（7）使用快捷键"EX"激活"延伸"命令，以最右侧的垂直轮廓线作为边界，对如图9-41所示的水平轮廓线进行延伸，延伸结果如图9-42所示。

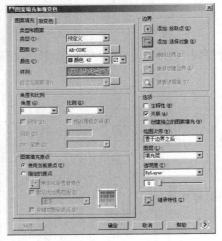

图 9-37　设置填充参数

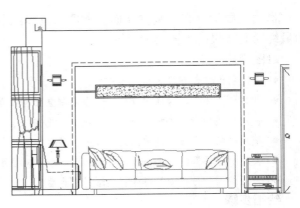

图 9-38　填充结果

图 9-39　设置填充参数

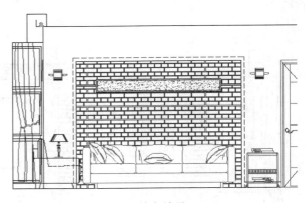

图 9-40　填充结果

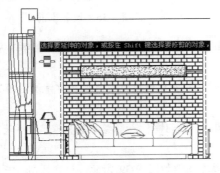

图 9-41　选择延伸对象

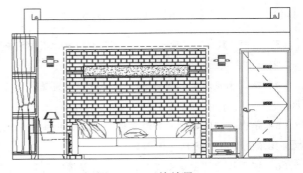

图 9-42　延伸结果

（8）单击"默认"选项卡→"绘图"面板→"图案填充"按钮 🔲，在"图案填充和渐变色"对话框中设置填充图案类型以及填充比例如图 9-43 所示，为立面图填充如图 9-44 所示的图案。

图 9-43　设置填充参数

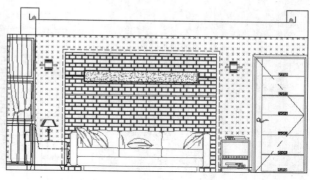

图 9-44　填充结果

（9）使用快捷键"LT"激活"线型"命令，在打开的"线型管理器"对话框中加载一种名为"DOT"的线型。

（10）夹点显示刚填充上的图案，然后执行"特性"命令，在打开的"特性"面板中修改图案的线型和比例如图 9-45 所示，修改后的图案效果如图 9-46 所示。

图 9-45　"特性"面板

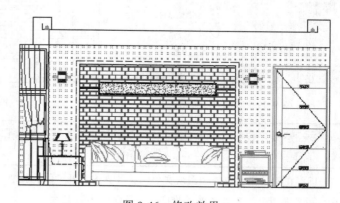

图 9-46　修改效果

技巧提示： 如果填充图案的线型被更改后，填充图案无变化，可以使用"分解"命令将填充图案分解，然后再修改其图案的线型及比例等特性。

（11）单击"默认"选项卡→"绘图"面板→"图案填充"按钮，在"图案填充和渐变色"对话框中设置填充图案类型以及填充比例如图 9-47 所示，为立面图填充如图 9-48 所示的图案。

（12）重复执行"图案填充"命令，在"图案填充和渐变色"对话框中设置填充图案类型以及填充比例如图 9-49 所示，为立面图填充如图 9-50 所示的图案。

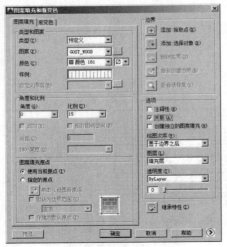

图 9-47　设置填充参数

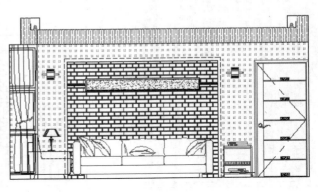

图 9-48　填充结果

图 9-49　设置填充参数

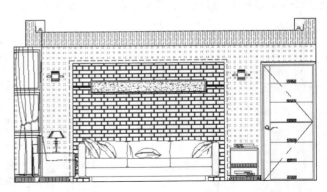

图 9-50　填充结果

技巧提示：在具体的图案填充过程中，如果图形较为复制，可以事先冻结不相关的图层，以加快图案的填充速度。

（13）在随书光盘中的"图块文件"文件夹内打开"绿化植物-01.dwg"文件，然后以"复制粘贴"的方式共享到平面图中，并对其进行调整，结果如图 9-51 所示。

（14）使用快捷键"X"激活"分解"命令，选择左侧的立面窗、窗帘以及下侧的图案填充等对象，将其分解。

（15）综合执行"修剪"和"删除"命令，将被遮挡住的对象进行删除，最终结果如图 9-52 所示。

（16）使用快捷键"Z"激活"视图缩放"工具，调整视图，使平面图全部显示，最终效果如图 9-52所示。

（17）最后执行"另存为"命令，将图形命名存储为"绘制客厅墙面材质图.dwg"。

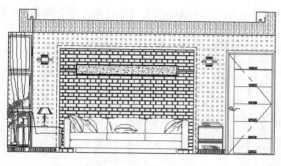

图 9-51　共享资源

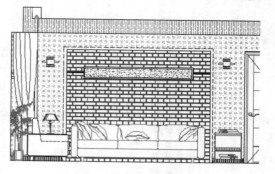

图 9-52　操作结果

9.4.3　标注客厅装修立面图

本例主要学习民用建筑客厅装修立面图尺寸与文字的具体标注过程和标注技巧。客厅装修立面图的最终标注效果，如图 9-53 所示。

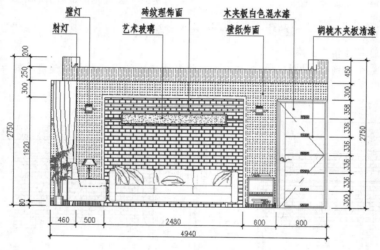

图 9-53　本例效果

绘图思路

◆ 首先调用文件并设置操作层。

◆ 使用"标注样式"命令设置当前标注样式及比例。

◆ 使用"线性"、"连续"、"编辑标注文字"等命令标注立面尺寸。

◆ 使用"标注样式"命令替代当前标注样式的箭头、文字样式及比例等。

◆ 使用"快速引线"命令设置引线样式标注立面图引线注释。

◆ 最后使用"另存为"命令将图形另名存盘。

绘图步骤

（1）打开上例存储的"绘制客厅墙面材质图..dwg"，或直接从随书光盘中的"\效果文件\第 9 章\"目录下调用此文件。

（2）展开"默认"选项卡→"图层"面板→"图层"下拉列表，设置"尺寸层"为当前图层，如图 9-54 所示。

（3）使用快捷键"D"激活"标注样式"命令，将"建筑标注"设置为当前标注样式，同时修改标注比例如图9-55所示。

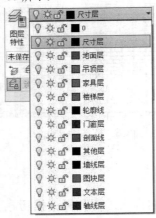

图9-54　设置当前层

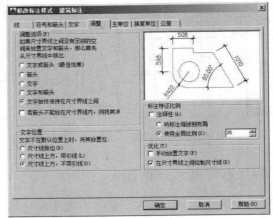

图9-55　设置当前样式并修改比例

（4）单击"默认"选项卡→"注释"面板→"线性"按钮 ⊢⊣ ，配合对象捕捉和对象追踪等功能，标注如图9-56所示的线性尺寸作为基准尺寸。

（5）单击"注释"选项卡→"标注"面板→"连续"按钮 ⊢⊢⊢ ，配合捕捉与追踪功能标注如图9-57所示的连续尺寸。

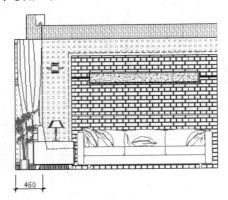

图9-56　标注线性尺寸

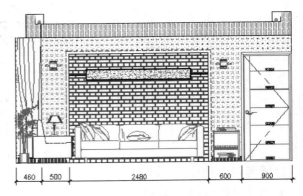

图9-57　标注连续尺寸

（6）重复执行"线性"命令，配合捕捉或追踪功能标注立面图下侧的总尺寸，结果如图9-58所示。

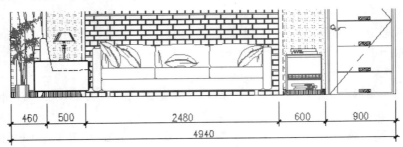

图9-58　标注总尺寸

（7）参照上述操作，综合使用"线性"和"连续"命令，标注立面图其他两侧的细部尺寸和总尺寸，结果如图 9-59 所示。

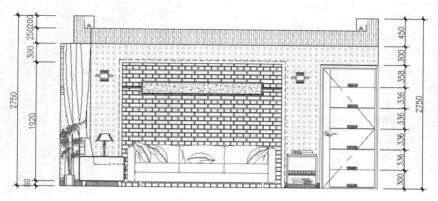

图 9-59 标注结果

（8）在无命令执行的前提下夹点显示左上侧尺寸文字为 200 的尺寸，然后将光标放在尺寸文字的夹点处，从弹出的夹点菜单中选择"仅移动文字"选项，适当调整尺寸文字的位置，结果如图 9-60 所示。

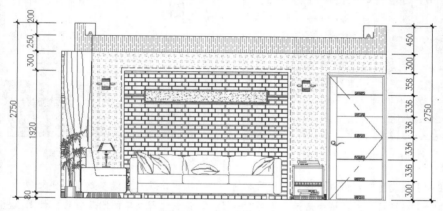

图 9-60 编辑标注文字

（9）展开"默认"选项卡→"图层"面板→"图层"下拉列表，将"文本层"设置为当前层。

（10）执行"标注样式"命令，在打开的对话框中单击 替代(O)... 按钮，打开"替代当前样式：建筑标注"对话框。

（11）在"替代当前样式：建筑标注"对话框中展开"符号和箭头"选项卡，修改尺寸的箭头及大小等参数如图 9-61 所示。

（12）在"替代当前样式：建筑标注"对话框中展开"文字"选项卡，修改尺寸的文字样式，如图 9-62 所示。

（13）在"替代当前样式：建筑标注"对话框中展开"调整"选项卡，修改尺寸比例，如图 9-63 所示。

（14）单击 确定 按钮返回"标注样式管理器"对话框，替代结果如图 9-64 所示，并关闭该对话框。标注立面图引线注释。

（15）使用快捷键"LE"激活"快速引线"命令，在"指定第一个引线点或[设置（S）] <设置>："提示下输入"S"并按 Enter 键，打开"引线设置"对话框。

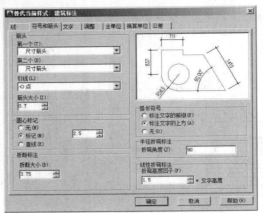

图 9-61 修改箭头及大小

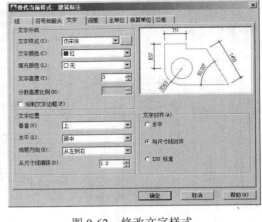

图 9-62 修改文字样式

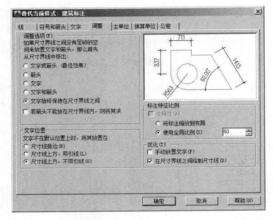

图 9-63 修改尺寸比例

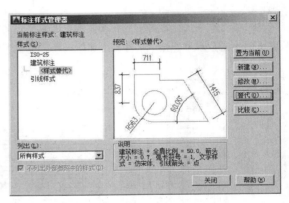

图 9-64 替代样式

（16）在"引线设置"对话框中展开"引线和箭头"选项卡，设置引线参数如图 9-65 所示。

（17）在"引线设置"对话框中激活"附着"选项卡，设置注释文字的附着位置，如图 9-66 所示。

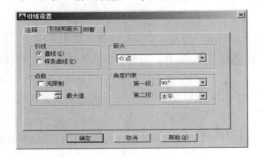

图 9-65 设置引线和箭头

图 9-66 设置附着参数

技巧提示： 在此如果勾选了"重复使用下一个"复选项，那么用户在连续标注其他引线注释时，系统会自动以第一次标注的文字注释作为下一次的引线注释。

（18）单击　确定　返回绘图区，根据命令行提示在绘图区指定两个引线点，然后输入"胡桃木夹板清漆"，标注如图 9-67 所示的引线注释。

（19）重复执行"快速引线"命令，继续标注其他位置的引线注释，结果如图 9-68 所示。

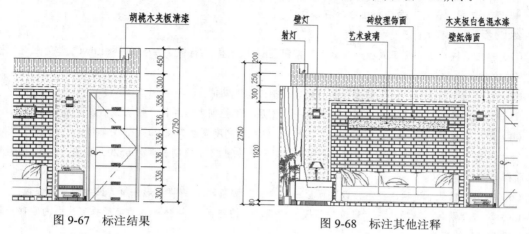

图 9-67　标注结果　　　　　　　　　　　　图 9-68　标注其他注释

（20）使用快捷键"Z"激活"视图缩放"工具，调整视图，使平面图全部显示，最终效果如图 9-53 所示。

（21）最后执行"另存为"命令，将图形命名存储为"标注客厅装修立面图.dwg"。

9.4.4　绘制卧室装修立面图

本例主要学习民用建筑装修立面图的具体绘制过程和相关技巧。卧室装修立面图的最终绘制效果，如图 9-69 所示。

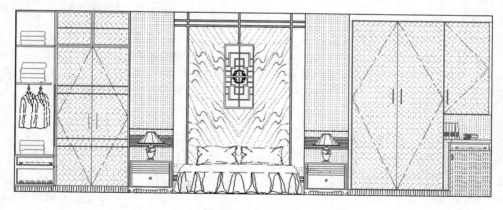

图 9-69　本例效果

绘图思路

◆ 首先调用样板文件并设置绘图环境。

◆ 使用"矩形"、"偏移"等命令绘制立面主体轮廓线。

◆ 使用"复制"、"偏移"、"修剪"、"阵列"、"特性"等多种命令绘制立面图内部装饰轮廓线。

◆ 使用"插入块"、"镜像"命令绘制立面构件图。

◆ 使用"分解"、"修剪"、"删除"等命令对立面图进行修整完善。

◆ 使用"图案填充"命令为立面图填充墙面材质图案。

◆ 使用"线型"、"特性"命令完善立面图墙面材质图案。

◆ 最后使用"保存"命令将图形命名存盘。

绘图步骤

（1）单击"快速访问"工具栏→"新建"按钮，以光盘"/样板文件/建筑样板.dwt"作为基础样板，新建空白文件。

（2）打开状态栏上的"对象捕捉"和"对象捕捉追踪"功能。

（3）展开"默认"选项卡→"图层"面板→"图层"下拉列表，并将"轮廓线"设置为当前图层。

（4）使用快捷键"Z"激活"视图缩放"命令，将视图高度调整为 4200 个绘图单位。

（5）单击"默认"选项卡→"绘图"面板→"矩形"按钮，绘制长度为 6520、宽度为 2550 的矩形作为立面图外轮廓。

（6）单击"默认"选项卡→"修改"面板→"分解"按钮，将将矩形分解为四条独立的线段。

（7）单击"默认"选项卡→"修改"面板→"偏移"按钮，将分解后的矩形垂直边向内偏移，创建内部的纵向定位轮廓线。

命令行操作如下：

```
命令： _offset
当前设置：删除源=否    图层=源    OFFSETGAPTYPE=0
指定偏移距离或 [通过(T)/删除(E)/图层(L)] <通过>：    //1560 Enter
选择要偏移的对象或 [退出(E)/放弃(U)] <退出>：    //选择矩形左侧垂直边
指定要偏移的那一侧上的点，或 [退出(E)/多个(M)/放弃(U)] <退出>：
                                    //在垂直边的右侧单击左键
选择要偏移的对象，或 [退出(E)/放弃(U)] <退出>：  // Enter
命令：                            // Enter，重复执行命令
OFFSET 当前设置：删除源=否    图层=源    OFFSETGAPTYPE=0
指定偏移距离或 [通过(T)/删除(E)/图层(L)] <1560>：//600 Enter
选择要偏移的对象或 [退出(E)/放弃(U)] <退出>：    //选择刚偏移出的垂直边
指定要偏移的那一侧上的点，或 [退出(E)/多个(M)/放弃(U)] <退出>：
                                    //在垂直边的右侧单击左键
选择要偏移的对象，或 [退出(E)/放弃(U)] <退出>：  // Enter
命令：                            // Enter，重复执行命令
OFFSET 当前设置：删除源=否    图层=源    OFFSETGAPTYPE=0
指定偏移距离或 [通过(T)/删除(E)/图层(L)] <600>：//1800 Enter
选择要偏移的对象或 [退出(E)/放弃(U)] <退出>：    //选择刚偏移出的垂直边
指定要偏移的那一侧上的点，或 [退出(E)/多个(M)/放弃(U)] <退出>：
                                    //在垂直边的右侧单击左键
选择要偏移的对象，或 [退出(E)/放弃(U)] <退出>：  // Enter
命令：                            // Enter，重复执行命令
OFFSET 当前设置：删除源=否    图层=源    OFFSETGAPTYPE=0
指定偏移距离或 [通过(T)/删除(E)/图层(L)] <1800>：//600 Enter
选择要偏移的对象或 [退出(E)/放弃(U)] <退出>：    //选择刚偏移出的垂直边
指定要偏移的那一侧上的点，或 [退出(E)/多个(M)/放弃(U)] <退出>：
                                    //在垂直边的右侧单击左键
选择要偏移的对象，或 [退出(E)/放弃(U)] <退出>：// Enter，结果如图 9-70 所示
```

（8）重复执行"偏移"命令，根据图示尺寸，以水平边作为首先偏移对象，以偏移出的对象作为下一次偏移对象，创建横向定位轮廓线，结果如图 9-71 所示。

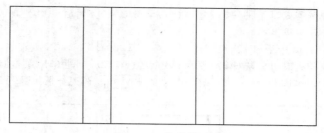

图 9-70　偏移结果

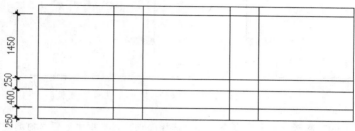

图 9-71　偏移水平边

（9）综合使用"修剪"和"删除"命令，对偏移出的水平和垂直轮廓线进行修剪编辑，结果如图 9-72 所示。

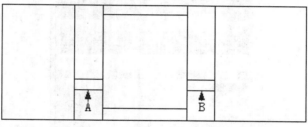

图 9-72　修剪结果

（10）单击"默认"选项卡→"修改"面板→"矩形阵列"按钮，对图 9-72 所示的轮廓线 A、B 进行矩形阵列。

命令行操作过程如下：

```
命令：_arrayrect
选择对象：                          //选择图 9-72 所示的水平轮廓线 A
选择对象：                          //选择图 9-72 所示的水平轮廓线 B
选择对象：                          // Enter
类型 = 矩形　关联 = 是
选择夹点以编辑阵列或［关联(AS)/基点(B)/计数(COU)/间距(S)/列数(COL)/行数(R)/层
数(L)/退出(X)］<退出>：            //COU Enter
输入列数数或［表达式(E)］<4>：      //1 Enter
输入行数数或［表达式(E)］<3>：      //9 Enter
选择夹点以编辑阵列或［关联(AS)/基点(B)/计数(COU)/间距(S)/列数(COL)/行数(R)/层
数(L)/退出(X)］<退出>：            //s Enter
指定列之间的距离或［单位单元(U)］<0>：  //1 Enter
指定行之间的距离 <1>：             //20 Enter
```

选择夹点以编辑阵列或 [关联(AS)/基点(B)/计数(COU)/间距(S)/列数(COL)/行数(R)/层
数(L)/退出(X)] <退出>:   //AS Enter

创建关联阵列 [是(Y)/否(N)] <否>:   //N Enter

选择夹点以编辑阵列或 [关联(AS)/基点(B)/计数(COU)/间距(S)/列数(COL)/行数(R)/层
数(L)/退出(X)] <退出>:   // Enter，阵列结果如图 9-73 所示

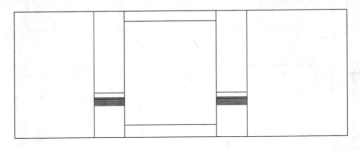

图 9-73 阵列结果

（11）使用快捷键"col"激活"颜色"命令，在"选择颜色"对话框中设置当前颜色如图 9-74 所示。

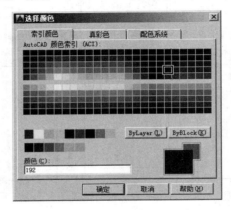

图 9-74 "选择颜色"对话框

（12）选择阵列出的各条水平轮廓线，然后执行"特性"命令，在打开的"特性"面板中修改其颜色特
性，如图 9-75 所示。

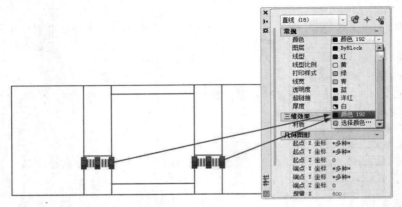

图 9-75 修改颜色特性

（13）关闭"特性"面板，然后按 Esc 键，取消对象的夹点显示，修改后的结果如图 9-76 所示。

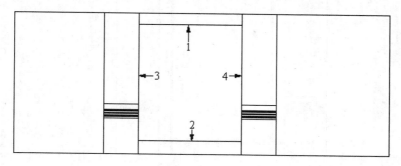

图 9-76 编辑效果

（14）使用快捷键"CO"激活"复制"命令，选择图 9-76 所示的水平轮廓线 1 进行复制。
命令行操作如下：

```
命令：CO                            // Enter
COPY
选择对象：                          //选择图 9-76 所示的水平轮廓线 1
选择对象：                          // Enter
当前设置：复制模式 = 多个
指定基点或 [位移(D)/模式(O)] <位移>：               //@0,20 Enter
指定第二个点或 [阵列(A)] <使用第一个点作为位移>：      //@0,50 Enter
指定第二个点或 [阵列(A)/退出(E)/放弃(U)] <退出>：     //@0,70 Enter
指定第二个点或 [阵列(A)/退出(E)/放弃(U)] <退出>：     //@0,-250 Enter
指定第二个点或 [阵列(A)/退出(E)/放弃(U)] <退出>：
                                   //Enter，复制结果如图 9-77 所示
```

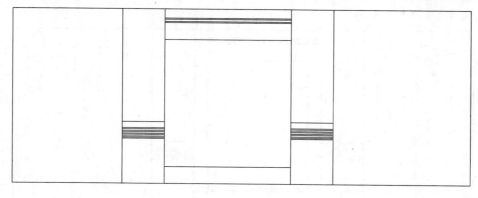

图 9-77 复制结果

（15）单击"默认"选项卡→"修改"面板→"偏移"按钮，将图 9-76 所示的水平轮廓线 2 向下偏移 20、50 和 70 个单位；将垂直轮廓线 3 向右偏移 180、200 和 890 个单位；将垂直轮廓线 4 向左偏移 180、200 和 890 个单位，结果如图 9-78 所示。

（16）夹点显示刚复制出的水平轮廓线和刚偏移出的各条图线，然后展开"特性"面板，修改线的颜色为 192 号色，结果如图 9-79 所示。

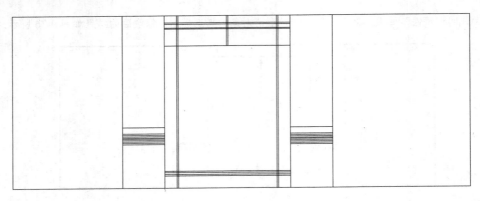

图 9-78　偏移结果

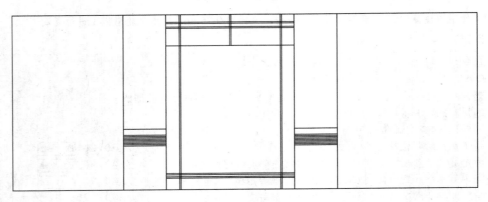

图 9-79　操作结果

（17）综合使用"修剪"和"删除"命令，对偏移出的轮廓线和复制出的水平轮廓线进行修剪，并删除多余图线，结果如图 9-80 所示。

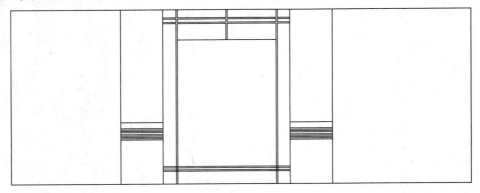

图 9-80　修剪结果

（18）展开"默认"选项卡→"图层"面板→"图层"下拉列表，将"图块层"设置为当前层。

（19）使用快捷键"I"激活"插入块"命令，配合捕捉和追踪功能，插入随书光盘中的"/图块文件/床头柜 01.dwg"，块参数为默认设置。

命令行操作如下：

命令： I   // Enter，激活命令

INSERT 指定插入点或 [基点(B)/比例(S)/旋转(R)]：

//水平向右引出如科 9-81 所示的端点追踪虚线，然后输入 30，定位插入点，插入结果如图 9-82 所示

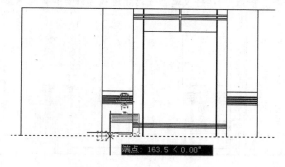

图 9-81　引出水平追踪虚线

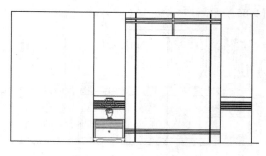

图 9-82　插入结果

（20）单击"默认"选项卡→"修改"面板→"镜像"按钮 ⚠️，配合"中点捕捉"功能，选择刚插入的床头柜图例进行镜像复制，镜像结果如图 9-83 所示。

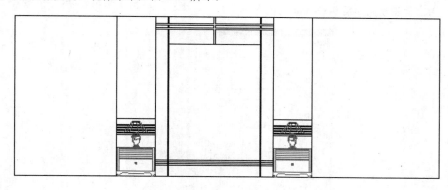

图 9-83　镜像结果

（21）重复执行"插入块"命令，分别插入随书光盘"/图块文件/"目录下的"内视立面柜.dwg"、"外视立面柜.dwg"、"双人床（侧立）.dwg"、"装饰物.dwg" 和"装饰线.dwg"等图例，结果如图 9-84 所示。

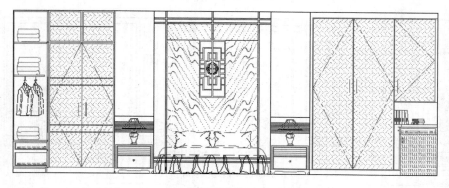

图 9-84　插入其他图例

技巧提示：在具体图块插入过程中，可以配合状态栏上的"对象捕捉"、"极轴追踪"和"对象捕捉追踪"功能，以及临时捕捉菜单中的"捕捉自"功能，以精确快速的定位出图块的插入点。

（22）单击"默认"选项卡→"修改"面板→"修剪"按钮 ，将被遮挡住的轮廓线等修剪掉，结果如图 9-85 所示。

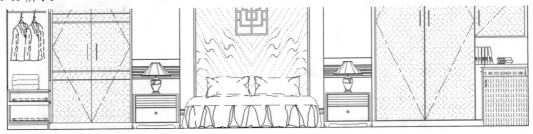

图 9-85　修剪结果

（23）展开"默认"选项卡→"图层"面板→"图层"下拉列表，设置"填充层"为当前图层。

（24）单击"默认"选项卡→"绘图"面板→"图案填充"按钮 ，设置填充图案类型以及填充比例如图 9-86 所示，为立面图填充如图 9-87 所示的图案。

图 9-86　设置填充参数

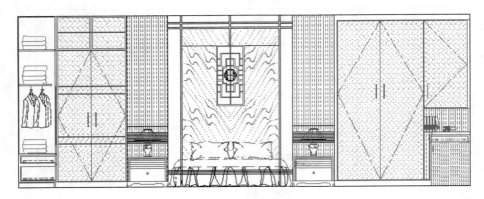

图 9-87　填充结果

（25）使用快捷键"LT"激活"线型"命令，打开"线线型管理器"对话框。

（26）在"线线型管理器"对话框中单击 **加载(L)...** 按钮，打开"加载或重载线型"对话框，然后选择名为"DOT"的线型进行加载。

（27）夹点显示刚填充上的图案，然后按 Ctrl+1 组合键，执行"特性"命令，在打开的"特性"面板中修改图案的线型如图 9-88 所示，修改后的图案效果如图 9-89 所示。

图 9-88　"特性"面板

图 9-89　修改效果

（28）单击"默认"选项卡→"绘图"面板→"图案填充"按钮 ，在打开的"图案填充和渐变色"对话框中设置填充图案类型以及填充比例如图 9-90 所示，为立面图填充如图 9-91 所示的图案。

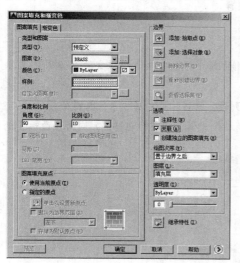

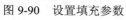

图 9-90　设置填充参数

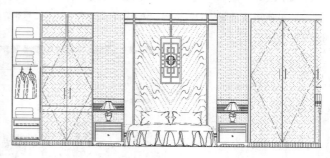

图 9-91　填充结果

（29）使用快捷键"Z"激活"视图缩放"工具，调整视图，使平面图全部显示，最终效果如图 9-69 所示。

（30）最后执行"保存"命令，将图形命名存储为"绘制卧室装修立面图.dwg"。

9.4.5 标注卧室装修立面图

本例主要学习民用建筑卧室装修立面图尺寸与文字的具体标注过程和标注技巧。卧室装修立面图的最终标注效果，如图9-92所示。

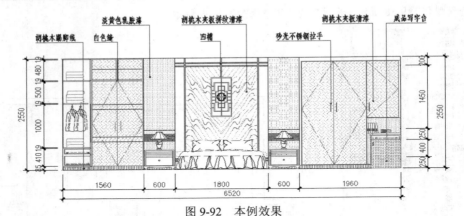

图 9-92　本例效果

绘图思路

◆ 首先调用文件并设置操作层。

◆ 使用"标注样式"命令设置当前标注样式及比例。

◆ 使用"线性"、"连续"、"编辑标注文字"等命令标注立面尺寸。

◆ 使用"标注样式"命令替代当前标注样式的箭头、文字样式及比例等。

◆ 使用"快速引线"命令设置引线样式标注立面图引线注释。

◆ 最后使用"另存为"命令将图形另名存盘。

绘图步骤

（1）打开上例存储的"绘制卧室装修立面图..dwg"，或直接从随书光盘中的"\效果文件\第9章\"目录下调用此文件。

（2）展开"默认"选项卡→"图层"面板→"图层"下拉列表，设置"尺寸层"为当前图层。

（3）使用快捷键"D"激活"标注样式"命令，将"建筑标注"设置为当前标注样式，同时修改标注比例如图9-93所示。

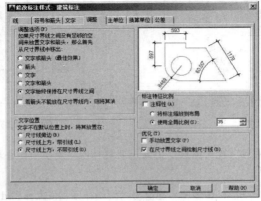

图 9-93　设置比例

（4）单击"默认"选项卡→"注释"面板→"线性"按钮，配合对象捕捉和对象追踪等功能，标注如图 9-94 所示的线性尺寸作为基准尺寸。

（5）单击"注释"选项卡→"标注"面板→"连续"按钮，配合捕捉与追踪功能标注如图 9-95 所示的连续尺寸。

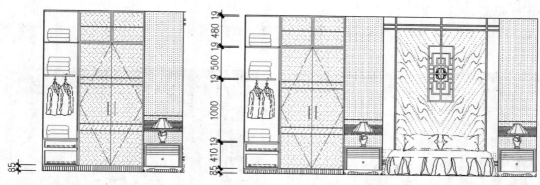

图 9-94　标注线性尺寸　　　　　　　　　　　图 9-95　标注连续尺寸

（6）重复执行"线性"命令，配合捕捉或追踪功能标注立面图左侧的总尺寸，结果如图 9-96 所示。

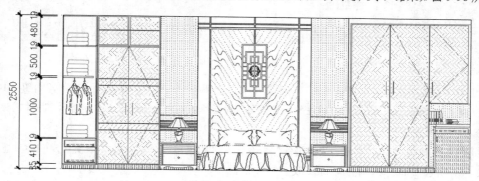

图 9-96　标注总尺寸

（7）参照上述操作，综合使用"线性"和"连续"命令，标注立面图其他两侧的细部尺寸和总尺寸，结果如图 9-97 所示。

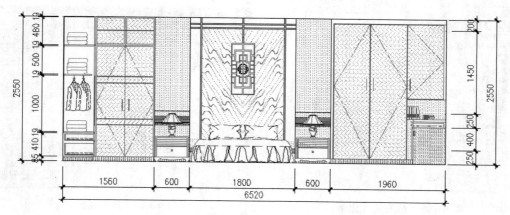

图 9-97　标注结果

（8）展开"默认"选项卡→"图层"面板→"图层"下拉列表，将"文本层"设置为当前层。

（9）执行"标注样式"命令，在打开的对话框中单击 替代(D)... 按钮，打开"替代当前样式：建筑标注"对话框。

（10）在"替代当前样式：建筑标注"对话框中展开"符号和箭头"选项卡，修改尺寸的箭头及大小等参数如图 9-98 所示。

（11）在"替代当前样式：建筑标注"对话框中展开"文字"选项卡，修改尺寸的文字样式，如图 9-99 所示。

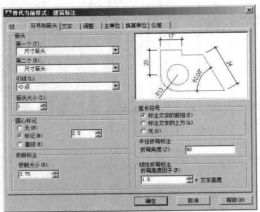

图 9-98　修改箭头及大小　　　　　图 9-99　修改文字样式

（12）在"替代当前样式：建筑标注"对话框中展开"调整"选项卡，修改尺寸比例，如图 9-100 所示。

（13）单击 确定 按钮返回"标注样式管理器"对话框，替代结果如图 9-101 所示，并关闭该对话框。标注立面图引线注释。

（14）使用快捷键"LE"激活"快速引线"命令，在"指定第一个引线点或[设置（S）] <设置>："提示下输入"S"并按 Enter 键，打开"引线设置"对话框。

（15）在"引线设置"对话框中展开"引线和箭头"选项卡，设置引线参数如图 9-102 所示。

（16）在"引线设置"对话框中激活"附着"选项卡，设置注释文字的附着位置，如图 9-103 所示。

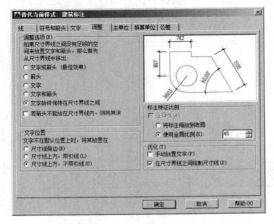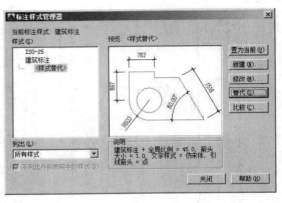

图 9-100　修改尺寸比例　　　　　图 9-101　替代样式

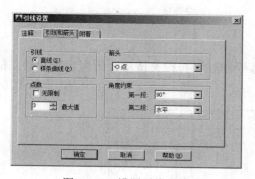

图 9-102　设置引线和箭头

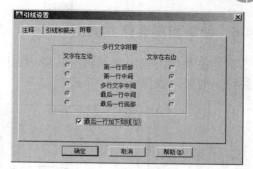

图 9-103　设置附着参数

（17）单击　确定　返回绘图区，根据命令行提示在绘图区指定两个引线点，然后输入"胡桃木踢脚线"，标注如图 9-104 所示的引线注释。

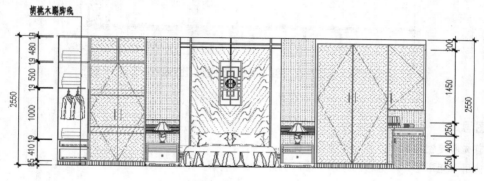

图 9-104　标注结果

（18）重复执行"快速引线"命令，按照当前的引线参数设置，继续标注其他位置的引线注释，结果如图 9-105 所示。

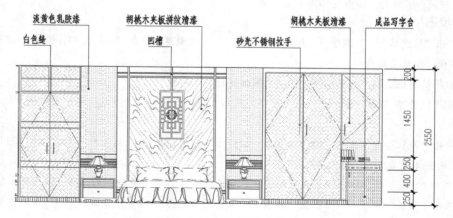

图 9-105　标注其他注释

（19）使用快捷键"Z"激活"视图缩放"工具，调整视图，使平面图全部显示，最终效果如图 9-92 所示。

（20）最后执行"另存为"命令，将图形另名存储为"标注卧室装修立面图.dwg"。

9.4.6 绘制厨房装修立面图

本例主要学习民用建筑厨房装修立面图的具体绘制过程和相关技巧。厨房装修立面图的最终绘制效果，如图9-106所示。

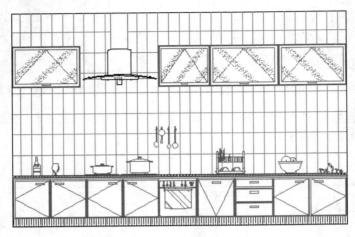

图9-106 本例效果

绘图思路

- 首先新建空白文件，并设置绘图环境。
- 使用"矩形"、"偏移"等命令绘制立面图主体轮廓。
- 使用"插入块"、"复制"命令布置立面图内部构件及厨具图块。
- 使用"图案填充"命令绘制立面装修图案。
- 使用"修剪"和"删除"命令对立面轮廓图进行编辑完善。
- 最后使用"保存"命令将图形命名存盘。

绘图步骤

（1）单击"快速访问"工具栏→"新建"按钮![btn]，执行"新建"命令，以光盘"/样板文件/建筑样板.dwt"作为基础样板，新建空白文件。

（2）启用状态栏上的"对象捕捉"和"对象捕捉追踪"功能。

（3）使用快捷键"LA"激活"图层"命令，在打开的"图层特性管理器"对话框中将"轮廓线"设置为当前图层。

（4）单击"默认"选项卡→"绘图"面板→"矩形"按钮![btn]，绘制长度为4752、宽度为3120的矩形，作为立面图的主体轮廓线。

（5）单击"默认"选项卡→"修改"面板→"分解"按钮![btn]，将刚绘制的矩形分解为四条独立的线段。

（6）单击"默认"选项卡→"修改"面板→"偏移"按钮![btn]，或使用快捷键"O"激活"偏移"命令，将矩形下侧的水平边向上偏移708和744个绘图单位，结果如图9-107所示。

（7）展开"默认"选项卡→"图层"面板→"图层"下拉列表，将"图块层"设置为当前图层。

（8）单击"默认"选项卡→"块"面板→"插入"按钮![btn]，配合捕捉与追踪功能，采用默认参数设置，插入随书光盘中的"/图块文件/吊柜01.dwg"，结果如图9-108所示。

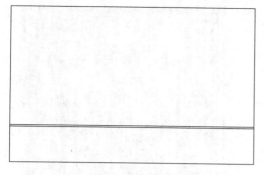

图 9-107　偏移结果

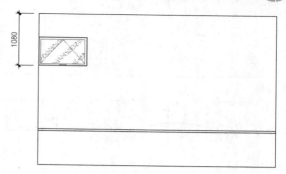

图 9-108　插入结果

（9）单击"默认"选项卡→"修改"面板→"镜像"按钮 ，配合中点捕捉功能选择刚插入的吊柜图例进行垂直镜像，结果如图 9-109 所示。

（10）单击"默认"选项卡→"修改"面板→"复制"按钮 ，激活"复制"命令，配合端点捕捉功能将吊柜图块进行复制，结果如图 9-110 所示。

（11）单击"默认"选项卡→"块"面板→"插入"按钮 ，设置块参数如图 9-111 所示，再次插入吊柜图块，插入结果如图 9-112 所示。

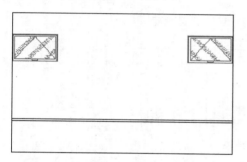

图 9-109　镜像结果

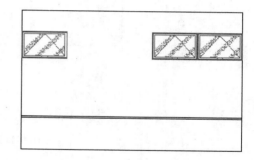

图 9-110　复制结果

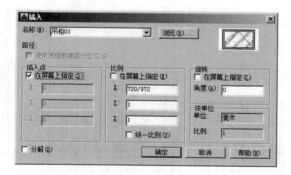

图 9-111　设置块参数

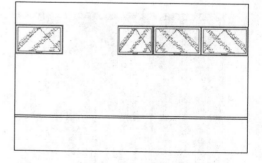

图 9-112　插入结果

（12）重复执行"插入块"命令，配合捕捉和追踪功能，插入随书光盘中的"图块文件"文件夹下的"抽油机.dwg、厨房用具.dwg、厨柜.dwg"，结果如图 9-113 所示。

（13）展开"默认"选项卡→"图层"面板→"图层"下拉列表，设置"填充层"为当前图层。

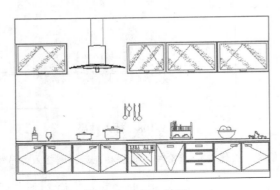

图 9-113　插入结果

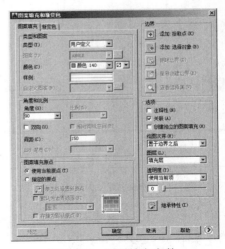

图 9-114　设置填充参数

（14）暂时隐藏油烟机图块，然后单击"默认"选项卡→"绘图"面板→"图案填充"按钮，设置填充图案及填充参数如图 9-114 所示，为立面图填充墙砖图案，填充结果如图 9-115 所示。

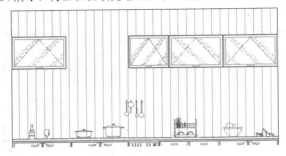

图 9-115　填充结果

（15）重复执行"图案填充"命令，设置填充图案与填充参数如图 9-116 所示的，为立面图填充如图 9-117 所示的墙面图案。

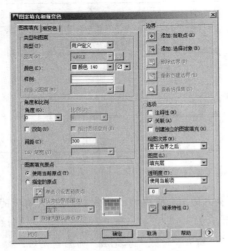

图 9-116　设置填充参数

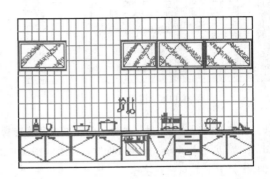

图 9-117　填充结果

（16）重复执行"图案填充"命令，设置填充图案与填充参数如图 9-118 所示的，为立面图填充如图 9-119 所示的踢脚板图案。

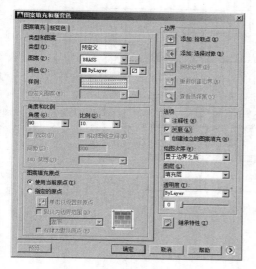

图 9-118　设置填充参数

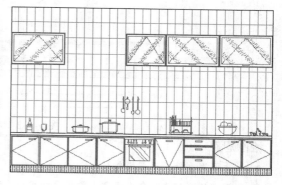

图 9-119　填充结果

（17）重复执行"图案填充"命令，设置填充图案与填充参数如图 9-120 所示的，为立面图填充如图 9-121 所示的腰线图案。

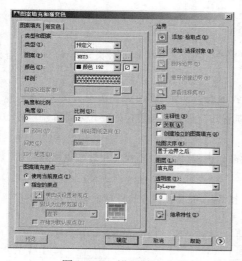

图 9-120　设置填充参数

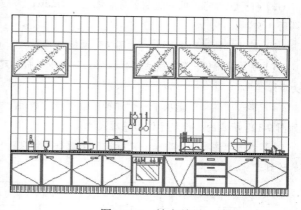

图 9-121　填充结果

（18）使用"分解"、"修剪"和"删除"等命令，对立面图进行修整完善，结果如图 9-106 所示。

（19）最后执行"保存"命令，将图形命名存储为"绘制厨房装修立面图.dwg"。

9.4.7　标注厨房装修立面图

本例主要学习民用建筑厨房装修立面图尺寸与文字的具体标注过程和标注技巧。厨房装修立面图的最终标注效果，如图 9-122 所示。

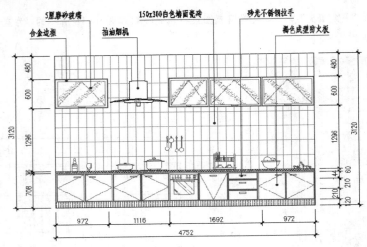

图 9-122　本例效果

绘图思路

◆ 首先调用文件并设置操作层。

◆ 使用"标注样式"命令设置当前标注样式及比例。

◆ 使用"线性"、"连续"、"编辑标注文字"等命令标注立面尺寸。

◆ 使用"标注样式"命令替代当前标注样式的箭头、文字样式及比例等。

◆ 使用"快速引线"命令设置引线样式标注立面图引线注释。

◆ 最后使用"另存为"命令将图形另名存盘。

绘图步骤

（1）打开上例存储的"绘制厨房装修立面图..dwg"，或直接从随书光盘中的"\效果文件\第9章\"目录下调用此文件。

（2）展开"默认"选项卡→"图层"面板→"图层"下拉列表，设置"尺寸层"为当前图层。

（3）使用快捷键"D"激活"标注样式"命令，将"建筑标注"设置为当前标注样式，同时修改标注比例为35。

（4）单击"默认"选项卡→"注释"面板→"线性"按钮 ，配合对象捕捉和对象追踪等功能，标注如图 9-123 所示的线性尺寸作为基准尺寸。

（5）单击"注释"选项卡→"标注"面板→"连续"按钮 ，配合捕捉与追踪功能标注如图 9-124 所示的连续尺寸。

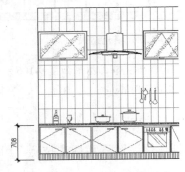

图 9-123　标注线性尺寸

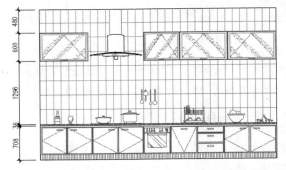

图 9-124　标注连续尺寸

（6）重复执行"线性"命令，配合捕捉或追踪功能标注立面图左侧的总尺寸，结果如图 9-125 所示。

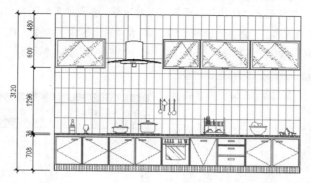

图 9-125　标注总尺寸

（7）参照上述操作，综合使用"线性"和"连续"命令，标注立面图其他两侧的细部尺寸和总尺寸，并适当调整尺寸文字的位置，标注结果如图 9-126 所示。

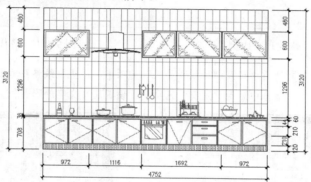

图 9-126　标注结果

（8）展开"默认"选项卡→"图层"面板→"图层"下拉列表，将"文本层"设置当前层。

（9）使用快捷键"D"激活"标注样式"命令，在打开的对话框中单击 替代(O)… 按钮，打开"替代当前样式：建筑标注"对话框。

（10）在"替代当前样式：建筑标注"对话框中展开"符号和箭头"选项卡，修改尺寸的箭头及大小等参数如图 9-127 所示。

（11）在"替代当前样式：建筑标注"对话框中展开"文字"选项卡，修改尺寸的文字样式，如图 9-128 所示。

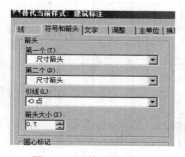

图 9-127　修改箭头及大小

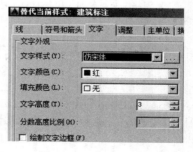

图 9-128　修改文字样式

（12）在"替代当前样式：建筑标注"对话框中展开"调整"选项卡，修改尺寸比例，如图9-129所示。

（13）单击 确定 按钮返回"标注样式管理器"对话框，替代结果如图9-130所示，并关闭该对话框。

（14）标注立面图引线注释。使用快捷键"LE"激活"快速引线"命令，在"指定第一个引线点或[设置（S）]<设置>:"提示下输入"S"并按 Enter 键，打开"引线设置"对话框。

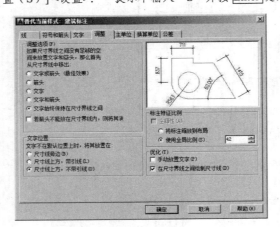

图 9-129 修改尺寸比例

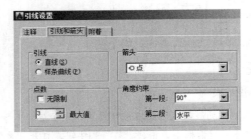

图 9-130 替代样式

（15）在"引线设置"对话框中展开"引线和箭头"选项卡，设置引线参数如图9-131所示。

（16）在"引线设置"对话框中激活"附着"选项卡，设置注释文字的附着位置，如图9-132所示。

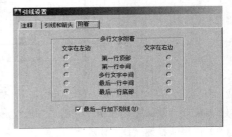

图 9-131 设置引线和箭头

图 9-132 设置附着参数

（17）单击 确定 返回绘图区，根据命令行提示在绘图区指定两个引线点，然后输入"褐色成型防火板"，标注如图9-133所示的引线注释。

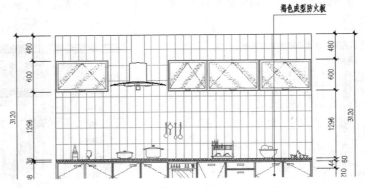

图 9-133 标注结果

（18）重复执行"快速引线"命令，继续标注其他位置的引线注释，结果如图 9-134 所示。

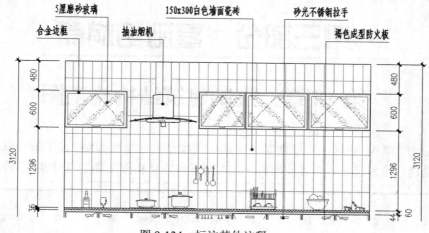

图 9-134　标注其他注释

（19）使用快捷键"Z"激活"视图缩放"工具，调整视图，使平面图全部显示，最终效果如图 9-122 所示。

（20）最后执行"另存为"命令，将图形命名存储为"标注厨房装修立面图.dwg"。

9.5　本章小结

　　本章通过绘制客厅装修立面图、绘制客厅墙面材质图、绘制卧室装修立面图、绘制厨房装修立面图等典型实例，详细讲述了居室空间装修立面图的一般表达内容、绘制思路和具体的绘图过程和绘制技巧。相信读者通过本章的学习，不仅要了解居室装修立面图的绘制方法，还要掌握各种常用的绘制技法和工具的组合搭配技巧。

第三部分　基础结构篇

第 10 章　绘制建筑结构施工图

本章通过绘制如图 10-1 所示的某小区住宅楼梁结构施工平面图，在了解和掌握结构平面图的形成、功能、绘图思路等内容的前提下，主要学习梁结构施工图的具体绘制方法和绘制技巧。

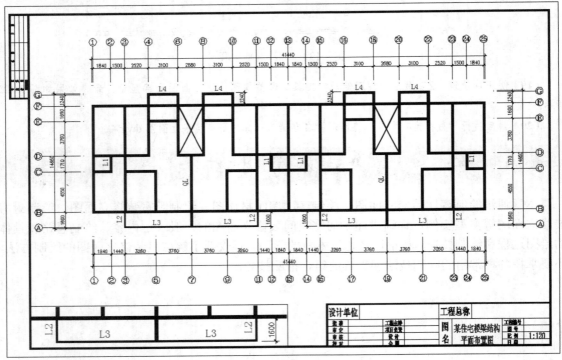

图 10-1　梁结构平面图

■ 学习内容

◇ 结构施工图内容

◇ 结构施工图绘图思路

◇ 绘制住宅楼梁结构轴线图

◇ 绘制住宅楼梁结构布置图

◇ 标注住宅楼梁结构图文字

◇ 标注住宅楼梁结构图尺寸

◇ 标注住宅楼梁结构图符号

10.1　建筑结构施工图概述

从建筑施工图中可以了解建筑物的外形、内部布置、细部构造和内外装修等内容，从结构施工图中则可以了解建筑物各承重构件如柱、梁、板等的布置、结构等内容，此类施工图主要是沿着楼板面（只有结构层，尚未做楼面层面层）将建筑物水平剖开，所作的水平剖面图，表示各层梁、板、柱、墙、过梁和圈梁等的平面布置情况，以及现浇楼板、梁的构造与配筋情况及构件间的结构关系等。另外，结构施工图还为施工中安装梁、板、柱等各构件提供了依据，同时也为现浇构件立模板、绑扎钢筋、浇筑混凝土提供依据，因此，此类施工图也是一种比较重要的图纸。

10.2   建筑结构施工图表达内容

建筑结构施工图的主要图示内容如下。

（1）对于预制楼板，用粗实线表示楼层平面轮廓，用细实线表示预制板的铺设，并把楼板以下不可见墙体的虚线改画为实线。

（2）在结构单元范围内画一条对角线，并沿着对角线方向注明预制板数量及型号等。

（3）楼梯间的结构布置一般不在楼层结构平面图中表示，只用双对角线表示楼梯间。

（4）结构平面图中的定位轴线必须与建筑平面图中的一致。

（5）对于承重构件布置相同的楼层，只需画出一个结构平面图，称为标准层结构平面图。

10.3   建筑结构施工图绘图思路

建筑结构施工图的绘制思路如下。

（1）首先调用样板并设置绘图环境。

（2）绘制梁结构纵横定位轴线。

（3）根据定位线绘制建筑构件结构布置轮廓线。

（4）为建筑结构施工图标注文字注释及结构型号等。

（5）为建筑结构施工图标注施工尺寸。

（6）为建筑结构施工图编写序号。

10.4   绘制某小区住宅楼梁结构施工图

10.4.1   绘制住宅楼梁结构轴线图

与建筑平面图一样，绘制结构施工图也要从绘制纵横定位线开始。本例通过绘制如图 10-2 所示的定位轴线，主要学习梁结构定位轴线图的具体绘制过程和相关技巧。

绘图思路

住宅楼梁结构定位轴线图的绘制思路如下。

◆ 首先调用附增样板创建文件并设置操作层。

◆ 使用"矩形"、"分解"命令绘制基准轴线。

◆ 使用"复制"、"偏移"命令创建纵横向定位轴线。

◆ 使用"修剪"、"删除"命令编辑墙体轴线网。

◆ 使用"拉长"、"打断"和夹点拉伸功能编辑纵横轴线。

◆ 使用"镜像"命令快速创建完整的轴线图。

◆ 最后使用"保存"命令将图形命名存储。

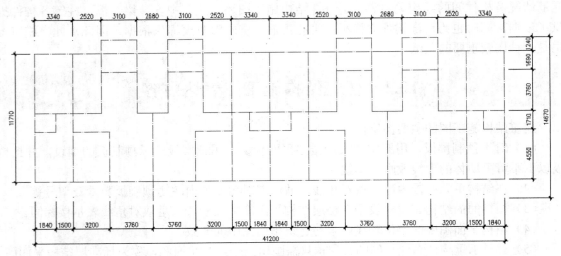

图 10-2   本例效果

绘图步骤

（1）单击"快速访问"工具栏→"新建"按钮，以光盘"/样板文件/建筑样板.dwt"作为基础样板，新建空白文件。

（2）单击"默认"选项卡→"图层"面板→"图层特性"按钮，在打开的"图层特性管理器"对话框中双击"轴线层"，将此图层设置为当前图层，如图 10-3 所示。

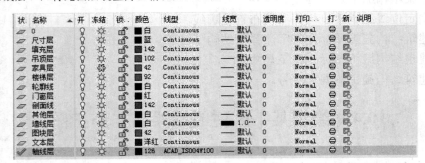

图 10-3   设置当前层

（3）使用快捷键"LT"激活"线型"命令，在打开的"线型管理器"对话框中调整线型比例如图 10-4 所示。

（4）单击"默认"选项卡→"绘图"面板→"矩形"按钮，绘制长度为 10300、宽度为 14670 的矩形，作为定位基准线，如图 10-5 所示。

（5）单击"默认"选项卡→"修改"面板→"分解"按钮，将绘制的矩形分解为四条独立的线段。

（6）按下 F12 功能键，打开状态栏上的"动态输入"功能。

（7）单击"默认"选项卡→"修改"面板→"复制"按钮，或使用快捷键"CO"激活"复制"命令，对分解后两条垂直边进行复制。

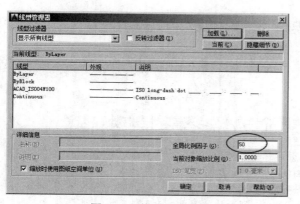

图 10-4　修改线型比例

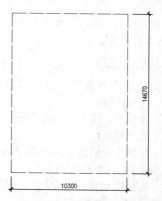

图 10-5　绘制结果

命令行操作如下：

```
命令：co                                          // Enter
COPY 选择对象：                                   //选择矩形左侧的垂直边
选择对象：                                        // Enter
当前设置： 复制模式 = 多个
指定基点或 [位移(D)/模式(O)] <位移>：            //拾取任一点
指定第二个点或 [阵列(A)] <使用第一个点作为位移>：  //@1840,0 Enter
指定第二个点或 [阵列(A)/退出(E)/放弃(U)] <退出>：  //@3340,0 Enter
指定第二个点或 [阵列(A)/退出(E)/放弃(U)] <退出>：  //@5860,0 Enter
指定第二个点或 [阵列(A)/退出(E)/放弃(U)] <退出>：  // Enter
命令：                                            // Enter
COPY    选择对象：                                //选择矩形右侧的垂直边
选择对象：                                        // Enter
当前设置： 复制模式 = 多个
指定基点或 [位移(D)/模式(O)] <位移>：            //@-1340,0 Enter
指定第二个点或 [阵列(A)] <使用第一个点作为位移>：  //@3760<180 Enter
指定第二个点或 [阵列(A)/退出(E)/放弃(U)] <退出>：  //Enter，复制结果如图10-6所示
```

（8）单击"默认"选项卡→"修改"面板→"偏移"按钮，将下侧的水平轴线作为首次偏移对象，将偏移出的轴线作为下一次需要偏移的对象，偏移出内部的水平轴线，偏移间距分别为1720、4550、1710、3760和1690个单位，偏移结果如图10-7所示。

（9）使用快捷键"E"激活"删除"命令，删除最下侧水平轴线，结果如图10-8所示。

图 10-6　复制结果

图 10-7　偏移结果

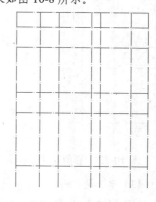

图 10-8　删除结果

（10）单击"默认"选项卡→"修改"面板→"修剪"按钮 ✂，对水平轴线进行修剪。

命令行操作如下：

```
命令: tr
TRIM 当前设置:投影=UCS, 边=无
选择剪切边...
选择对象或 <全部选择>:     //选择如图10-9所示的三条垂直轴线作为边界
选择对象:              // Enter
选择要修剪的对象，或按住 Shift 键选择要延伸的对象，或[栏选(F)/窗交(C)/投影(P)/边
(E)/删除(R)/放弃(U)]:      //在如图10-10所示的位置单击水平轴线
选择要修剪的对象，或按住 Shift 键选择要延伸的对象，或[栏选(F)/窗交(C)/投影(P)/边
(E)/删除(R)/放弃(U)]:      //在如图10-11所示的位置单击水平轴线
选择要修剪的对象，或按住 Shift 键选择要延伸的对象，或[栏选(F)/窗交(C)/投影(P)/边
(E)/删除(R)/放弃(U)]:           // Enter，修剪结果如图10-12所示
```

　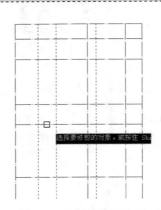　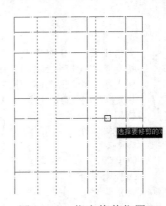

图10-9　选择边界　　　　　图10-10　指定修剪位置　　　　图10-11　指定修剪位置

（11）在无命令执行的前提下单击最上侧的水平轴线，使其呈现夹点显示状态，结果如图10-13所示。

（12）单击左侧的夹点，进入夹点编辑模式，然后在命令行"指定拉伸点或 [基点（B）/复制（C）/放弃（U）/退出（X）]："提示下，捕捉如图10-14所示的端点，对其进行夹点拉伸，拉伸结果如图10-15所示。

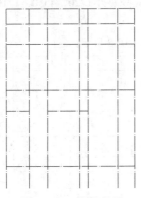　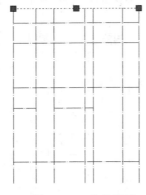　

图10-12　修剪结果　　　　　图10-13　夹点显示　　　　　图10-14　捕捉端点

（13）单击最右侧的夹点，进入夹点编辑模式，然后在命令行"指定拉伸点或[基点（B）/复制（C）/放弃（U）/退出（X）]："提示下，捕捉如图10-16所示的端点，对其进行夹点拉伸，拉伸结果如图10-17所示。

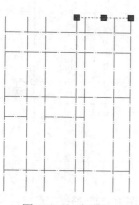

图 10-15　夹点拉伸

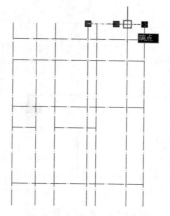

图 10-16　捕捉端点

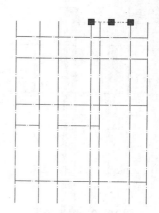

图 10-17　夹点拉伸

（14）退出夹点编辑命令，并按键盘中的 Esc 键，取消轴线的夹点显示，结果如图 10-18 所示。

（15）单击"默认"选项卡→"修改"面板→"拉长"按钮，对最右侧的垂直轴线进行编辑。

命令行操作如下：

```
命令：len
LENGTHEN 选择对象或 [增量(DE)/百分数(P)/全部(T)/动态(DY)]:       //de Enter
输入长度增量或 [角度(A)] <0.0>:       // -6690 Enter
选择要修改的对象或 [放弃(U)]:       //在如图 10-19 所示的位置单击
选择要修改的对象或 [放弃(U)]:       // Enter，结束命令，编辑结果如图 10-20 所示
```

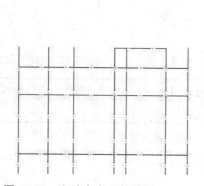

图 10-18　取消夹点后的效果

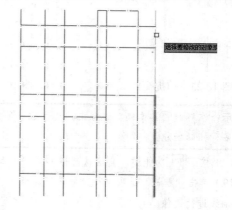

图 10-19　指定单击位置

（16）单击"默认"选项卡→"修改"面板→"打断"按钮，激活"打断"命令，配合交点捕捉功能对水平轴线进行编辑。

命令行操作如下：

```
命令：_break
选择对象：       //选择如图 10-21 所示的水平轴线
指定第二个打断点 或 [第一点(F)]:       //F Enter
指定第一个打断点：       //捕捉如图 10-22 所示的交点
指定第二个打断点：       //捕捉如图 10-23 所示的交点，打断结果如图 10-24 所示
```

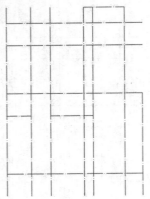

图 10-20　编辑结果　　　　图 10-21　选择水平轴线　　　　图 10-22　捕捉交点

（17）接下来参照第 10～16 操作步骤，综合使用"修剪"、"打断"、"拉长"和夹点拉伸功能，分别对其他位置的轴线进行编辑，编辑结果如图 10-25 所示。

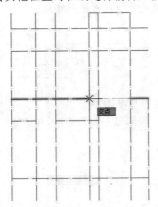
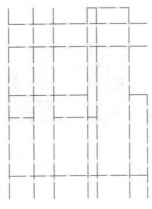
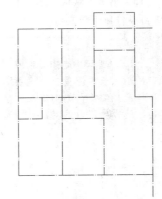

图 10-23　捕捉交点　　　　图 10-24　打断结果　　　　图 10-25　编辑其他轴线

技巧提示：在轴线的具体编辑过程中，要注意配合使用"对象捕捉"、"极轴追踪"、坐标输入以及视图的调整等多种辅助功能。

（18）按下 F3 功能键，激活状态栏上的"对象捕捉"功能，并设置捕捉模式为端点捕捉。

（19）单击"默认"选项卡→"修改"面板→"镜像"按钮 ⚖，配合端点捕捉功能和窗交选择功能对编辑后的轴线进行镜像。

命令行操作如下：

```
命令：_mirror
选择对象：                          //拉出如图 10-26 所示的窗交选择框
选择对象：                          //Enter，结束选择
指定镜像线的第一点：                //捕捉如图 10-27 所示的端点
指定镜像线的第二点：                //捕捉如图 10-28 所示的端点
要删除源对象吗？[是(Y)/否(N)] <N>：// Enter，结束命令，镜像结果如图 10-29 所示
```

（20）重复执行"镜像"命令，配合端点捕捉功能和窗交选择功能继续对单元轴线进行镜像。

命令行操作如下：

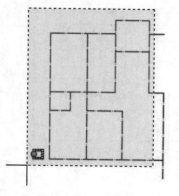

图 10-26　窗交选择

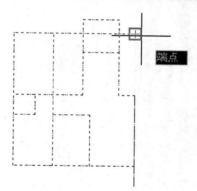

图 10-27　捕捉端点

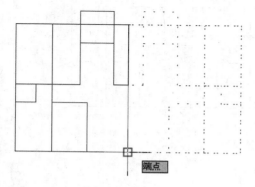

图 10-28　捕捉端点

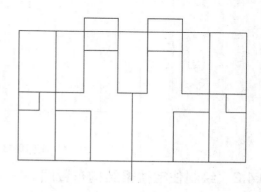

图 10-29　镜像结果

```
命令：_mirror
选择对象：                          //拉出如图 10-30 所示的窗交选择框
选择对象：                          // Enter，结束选择
指定镜像线的第一点：                //捕捉如图 10-31 所示的端点
指定镜像线的第二点：                //捕捉如图 10-32 所示的端点
要删除源对象吗？[是(Y)/否(N)] <N>： // Enter，结束命令，镜像结果如图 10-33 所示
```

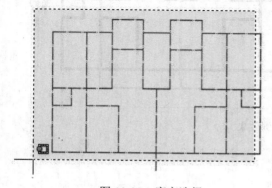

图 10-30　窗交选择

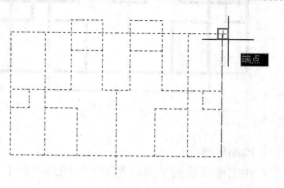

图 10-31　捕捉端点

（21）最后执行"保存"命令，将图形命名存储为"绘制梁结构轴线图.dwg"。

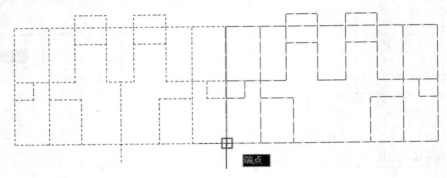

图 10-32　捕捉端点

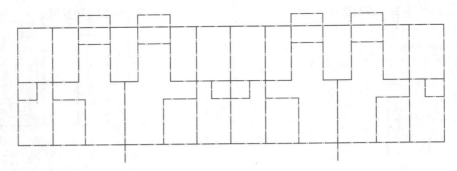

图 10-33　镜像结果

10.4.2　绘制住宅楼梁结构布置图

本例主要学习住宅楼梁结构布置图的绘制方法、具体绘制过程和相关技巧。住宅楼梁结构布置图的最终绘制效果如图 10-34 所示。

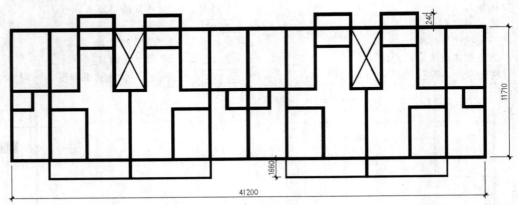

图 10-34　本例效果

绘图思路

住宅楼梁结构平面布置图的绘图思路如下。

◆ 首先调用轴线图文件并设置新图层。

◆ 使用"多段线"命令绘制楼层梁轮廓线。

◆ 使用"多段线"命令绘制楼梯间轮廓线。

◆ 使用"多段线"、"镜像"命令绘制阳台梁。

◆ 最后使用"另存为"命令将图形另名存储。

绘图步骤

（1）打开上例存储的"绘制梁结构轴线图..dwg"，或直接从随书光盘中的"\效果文件\第 10 章\"目录下调用此文件。

（2）打开状态栏上的"对象捕捉"和"极轴追踪"功能。

（3）使用快捷键"LT"激活"线型"命令，暂时将线型比例设置为 1，此地图形的显示效果如图 10-35 所示。

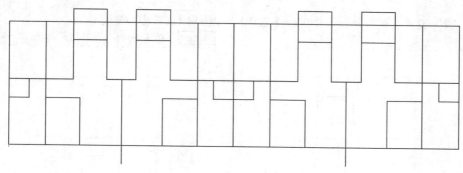

图 10-35　图形的显示效果

（4）单击"默认"选项卡→"图层"面板→"图层特性"按钮，在打开的"图层特性管理器"对话框中新建一个名为"梁结构"的新图层，并将此图层设置为当前图层，如图 10-36 所示。

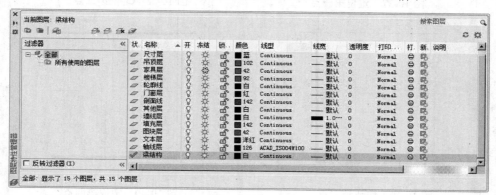

图 10-36　设置新图层

（5）单击"默认"选项卡→"绘图"面板→"多段线"按钮，根据所绘制的定位轴线，配合对象捕捉功能绘制楼层梁轮廓线。

命令行操作如下：

```
命令：_pline
指定起点：                          //捕捉如图 10-37 所示的端点
当前线宽为 0.0
指定下一个点或 [圆弧(A)/半宽(H)/长度(L)/放弃(U)/宽度(W)]：
                                    //w Enter，激活"宽度"选项
```

```
指定起点宽度 <0.0>:                        //240 Enter
指定端点宽度 <240.0>:                      // Enter
指定下一个点或 [圆弧(A)/半宽(H)/长度(L)/放弃(U)/宽度(W)]:
                                          //捕捉如图10-38所示的端点
指定下一点或 [圆弧(A)/闭合(C)/半宽(H)/长度(L)/放弃(U)/宽度(W)]:
                                          //捕捉如图10-39所示的端点
指定下一点或 [圆弧(A)/闭合(C)/半宽(H)/长度(L)/放弃(U)/宽度(W)]:
                                          //捕捉如图10-40所示的端点
指定下一点或 [圆弧(A)/闭合(C)/半宽(H)/长度(L)/放弃(U)/宽度(W)]:
                                          //C Enter，激活"闭合"选项
指定下一点或 [圆弧(A)/闭合(C)/半宽(H)/长度(L)/放弃(U)/宽度(W)]:
                                          // Enter，结束命令，绘制结果如图10-41所示
```

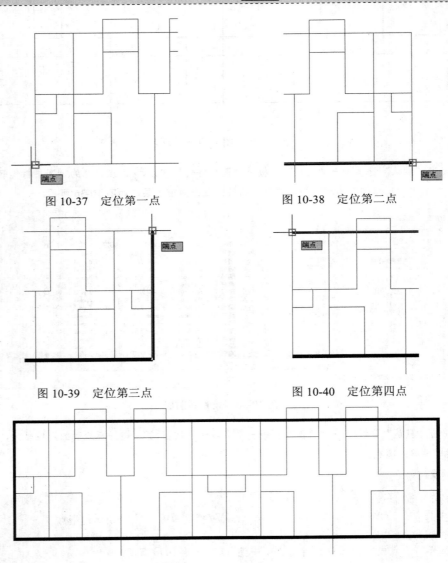

图 10-37　定位第一点　　　　　　　图 10-38　定位第二点

图 10-39　定位第三点　　　　　　　图 10-40　定位第四点

图 10-41　绘制结果

（6）重复上一步操作，设置起点和端点的宽度保持不变，使用"多段线"命令绘制其他位置的轮廓线，结果如图 10-42 所示。

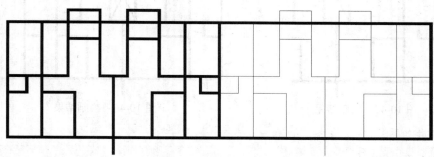

图 10-42　绘制结果

（7）单击"默认"选项卡→"绘图"面板→"多段线"按钮，配合端点捕捉功能绘制楼梯间位置的轮廓线。

命令行操作如下：

```
命令：_pline
指定起点：                        //捕捉如图 10-43 所示的交点
当前线宽为 0.0
指定下一个点或 [圆弧(A)/半宽(H)/长度(L)/放弃(U)/宽度(W)]：//w Enter
指定起点宽度 <240.0>：            //75 Enter
指定端点宽度 <75.0>：            // Enter
指定下一个点或 [圆弧(A)/半宽(H)/长度(L)/放弃(U)/宽度(W)]：
                                //捕捉如图 10-44 所示的交点
指定下一点或 [圆弧(A)/闭合(C)/半宽(H)/长度(L)/放弃(U)/宽度(W)]：
                                // Enter，绘制结果如图 10-45 所示
```

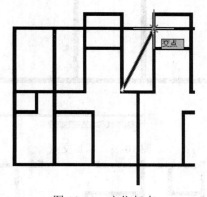

图 10-43　定位起点

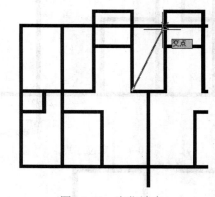

图 10-44　定位端点

（8）重复上一步操作，使用"多段线"命令绘制其他位置的轮廓线，线宽为 75，绘制结果如图 10-46 所示。

（9）按下 F11 功能键，打开状态栏上的"对象捕捉追踪"功能。

（10）单击"默认"选项卡→"绘图"面板→"多段线"按钮，设置起点和端点宽度都为 120 个绘图单位，配合"极轴追踪"和"对象捕捉追踪"功能绘制阳台位置的梁轮廓线。

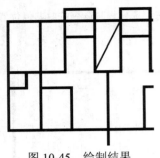

图 10-45　绘制结果

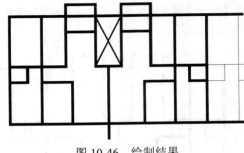

图 10-46　绘制结果

命令行操作如下:

```
命令: _pline
指定起点:                                          //捕捉如图10-7示位置的端点
当前线宽为 75.0
指定下一个点或 [圆弧(A)/半宽(H)/长度(L)/放弃(U)/宽度(W)]:      //w Enter
指定起点宽度 <75.0>:                               //120 Enter
指定端点宽度 <120.0>:                              // Enter
指定下一个点或 [圆弧(A)/半宽(H)/长度(L)/放弃(U)/宽度(W)]:
                                                   //激活"捕捉自"功能
指定下一点或 [圆弧(A)/闭合(C)/半宽(H)/长度(L)/放弃(U)/宽度(W)]:
                                                   //捕捉如图10-48所示的追踪虚线的交点
指定下一点或 [圆弧(A)/闭合(C)/半宽(H)/长度(L)/放弃(U)/宽度(W)]:
                                                   //@-120,0 Enter
指定下一点或 [圆弧(A)/闭合(C)/半宽(H)/长度(L)/放弃(U)/宽度(W)]:
                                                   //捕捉如图10-49所示的追踪虚线的交点
指定下一点或 [圆弧(A)/闭合(C)/半宽(H)/长度(L)/放弃(U)/宽度(W)]:
                                                   //Enter,绘制结果如图10-50所示
```

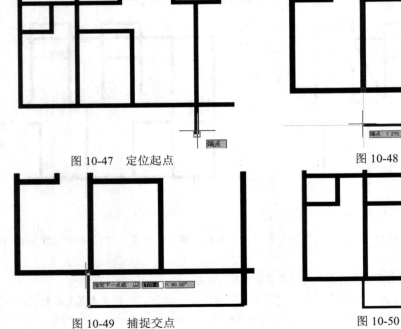

图 10-47　定位起点

图 10-49　捕捉交点

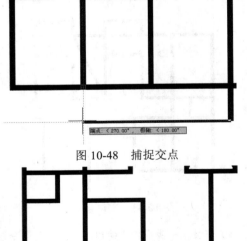

图 10-48　捕捉交点

图 10-50　绘制结果

（11）单击"默认"选项卡→"修改"面板→"偏移"按钮 ，激活"偏移"命令，将刚绘制的多段线进行偏移。

命令行操作如下：

```
命令：o                                            // Enter
OFFSET
当前设置：删除源=否    图层=源    OFFSETGAPTYPE=0
指定偏移距离或 ［通过(T)/删除(E)/图层(L)］<60.0>：   //e Enter，激活"删除"选项
要在偏移后删除源对象吗？［是(Y)/否(N)］<否>：        //Y Enter，设置删除模式
指定偏移距离或 ［通过(T)/删除(E)/图层(L)］<60.0>：   //60 Enter
选择要偏移的对象，或 ［退出(E)/放弃(U)］<退出>：      //选择如图10-51所示的交点
指定要偏移的那一侧上的点，或 ［退出(E)/多个(M)/放弃(U)］<退出>：
                                                  //在所选多段线的上侧拾取点
选择要偏移的对象，或 ［退出(E)/放弃(U)］<退出>：
                                        // Enter，结束命令，偏移结果如图10-52所示
```

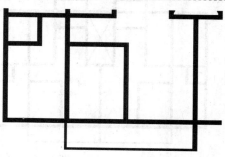

图 10-51　选择多段线　　　　　　图 10-52　偏移结果

（12）单击"默认"选项卡→"修改"面板→"镜像"按钮 ，配合端点捕捉功能对偏移后的多段线进行镜像。

命令行操作如下：

```
命令：_mirror
选择对象：                      //选择如图10-53所示的多段线
选择对象：                      // Enter
指定镜像线的第一点：            //捕捉如图10-54所示的端点
指定镜像线的第二点：            //@0,1 Enter
要删除源对象吗？［是(Y)/否(N)］<N>：   // Enter，镜像结果如图10-55所示
```

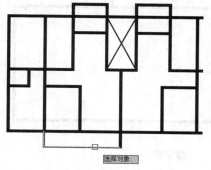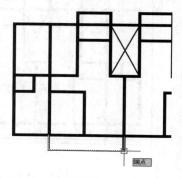

图 10-53　选择多段线　　　　　　图 10-54　捕捉端点

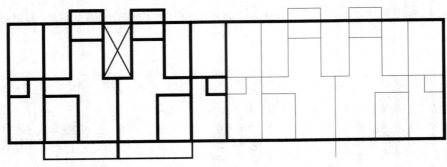

图 10-55　镜像结果

（13）展开"默认"选项卡→"图层"面板→"图层"下拉列表，关闭"轴线层"，此时图形的显示结果如图 10-56 所示。

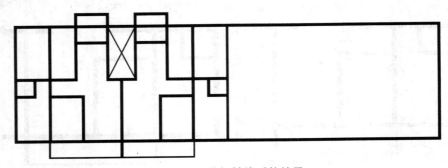

图 10-56　关闭轴线后的效果

（14）单击"默认"选项卡→"修改"面板→"镜像"按钮 ⚏，配合端点捕捉功能，继续对梁结构轮廓线进行镜像。

命令行操作如下：

```
命令: _mirror
选择对象:                    //拉出如图 10-57 所示的窗口选择框
选择对象:                    // Enter ，选择结果如图 10-58 所示
选择对象:                    //按住 Shift 键单击右键，然后单击如图 10-59 所示的轮廓线，将
                             其排除在选择集外，结果如图 10-60 所示
```

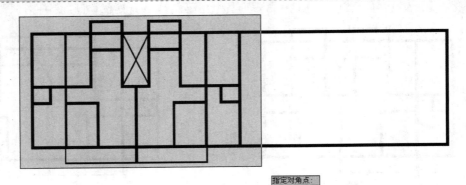

图 10-57　窗口选择

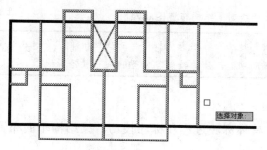

图 10-58　选择结果

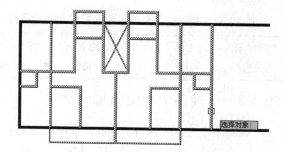

图 10-59　选择对象

选择对象：　　　　　　　　　　　// Enter，结束选择
指定镜像线的第一点：　　　　　　//捕捉如图 10-61 所示的端点
指定镜像线的第二点：　　　　　　　//捕捉如图 10-62 所示的交点
要删除源对象吗？[是(Y)/否(N)] <N>：　// Enter，结束命令，镜像结果如图 10-63 所示

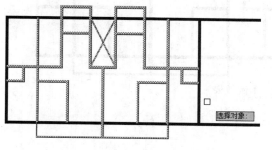

图 10-60　操作结果

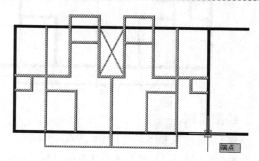

图 10-61　捕捉端点

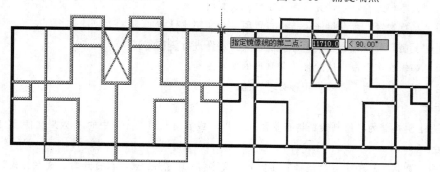

图 10-62　捕捉交点

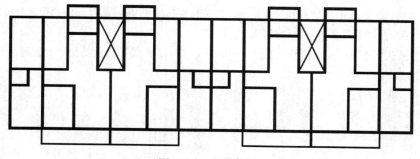

图 10-63　镜像结果

（15）最后执行"另存为"命令，将图形命名存储为"绘制梁结构布置图.dwg"。

技巧提示： 本例主要学习了楼层梁轮廓线的绘制方法和绘制技巧。在绘制过程中，主要使用了"多段线"命令，通过巧妙设置多段线的线宽，并配合捕捉、追踪等辅助功能，快速绘制各位置的梁布置轮廓线。

10.4.3 标注住宅楼梁结构图文字

本例主要学习梁结构平面布置图文字注释的具体标注过程和标注技巧。梁结构平面布置图文字的最终标注结果，如图 10-64 所示。

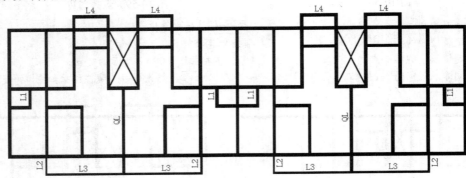

图 10-64 本例效果

绘图思路

梁结构布置图文字注释的标注思路如下。

◆ 首先调用梁结构布置图文件并设置当前层。

◆ 使用"文字样式"命令设置当前文字样式及宽度比例。

◆ 使用"单行文字"命令标注梁结构布置图单个文字注释。

◆ 使用"复制"命令配合捕捉追踪功能对文字注释进行多重复制。

◆ 使用"编辑文字"命令快速修改复制出的文字注释。

◆ 最后使用"另存为"命令将图形另名存储。

绘图步骤

（1）打开上例存储的"绘制梁结构布置图..dwg"，或直接从随书光盘中的"\效果文件\第10章\"目录下调用此文件。

（2）单击"默认"选项卡→"注释"面板→"文字样式"按钮 Ａ，在打开的"文字样式"对话框中设置"宋体"为当前文字样式，并修改宽度比例为1，结果如图 10-65 所示。

（3）单击"默认"选项卡→"图层"面板→"图层特性"按钮，在打开的"图层特性管理器"对话框中双击"文本层"，将其设置为当前图层。

（4）单击"默认"选项卡→"注释"面板→"单行文字"按钮 Ａ，为梁结构布置图标注单行文字注释。

命令行操作如下：

```
命令：_dtext
当前文字样式：宋体  当前文字高度：2.5
指定文字的起点或[对正(J)/样式(S)]：   //在如图10-66所示位置上拾取一点
指定高度<2.5>：            //550 Enter
指定文字的旋转角度<0.00>：      //90 Enter
```

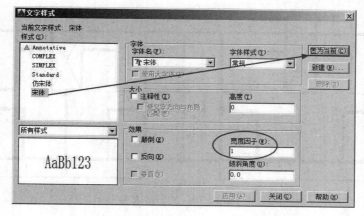

图 10-65 "文字样式"对话框

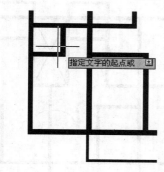

图 10-66 指定起点

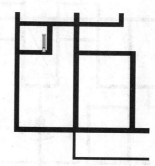

图 10-67 单行文字输入框

（5）此时绘图区出现如图 10-67 所示的单行文字输入框，然后输入"L1"并敲击 Enter 键，标注结果如图 10-68 所示。

（6）重复使用"单行文字"命令，设置旋转角度为 0，高度为 550，标注如图 10-69 所示的文字对象。

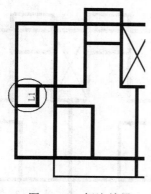

图 10-68 标注结果

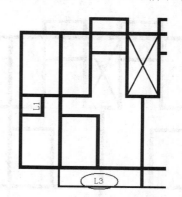

图 10-69 标注结果

（7）单击"默认"选项卡→"修改"面板→"复制"按钮，将标注的两类文字注释复制到平面图其他位置上，结果如图 10-70 所示。

（8）在复制出的文字上双击左键，此时该文字以反白显示的单行输入框显示，如图 10-71 所示。

（9）此时在反白显示的文字输入框内输入正确的文字内容"QL"，敲击 Enter 键，结果如图 10-72 所示。

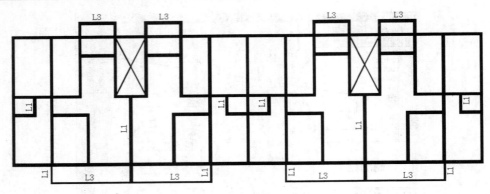

图 10-70　复制结果

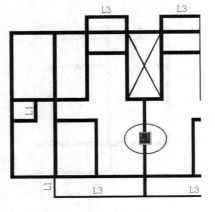

图 10-71　输入框

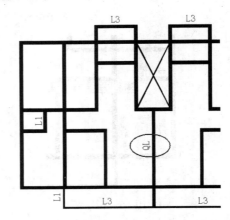

图 10-72　修改结果

（10）参照上一步操作，分别在其他位置的文字对象上双击左键，输入正确的注释内容，结果如图 10-73 所示。

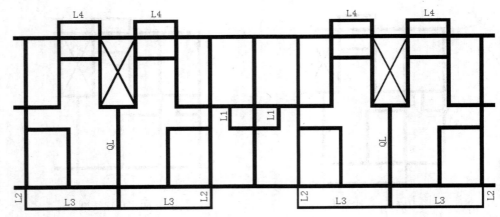

图 10-73　编辑结果

技巧提示： 在此也可以使用"多行文字"命令和"编辑文字"命令，快速为布置图标注文字注释。

（11）最后执行"另存为"命令，将图形中命名存储为"标注梁结构布置图文字注释.dwg"。

10.4.4 标注住宅楼梁结构图尺寸

本例主要学习梁结构平面布置图尺寸的快速标注过程和标注技巧。梁结构平面布置图尺寸的最终标注结果，如图 10-74 所示。

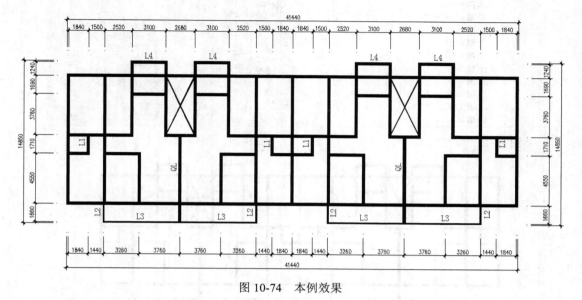

图 10-74 本例效果

绘图思路

楼梁结构布置图尺寸的标注思路如下。

◆ 首先调用图形源文件并设置当前层。

◆ 使用"标注样式"命令设置当前标注样式及比例。

◆ 使用"构造线"、"偏移"命令绘制尺寸定位辅助线。

◆ 使用"线性"、"连续"、"镜像"等命令标注布置图尺寸。

◆ 使用夹点编辑、"镜像"等命令编辑布置图尺寸。

◆ 最后使用"另存为"命令将图形另名存盘。

绘图步骤

（1）打开上例存储的"标注梁结构布置图文字注释.dwg"，或直接从随书光盘中的"\效果文件\第 10 章\"目录下调用此文件。

（2）展开"默认"选项卡→"图层"面板→"图层"下拉列表，将"尺寸层"设置为当前图层，如图 10-75 所示。

（3）单击"默认"选项卡→"注释"面板→"标注样式"按钮 ，打开"标注样式管理器"对话框，将"建筑标注"设置为当前样式，并修改标注比例，如图 10-76 所示。

（4）单击"默认"选项卡→"绘图"面板→"构造线" ，激活"构造线"命令，配合端点捕捉功能在平面图的最外侧绘制如图 10-77 所示的水平构造型作为尺寸定位线。

（5）单击"默认"选项卡→"修改"面板→"偏移"按钮 ，将水平构造线向下偏移 1000 个单位，同时删除源构造线。

命令行操作如下：

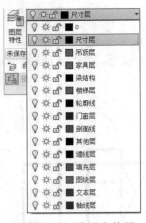

图 10-75 设置当前层

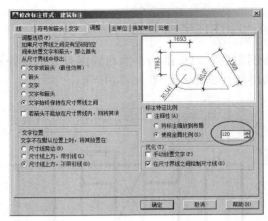

图 10-76 设置当前样式与标注比例

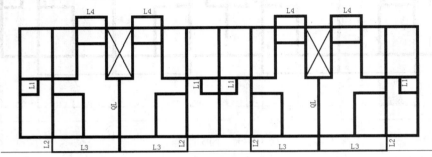

图 10-77 绘制构造线

```
命令：o                                                    // Enter
OFFSET
当前设置：删除源=否    图层=源   OFFSETGAPTYPE=0
指定偏移距离或 [通过(T)/删除(E)/图层(L)] <60.0>: //e Enter，激活"删除"选项
要在偏移后删除源对象吗？[是(Y)/否(N)] <否>:        //Y Enter，设置删除模式
指定偏移距离或 [通过(T)/删除(E)/图层(L)] <0.0>:    //1000 Enter
选择要偏移的对象，或 [退出(E)/放弃(U)] <退出>:     //选择刚绘制的水平构造线
指定要偏移的那一侧上的点，或 [退出(E)/多个(M)/放弃(U)] <退出>:
                                              //在所选构造线的下侧拾取点
选择要偏移的对象，或 [退出(E)/放弃(U)] <退出>:
                                // Enter，结束命令，偏移结果如图 10-78 所示
```

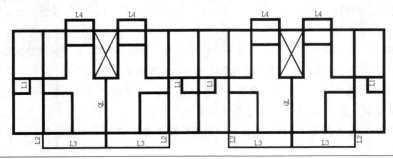

图 10-78 偏移结果

技巧提示： 在偏移对象过程中，巧妙使用命令中的"删除"选项，可以在偏移对象的过程中将源对象删除，而不需要再执行"删除"命令。

（6）打开状态栏上的"对象捕捉"、"极轴追踪"和"对象捕捉追踪"等辅助功能。

（7）单击"默认"选项卡→"注释"面板→"线性"按钮 ┣┫，配合捕捉和追踪功能标注基准尺寸。

命令行操作如下：

> 命令：_dimlinear
> 指定第一个尺寸界线原点或 ＜选择对象＞：
>   //垂直向下引出端点追踪虚线，然后捕捉虚线与辅助线的交点，如图 10-79 所示
> 指定第二条尺寸界线原点：
>   //捕捉端点追踪虚线和极轴追踪虚线的交点作为第二原点，如图 10-80 所示
> 指定尺寸线位置或 [多行文字(M)/文字(T)/角度(A)/水平(H)/垂直(V)/旋转(R)]：
>   //垂直向下引导光标，输入 2000 Enter 定位尺寸位置，标注结果如图 10-81 所示
> 标注文字 = 1840

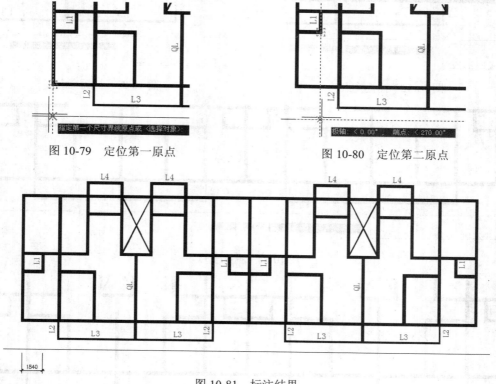

图 10-79　定位第一原点　　　　　　　　图 10-80　定位第二原点

图 10-81　标注结果

（8）单击"注释"选项卡→"标注"面板→"连续"按钮 ┣┼┨，配合端点捕捉和"对象追踪"功能，继续标注右侧的连续尺寸。

命令行操作如下：

> 命令：_dimcontinue
> 指定第二条延伸线原点或 [放弃(U)/选择(S)] ＜选择＞：
>   //垂直向下引出端点追踪虚线，然后捕捉虚线与辅助线的交点，如图 10-82 所示

标注文字 = 1440

指定第二条延伸线原点或 [放弃(U)/选择(S)] <选择>:

　　　　　　//垂直向下引出端点追踪虚线，然后捕捉虚线与辅助线的交点，如图10-83所示

标注文字 = 3260

指定第二条延伸线原点或 [放弃(U)/选择(S)] <选择>:

　　　　　　//垂直向下引出端点追踪虚线，然后捕捉虚线与辅助线的交点，如图10-84所示

标注文字 = 3760

指定第二条延伸线原点或 [放弃(U)/选择(S)] <选择>:　　　// Enter

选择连续标注:　　　　　　　　// Enter，结束命令，标注结果如图10-85所示

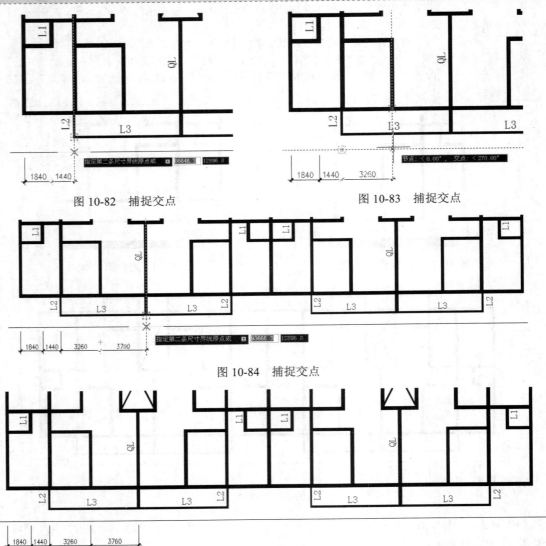

图 10-82　捕捉交点　　　　　　　　　　　　图 10-83　捕捉交点

图 10-84　捕捉交点

图 10-85　标注结果

（9）单击"默认"选项卡→"修改"面板→"镜像"按钮 ⚠，配合端点捕捉功能对尺寸进行镜像。

命令行操作如下：

```
命令: _mirror
选择对象:            //拉出如图 10-86 所示的窗交选择框
选择对象:            // Enter
指定镜像线的第一点:    //捕捉如图 10-87 所示的端点
指定镜像线的第二点:    //@0,1 Enter
要删除源对象吗? [是(Y)/否(N)] <N>:
                    // Enter ,结束命令,镜像结果如图 10-88 所示
```

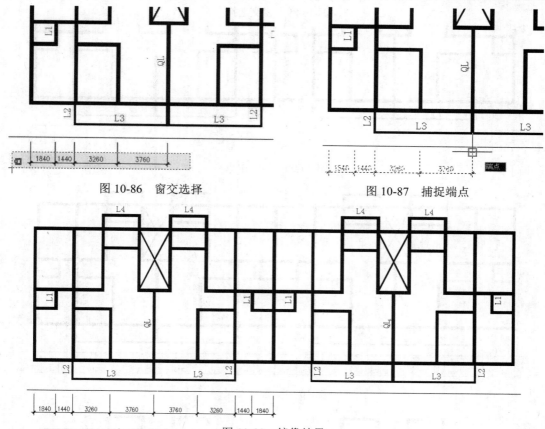

图 10-86　窗交选择　　　　　　　　　　图 10-87　捕捉端点

图 10-88　镜像结果

（10）重复执行"镜像"命令,配合端点捕捉功能继续对图 10-88 所示的尺寸进行镜像。

命令行操作如下:

```
命令: _mirror
选择对象:            //拉出如图 10-89 所示的窗交选择框
选择对象:            // Enter
指定镜像线的第一点:    //捕捉如图 10-90 所示的中点
指定镜像线的第二点:    //@0,1 Enter
要删除源对象吗? [是(Y)/否(N)] <N>:
                    // Enter ,结束命令,镜像结果如图 10-91 所示
```

（11）单击"默认"选项卡→"注释"面板→"线性"按钮⊢,配合端点捕捉和"对象追踪"功能标注总尺寸,结果如图 10-92 所示。

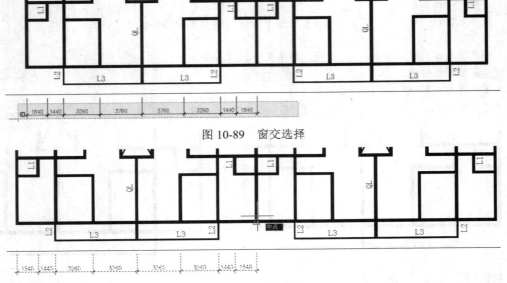

图 10-89　窗交选择

图 10-90　捕捉中点

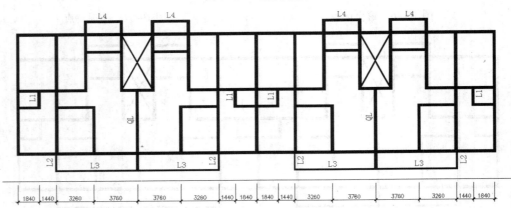

图 10-91　镜像结果

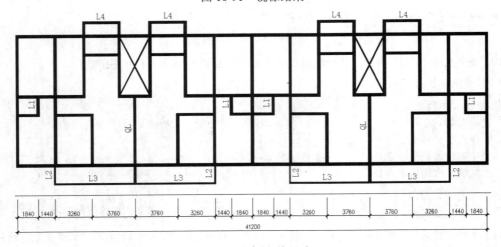

图 10-92　标注总尺寸

（12）参照 4～11 操作步骤，综合使用"线性"、"连续"、"镜像"等命令，分别标注梁平面图其他侧的尺寸，结果如图 10-93 所示。

技巧提示：在标注平面图其他尺寸时，也可以使用"快速标注"命令，配合窗交选择功能，快速选择并标注布置图的细部尺寸。

（13）使用快捷键"E"激活"删除"命令，删除四条尺寸定位辅助线，结果如图 10-94 所示。

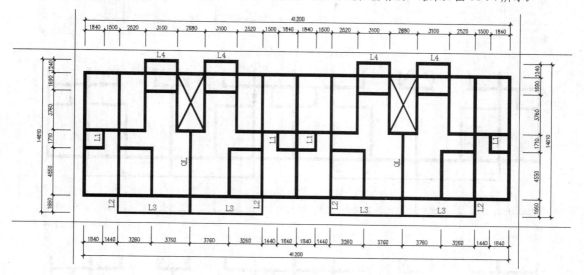

图 10-93 标注其他侧尺寸

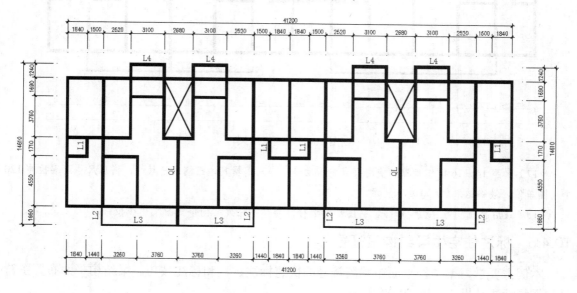

图 10-94 删除辅助线

（14）在无命令执行的前提下单击最下侧的总尺寸，使其呈现夹点显示状态，结果如图 10-95 所示。

（15）接下来使用夹点编辑中的拉伸功能，将总尺寸向两端拉长 120 个单位，结果如图 10-96 所示。

（16）按下 Esc 键取消尺寸的夹点显示，拉伸结果如图 10-97 所示。

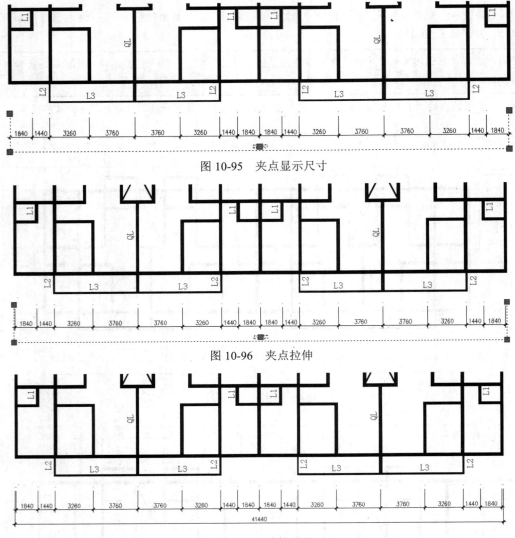

图 10-95   夹点显示尺寸

图 10-96   夹点拉伸

图 10-97   编辑结果

（17）参照 14～16 操作步骤，使用夹点编辑功能，分别编辑其他三侧的总尺寸，将总尺寸两端拉伸 120 个绘图单位，最终结果如图 10-74 所示。

（18）最后执行"另存为"命令，将图形命名存储为"标注梁结构布置图尺寸.dwg"。

10.4.5   标注住宅楼梁结构图符号

本例主要学习梁结构平面布置图符号的快速标注过程和标注技巧。梁结构平面布置图符号的最终标注结果，如图 10-98 所示。

绘图思路

楼梁结构布置图轴标号的标注思路如下。

◆ 首先调用图形源文件并设置当前层。

◆ 使用"直线"命令绘制指示线。

◆ 使用"插入块"命令插入轴标号属性块。

◆ 使用"复制"、"镜像"、"移动"等命令绘制其他位置指示线及轴标号。

◆ 使用"编辑属性"命令修改轴标号属性值及宽度比例特性。

◆ 最后使用"另存为"命令将图形另名存盘。

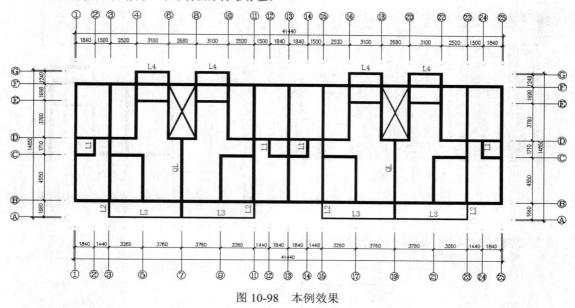

图 10-98　本例效果

绘图步骤

（1）打开上例存储的"标注梁结构布置图尺寸.dwg"，或直接从随书光盘中的"\效果文件\第 10 章\"目录下调用此文件。

（2）展开"默认"选项卡→"图层"面板→"图层"下拉列表，将"其他层"设置为当前图层。

（3）单击"默认"选项卡→"绘图"面板→"直线"按钮，配合捕捉追踪功能，以平面图细部尺寸的延伸线外端点作为起点，绘制如图 10-99 所示的两条直线，作为梁编号指示线，指示线的长度为 2200。

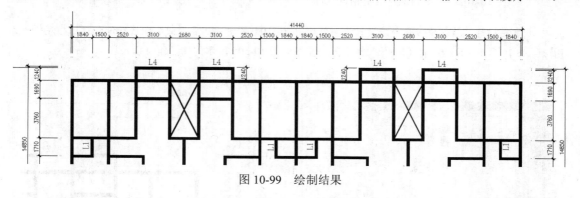

图 10-99　绘制结果

（4）单击"默认"选项卡→"块"面板→"插入"按钮，激活"插入块"命令，插入随书光盘"/图块文件/"目录下的"轴标号.dwg"文件，块参数设置如图 10-100 所示。

（5）单击 确定 按钮，返回绘图区，配合端点捕捉功能定位插入点。

命令行操作如下：

```
命令: i
INSERT
指定插入点或 [基点(B)/比例(S)/旋转(R)]:
                                //捕捉如图 10-101 所示的端点作为插入点正在重生成模型。
```

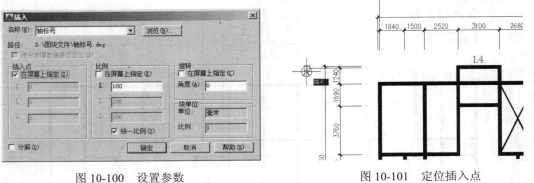

图 10-100 设置参数   图 10-101 定位插入点

（6）在定位插入点后，打开如图 10-102 所示的"编辑属性"对话框，然后采用默认属性值，单击 确定 按钮，插入后的效果如图 10-103 所示。

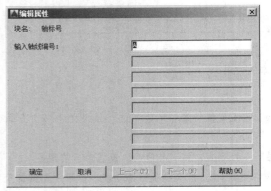

图 10-102 "编辑属性"对话框

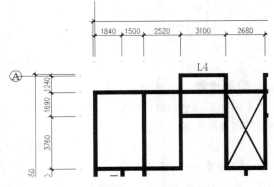

图 10-103 插入结果

（7）重复执行"插入块"命令，设置块参数如图 10-104 所示，然后返回绘图区在命令行"指定插入点或[基点（B）/比例（S）/旋转（R）]:"提示下，捕捉如图 10-105 所示的端点作为插入点。

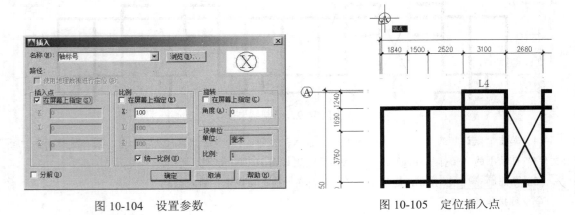

图 10-104 设置参数   图 10-105 定位插入点

（8）在定位插入点后，打开"编辑属性"对话框，修改属性值如图 10-106 所示，然后单击 **确定** 按钮，插入后的效果如图 10-107 所示。

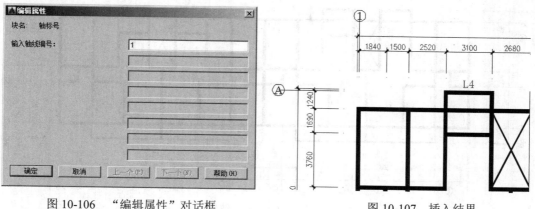

图 10-106 "编辑属性"对话框

图 10-107 插入结果

（9）单击"默认"选项卡→"修改"面板→"复制"按钮，配合端点捕捉功能，将指示线和刚插入的轴标号分别复制到其他尺寸界限末端，结果如图 10-108 所示。

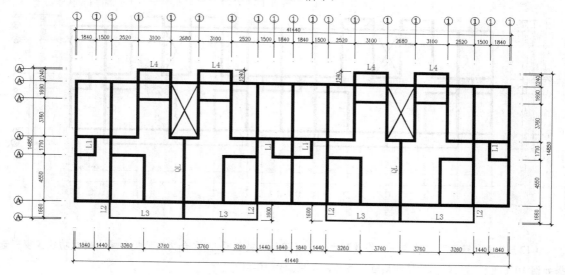

图 10-108 复制结果

（10）单击"默认"选项卡→"修改"面板→"镜像"按钮，配合中点捕捉功能，将平面图两侧的指示线及轴号进行镜像，结果如图 10-109 所示。

技巧提示：在镜像平面图两侧指示线及轴号时，可以配合窗交选择或窗口选择功能，快速选择需要镜像的指示线及轴号。

（11）单击"默认"选项卡→"修改"面板→"移动"按钮，对下侧的轴标号及指示线进行位移，并删除多余指示线及轴标号，结果如图 10-110 所示。

技巧提示：在对镜像出的轴标号属性块和指示线进行位移时，需要配合使用端点捕捉及实时平移等辅助功能。

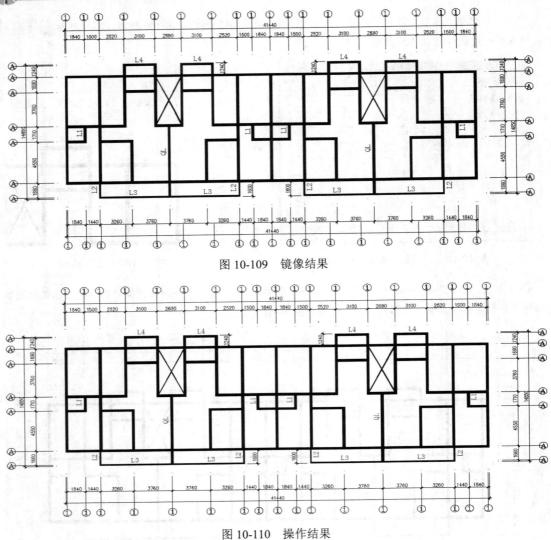

图 10-109　镜像结果

图 10-110　操作结果

（12）单击"默认"选项卡→"修改"面板→"移动"按钮 ，配合交点捕捉和端点捕捉功能，窗交选择如图 10-111 所示的轴标号属性块进行外移，结果如图 10-112 所示。

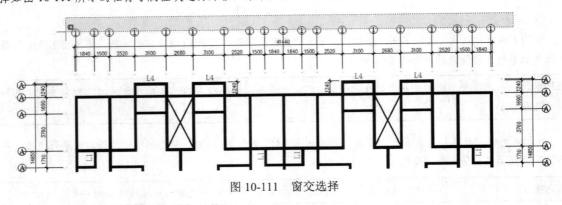

图 10-111　窗交选择

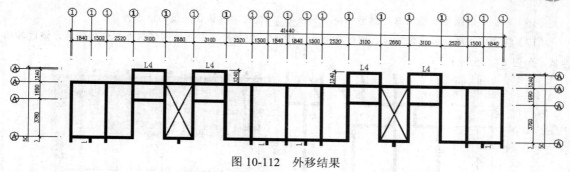

图 10-112　外移结果

（13）重复执行"移动"命令，配合窗交选择或窗口选择功能，并配合端点捕捉和交点捕捉功能，对其他三侧的轴标号属性块进行外移，外移的最终结果如图 10-113 所示。

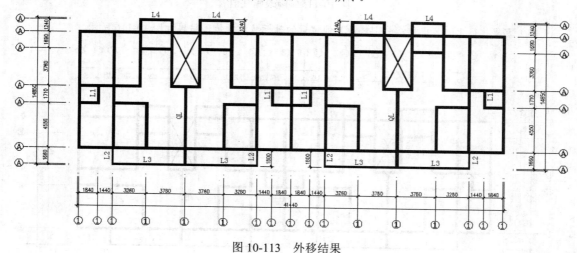

图 10-113　外移结果

（14）单击"默认"选项卡→"块"面板→"编辑属性"按钮，选择复制出的轴标号属性块，打开"增强属性编辑器"对话框。

（15）在打开的"增强属性编辑器"对话框中修改轴标号的属性值，如图 10-114 所示。

技巧提示： 另外，在属性块上双击左键，也可以打开"增强属性编辑器"对话框，对属性值进行修改。

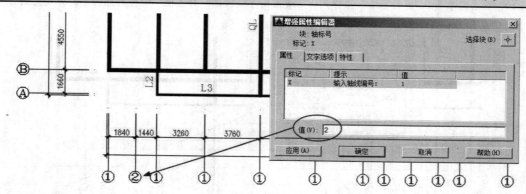

图 10-114　修改属性值

（16）单击"增强属性编辑器"对话框中 应用(A) 按钮，确认属性值的修改操作。

（17）在"增强属性编辑器"对话框中单击"选择块"按钮 ，返回绘图区选择其他轴标号，修改其属性值，如图10-115所示。

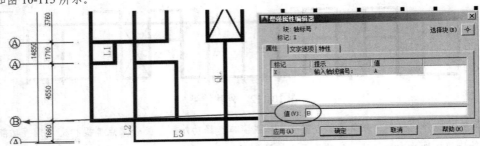

图10-115　修改属性值

（18）重复执行上一步操作，分别修改其他位置的轴标号属性值，结果如图10-116所示。

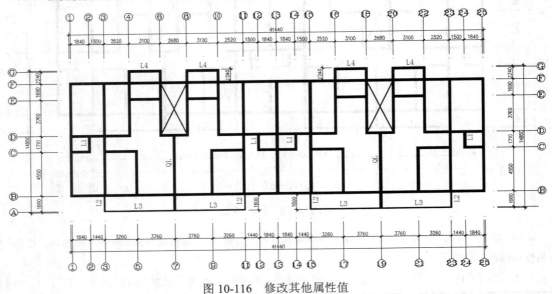

图10-116　修改其他属性值

（19）双击编号为25的轴标号，在打开的"增强属性编辑器"对话框中调整属性文字的宽度比例为0.7，修改后的结果如图10-117所示。

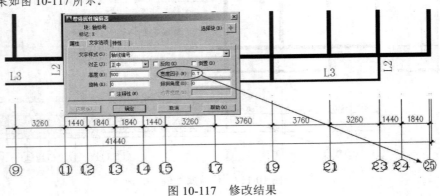

图10-117　修改结果

（20）双击编号为 24 的轴标号，在打开的"增强属性编辑器"对话框中调整属性文字的宽度比例为 0.7，修改后的结果如图 10-118 所示。

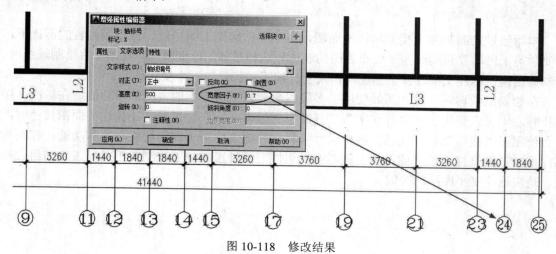

图 10-118　修改结果

（21）重复上一步操作，分别修改其他位置的编号属性的宽度比例，结果如图 10-119 所示。

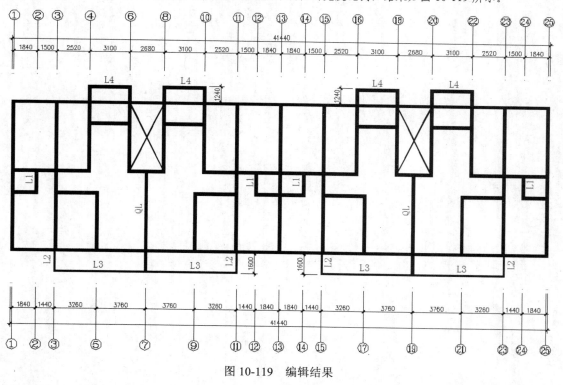

图 10-119　编辑结果

（22）使用快捷键"Z"激活"视图缩放"工具，调整视图，使平面图全部显示，最终效果如图 10-98 所示。

（23）最后执行"另存为"命令，将图形命名存储为"标注梁结构布置图符号.dwg"。

10.5　本　章　小　结

　　本章通过绘制某住宅楼梁结构平面图，在了解结构施工图功能、特点等内容的前提下，主要学习了民用建筑梁结构平面布置图的表达方法和具体的绘制技巧。具体分为绘制轴线网、绘制梁结构、标注文字注释、标注结构尺寸、编写轴标号等五个操作环节。

　　在绘制梁结构轮廓时，巧妙使用了多段线命令以及命令中的宽度选项功能；在标注文字注释时，则综合使用了"单行文字"、"复制"、"编辑文字"等工具；在标注平面图尺寸时，综合使用了"线性"和"连续"两种尺寸工具，并配合使用了点的捕捉与追踪功能；在编写轴标号时，则直接通过"插入块"和"编辑属性"两种工具。上述制图工具及工具的组合搭配，是快速绘制平面图的关键。

第11章　绘制建筑基础施工图

本章通过绘制如图 11-1 所示的某民用建筑楼体基础平面施工图，在了解和掌握建筑基础图的形成、功能、类型、图示特点以及绘图思路等内容的前提下，主要学习建筑基础平面施工图的具体绘制方法和绘制技巧。

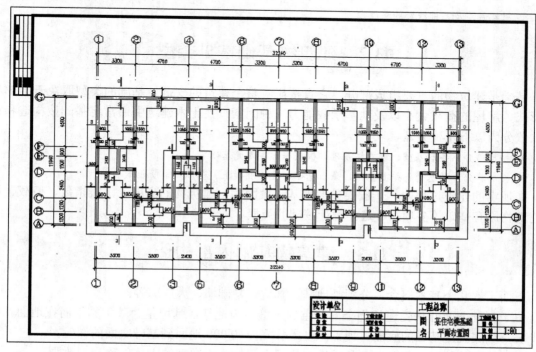

图 11-1　基础施工图

■ 学习内容

◇ 建筑物基础常见类型　　　　　　　　◇ 绘制住宅楼基础墙线图

◇ 建筑物基础内部构造　　　　　　　　◇ 绘制住宅楼基础布置图

◇ 基础平面图的图示特点　　　　　　　◇ 标注住宅楼基础施工图编号

◇ 基础平面图的绘图思路　　　　　　　◇ 标注住宅楼基础施工图尺寸

◇ 绘制住宅楼基础轴线图　　　　　　　◇ 标注住宅楼基础施工图轴号

◇ 绘制住宅楼基础柱子网

11.1　基础图理论知识概述

基础是建筑物埋在地面以下的承重构件，用于承受上部建筑物传递下来的全部荷载，并将荷载传给下面的土层。

基础图则是建筑物室内地面以下基础部分的平面布置图和详细构件的图样，包括基础平面图和基础详图，具体如下。

◆ 基础平面图是用来表示建筑物相对标高±0.000以下基础构件等平面布置的图纸，具体表示基础墙、柱、留洞及构件布置等平面位置关系和基础的结构构造形式，它是施工时放线、开挖基坑（槽）和砌筑基础与管沟及编制预算的依据。

◆ 基础平面图是假想一个水平剖切面在相对标高±0.000处将建筑物剖开，移去上面部分后所作出的水平投影图。

◆ 基础详图就是用较大的比例画出的基础局部构造图，用以表达基础的细部尺寸、截面形式与大小、材料做法及基础埋置的深度等。

11.2　建筑物基础常见类型

基础是建筑物的重要组成部分，它直接影响整个建筑的安危。基础的类型取决于上部结构形式、房屋的荷载大小以及地基承载能力三种因素。在土木建筑中通常将基础按构造和材料大致分为以下几种类型。

◆ 按构造分：条形基础、独立柱基础、板式基础、薄壳基础等。

◆ 按材料分：砖基础、毛石基础、条石基础、砼（混凝土）基础、钢筋砼基础等。

在现实的建设过程中，一般要参考地基土壤因素、建筑物的高度、抗震指数、荷载、周围建筑物原有基础等多项指标选择设计基础的类型。

11.3　建筑物基础内部构造

下面了解几个基本概念，分别是地基、基坑、基础墙、大放脚等。

位于基础下面并承受建筑物全部荷重的土壤称为地基，基坑是为基础施工而在地面开挖的土坑，坑底就是基础的底面。埋置深度是从室内±0.000地面到基础底面的深度。

埋入地下的墙称为基础墙，基础墙与垫层之间做成阶梯型的砌体，称为大放脚。

下面以条形基础为例来具体说明基础的组成。

◆ 混合结构的房屋，承重墙下面的基础常采用连续的长条形基础。它由垫层、大放脚和基础墙三部分组成。

◆ 垫层：一般为C10砼，或三七灰土、碎砖三合土、沙垫层等。

◆ 大放脚：一般分为等高式、间隔式。

◆ 基础墙：一般同上部墙厚，或大于上部墙厚。

基础埋于地下，经常受到土壤中的各种酸、碱性物质，以及水分等的侵蚀。因此基础与墙身交接处设置防潮层尤为重要。

11.4　基础平面图的图示特点

（1）在基础平面图中，只需画出基础墙（或柱）及基础底面的轮廓线，其他细部的轮廓线都省略不画。

（2）严格说来，基础墙、柱、的边线要用粗实线绘制，基础边形用中实线绘制，而基础内留有孔洞及管沟位置处用虚线绘制。

（3）凡基础截面形状、尺寸不同时，即基础宽度、墙体厚度、大放脚、基底标高及管沟做法等不同时，均要标有不同的断面剖切符号，表示画有不同的基础详图。根据画有断面剖切符号的编号可以查阅基础详图。

（4）不同类型的基础、柱分别用代号 J1、J2 和 Z1、Z2 等表示。

（5）基础平面图应标出与建筑平面图相一致的定位轴线及其编号和轴线之间的尺寸。

（6）基础平面图的图纸比例应与建筑平面图相同。常用的比例为 1:100 和 1:200。

（7）基础平面施工图应反映出基础墙、柱、基础底面的形状、大小及基础与轴线的尺寸关系。

（8）不同形式的基础梁要用代号 JL1、JL2 等表示。

（9）在基础平面图中一般需要体现出管沟、设备孔洞等构件的位置以及必要的文字说明。

在识读基础平面图时，要先看定位轴线网，后看墙厚、基础宽度、基础类型、布置位置、基础底面宽度和基础宽度埋置的深度，最后了解基础梁、圈梁的设置情况和剖切符号的位置等。

11.5　基础平面图的绘图思路

建筑基础平面图的绘制思路如下。

（1）首先调用样板并设置绘图环境。

（2）绘制建筑基础的定位轴线图。

（3）绘制建筑基础的柱网布置图。

（4）根据定位轴线绘制墙体布置图。

（5）根据定位轴线绘制建筑基础布置图。

（6）为建筑基础施工图标注剖切符号及基础编号等。

（7）为建筑基础施工图标注外部施工尺寸和内部位置尺寸。

（8）为建筑基础施工图编写轴线序号。

11.6　绘制某小区住宅楼基础平面施工图

11.6.1　绘制住宅楼基础轴线网

轴线网是墙体基础定位的主要依据，本例通过绘制如图 11-2 所示的某住宅楼基础平面图的定位轴线网，主要学习建筑物基础施工图定位轴线的具体绘制过程和相关技巧。

绘图思路

住宅楼基础图轴线网的绘制思路如下。

◆　首先新建文件并设置绘图环境。

◆　使用"矩形"、"分解"命令绘制建筑物基准轴线。

◆　使用"复制"、"偏移"命令绘制建筑物纵横向定位轴线。

◆　使用"修剪"、"删除"命令编辑墙体轴线网。

◆ 使用"拉长"、"打断"和夹点拉伸功能编辑纵横轴线。

◆ 使用"镜像"命令快速创建完整的轴线图。

◆ 最后使用"保存"命令将图形命名存储。

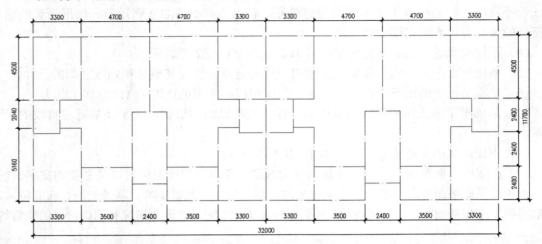

图 11-2   本例效果

绘图步骤

（1）执行"新建"命令，以"acadiso.dwt"作为基础样板，快速新建公制单位的空白文件。

（2）单击"默认"选项卡→"图层"面板→"图层特性"按钮，激活"图层"命令，打开"图层特性管理器"对话框。

（3）在打开的"图层特性管理器"对话框中创建尺寸层、基础标注、基础一层、基础二层、轴线层、柱子层等，并为图层设置不同的颜色特性和线型，如图 11-3 所示。

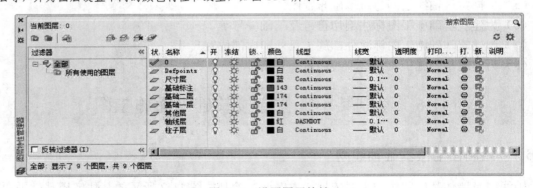

图 11-3   设置图层特性

（4）双击"轴线层"，将此图层设置为当前操作层，然后关闭"图层特性管理器"对话框。

（5）使用快捷键"LT"激活"线型"命令，在打开的"线型管理器"对话框中调整线型比例如图 11-4 所示。

（6）单击"默认"选项卡→"绘图"面板→"矩形"按钮，绘制长度为 8000、宽度为 11700 的矩形作为定位基准线，如图 11-5 所示。

（7）单击"默认"选项卡→"修改"面板→"分解"按钮，将矩形分解为四条独立的线段。

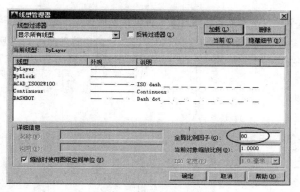

图 11-4　修改线型比例

图 11-5　绘制结果

（8）按下 F12 功能键，打开状态栏上的"动态输入"功能。

（9）单击"默认"选项卡→"修改"面板→"复制"按钮，激活"复制"命令，对分解后两条垂直边进行复制。

命令行操作如下：

```
命令：_copy
选择对象：              //选择矩形左侧的垂直边
选择对象：              // Enter
当前设置：复制模式 = 多个
指定基点或 [位移(D)/模式(O)] <位移>：           //拾取任一点
指定第二个点或 [阵列(A)] <使用第一个点作为位移>：   //@1860,0 Enter
指定第二个点或 [阵列(A)/退出(E)/放弃(U)] <退出>：  //@3300,0 Enter
指定第二个点或 [阵列(A)/退出(E)/放弃(U)] <退出>：  // Enter
命令：                  // Enter
COPY 选择对象：         //选择矩形右侧的垂直边
选择对象：              // Enter
当前设置：复制模式 = 多个
指定基点或 [位移(D)/模式(O)] <位移>：           //@-1200,0 Enter
指定第二个点或 [阵列(A)/退出(E)/放弃(U)] <退出>：
                       // Enter，结束命令，复制结果如图11-6所示
```

（10）单击"默认"选项卡→"修改"面板→"偏移"按钮，将下侧水平轴线作为首次偏移对象，将偏移出的轴线作为下一次需要偏移的对象，偏移出内部的水平轴线，偏移间距分别为 1200、1200 和 2400 个单位，结果如图 11-7 所示。

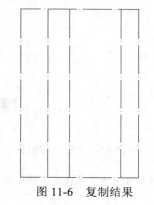

图 11-6　复制结果

图 11-7　偏移结果

（11）重复执行"偏移"命令，将上侧的水平轴线作为首次偏移对象，将偏移出的轴线作为下一次需要偏移的对象，继续偏移出内部的水平轴线，偏移间距分别为 4500、900 和 1140 个单位，偏移结果如图 11-8 所示。

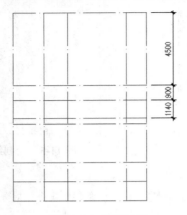

图 11-8　偏移结果

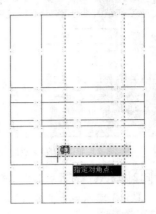

图 11-9　窗交选择边界

（12）单击"默认"选项卡→"修改"面板→"修剪"按钮 -/--，对水平轴线进行修剪。

命令行操作如下：

```
命令：_trim
当前设置：投影=UCS，边=无
选择剪切边...
选择对象或 <全部选择>：　//窗交选择如图 11-9 所示的两条垂直轴线作为边界
选择对象：　　// Enter
选择要修剪的对象，或按住 Shift 键选择要延伸的对象，或[栏选(F)/窗交(C)/投影(P)/边
(E)/删除(R)/放弃(U)]：　　//在如图 11-10 所示的位置单击水平轴线
选择要修剪的对象，或按住 Shift 键选择要延伸的对象，或[栏选(F)/窗交(C)/投影(P)/边
(E)/删除(R)/放弃(U)]：　　//在如图 11-11 所示的位置单击水平轴线
选择要修剪的对象，或按住 Shift 键选择要延伸的对象，或[栏选(F)/窗交(C)/投影(P)/
(E)/删除(R)/放弃(U)]：　　// Enter，修剪结果如图 11-12 所示
```

图 11-10　指定修剪位置

图 11-11　指定修剪位置

（13）在无命令执行的前提下单击最上侧的水平轴线，使其呈现夹点显示状态，结果如图 11-13 所示。

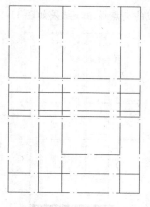

图 11-12　修剪结果

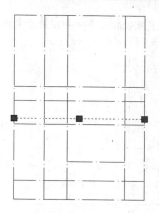

图 11-13　夹点显示

（14）单击左侧的夹点，进入夹点编辑模式，然后在命令行"指定拉伸点或 [基点（B）/复制（C）/放弃（U）/退出（X）]:"提示下，捕捉如图 11-14 所示的端点，对其进行夹点拉伸，拉伸结果如图 11-15 所示。

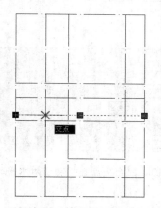

图 11-14　捕捉端点

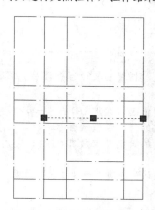

图 11-15　夹点拉伸

（15）单击最右侧的夹点，进入夹点编辑模式。

（16）在命令行"指定拉伸点或 [基点（B）/复制（C）/放弃（U）/退出（X）]:"提示下，捕捉如图 11-16 所示的端点，对其进行夹点拉伸，拉伸结果如图 11-17 所示。

图 11-16　捕捉端点

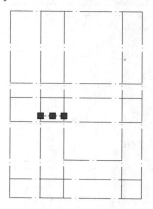

图 11-17　夹点拉伸

（17）退出夹点编辑命令，并按键盘中的 Esc 键，取消轴线的夹点显示，结果如图 11-18 所示。

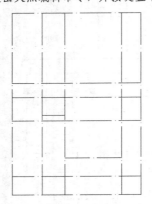

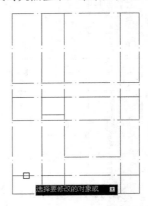

图 11-18　取消夹点后的效果　　　　　　　　　图 11-19　指定单击位置

（18）单击"默认"选项卡→"修改"面板→"拉长"按钮，激活"拉长"命令，对最右侧的垂直轴线进行编辑。

命令行操作如下：

```
命令：_lengthen
选择对象或 [增量(DE)/百分数(P)/全部(T)/动态(DY)]：
                                //de Enter，激活"增量"选项
输入长度增量或 [角度(A)] <0.0>：    // -6800 Enter
选择要修改的对象或 [放弃(U)]：     //在如图 11-19 所示的位置单击
选择要修改的对象或 [放弃(U)]：     // Enter，结束命令，编辑结果如图 11-20 所示
```

（19）单击"默认"选项卡→"修改"面板→"打断"按钮，配合交点捕捉功能对水平轴线进行编辑。

命令行操作如下：

```
命令：_break
选择对象：                      //选择如图 11-21 所示的水平轴线
指定第二个打断点 或 [第一点(F)]： //F Enter
指定第一个打断点：              //捕捉如图 11-22 所示的交点
指定第二个打断点：              //捕捉如图 11-23 所示的端点，打断结果如图 11-24 所示
```

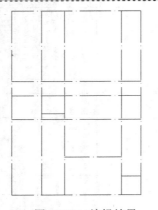

图 11-20　编辑结果　　　　　　　　　　　图 11-21　选择水平轴线

图 11-22　捕捉交点

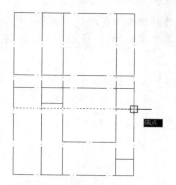

图 11-23　捕捉端点

（20）接下来参照 12~19 操作步骤，综合使用"修剪"、"打断"、"拉长"和夹点拉伸功能，分别对其他位置的轴线进行编辑，结果如图 11-25 所示。

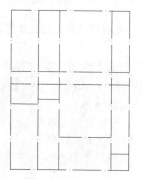

图 11-24　打断结果

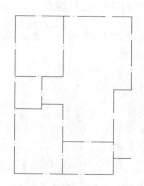

图 11-25　编辑其他轴线

（21）单击"默认"选项卡→"修改"面板→"镜像"按钮，配合端点捕捉功能和窗交选择功能对编辑后的轴线进行镜像。

命令行操作如下：

```
命令：_mirror
选择对象：                    //拉出如图 11-26 所示的窗交选择框
选择对象：                    // Enter，结束选择
指定镜像线的第一点：            //捕捉如图 11-27 所示的端点
```

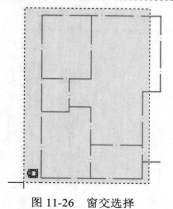

图 11-26　窗交选择

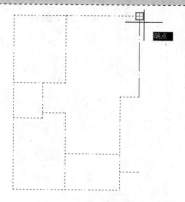

图 11-27　捕捉端点

指定镜像线的第二点：   //捕捉如图 11-28 所示的端点
要删除源对象吗？[是(Y)/否(N)] <N>： // Enter，镜像结果如图 11-29 所示

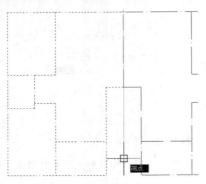

图 11-28 捕捉端点

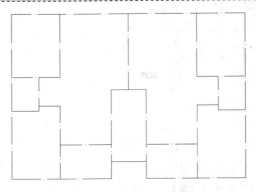

图 11-29 镜像结果

（22）重复执行"镜像"命令，配合端点捕捉功能和窗交选择功能继续对单元轴线进行镜像。

命令行操作如下：

命令：_mirror
选择对象：   //拉出如图 11-30 所示的窗交选择框
选择对象：   // Enter，结束选择
指定镜像线的第一点：   //捕捉如图 11-31 所示的端点
指定镜像线的第二点：   //捕捉如图 11-32 所示的端点
要删除源对象吗？[是(Y)/否(N)] <N>： // Enter，镜像结果如图 11-33 所示

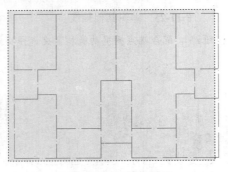

图 11-30 窗交选择

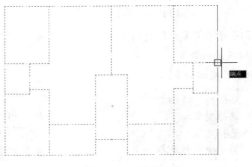

图 11-31 捕捉端点

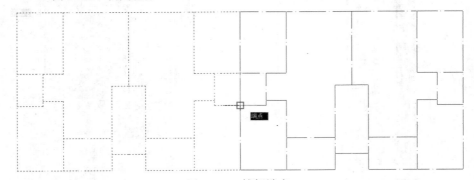

图 11-32 捕捉端点

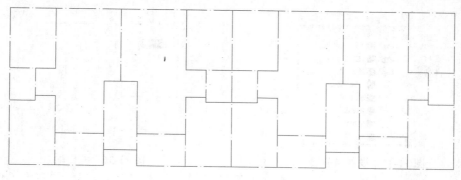

图 11-33　镜像结果

（23）最后执行"保存"命令，将图形命名存储为"绘制住宅楼基础轴线网.dwg"。

11.6.2　绘制住宅楼基础柱子网

本例主要学习住宅楼基础柱网布置图的绘制方法、具体绘制过程和相关技巧。住宅楼柱网布置图的最终绘制效果，如图 11-34 所示。

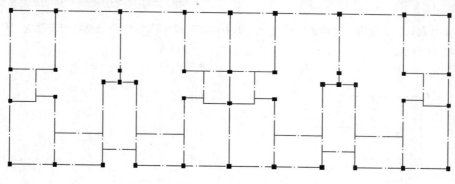

图 11-34　本例效果

绘图思路

住宅楼基础柱网布置图的绘图思路如下。

◆ 首先调用轴线图文件并设置新图层。

◆ 使用"多边形"和"图案填充"命令绘制柱子及填充图案。

◆ 使用"创建块"命令定义楼柱子图块。

◆ 使用"插入块"、"复制"命令绘制柱网布置图。

◆ 使用"快速选择"、"镜像"命令快速绘制其他单元柱网图。

◆ 最后使用"另存为"命令将图形另名存储。

绘图步骤

（1）打开上例存储的"绘制住宅楼基础轴线网.dwg"，或直接从随书光盘中的"\效果文件\第 11 章\"目录下调用此文件。

（2）打开状态栏上的"对象捕捉"和"极轴追踪"功能。

（3）展开"默认"选项卡→"图层"面板→"图层"下拉列表，将"0 图层"设置为当前图层，如图 11-35 所示。

图 11-35　设置当前层

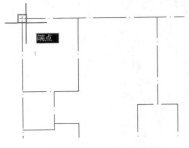

图 11-36　捕捉端点

（4）单击"默认"选项卡→"绘图"面板→"正多边形"按钮⬠，配合端点捕捉功能绘制柱子外轮廓。命令行操作如下：

```
命令: _polygon
输入侧面数 <4>:               // Enter
指定正多边形的中心点或 [边(E)]:  //捕捉如图 11-36 所示的端点
输入选项 [内接于圆(I)/外切于圆(C)] <I>: //C Enter
指定圆的半径:                 //120 Enter，绘制结果如图 11-37 所示
```

（5）单击"默认"选项卡→"绘图"面板→"图案填充"按钮▨，为刚绘制的矩形填充实体图案，填充结果如图 11-38 所示。

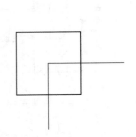

图 11-37　绘制结果

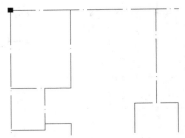

图 11-38　填充结果

（6）单击"默认"选项卡→"块"面板→"创建块"按钮▱，将刚填充的图案与矩形定义为图块，块参数设置如图 11-39 所示，基点为如图 11-40 所示的端点。

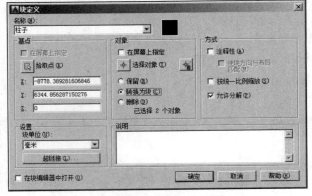

图 11-39　设置块参数

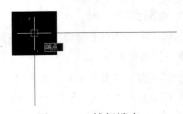

图 11-40　捕捉端点

（7）在无命令执行的前提下夹点显示刚定义的柱子图块，然后展开"默认"选项卡→"图层"面板→"图层"下拉列表，将其放到"柱子层"上，如图 11-41 所示。

（8）展开"默认"选项卡→"图层"面板→"图层"下拉列表，将"柱子层"设置为当前图层，如图 11-42 所示。

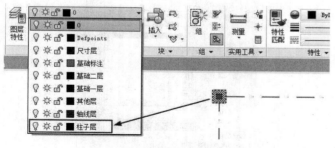

图 11-41　更改图层　　　　　　　　　　　　　　　图 11-42　设置当前层

（9）单击"默认"选项卡→"块"面板→"插入"按钮，激活"插入块"命令，配合端点捕捉或交点捕捉功能，以默认参数插入刚定义的"柱子"内部图块，插入结果如图 11-43 所示。

（10）单击"默认"选项卡→"修改"面板→"复制"按钮，配合窗口选择功能和对象捕捉功能，对上侧的两个矩形柱图块进行复制，复制结果如图 11-44 所示。

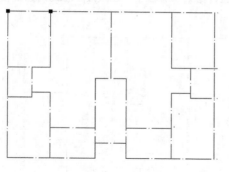
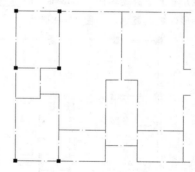

图 11-43　插入结果　　　　　　　　　　　　　　　图 11-44　复制结果

（11）重复执行"插入块"或"复制"命令，继续绘制内部的柱子，结果如图 11-45 所示。

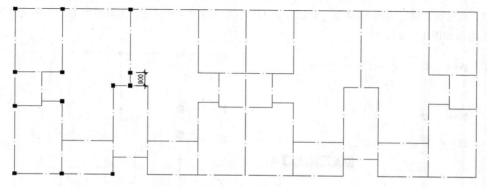

图 11-45　创建其他柱子

（12）在无命令执行的前提下单击右键，选择右键菜单中的"快速选择"命令，如图11-46所示。

（13）执行"快速选择"命令后，系统打开"快速选择"对话框，然后在此对话框内设置过滤参数如图11-47所示。

图 11-46　右键菜单

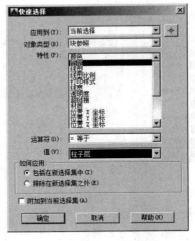

图 11-47　设置过滤参数

（14）单击"快速选择"对话框中的 确定 按钮，结果所有位于"柱子层"上的对象都被选中，选择中的图形以夹点显示，如图11-48所示。

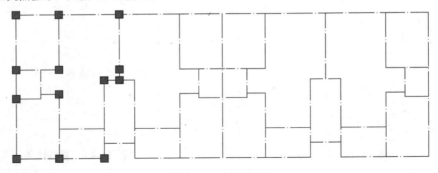

图 11-48　选择结果

（15）此时按住键盘上的 Shift 键，拉出如图 11-49 所示的窗口选择框，将最右侧的三个图块排除在选择集之外，结果如图 11-50 所示。

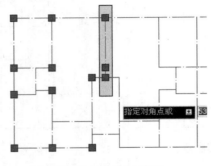

图 11-49　窗口选择

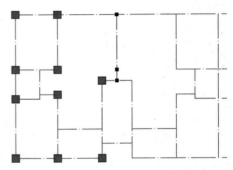

图 11-50　操作结果

（16）单击"默认"选项卡→"修改"面板→"镜像"按钮 ，配合中点捕捉功能对选择的柱子进行镜像。命令行操作如下：

```
命令：_mirror 找到 10 个
指定镜像线的第一点：              //捕捉如图 11-51 所示的中点
指定镜像线的第二点：              //@0,1 Enter
要删除源对象吗？[是(Y)/否(N)] <N>： // Enter，镜像结果如图 11-52 所示
```

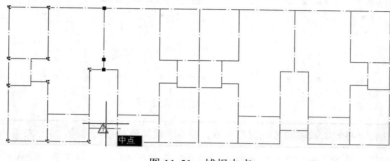

图 11-51　捕捉中点

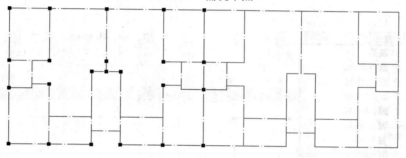

图 11-52　镜像结果

（17）展开"默认"选项卡→"图层"面板→"图层"下拉列表，，暂时关闭"轴线层"。

（18）重复执行"镜像"命令，配合中点捕捉功能和窗交选择功能继续对柱子进行镜像。命令行操作如下：

```
命令：_mirror
选择对象：                       //拉出如图 11-53 所示的窗交选择框
选择对象：                       // Enter，结束选择
指定镜像线的第一点：              //捕捉如图 11-54 所示的中点
```

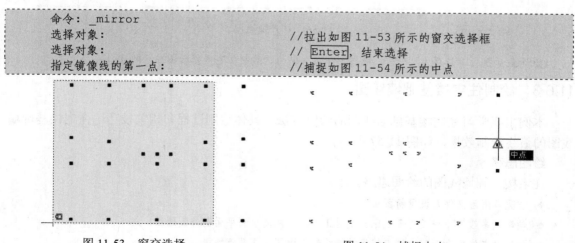

图 11-53　窗交选择　　　　　　　　图 11-54　捕捉中点

指定镜像线的第二点:	//@0,1 Enter
要删除源对象吗？[是(Y)/否(N)] <N>:	// Enter，结束命令，镜像结果如图 11-55 所示

图 11-55　镜像结果

技巧提示： 在操作过程中巧妙隐藏不相关的图形对象，可以方便其他对象的选择，便于对其进行相关的操作。

（19）展开"默认"选项卡→"图层"面板→"图层"下拉列表，打开被关闭"轴线层"，如图 11-56 所示。

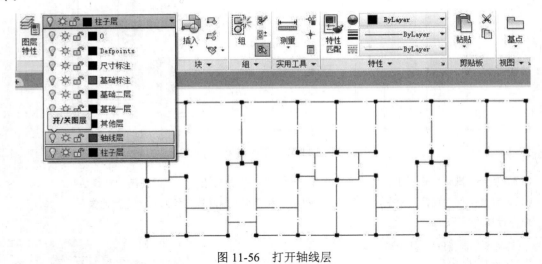

图 11-56　打开轴线层

（20）最后执行"另存为"命令，将图形命名存储为"绘制住宅楼基础图柱子网.dwg"。

11.6.3　绘制住宅楼基础墙线图

本例主要学习住宅楼基础墙线图的绘制方法、具体绘制过程和相关技巧。住宅楼基础墙线图的最终绘制效果，如图 11-57 所示。

绘图思路

住宅楼基础墙线图的绘图思路如下。

◆ 首先调用源文件并设置新图层。

◆ 使用"多线"命令设置多线比例及对正方式，并能绘制平面图外侧墙线。

◆ 使用"多线"命令配合端点捕捉功能绘制平面图内部基础墙线。

◆ 使用"镜像"命令配合窗交选择功能和对象捕捉功能创建其他基础墙线。

◆ 使用"多线编辑工具"命令对基础墙线进行编辑完善。

◆ 最后使用"另存为"命令将图形另名存储。

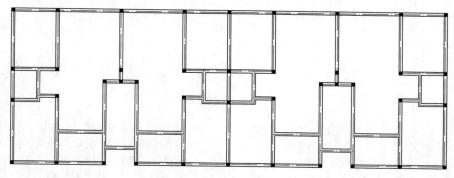

图11-57 本例效果

绘图步骤

（1）打开上例存储的"绘制住宅楼基础图柱子网.dwg"，或直接从随书光盘中的"\效果文件\第11章\"目录下调用此文件。

（2）单击"默认"选项卡→"图层"面板→"图层特性"按钮，在打开的"图层特性管理器"对话框中关闭"柱子层"，并把"基础一层"设置为当前图层，如图11-58所示。

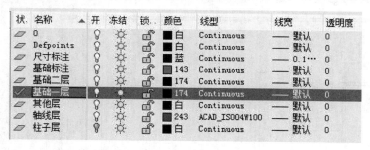

图11-58 "图层特性管理器"对话框

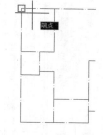

图11-59 捕捉端点

（3）使用快捷键"ML"激活"多线"命令，配合端点捕捉功能，根据轴线网绘制建筑物外侧的基础墙线。命令行操作如下：

```
命令：ml
MLINE
当前设置：对正 = 上，比例 = 20.00，样式 = STANDARD
指定起点或 [对正(J)/比例(S)/样式(ST)]:        //s Enter
输入多线比例 <20.00>:                          //240 Enter
当前设置：对正 = 上，比例 = 240.00，样式 = STANDARD
指定起点或 [对正(J)/比例(S)/样式(ST)]:        //j Enter
输入对正类型 [上(T)/无(Z)/下(B)] <上>:        //z Enter
当前设置：对正 = 无，比例 = 240.00，样式 = STANDARD
指定起点或 [对正(J)/比例(S)/样式(ST)]:        //捕捉如图11-59所示的端点
指定下一点：                                   //捕捉如图11-60所示的端点
```

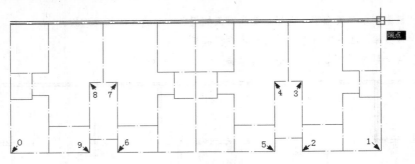

图 11-60　捕捉端点

指定下一点或 [放弃(U)]:	//捕捉如图 11-60 所示的端点 1
指定下一点或 [闭合(C)/放弃(U)]:	//捕捉如图 11-60 所示的端点 2
指定下一点或 [闭合(C)/放弃(U)]:	//捕捉如图 11-60 所示的端点 3
指定下一点或 [闭合(C)/放弃(U)]:	//捕捉如图 11-60 所示的端点 4
指定下一点或 [闭合(C)/放弃(U)]:	//捕捉如图 11-60 所示的端点 5
指定下一点或 [闭合(C)/放弃(U)]:	//捕捉如图 11-60 所示的端点 6
指定下一点或 [闭合(C)/放弃(U)]:	//捕捉如图 11-60 所示的端点 7
指定下一点或 [闭合(C)/放弃(U)]:	//捕捉如图 11-60 所示的端点 8
指定下一点或 [闭合(C)/放弃(U)]:	//捕捉如图 11-60 所示的端点 9
指定下一点或 [闭合(C)/放弃(U)]:	//捕捉如图 11-60 所示的端点 O
指定下一点或 [闭合(C)/放弃(U)]:	//C Enter，绘制结果如图 11-61 所示

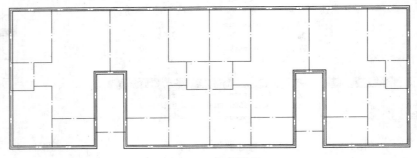

图 11-61　绘制结果

（4）重复执行"多线"命令，设置多线样式、对正方式和多线比例不变，配合"端点捕捉"和"交点捕捉"功能，分别绘制其他位置的墙线，结果如图 11-62 所示。

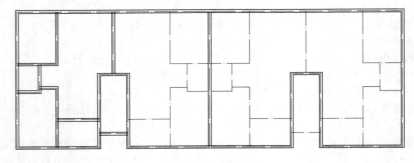

图 11-62　绘制结果

（5）展开"默认"选项卡→"图层"面板→"图层"下拉列表，暂时关闭"轴线层"，此时平面图的显示效果如图 11-63 所示。

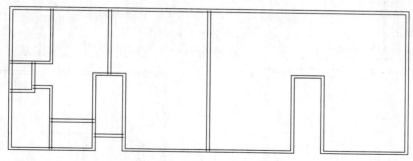

图 11-63　关闭轴线后的效果

（6）单击"默认"选项卡→"修改"面板→"镜像"按钮，配合中点捕捉功能对刚绘制的基础墙线进行镜像。

命令行操作如下：

命令：_mirror
选择对象：　　　　　　　　　　　//拉出如图 11-64 所示的窗交选择框
选择对象：　　　　　　　　　　　// Enter ，结束选择
指定镜像线的第一点：　　　　　　//捕捉如图 11-65 所示的中点

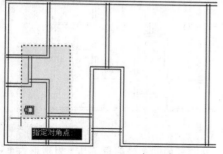

图 11-64　窗交选择

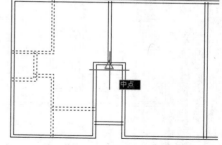

图 11-65　捕捉端点

指定镜像线的第二点：　　　　　　//@0,1 Enter
要删除源对象吗？[是(Y)/否(N)] <N>：　// Enter ，结束命令，镜像结果如图 11-66 所示

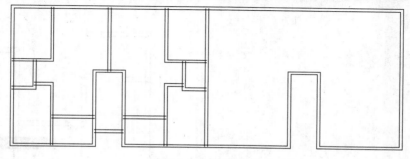

图 11-66　镜像结果

（7）重复执行"镜像"命令，配合端点捕捉功能和窗交选择功能继续对基础墙线进行镜像。

命令行操作如下：

命令：_mirror
选择对象：　　　　　　　//选择如图11-67所示的对象
选择对象：　　　　　　　// Enter，结束选择
指定镜像线的第一点：　　//捕捉如图11-68所示的中点

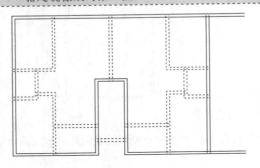
图11-67　选择结果

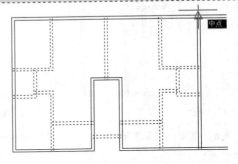
图11-68　捕捉中点

指定镜像线的第二点：　　　　　　　//@0,1 Enter
要删除源对象吗？[是(Y)/否(N)] <N>:// Enter，镜像结果如图11-69所示

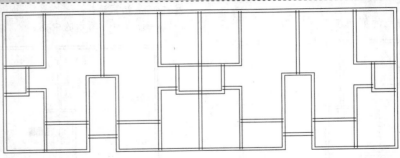
图11-69　镜像结果

（8）选择菜单栏"修改"→"对象"→"多线"命令，在打开的"多线编辑工具"对话框内单击"T形合并"按钮，如图11-70所示。

（9）返回绘图区在命令行"选择第一条多线："提示下，选择如图11-71所示的基础墙线。

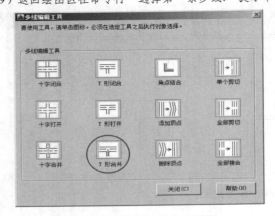
图11-70　"多线编辑工具"对话框

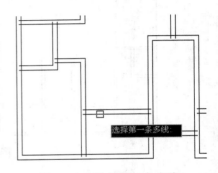
图11-71　选择第一条多线

（10）在"选择第二条多线："提示下选择图 11-72 所示的墙线，对这两条垂直相交的多线进行合并，结果如图 11-73 所示。

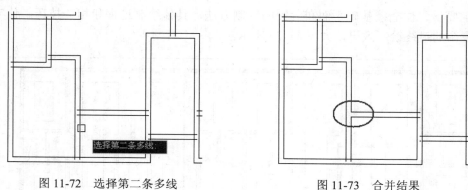

图 11-72　选择第二条多线　　　　　　　　　图 11-73　合并结果

（11）继续在"选择第一条多线或［放弃（U）］："提示下，分别选择其他位置 T 形墙线进行合并，结果如图 11-74 所示。

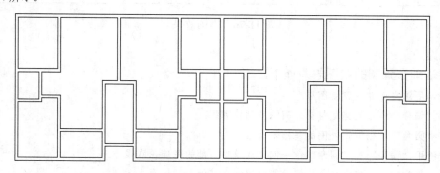

图 11-74　T 形合并

（12）展开"默认"选项卡→"图层"面板→"图层"下拉列表，打开被关闭的"轴线层"和"柱子层"，如图 11-75 所示。

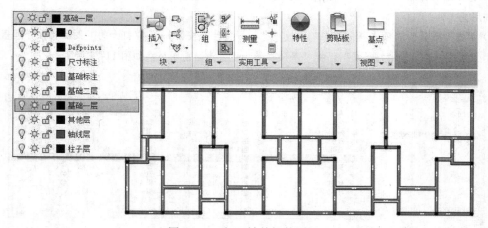

图 11-75　打开被关闭的图层

（13）最后执行"另存为"命令，将图形命名存储为"绘制住宅楼基础墙线图.dwg"。

11.6.4　绘制住宅楼基础布置图

本例主要学习住宅楼基础平面布置图的绘制方法、具体绘制过程和相关技巧。住宅楼基础平面布置图的最终绘制效果，如图 11-76 所示。

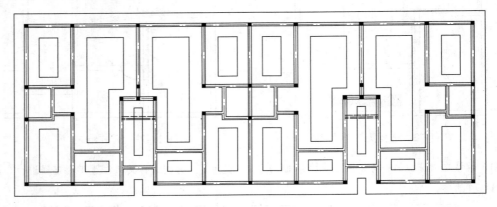

图 11-76　本例效果

绘图思路

住宅楼基础布置图的绘图思路如下。

◆ 首先调用源文件并设置新图层。

◆ 使用"偏移"命令创建建筑物外侧的基础轮廓线。

◆ 使用"圆角"命令编辑外侧的基础轮廓线。

◆ 综合使用"偏移"和"圆角"命令创建建筑物内部的基础轮廓线。

◆ 使用"镜像"命令配合中点捕捉功能快速创建其他基础轮廓线。

◆ 最后使用"另存为"命令将图形另名存储。

绘图步骤

（1）打开上例存储的"绘制住宅楼基础墙线图.dwg"，或直接从随书光盘中的"\效果文件\第 11 章\"目录下调用此文件。

（2）单击"默认"选项卡→"图层"面板→"图层特性"按钮，在打开的"图层特性管理器"对话框内关闭"基础一层"和"柱子层"，把"基础二层"设置为当前图层，如图 11-77 所示。

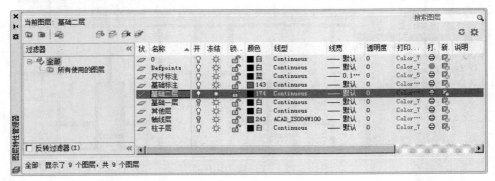

图 11-77　"图层特性管理器"对话框

（3）关闭"图层特性管理器"对话框，此时平面图的显示效果如图 11-78 所示。

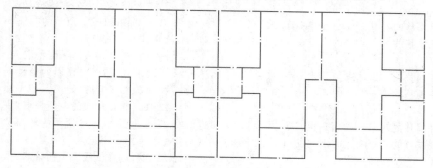

图 11-78　关闭图层后的效果

（4）单击"默认"选项卡→"修改"面板→"偏移"按钮，或使用快捷键"O"激活"偏移"命令，根据图 11-78 所示的轴线网，创建外侧的基础轮廓线。

命令行操作如下：

```
命令：o
OFFSET
当前设置：删除源=否　图层=源　OFFSETGAPTYPE=0
指定偏移距离或 [通过(T)/删除(E)/图层(L)] <1140.0000>：
                                    //l Enter，激活"图层"选项
输入偏移对象的图层选项 [当前(C)/源(S)] <源>：
                                    //C Enter，激活"当前"选项
指定偏移距离或 [通过(T)/删除(E)/图层(L)] <1140.0000>：　//900 Enter
选择要偏移的对象，或 [退出(E)/放弃(U)] <退出>：
                          //选择图 11-79 所示的轴线 1 作为首次偏移对象
```

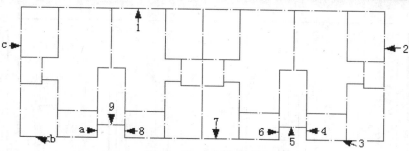

图 11-79　定位偏移对象

```
指定要偏移的那一侧上的点，或 [退出(E)/多个(M)/放弃(U)] <退出>：
                                    //在所选择轴线的上侧拾取点
选择要偏移的对象，或 [退出(E)/放弃(U)] <退出>：　//选择图 11-79 所示的轴线 2
指定要偏移的那一侧上的点，或 [退出(E)/多个(M)/放弃(U)] <退出>：
                                    //在所选择轴线的右侧拾取点
选择要偏移的对象，或 [退出(E)/放弃(U)] <退出>：　//选择图 11-79 所示的轴线 3
指定要偏移的那一侧上的点，或 [退出(E)/多个(M)/放弃(U)] <退出>：
                                    //在所选择轴线的下侧拾取点
选择要偏移的对象，或 [退出(E)/放弃(U)] <退出>：　//选择图 11-79 所示的轴线 4
```

指定要偏移的那一侧上的点，或 [退出(E)/多个(M)/放弃(U)] <退出>：
//在所选择轴线的左侧拾取点
选择要偏移的对象，或 [退出(E)/放弃(U)] <退出>：//选择图11-79所示的轴线5
指定要偏移的那一侧上的点，或 [退出(E)/多个(M)/放弃(U)] <退出>：
//在所选择轴线的下侧拾取点
选择要偏移的对象，或 [退出(E)/放弃(U)] <退出>：//选择图11-79所示的轴线6
指定要偏移的那一侧上的点，或 [退出(E)/多个(M)/放弃(U)] <退出>：
//在所选择轴线的右侧拾取点
选择要偏移的对象，或 [退出(E)/放弃(U)] <退出>：//选择图11-79所示的轴线7
指定要偏移的那一侧上的点，或 [退出(E)/多个(M)/放弃(U)] <退出>：
//在所选择轴线的下侧拾取点
选择要偏移的对象，或 [退出(E)/放弃(U)] <退出>：//选择图11-79所示的轴线8
指定要偏移的那一侧上的点，或 [退出(E)/多个(M)/放弃(U)] <退出>：
//在所选择轴线的左侧拾取点
选择要偏移的对象，或 [退出(E)/放弃(U)] <退出>：//选择图11-79所示的轴线9
指定要偏移的那一侧上的点，或 [退出(E)/多个(M)/放弃(U)] <退出>：
//在所选择轴线的下侧拾取点
选择要偏移的对象，或 [退出(E)/放弃(U)] <退出>：//选择图11-79所示的轴线a
指定要偏移的那一侧上的点，或 [退出(E)/多个(M)/放弃(U)] <退出>：
//在所选择轴线的右侧拾取点
选择要偏移的对象，或 [退出(E)/放弃(U)] <退出>：//选择图11-79所示的轴线b
指定要偏移的那一侧上的点，或 [退出(E)/多个(M)/放弃(U)] <退出>：
//在所选择轴线的上侧拾取点
选择要偏移的对象，或 [退出(E)/放弃(U)] <退出>：//选择图11-79所示的轴线c
指定要偏移的那一侧上的点，或 [退出(E)/多个(M)/放弃(U)] <退出>：
//在所选择轴线的左侧拾取点
选择要偏移的对象，或 [退出(E)/放弃(U)] <退出>：// Enter，结果如图11-80所示

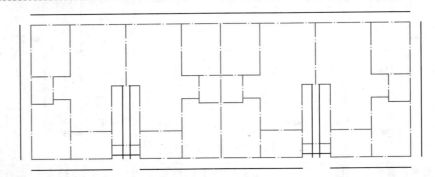

图11-80　偏移结果

（5）单击"默认"选项卡→"修改"面板→"圆角"按钮 ，或使用快捷键"F"激活"圆角"命令，对偏移出的基础轮廓线进行编辑。

命令行操作如下：

```
命令：f                  // Enter
FILLET 当前设置：模式 = 修剪，半径 = 0.0000
选择第一个对象或 [放弃(U)/多段线(P)/半径(R)/修剪(T)/多个(M)]：
```

//m Enter，激活"多个"选项

选择第一个对象或 [放弃(U)/多段线(P)/半径(R)/修剪(T)/多个(M)]：
　　　　　　//在图 11-81 所示的基础线 1 的右端单击

选择第二个对象，或按住 Shift 键选择对象以应用角点或 [半径(R)]：
　　　　　　//在图 11-81 所示的基础线 2 的上端单击

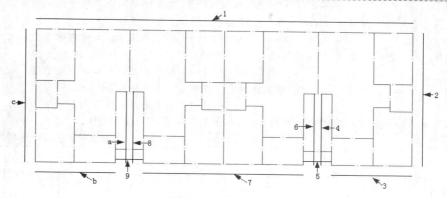

图 11-81　定位圆角对象

选择第一个对象或 [放弃(U)/多段线(P)/半径(R)/修剪(T)/多个(M)]：
　　　　　　//在图 11-81 所示的基础线 2 的下端单击

选择第二个对象，或按住 Shift 键选择对象以应用角点或 [半径(R)]：
　　　　　　//在图 11-81 所示的基础线 3 的右端单击

选择第一个对象或 [放弃(U)/多段线(P)/半径(R)/修剪(T)/多个(M)]：
　　　　　　//在图 11-81 所示的基础线 3 的左端单击

选择第二个对象，或按住 Shift 键选择对象以应用角点或 [半径(R)]：
　　　　　　//在图 11-81 所示的基础线 4 的下端单击

选择第一个对象或 [放弃(U)/多段线(P)/半径(R)/修剪(T)/多个(M)]：
　　　　　　//在图 11-81 所示的基础线 4 的下端单击

选择第二个对象，或按住 Shift 键选择对象以应用角点或 [半径(R)]：
　　　　　　//在图 11-81 所示的基础线 5 的左端单击

选择第一个对象或 [放弃(U)/多段线(P)/半径(R)/修剪(T)/多个(M)]：
　　　　　　//在图 11-81 所示的基础线 5 的右端单击

选择第二个对象，或按住 Shift 键选择对象以应用角点或 [半径(R)]：
　　　　　　//在图 11-81 所示的基础线 6 的下端单击

选择第一个对象或 [放弃(U)/多段线(P)/半径(R)/修剪(T)/多个(M)]：
　　　　　　//在图 11-81 所示的基础线 6 的下端单击

选择第二个对象，或按住 Shift 键选择对象以应用角点或 [半径(R)]：
　　　　　　//在图 11-81 所示的基础线 7 的右端单击

选择第一个对象或 [放弃(U)/多段线(P)/半径(R)/修剪(T)/多个(M)]：
　　　　　　//在图 11-81 所示的基础线 7 的左端单击

选择第二个对象，或按住 Shift 键选择对象以应用角点或 [半径(R)]：
　　　　　　//在图 11-81 所示的基础线 8 的下端单击

选择第一个对象或 [放弃(U)/多段线(P)/半径(R)/修剪(T)/多个(M)]：
　　　　　　//在图 11-81 所示的基础线 8 的下端单击

选择第二个对象，或按住 Shift 键选择对象以应用角点或 [半径(R)]：
　　　　　　//在图 11-81 所示的基础线 9 的左端单击

选择第一个对象或 [放弃(U)/多段线(P)/半径(R)/修剪(T)/多个(M)]:
　　　　　　　//在图11-81所示的基础线9的右端单击
选择第二个对象，或按住 Shift 键选择对象以应用角点或 [半径(R)]:
　　　　　　　//在图11-81所示的基础线a的下端单击
选择第一个对象或 [放弃(U)/多段线(P)/半径(R)/修剪(T)/多个(M)]:
　　　　　　　//在图11-81所示的基础线a的下端单击
选择第二个对象，或按住 Shift 键选择对象以应用角点或 [半径(R)]:
　　　　　　　//在图11-81所示的基础线b的右端单击
选择第一个对象或 [放弃(U)/多段线(P)/半径(R)/修剪(T)/多个(M)]:
　　　　　　　//在图11-81所示的基础线b的左端单击
选择第二个对象，或按住 Shift 键选择对象以应用角点或 [半径(R)]:
　　　　　　　//在图11-81所示的基础线a的下端单击
选择第一个对象或 [放弃(U)/多段线(P)/半径(R)/修剪(T)/多个(M)]:
　　　　　　　// Enter ，结束命令，圆角结果如图11-82所示

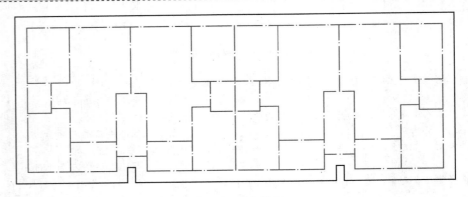

图11-82　圆角结果

（6）参照上两操作步骤，综合使用"偏移"和"圆角"命令，分别对其他位置的轴线进行偏移，创建出内部的基础轮廓线，结果如图11-83所示。

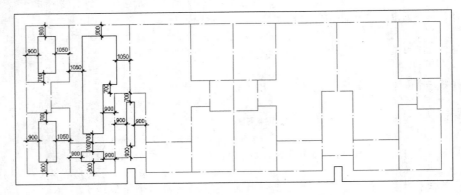

图11-83　操作结果

（7）展开"默认"选项卡→"图层"面板→"图层"下拉列表，关闭"轴线层"，此时平面图的显示效果如图11-84所示。

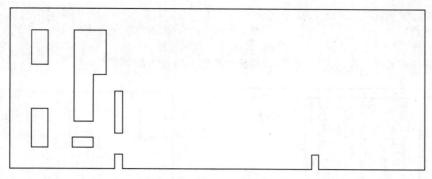

图 11-84　关闭轴线后的效果

（8）单击"默认"选项卡→"修改"面板→"镜像"按钮▲，配合中点捕捉功能和窗交选择功能对内部的基础轮廓线进行镜像。

命令行操作如下：

```
命令：_mirror
选择对象：              //拉出如图 11-85 所示的窗交选择框
选择对象：              // Enter，结束选择
指定镜像线的第一点：      //捕捉如图 11-86 所示的中点
```

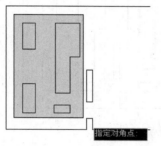

图 11-85　窗交选择

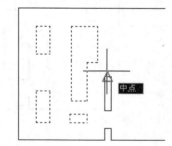

图 11-86　捕捉端点

```
指定镜像线的第二点：     //@0,1 Enter
要删除源对象吗？[是(Y)/否(N)] <N>： // Enter，镜像结果如图 11-87 所示
```

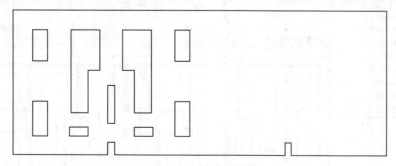

图 11-87　镜像结果

（9）重复执行"镜像"命令，配合端点捕捉功能和窗口选择功能继续对基础轮廓线进行镜像。

命令行操作如下：

```
命令: _mirror
选择对象:                    //拉出如图 11-88 所示的窗交选择框
选择对象:                    // Enter，结束选择
指定镜像线的第一点:          //捕捉如图 11-89 所示的中点
```

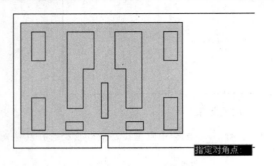

图 11-88　窗口选择　　　　　　　　　　　　　图 11-89　捕捉中点

```
指定镜像线的第二点:                  //@0,1 Enter
要删除源对象吗? [是(Y)/否(N)] <N>:   // Enter，镜像结果如图 11-90 所示
```

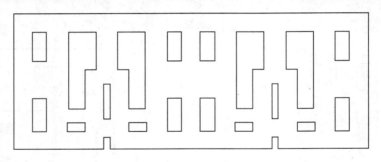

图 11-90　捕捉端点

（10）展开"默认"选项卡→"图层"面板→"图层"下拉列表，打开被关闭的"基础一层"、"轴线层"和"柱子层"，如图 11-91 所示。

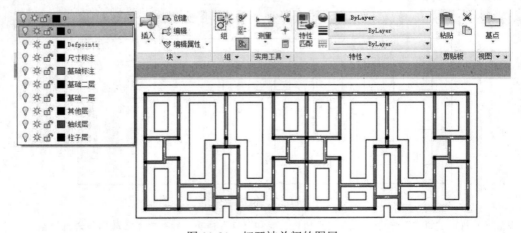

图 11-91　打开被关闭的图层

绘制楼梯梁。

（11）使用快捷键"O"激活"偏移"命令，将楼梯下侧的水平轴线向上偏移，创建出楼梯梁轮廓线及中心线。

命令行操作如下：

```
命令：o
OFFSET
当前设置：删除源=否  图层=当前  OFFSETGAPTYPE=0
指定偏移距离或 ［通过(T)/删除(E)/图层(L)］<900.0000>：//1 Enter
输入偏移对象的图层选项 ［当前(C)/源(S)］<当前>：        // Enter
指定偏移距离或 ［通过(T)/删除(E)/图层(L)］<900.0000>：//3650 Enter
选择要偏移的对象，或 ［退出(E)/放弃(U)］<退出>：        //选择图11-92所示的轴线
指定要偏移的那一侧上的点，或 ［退出(E)/多个(M)/放弃(U)］<退出>：
                                  //在所选轴线的上侧拾取点
选择要偏移的对象，或 ［退出(E)/放弃(U)］<退出>： // Enter，偏移结果如图11-93所示
命令：                                        // Enter
OFFSET
当前设置：删除源=否  图层=当前  OFFSETGAPTYPE=0
指定偏移距离或 ［通过(T)/删除(E)/图层(L)］<3650.0000>：   //120 Enter
选择要偏移的对象，或 ［退出(E)/放弃(U)］<退出>：//选择刚偏移出的水平轮廓线
指定要偏移的那一侧上的点，或 ［退出(E)/多个(M)/放弃(U)］<退出>：
                             //在所选轴线的上侧拾取点
选择要偏移的对象，或 ［退出(E)/放弃(U)］<退出>： //在此选择刚偏移出的水平轮廓线
指定要偏移的那一侧上的点，或 ［退出(E)/多个(M)/放弃(U)］<退出>：
                             //在所选轴线的下侧拾取点
选择要偏移的对象，或 ［退出(E)/放弃(U)］<退出>：
                  // Enter，结束命令，偏移结果如图11-94所示
```

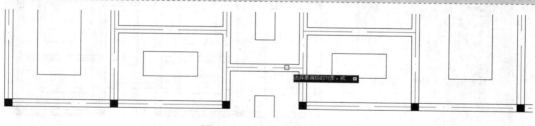

图 11-92　选择偏移对象

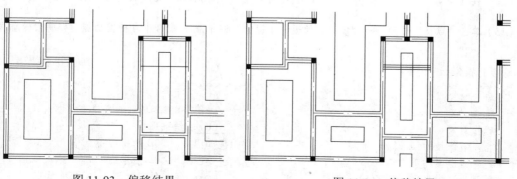

图 11-93　偏移结果　　　　　　图 11-94　偏移结果

（12）使用快捷键"LT"激活"线型"命令，打开"线型管理器"对话框，然后加载如图 11-95 所示的线型。

（13）在无命令执行的前提下夹点显示刚偏移出的三条水平轮廓线，如图 11-96 所示。

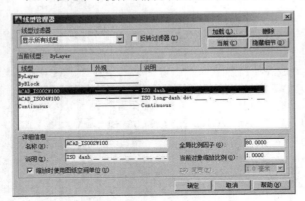

图 11-95　加载线型

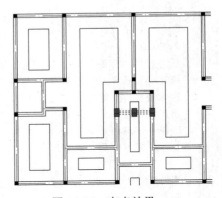

图 11-96　夹点效果

（14）单击"视图"选项卡→"选项板"面板→"特性"按钮，在打开的"特性"面板中修改夹点图线的线型及比例，如图 11-97 所示，修改后的效果如图 11-98 所示。

图 11-97　"特性"面板

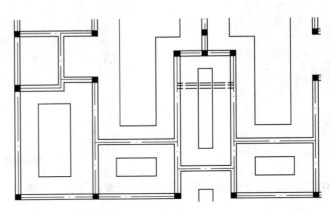

图 11-98　修改后的效果

（15）单击"默认"选项卡→"修改"面板→"镜像"按钮，配合中点捕捉功能对楼梯梁轮廓线进行镜像。

命令行操作如下：

```
命令：_mirror
选择对象：                          //拉出如图 11-99 所示的窗口选择框
选择对象：                          // Enter ，结束选择
指定镜像线的第一点：                //捕捉如图 11-100 所示的中点
指定镜像线的第二点：                //捕捉如图 11-101 所示的中点
要删除源对象吗？[是(Y)/否(N)] <N>： // Enter ，镜像结果如图 11-76 所示
```

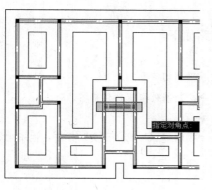

图 11-99 窗口选择

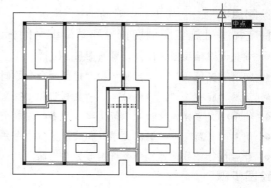

图 11-100 捕捉中点

（16）最后执行"另存为"命令，将图形命名存储为"绘制住宅楼基础布置图.dwg"。

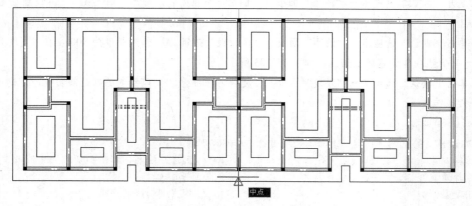

图 11-101 捕捉中点

11.6.5 标注住宅楼基础施工图编号

本例主要学习住宅楼基础平面施工图标注剖切符号和基础编号的具体标注过程和相关技巧。住宅楼基础平面施工图编号的最终标注效果，如图 11-102 所示。

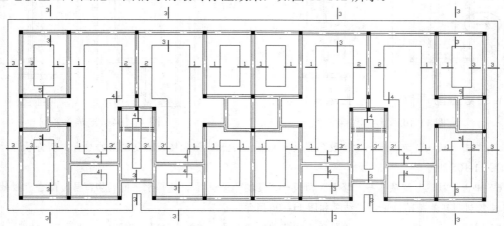

图 11-102 本例效果

绘图思路

住宅楼基础施工图剖切符号和基础编号的标注思路如下。

◆ 首先调用轴线图文件并设置新图层。

◆ 使用"多段线"、"复制"和"镜像"命令绘制基础水平剖切符号。

◆ 使用"旋转"、"移动"、"复制"和"镜像"命令绘制基础垂直剖切符号。

◆ 使用"文字样式"和"单行文字"命令标注单个基础编号。

◆ 使用"复制"、"编辑文字"和"镜像"命令并配合"极轴追踪"或"正交"标注其他基础编号。

◆ 最后执行"另存为"命令将图形另名存储。

绘图步骤

（1）打开上例存储的"绘制住宅楼基础布置图.dwg"，或直接从随书光盘中的"\效果文件\第 11 章\"目录下调用此文件。

（2）展开"默认"选项卡→"图层"面板→"图层"下拉列表，打开"轴线层"，并设置"基础标注"为当前图层。

（3）单击"默认"选项卡→"绘图"面板→"多段线"按钮 ⚐，绘制长度为 800 左右、宽度为 30 个绘图单位的水平直线段作为基础剖切线，如图 11-103 所示。

（4）单击"默认"选项卡→"修改"面板→"旋转"按钮 ⟳，对刚绘制的基础剖切线进行旋转并复制。

命令行操作如下：

```
命令：_rotate
UCS 当前的正角方向：ANGDIR=逆时针  ANGBASE=0
选择对象：                        //选择刚绘制的水平剖切线
选择对象：                        // Enter
指定基点：                        //捕捉剖切线的中点
指定旋转角度，或［复制(C)/参照(R)］<0>：  // c Enter
旋转一组选定对象。
指定旋转角度，或［复制(C)/参照(R)］<0>：  //90 Enter，结果如图 11-104 所示
```

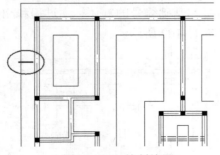

图 11-103 绘制结果

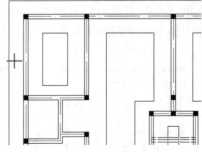

图 11-104 旋转并复制

（5）单击"默认"选项卡→"修改"面板→"移动"按钮 ✥，将旋转复制出的垂直剖切符号进行位移，结果如图 11-105 所示。

（6）单击"默认"选项卡→"修改"面板→"复制"按钮 ⌗，选择水平的剖切符号，配合"极轴追踪"功能将其复制到其他基础位置上，结果如图 11-106 所示。

（7）重复执行"复制"命令，选择垂直的基础剖切符号，并配合"极轴追踪"或"正交"功能，将其复制到其他基础位置上，结果如图 11-107 所示。

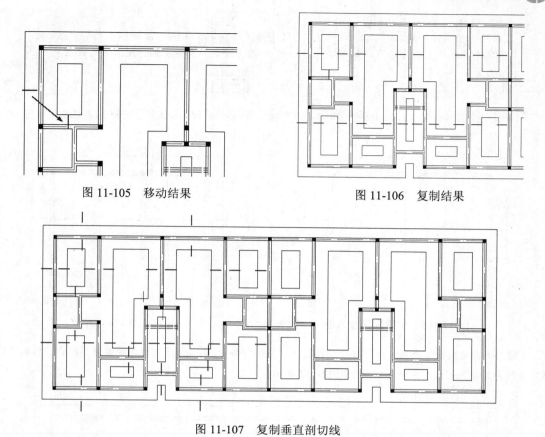

图 11-105　移动结果

图 11-106　复制结果

图 11-107　复制垂直剖切线

（8）单击"默认"选项卡→"注释"面板→"文字样式"按钮**A**，在打开的"文字样式"对话框中设置当前文字样式，并修改字体等参数如图 11-108 所示。

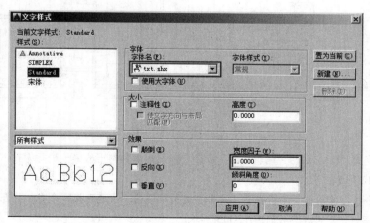

图 11-108　"文字样式"对话框

（9）单击"默认"选项卡→"注释"面板→"单行文字"按钮**A**，或使用快捷键"DT"激活"单行文字"命令，为水平剖切符号进行编号。

命令行操作如下：

```
命令: dt                              // Enter
TEXT 当前文字样式: "Standard"   文字高度: 250.0000   注释性: 否
指定文字的起点或 [对正(J)/样式(S)]:  //在水平剖切符号上侧指定文字的位置
指定高度 <2.500>:                    //250 Enter
指定文字的旋转角度 <0>:              // Enter
```

（10）此时绘图区出现如图11-109所示的单行文字输入框，然后输入编号3并结束命令，标注结果如图11-110所示。

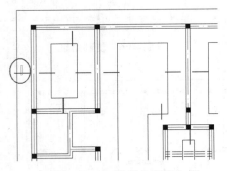

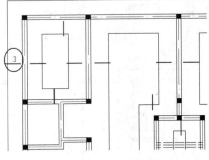

图11-109 单行文字输入框　　　　　　　　图11-110 标注结果

（11）单击"默认"选项卡→"修改"面板→"复制"按钮，选择刚标注的编号，配合"极轴追踪"将其复制到其他剖切线上，复制结果如图11-111所示。

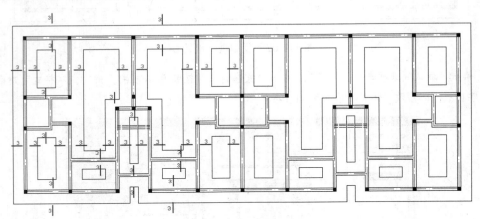

图11-111 复制结果

（12）使用快捷键"ED"激活"编辑文字"命令，分别选择复制出的编号进行编辑，输入正确的文字内容，结果如图11-112所示。

（13）在无命令执行的前提下单击右键，选择右键菜单中的"快速选择"命令，打开"快速选择"对话框，然后在此对话框内设置过滤参数如图11-113所示。

（14）单击"快速选择"对话框中的　确定　按钮，结果所有位于"基础标注"图层上的对象都被选中，选择中的图形以夹点显示，如图11-114所示。

（15）单击"默认"选项卡→"修改"面板→"镜像"按钮，配合中点捕捉功能对选择的柱子进行镜像。

命令行操作如下：

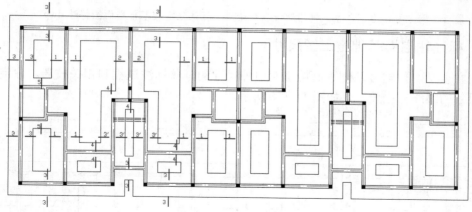

图 11-112　编辑结果

图 11-113　设置过滤参数

图 11-114　选择结果

```
命令：_mirror
指定镜像线的第一点：            //捕捉如图 11-115 所示的中点
指定镜像线的第二点：            //@0,1 Enter
要删除源对象吗？[是(Y)/否(N)] <N>：  // Enter，镜像结果如图 11-102 所示
```

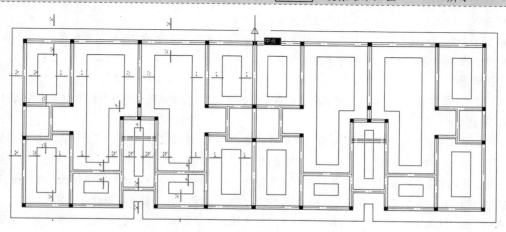

图 11-115　选择对象并捕捉中点

（16）最后使用"另存为"命令，将图形命名存储为"标注住宅楼基础平面图符号.dwg"。

11.6.6　标注住宅楼基础施工图尺寸

本例主要学习住宅楼基础平面施工图内外尺寸的具体标注过程和相关技巧。住宅楼基础施工图尺寸的最终标注效果，如图 11-116 所示。

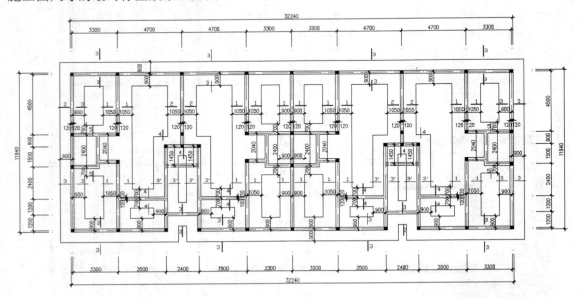

图 11-116　本例效果

绘图思路

住宅楼基础平面施工图尺寸的标注思路如下。

◆ 首先调用图形源文件并设置当前层。

◆ 使用"设计中心"和"标注样式"命令设置当前标注样式及比例。

◆ 使用"构造线"、"偏移"命令绘制尺寸定位辅助线。

◆ 使用"线性"、"连续"、"镜像"等命令标注基础图下侧尺寸。

◆ 使用"快速标注"、夹点编辑命令标注基础图上侧尺寸。

◆ 综合使用"线性"、"连续"、"快速标注"、"镜像"等命令标注基础图其他尺寸。

◆ 最后使用"另存为"命令将图形另名存盘。

绘图步骤

（1）打开上例存储的"标注住宅楼基础平面图符号.dwg"，或直接从随书光盘中的"\效果文件\第 11 章\"目录下调用此文件。

（2）单击"视图"选项卡→"选项板"面板→"设计中心"按钮 📖，打开"设计中心"窗口，然后定位并展开随书光盘中的"\样板文件\"目录 下的建筑样板"，如图 11-117 所示。

（3）在设计中心右侧窗口中双击"标注样式"图标，展开样板文件内的所有标注样式，在如图 11-118 所示的"建筑标注"样式上单击右键，选择"添加标注样式"功能，为当前文件添加标注样式。

（4）单击"默认"选项卡→"注释"面板→"标注样式"按钮 🖊，打开"标注样式管理器"对话框，将"建筑标注"设置为当前样式，并修改标注比例，如图 11-119 所示。

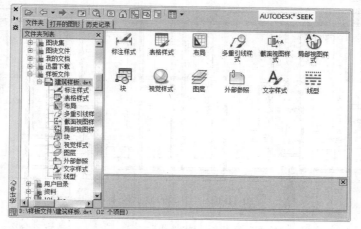

图 11-117　定位并展开文件夹

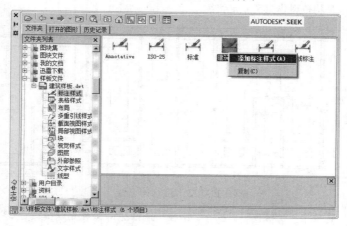

图 11-118　添加标注样式

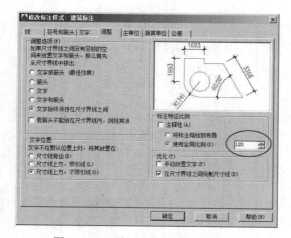

图 11-119　设置当前样式与标注比例

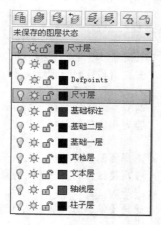

图 11-120　"图层控制"下拉列表

（5）展开"默认"选项卡→"图层"面板→"图层"下拉列表，将"尺寸层"设置为当前图层，并关闭"基础标注"层，如图 11-120 所示，此时平面图的显示如图 11-121 所示。

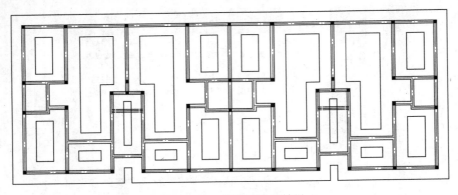

图 11-121　图形的显示效果

（6）单击"默认"选项卡→"绘图"面板→"构造线" ✎，激活"构造线"命令，在平面图的两侧绘制如图 11-122 所示的水平构造型作为尺寸定位线。

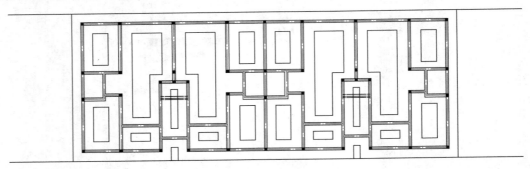

图 11-122　绘制构造线

（7）单击"默认"选项卡→"修改"面板→"偏移"按钮 ⚏，或使用快捷键"O"激活"偏移"命令，将水平构造线向外偏移 800 个单位，同时删除源构造线。

命令行操作如下：

```
命令：o                                              //Enter
OFFSET 当前设置：删除源=否　图层=源　OFFSETGAPTYPE=0
指定偏移距离或 [通过(T)/删除(E)/图层(L)] <1000.0>: //e Enter
要在偏移后删除源对象吗？[是(Y)/否(N)] <否>:        //Y Enter
指定偏移距离或 [通过(T)/删除(E)/图层(L)] <0.0>:    //800 Enter
选择要偏移的对象，或 [退出(E)/放弃(U)] <退出>:     //选择平面图上侧的水平构造线
指定要偏移的那一侧上的点，或 [退出(E)/多个(M)/放弃(U)] <退出>:
                                     //在所选构造线的上侧拾取点
选择要偏移的对象，或 [退出(E)/放弃(U)] <退出>:     选择平面图下侧的水平构造线
指定要偏移的那一侧上的点，或 [退出(E)/多个(M)/放弃(U)] <退出>:
                                     //在所选构造线的下侧拾取点
选择要偏移的对象，或 [退出(E)/放弃(U)] <退出>://Enter，偏移结果如图 11-123 所示
```

（8）打开状态栏上的"对象捕捉"、"极轴追踪"和"对象捕捉追踪"等辅助功能。

（9）单击"默认"选项卡→"注释"面板→"线性"按钮 ⊢，配合捕捉和追踪功能标注基准尺寸。

命令行操作如下：

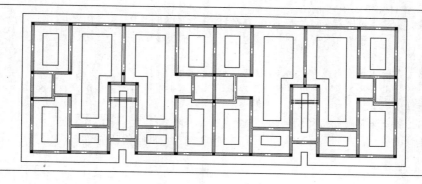

图 11-123　偏移结果

```
命令: _dimlinear
指定第一个尺寸界线原点或 <选择对象>:
        //垂直向下引出交点追踪虚线，然后捕捉虚线与辅助线的交点，如图11-124所示
指定第二条尺寸界线原点:
        //捕捉中点追踪虚线和极轴追踪虚线的交点作为第二原点，如图11-125所示
指定尺寸线位置或[多行文字(M)/文字(T)/角度(A)/水平(H)/垂直(V)/旋转(R)]:
        //垂直向下引导光标，输入1400 Enter 定位尺寸位置，标注结果如图11-126所示
标注文字 = 3300
```

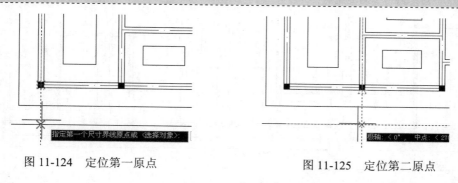

图 11-124　定位第一原点　　　　　　　　　图 11-125　定位第二原点

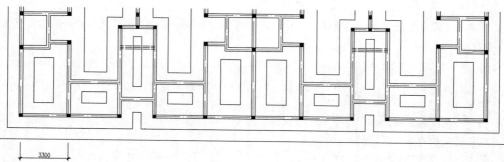

图 11-126　标注结果

（10）单击"注释"选项卡→"标注"面板→"连续"按钮，配合端点捕捉和"对象追踪"功能，继续标注右侧的连续尺寸。

命令行操作如下：

```
命令：_dimcontinue
指定第二条延伸线原点或 [放弃(U)/选择(S)] <选择>：
        //垂直向下引出中点追踪虚线，然后捕捉虚线与辅助线的交点，如图 11-127 所示
标注文字 = 3500
指定第二条延伸线原点或 [放弃(U)/选择(S)] <选择>：
        //垂直向下引出中点追踪虚线，然后捕捉虚线与辅助线的交点，如图 11-128 所示
标注文字 = 2400
指定第二条延伸线原点或 [放弃(U)/选择(S)] <选择>：// Enter
选择连续标注：                        // Enter，结束命令，标注结果如图 11-129 所示
```

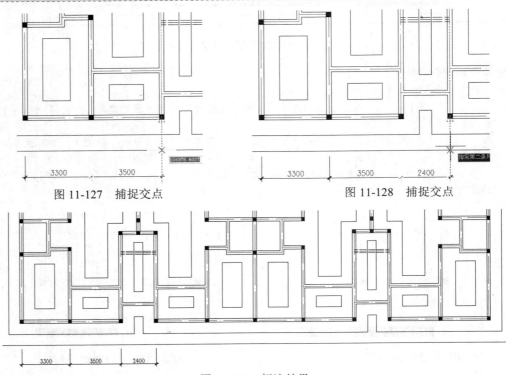

图 11-127　捕捉交点　　　　　　　　　　　图 11-128　捕捉交点

图 11-129　标注结果

（11）单击"默认"选项卡→"修改"面板→"镜像"按钮，配合端点捕捉功能对尺寸进行镜像。
命令行操作如下：

```
命令：_mirror
选择对象：              //拉出如图 11-130 所示的窗交选择框
选择对象：              // Enter
指定镜像线的第一点：    //捕捉如图 11-131 所示的中点
指定镜像线的第二点：              //@0,1 Enter
要删除源对象吗？[是(Y)/否(N)] <N>：  // Enter，镜像结果如图 11-132 所示
```

（12）重复执行"镜像"命令，配合端点捕捉功能继续对图 11-133 所示的尺寸进行镜像。
命令行操作如下：

```
命令：_mirror
选择对象：              //拉出如图 11-133 所示的窗交选择框
```

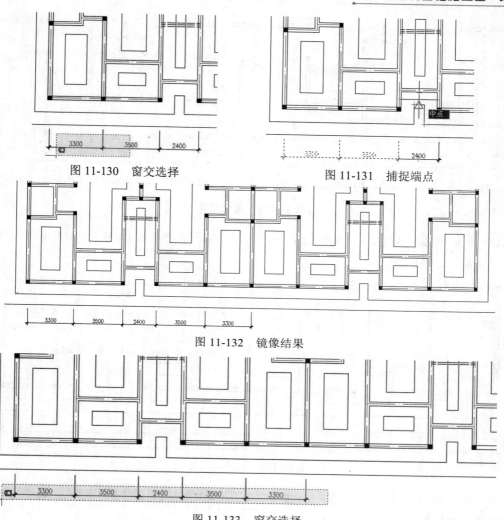

图 11-130 窗交选择　　　　　　　　图 11-131 捕捉端点

图 11-132 镜像结果

图 11-133 窗交选择

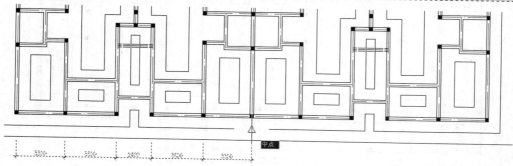

选择对象：	// Enter
指定镜像线的第一点：	//捕捉如图 11-134 所示的中点
指定镜像线的第二点：	//@0,1 Enter
要删除源对象吗？[是(Y)/否(N)] <N>：	// Enter，镜像结果如图 11-135 所示

图 11-134 捕捉中点

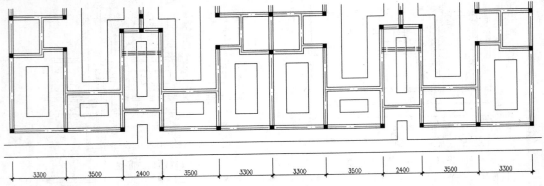

图 11-135　镜像结果

（13）单击"默认"选项卡→"注释"面板→"线性"按钮，配合端点捕捉和"对象追踪"功能标注总尺寸，结果如图 11-136 所示。

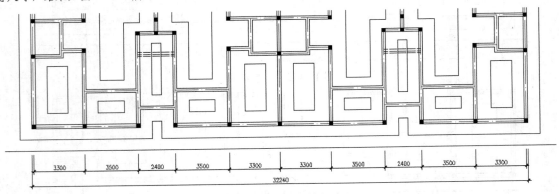

图 11-136　标注总尺寸

（14）展开"默认"选项卡→"图层"面板→"图层"下拉列表，关闭"基础一层"，此时平面图的显示效果如图 11-137 所示。

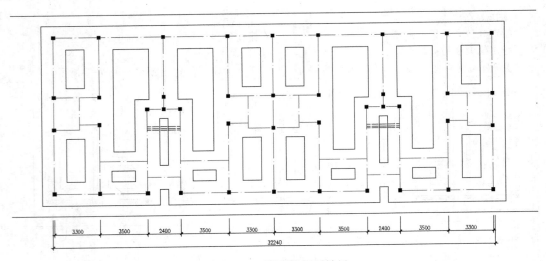

图 11-137　图形的显示效果

（15）单击"注释"选项卡→"标注"面板→"快速标注" 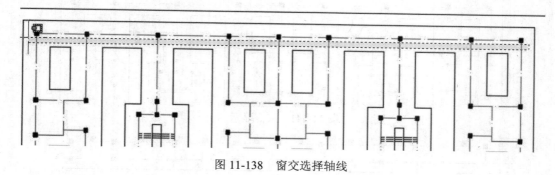，在"选择要标注的几何图形："提示下，拉出如图 11-138 所示的窗交选择框。

图 11-138　窗交选择轴线

（16）按 Enter 键结束选择，在"指定尺寸线位置或[连续（C）/并列（S）/基线（B）/坐标（O）/半径（R）/直径（D）/基准点（P）/编辑（E）]<连续>"提示下，垂直向上引出如图 11-139 所示的中点追踪虚线。

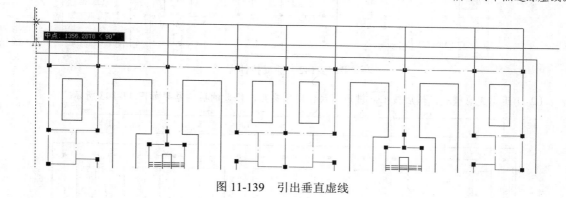

图 11-139　引出垂直虚线

（17）此时在命令行输入 1400 并按 Enter 键，以确定尺寸线的位置，标注结果如图 11-140 所示。

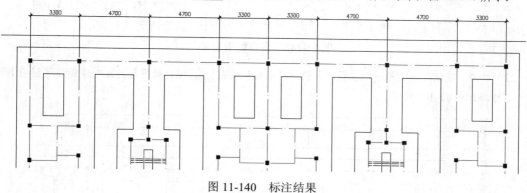

图 11-140　标注结果

（18）在无任何命令执行的前提下，选择刚标注的尺寸，使其呈现夹点显示，如图 11-141 所示。

（19）按住 Shift 键依次点取下侧处在同一水平位置的所有夹点，使其转为热点，进入夹点编辑模式。

（20）此时所选择的夹点以红色显示，单击最右侧的一个热点，根据命令行的提示，捕捉尺寸界线与辅助线的交点作为拉伸的目标点，将此三个点拉伸至辅助线上，结果如图 11-142 所示。

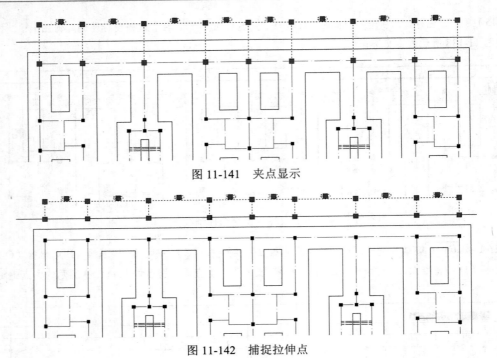

图 11-141　夹点显示

图 11-142　捕捉拉伸点

（21）退出夹点模式，然后按 Esc 键取消尺寸对象夹点，修改的后的结果如图 11-143 所示。

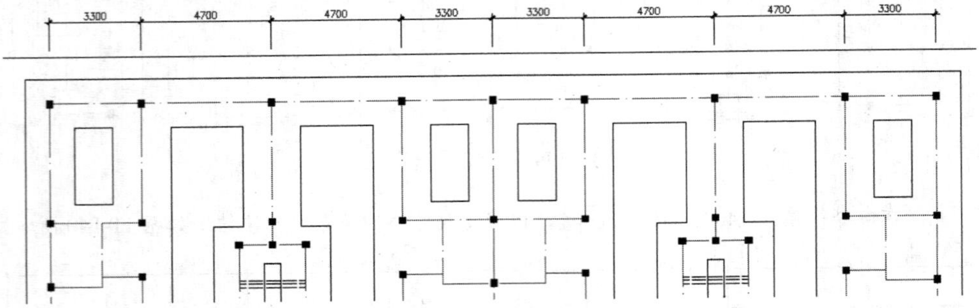

图 11-143　夹点编辑结果

（22）单击"默认"选项卡→"注释"面板→"线性"按钮 ⊢┤，配合捕捉与追踪功能标注平面图上侧的总尺寸，结果如图 11-144 所示。

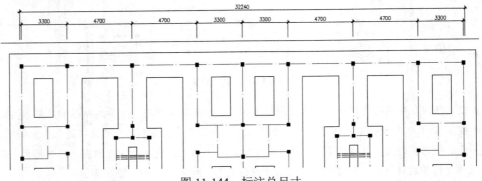

图 11-144　标注总尺寸

（23）参照 6～22 操作步骤，综合使用"线性"、"连续"、"快速标注"、"镜像"等命令，分别标注基础平面图其他位置的尺寸，结果如图 11-145 所示。

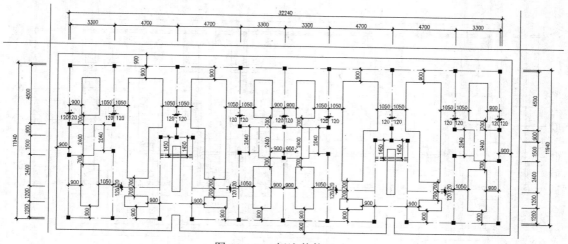

图 11-145　标注其他尺寸

（24）展开"默认"选项卡→"图层"面板→"图层"下拉列表，，打开被关闭的"基础一层"和"基础标注"两个图层，此时平面图的显示结果如图 11-146 所示。

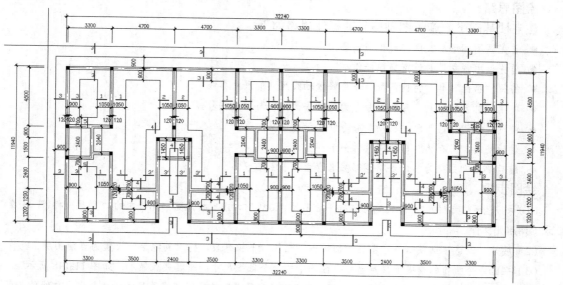

图 11-146　打开图层后的效果

（25）使用快捷键"E"激活"删除"命令，删除四条尺寸定位辅助线，结果如图 11-116 所示。

（26）最后执行"另存为"命令，将图形命名存储为"标注住宅楼基础平面图尺寸.dwg"。

11.6.7　标注住宅楼基础施工图轴号

本例主要学习住宅楼基础平面施工图轴标号的快速标注过程和标注技巧。住宅楼基础平面施工图轴标号的最终标注结果，如图 11-147 所示。

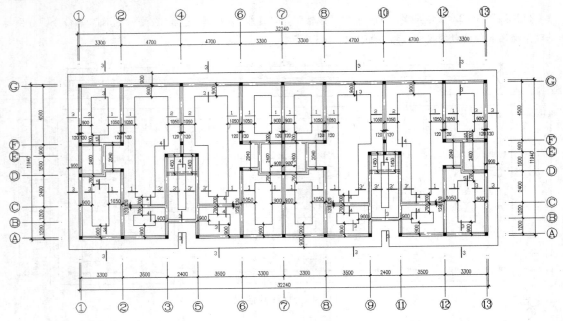

图 11-147　本例效果

绘图思路

住宅楼基础平面施工图轴标号的标注思路如下。

◆ 首先调用图形源文件并设置当前层。

◆ 首先调用源文件并设置当前操作层。

◆ 使用"特性"和"特性匹配"命令修改轴线尺寸的尺寸界线。

◆ 使用"插入块"和"复制"命令为施工平面图编写轴线编号。

◆ 使用"编辑属性"和"移动"命令修改轴线编号。

◆ 最后使用"另存为"命令将文件另名存盘。

◆ 最后使用"另存为"命令将图形另名存盘。

绘图步骤

（1）打开上例存储的"标注住宅楼基础平面图尺寸.dwg"，或直接从随书光盘中的"\效果文件\第 11 章\"目录下调用此文件。

（2）展开"默认"选项卡→"图层"面板→"图层"下拉列表，将"其他层"设置为当前图层。

（3）在无命令执行的前提下夹点显示平面图中的一个轴线尺寸，使其夹点显示，如图 11-148 所示。

（4）按 Ctrl+1 组合键，打开"特性"面板，在"直线和箭头"选项组中修改尺寸界线超出尺寸线的长度，修改参数如图 11-149 所示。

> **技巧提示：** 使用"特性"命令修改尺寸界限超出尺寸线的长度，是一种常用的操作技巧。另外读者也可以使用"直线"命令绘制轴标号的指示线。

（5）关闭"特性"面板，并按 Esc 键，取消对象的夹点显示，结果所选择的轴线尺寸的尺寸界线被延长，如图 11-150 所示。

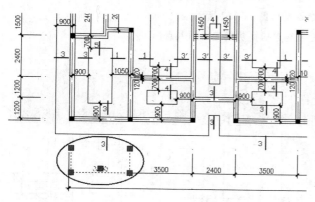

图 11-148　轴线尺寸的夹点显示

图 11-149　"特性"面板

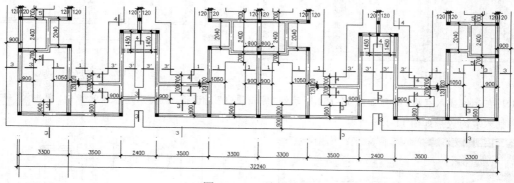

图 11-150　特性编辑

（6）单击"默认"选项卡→"特性"面板→"特性匹配"按钮 ，选择被延长的轴线尺寸作为源对象，将其尺寸界线的特性复制给其他位置的轴线尺寸，匹配结果如图 11-151 所示。

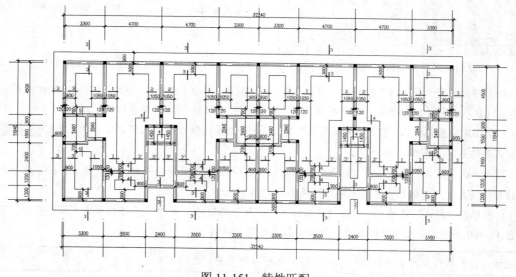

图 11-151　特性匹配

（7）单击"默认"选项卡→"块"面板→"插入"按钮 ，激活"插入块"命令，插入随书光盘"\图块文件\"目录下的"轴标号.dwg"文件，块参数设置如图 11-152 所示。

（8）单击 确定 按钮，返回绘图区，配合端点捕捉功能定位插入点。

命令行操作如下：

> 命令：_insert
> 指定插入点或〔基点（B）/比例（S）/旋转（R）〕:
> 　　　　　　　　　　//捕捉如图 11-153 所示的端点作为插入点正在重生成模型。

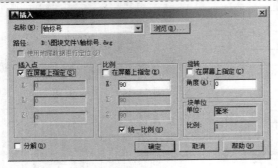

图 11-152　设置参数

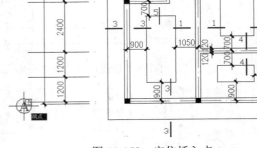

图 11-153　定位插入点

（9）在定位插入点后，打开如图 11-154 所示的"编辑属性"对话框，然后采用默认属性值，单击 确定 按钮，插入后的效果如图 11-155 所示。

图 11-154　"编辑属性"对话框

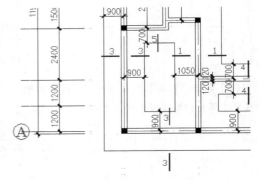

图 11-155　插入结果

（10）重复执行"插入块"命令，设置块参数如图 11-152 所示，然后返回绘图区在命令行"指定插入点或 [基点（B）/比例（S）/旋转（R）]:"提示下，捕捉如图 11-156 所示的端点作为插入点。

（11）在定位插入点后，打开"编辑属性"对话框，修改属性值如图 11-157 所示，然后单击 确定 按钮，插入后的效果如图 11-158 所示。

（12）单击"默认"选项卡→"修改"面板→"复制"按钮 ，配合端点捕捉功能，将指示线和刚插入的轴标号分别复制到其他尺寸界限末端，结果如图 11-159 所示。

（13）单击"默认"选项卡→"修改"面板→"移动"按钮 ，配合交点捕捉和端点捕捉功能，窗交选择如图 11-160 所示的轴标号属性块进行外移，结果如图 11-161 所示。

技巧提示： 另外在选择平面图四侧的轴标号时，也可以使用窗口选择功能。

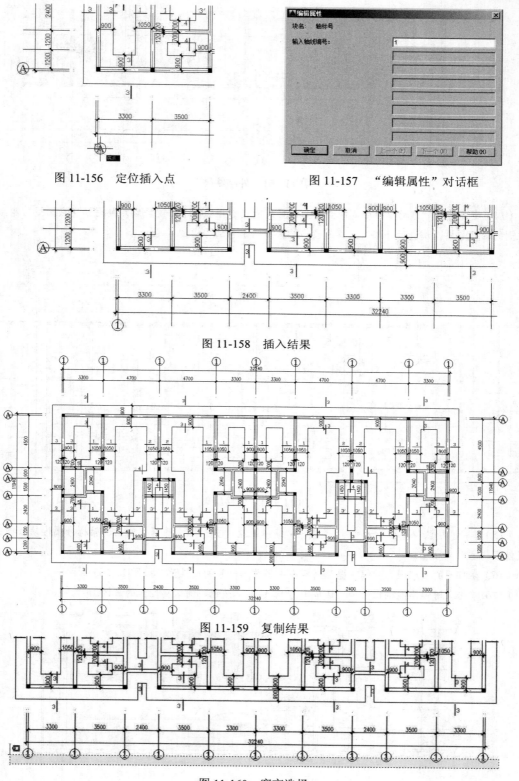

图 11-156　定位插入点

图 11-157　"编辑属性"对话框

图 11-158　插入结果

图 11-159　复制结果

图 11-160　窗交选择

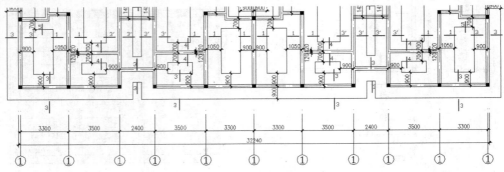

图 11-161　外移结果

（14）重复执行"移动"命令，配合窗交选择或窗口选择功能，并配合端点捕捉和交点捕捉功能，对其他三侧的轴标号属性块进行外移，外移的最终结果如图 11-162 所示。

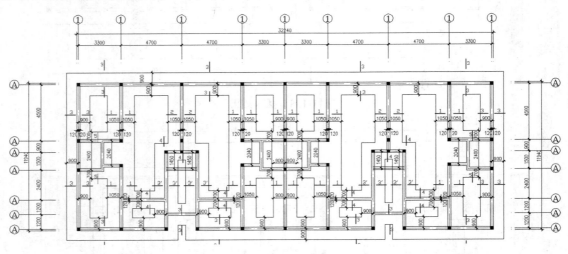

图 11-162　外移结果

（15）单击"默认"选项卡→"块"面板→"编辑属性"按钮，选择复制出的轴标号属性块，打开"增强属性编辑器"对话框。

（16）在打开的"增强属性编辑器"对话框中修改轴标号的属性值，如图 11-163 所示。

（17）单击"增强属性编辑器"对话框中 应用(A) 按钮，确认属性值的修改。

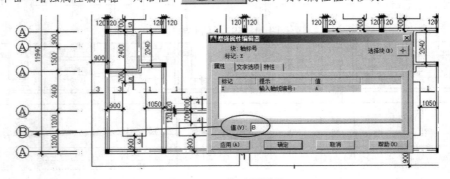

图 11-163　修改属性值

（18）在"增强属性编辑器"对话框中单击"选择块"按钮 ✛，返回绘图区选择其他轴标号，修改其属性值，如图 11-164 所示。

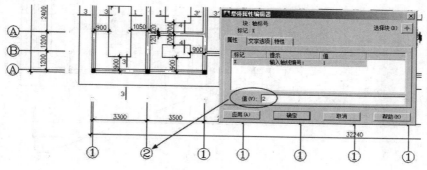

图 11-164　修改属性值

（19）重复执行上一步操作，分别修改其他位置的轴标号属性值，结果如图 11-165 所示。

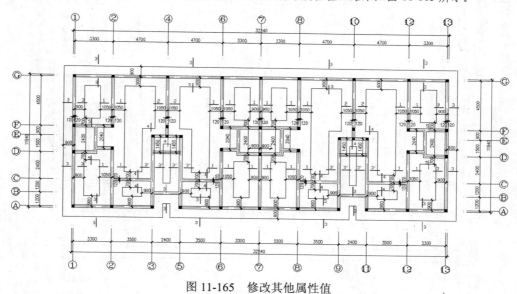

图 11-165　修改其他属性值

（20）双击编号为 10 的轴标号，在打开的"增强属性编辑器"对话框中调整属性文字的宽度比例为 0.7，修改后的结果如图 11-166 所示。

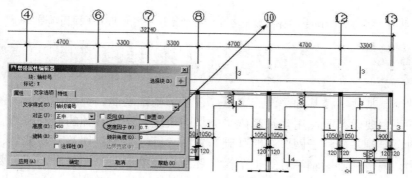

图 11-166　修改结果

（21）双击编号为 13 的轴标号，在打开的"增强属性编辑器"对话框中调整属性文字的宽度比例为 0.7，修改后的结果如图 11-167 所示。

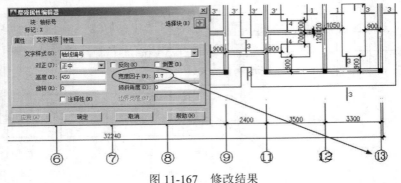

图 11-167　修改结果

（22）重复上一步操作，分别修改其他位置的编号属性的宽度比例，结果如图 11-168 所示。

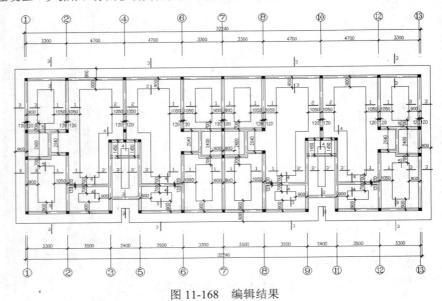

图 11-168　编辑结果

（23）使用快捷键"Z"激活"视图缩放"工具，调整视图，使平面图全部显示，最终效果如图 11-147 所示。

（24）最后执行"另存为"命令，将图形命名存储为"标注住宅楼基础平面图轴号.dwg"。

11.7　本 章 小 结

　　本章通过绘制某住宅楼基础平面施工图，在了解基础功能、类型、构造、图示特点等等内容的前提下，主要学习了民用建筑基础平面图的表达方法和具体的绘制技巧。具体分为绘制基础轴线网、绘制基础柱子网、绘制基础布置图、标注基础剖切符号与编号、标注基础平面图内外尺寸、编写基础图轴标号等七个操作环节。在绘制此类图形时，不但要注意基础墙线、基础底面轮廓线的绘制方法和技巧，还需要注意基础图文字的标注技巧。

第 12 章 绘制建筑详图与节点大样图

以上各章主要学习了建筑施工图、建筑装修图、结构施工图等重要图纸的绘制方法和绘制技巧，这些图纸都是从大处着眼，来表达建筑物的内外结构。本章我们将从细处着手，以绘制某楼梯详图、基础详图、壁镜节点以及栏杆大样图等，学习详图和节点大样图的绘制方法和相关技巧。

■ 学习内容

◇ 详图图示特点
◇ 绘制楼梯平面详图
◇ 绘制楼梯结构详图
◇ 绘制条形基础详图
◇ 节点大样图概述
◇ 绘制壁镜节点大样图
◇ 绘制栏杆大样图

12.1　建筑详图概述

对于一幢建筑物来说，光有建筑平、立、剖面图还是不能顺利施工的，因为平、立、剖面等图的图样比例较小，建筑物的某些细部及构配件的详细构造和尺寸无法表示清楚，不能满足施工需求。所以，在一套施工图中，除了有全局性的基本图样外，还必须有许多比例较大的图形，对建筑物细部的形状、大小、材料和做法等加以补充说明，这种图样称为建筑详图。

建筑详图包括的主要图样有墙身详图、楼梯详图、门窗详图及厨房、卫生间等详图，此种图纸的主要用途如下。

◆ 建筑详图主要用于表示建筑构配件（如门、窗、楼梯、阳台、各种装饰等）的详细构造及连接关系。
◆ 建筑详图表示建筑细部及剖面节点（如檐口、窗台、明沟、楼梯扶手、踏步、楼地面、屋面等）的形式、层次、做法、用料、规格及详细尺寸。
◆ 建筑详图表示施工要求及制作方法。

12.2　详图图示特点

详图的图示特点如下。

（1）比例较大，常用比例为 1:20、1:10、1:5、1:2、1:1 等。
（2）尺寸标注齐全、准确。
（3）文字说明详细、清楚。
（4）详图与其他图的联系主要采用索引符号和详图符号，有时也用轴线编号、剖切符号等。

（5）对于采用标准图或通用详图的建筑构配件和剖面节点，只注明所有图集名称、编号或页次，而不画出详图。

12.3 绘制楼梯平面详图

楼梯平面图是楼梯详图的一种，本例以绘制如图 12-1 所示的某住宅楼楼梯间平面图为例，主要学习楼梯平面详图的绘制方法和绘制技巧。

12.3.1 绘图思路

楼梯平面详图的绘图思路如下。

◆ 首先调用样板文件并设置绘图环境。

◆ 使用"矩形"、"分解"和"偏移"等命令绘制墙体定位线。

◆ 使用"多线"命令绘制楼梯间墙线和窗线。

◆ 使用"直线"、"多段线"、"镜像"和"矩形阵列"等命令绘制楼梯平面轮廓线。

◆ 最后使用"保存"命令将图形命名存盘。

12.3.2 绘图步骤

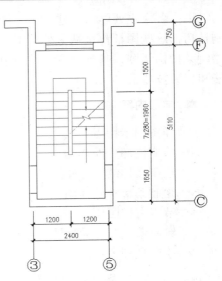

图 12-1 本例效果

（1）单击"快速访问"工具栏→"新建"按钮，以光盘"/样板文件/建筑样板.dwt"作为基础样板，新建空白文件。

（2）展开"默认"选项卡→"图层"面板→"图层"下拉列表，将"轴线层"设置为当前图层，如图 12-2 所示。

（3）使用快捷键"LT"激活"线型"命令，在打开的"线型管理器"对话框中，调整线型比例如图 12-3 所示。

图 12-2 设置当前图层

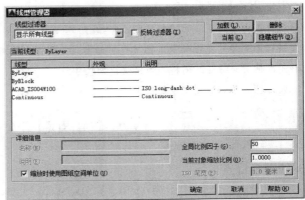

图 12-3 修改线型比例

（4）选择菜单栏"格式"→"图形界限"命令，设置图形界限为 7500×10000，并将设置的图形界限全部显示。

（5）单击"默认"选项卡→"绘图"面板→"矩形"按钮 ▢，绘制长度为2400、宽度为5860的矩形，作为楼梯间轴线，如图12-4所示。

（6）单击"默认"选项卡→"修改"面板→"分解"按钮 🗗，将刚绘制的矩形分解为四条独立的线段。

（7）单击"默认"选项卡→"修改"面板→"偏移"按钮 🗗，将矩形上侧的水平边向下偏移 750 个单位，如图12-5所示。

（8）单击"默认"选项卡→"修改"面板→"拉长"按钮 🖍，或使用快捷键"LEN"激活"拉长"命令，将矩形上侧的水平边进行拉长。

命令行操作如下：

```
命令: len                            // Enter
LENGTHEN 选择对象或 [增量(DE)/百分数(P)/全部(T)/动态(DY)]:  //de Enter
输入长度增量或 [角度(A)] <0.0>:          //850 Enter
选择要修改的对象或 [放弃(U)]:             //在上侧水平轴线的左端单击
选择要修改的对象或 [放弃(U)]:             //在上侧水平轴线的右端单击
选择要修改的对象或 [放弃(U)]:             // Enter, 结束命令, 拉长结果如图12-6所示
```

（9）展开"默认"选项卡→"图层"面板→"图层"下拉列表，设置"墙线层"作为当前图层。

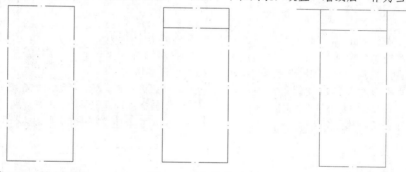

图 12-4　绘制结果　　　　　图 12-5　偏移结果　　　　　图 12-6　拉长结果

（10）使用快捷键"ML"激活"多线"命令，配合端点捕捉和交点捕捉功能绘制楼梯间墙线。

命令行操作如下：

```
命令: _mline
当前设置: 对正 = 上, 比例 = 20.00, 样式 = 墙线样式
指定起点或 [对正(J)/比例(S)/样式(ST)]:      //j Enter
输入对正类型 [上(T)/无(Z)/下(B)] <上>:      //z Enter
当前设置: 对正 = 无, 比例 = 20.00, 样式 = 墙线样式
指定起点或 [对正(J)/比例(S)/样式(ST)]:      //s Enter
输入多线比例 <20.00>:                     //240 Enter
当前设置: 对正 = 无, 比例 = 240.00, 样式 = 墙线样式
指定起点或 [对正(J)/比例(S)/样式(ST)]:      //捕捉如图12-7所示的端点1
指定下一点:                               //捕捉端点2
指定下一点或 [放弃(U)]:                    //捕捉端点3
指定下一点或 [闭合(C)/放弃(U)]:            //捕捉端点4
指定下一点或 [闭合(C)/放弃(U)]:            //捕捉端点5
指定下一点或 [闭合(C)/放弃(U)]:            //捕捉端点6
指定下一点或 [闭合(C)/放弃(U)]:            // Enter, 绘制结果如图12-8所示
```

（11）重复执行"多线"命令，配合端点捕捉功能绘制下侧窗子两端的墙线，结果如图12-9所示。

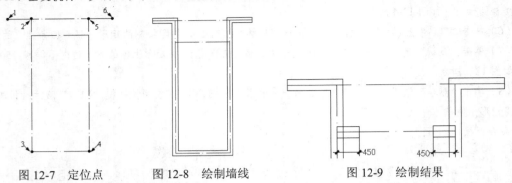

图12-7　定位点　　　　图12-8　绘制墙线　　　　图12-9　绘制结果

（12）敲击 Enter 键，重复执行"多线"命令，配合交点捕捉功能或端点捕捉功能，在"门窗层"内绘制楼梯间的窗子的轮廓线。

命令行操作如下：

```
命令：                                    // Enter，重复执行命令
MLINE
当前设置：对正 = 无，比例 = 240.00，样式 = 墙线样式
指定起点或 [对正(J)/比例(S)/样式(ST)]：    //st Enter
输入多线样式名或 [?]：                     //窗线样式 Enter
当前设置：对正 = 无，比例 = 240.00，样式 = 窗线样式
指定起点或 [对正(J)/比例(S)/样式(ST)]：    //捕捉如图12-10所示的交点
指定下一点：                              //捕捉如图12-11所示的交点
指定下一点或 [放弃(U)]：                   // Enter，绘制结果如图12-12所示
```

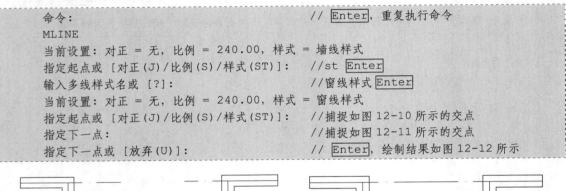

图12-10　定位起点　　　　图12-11　定位端点　　　　图12-12　绘制结果

（13）单击"默认"选项卡→"绘图"面板→"直线"按钮 ✎，配合捕捉与追踪功能绘制如图12-13所示的四条水平线段。

（14）在绘制的多线上双击左键，打开"多线编辑工具"对话框，然后激活"T形合并"功能，对墙线进行编辑，结果如图12-14所示。

（15）展开"默认"选项卡→"图层"面板→"图层"下拉列表，设置"楼梯层"作为当前图层。

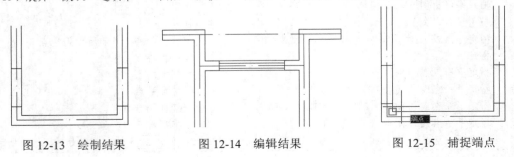

图12-13　绘制结果　　　　图12-14　编辑结果　　　　图12-15　捕捉端点

（16）单击"默认"选项卡→"绘图"面板→"直线"按钮 ，配合"捕捉自"功能绘制第一条台阶轮廓线。

命令行操作如下：

```
命令：_line
指定第一点：                              //激活"捕捉自"功能
_from 基点：                              //捕捉如图 12-15 所示的端点
<偏移>：                                  //@120,1650 Enter
指定下一点或 [放弃(U)]：                    // @2160,0 Enter
指定下一点或 [放弃(U)]：                    // Enter，绘制结果如图 12-16 所示
```

（17）单击"默认"选项卡→"修改"面板→"矩形阵列"按钮 ，对刚绘制的台阶轮廓线进行阵列。

命令行操作如下：

```
命令：_arrayrect
选择对象：                                //刚绘制的楼梯台阶轮廓线
选择对象：                                // Enter
类型 = 矩形　关联 = 是
选择夹点以编辑阵列或 [关联(AS)/基点(B)/计数(COU)/间距(S)/列数(COL)/行数(R)/层
数(L)/退出(X)] <退出>：                    //COU Enter
输入列数数或 [表达式(E)] <4>：             //1 Enter
输入行数数或 [表达式(E)] <3>：             //8 Enter
选择夹点以编辑阵列或 [关联(AS)/基点(B)/计数(COU)/间距(S)/列数(COL)/行数(R)/层
数(L)/退出(X)] <退出>：                    //s Enter
指定列之间的距离或 [单位单元(U)] <0>：      //1 Enter
指定行之间的距离 <1>：                      //280 Enter
选择夹点以编辑阵列或 [关联(AS)/基点(B)/计数(COU)/间距(S)/列数(COL)/行数(R)/层
数(L)/退出(X)] <退出>：                    //AS Enter
创建关联阵列 [是(Y)/否(N)] <否>：          //N Enter
选择夹点以编辑阵列或 [关联(AS)/基点(B)/计数(COU)/间距(S)/列数(COL)/行数(R)/层
数(L)/退出(X)] <退出>：                    // Enter，阵列结果如图 12-17 所示
```

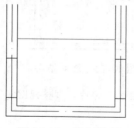

图 12-16　绘制结果

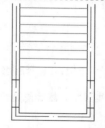

图 12-17　阵列结果

（18）单击"默认"选项卡→"绘图"面板→"矩形"按钮 ，配合"捕捉自"功能绘制楼梯扶手轮廓线。

命令行操作如下：

```
命令：_rectang
指定第一个角点或 [倒角(C)/标高(E)/圆角(F)/厚度(T)/宽度(W)]：
//激活"捕捉自"功能
_from 基点：                              //捕捉如图 12-18 所示的中点
```

<偏移>:　　　　　　　　　　//@-60,-80 `Enter`
指定另一个角点或 [面积(A)/尺寸(D)/旋转(R)]：//@120,2120 `Enter`，结果如图 12-19 所示

（19）单击"默认"选项卡→"修改"面板→"修剪"按钮 /--，以刚绘制的扶手轮廓线作为剪切边界，将位于边界内的台阶轮廓线修剪掉，结果如图 12-20 所示。

图 12-18　捕捉中点

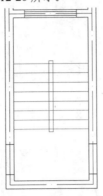

图 12-19　绘制结果

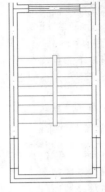

图 12-20　修剪结果

（20）单击"默认"选项卡→"绘图"面板→"多段线"按钮 .⊃|，绘制如图 12-21 所示的轮廓线作为楼梯方向线，其中箭头的长度为 125 单位，起点宽度为 40。

（21）单击"默认"选项卡→"修改"面板→"修剪"按钮 /--，以刚绘制的折断线作为边界，以台阶线进行修剪，结果如图 12-22 所示。

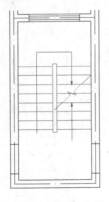

图 12-21　绘制结果

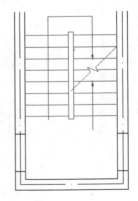

图 12-22　修剪结果

（22）关闭"轴线层"，然后使用快捷键"Z"激活"视图缩放"命令，调整视图使平面图完全显示，最终结果如图 12-1 所示。

（23）最后执行"保存"命令，将图形命名存储为"某住宅楼楼梯平面详图.dwg"。

12.4　绘制楼梯结构详图

楼梯结构平面图是楼梯结构详图的一种，也叫楼梯的水平剖面图。主要用来表明楼梯梁、楼段板、平台板等各构件的平面布置、代号、尺寸大小、平台板的配筋等的图样。本例以绘制如图 12-23 所示的平面图为例，学习建筑结构详图的绘制方法和技巧。

12.4.1 绘图思路

楼梯平面结构详图的绘图思路如下。

◆ 首先调用楼梯平面文件并当前操作层。

◆ 使用"直线"、"多段线"、"镜像"等命令绘制楼梯间结构配筋轮廓线。

◆ 使用"线型"、"特性"命令修改轮廓线的线型及比例。

◆ 使用"单行文字"、"复制"和"移动"等命令标注楼梯结构详图文字。

◆ 使用"标注样式"、"线性"和"连续"等命令标注楼梯结构详图尺寸。

◆ 综合使用"插入块"、"复制"、"编辑属性"和"移动"等多种命令编写楼梯轴标号。

◆ 最后使用"另存为"命令将图形命名存盘。

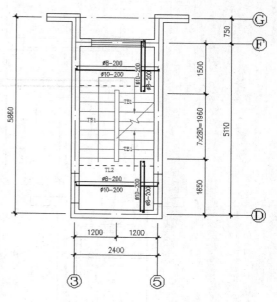

图 12-23　本例效果

12.4.2 绘图步骤

（1）打开上例存储的"某住宅楼楼梯平面详图.dwg"，或直接从随书光盘中的"\效果文件\第 12 章\"目录下调用此文件。

（2）单击"默认"选项卡→"图层"面板→"图层特性"按钮，在打开的"图层特性管理器"对话框中新建名为"结构层"的新图层，并将该图层设置为当前图层，如图 12-24 所示。

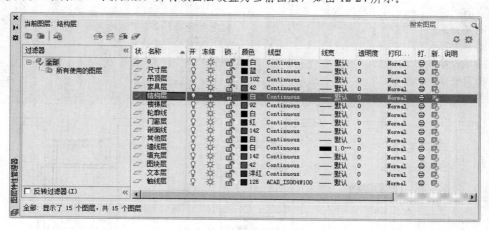

图 12-24　设置新图层

（3）单击"默认"选项卡→"绘图"面板→"多段线"按钮，将宽度设置为 15，绘制平台处的水平配筋轮廓线，绘制结果如图 12-25 所示。

（4）暂时关闭状态栏上的"对象捕捉"功能，打开"极轴追踪"功能。

（5）重复执行"多段线"命令，将宽度设置为 15，绘制平台处的垂直配筋轮廓线，绘制结果如图 12-26 所示。

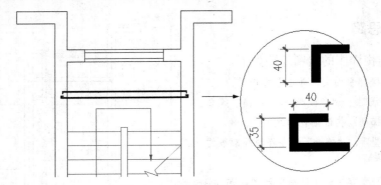

图 12-25　绘制水平配筋线

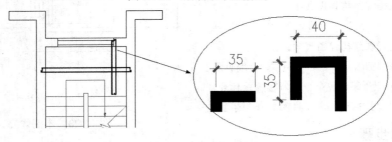

图 12-26　绘制水平配筋线

（6）单击"默认"选项卡→"修改"面板→"镜像"按钮 ◢，配合中点捕捉功能对刚绘制的配筋轮廓线进行镜像复制。

命令行操作如下：

```
命令：_mirror
选择对象：                                    //拉出如图 12-27 所示的窗交选择框
选择对象：                                    // Enter，结束选择
指定镜像线的第一点：                           //捕捉如图 12-28 所示的中点
指定镜像线的第二点：                           //@1,0 Enter
要删除源对象吗？[是(Y)/否(N)] <N>：            // Enter，镜像结果如图 12-29 所示
```

图 12-27　窗交选择　　　　图 12-28　捕捉中点　　　　图 12-29　镜像结果

（7）单击"默认"选项卡→"绘图"面板→"直线"按钮 ╱，配合"延伸捕捉"和"极轴追踪"功能绘制如图 12-30 所示的水平线段作为平台梁轮廓线。

（8）使用快捷键"LT"激活"线型"命令，在打开的"线型管理器"对话框中加载一种名为"ACAD_ISO03W100"的线型，并设置线型比例如图 12-31 所示。

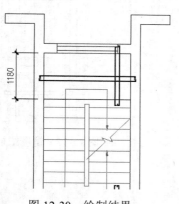

图 12-30　绘制结果

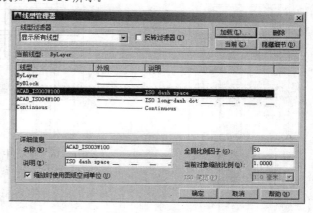

图 12-31　加载线型

（9）在无命令执行的前提下单击刚绘制的平台梁轮廓线，使其呈现夹点显示状态，如图 12-32 所示。

（10）单击"视图"选项卡→"选项板"面板→"特性"按钮 🖿，激活"特性"命令，在打开的"特性"面板中修改平台梁轮廓线的线型及比例，如图 12-33 所示。

（11）关闭"特性"面板，并取消图线的夹点显示，修改后的效果如图 12-34 所示。

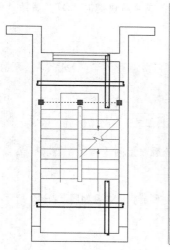

图 12-32　夹点效果

图 12-33　"特性"面板

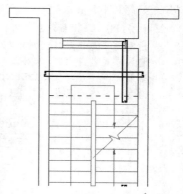

图 12-34　修改特性后的效果

（12）单击"默认"选项卡→"修改"面板→"镜像"按钮 ⚠，选择如图 12-35 所示的平台梁轮廓线进行镜像，镜像线上的点为图 12-36 所示的中点，镜像结果如图 12-37 所示。

（13）展开"默认"选项卡→"图层"面板→"图层"下拉列表，将"文本层"设置为当前图层。

（14）单击"默认"选项卡→"注释"面板→"文字样式"按钮 A，设置"宋体"为当前样式，同时修改宽度比例为 1。

（15）单击"默认"选项卡→"注释"面板→"单行文字"按钮 A，为平台梁和楼梯板标注高度为 120 的文字注释。

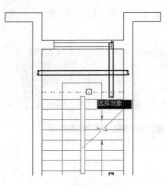
图 12-35　选择结果

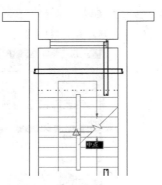
图 12-36　捕捉中点

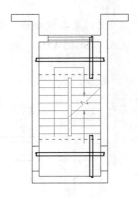
图 12-37　镜像结果

命令行操作如下：

```
命令：_dtext
当前文字样式：　宋体　当前文字高度：2.5
指定文字的起点或 [对正(J)/样式(S)]：        //在平台梁轮廓线下侧拾取起点
指定高度 <2.5>：                            //120 Enter
指定文字的旋转角度 <0.00>：   //Enter，分别输入 TL2 和 TB1 两行文字，如图 12-38 所示
```

（16）接下来综合使用"移动"和"复制"命令，对"TB1"文字对象进行移动和复制，对"TL2"进行复制，结果如图 12-39 所示。

（17）单击"默认"选项卡→"注释"面板→"单行文字"按钮 **A**，或使用快捷键"DT"激活"单行文字"命令，为下侧的配筋轮廓线标注文字注释。

命令行操作如下：

```
命令：dt                              //Enter，激活命令
TEXT 当前文字样式：　宋体　当前文字高度：120.0
指定文字的起点或 [对正(J)/样式(S)]：    //s Enter
输入样式名或 [?] <宋体>：               //SIMPLEX Enter
当前文字样式：　SIMPLEX　当前文字高度：2.5
指定文字的起点或 [对正(J)/样式(S)]：    //在水平筋轮廓线上侧适当位置拾取一点
指定高度 <2.5>：                        //120 Enter
指定文字的旋转角度 <0.00>：
              //Enter，输入 %%C8-200 和 %%C10-200 两行文字，结果如图 12-40 所示
```

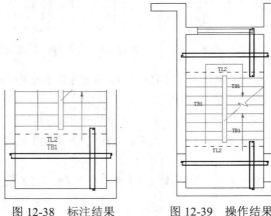
图 12-38　标注结果　　　　图 12-39　操作结果

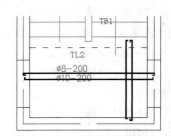
图 12-40　为水平筋标注注释

命令： // Enter，重复执行命令
TEXT 当前文字样式： SIMPLEX 当前文字高度： 120.0
指定文字的起点或 ［对正(J)/样式(S)］： //在垂直筋左侧适当位置拾取一点
指定高度 <120.0>： // Enter
指定文字的旋转角度 <0.00>：
　　　　　　//90 Enter，输入%%C10-200 和%%C8-200 两行文字，结果如图 12-41 所示

（18）单击"默认"选项卡→"修改"面板→"移动"按钮，对刚标注的注释对象进行适当的移动，结果如图 12-42 所示。

（19）单击"默认"选项卡→"修改"面板→"复制"按钮，对位移后的注释对象进行复制，结果如图 12-43 所示。

（20）单击"默认"选项卡→"修改"面板→"打断"按钮，激活"打断"命令，将与文字对象重叠的轮廓线进行打断，打断结果如图 12-44 所示。

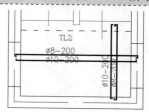

图 12-41　为垂直筋标注注释

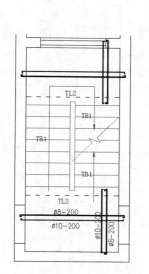

图 12-42　位移结果　　　　　图 12-43　复制结果

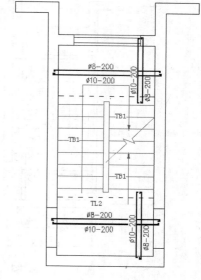

图 12-44　打断结果

（21）展开"默认"选项卡→"图层"面板→"图层"下拉列表，设置"尺寸层"作为当前图层。

（22）单击"默认"选项卡→"注释"面板→"标注样式"按钮，设置"建筑标注"为当前尺寸样式，同时修改尺寸比例为 50。

（23）单击"默认"选项卡→"注释"面板→"线性"按钮，配合捕捉与追踪功能标注如图 12-45 所示的细部尺寸。

（24）单击"注释"选项卡→"标注"面板→"连续"按钮，配合捕捉与追踪功能标注如图 12-46 所示的连续尺寸。

（25）接下来重复执行"线性"和"连续"命令，并配合点的捕捉追踪功能标注其他位置的尺寸，结果如图 12-47 所示。

（26）使用快捷键"ED"激活"编辑文字"命令，然后在尺寸文字为 1960 的尺寸对象上单击左键，修改尺寸文字为"7×280=1960"，修改结果如图 12-48 所示。

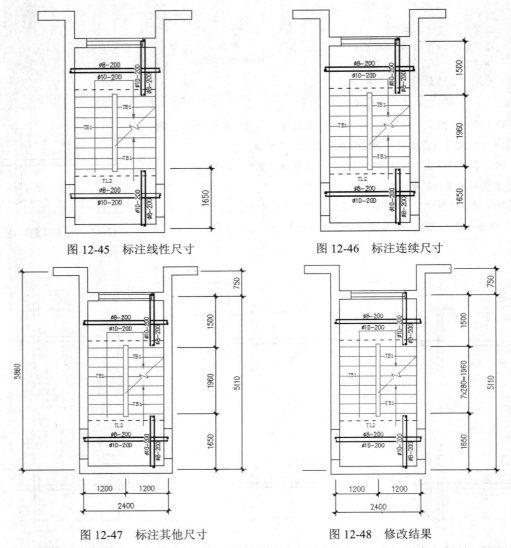

图 12-45　标注线性尺寸　　　　　　　　图 12-46　标注连续尺寸

图 12-47　标注其他尺寸　　　　　　　　图 12-48　修改结果

技巧提示： 在标注楼梯平面图尺寸时，可以事先打开被隐藏的轴线，以方便尺寸界线原点的定位。

（27）在无命令执行的前提下选择尺寸文字为 5110 的尺寸对象，使其夹点显示状态，如图 12-49 所示。

（28）单击"视图"选项卡→"选项板"面板→"特性"按钮，在打开的"特性"面板中修改尺寸界线超出尺寸线的变量值如图 12-50 所示。

（29）关闭"特性"面板，并按 Esc 键取消尺寸的夹点显示，修改结果如图 12-51 所示。

（30）单击"默认"选项卡→"特性"面板→"特性匹配"按钮，将该尺寸的尺寸界限特性匹配给其他位置的尺寸，结果如图 12-52 所示。

（31）单击"默认"选项卡→"块"面板→"插入"按钮，激活"插入块"命令，插入随书光盘中的"\图块文件\轴标号.dwg"文件，块的缩放比例为 50，属性值为 3，插入结果如图 12-53 所示。

（32）单击"默认"选项卡→"修改"面板→"复制"按钮，将插入的轴标号分别复制到其他位置上，结果如图 12-54 所示。

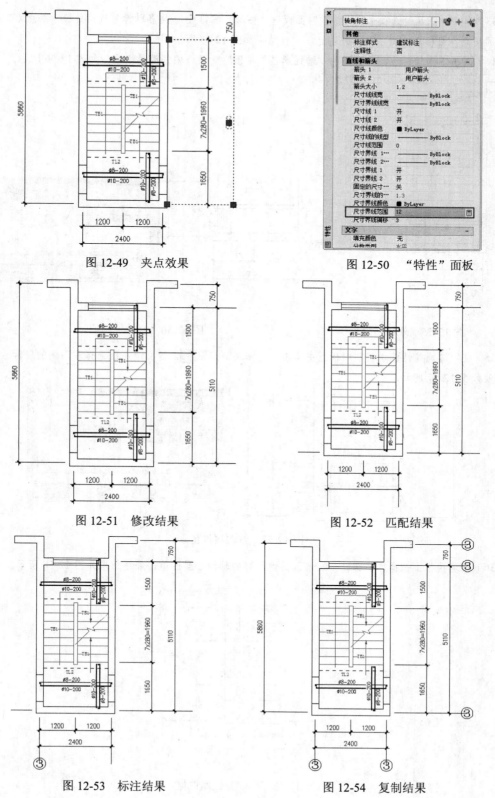

图 12-49 夹点效果

图 12-50 "特性"面板

图 12-51 修改结果

图 12-52 匹配结果

图 12-53 标注结果

图 12-54 复制结果

（33）单击"默认"选项卡→"修改"面板→"移动"按钮 ✛，将各轴标号进行外移，基点为轴标号与指示线的交点，目标点为指示线的外端点，位移结果如图 12-55 所示。

（34）双击下侧轴标号，在打开的"增强属性编辑器"对话框中修改属性值，如图 12-56 所示。

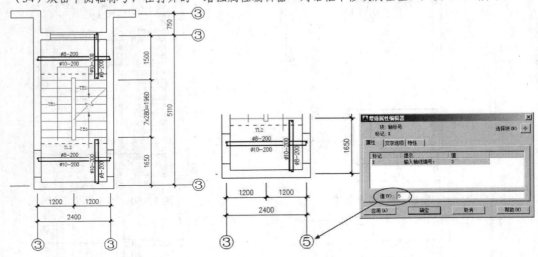

图 12-55　外移结果　　　　　　　　　　图 12-56　修改属性值

（35）在"增强属性编辑器"对话框中单击"选择块"按钮 ✛，返回绘图区选择右下侧的轴标号，修改其属性值如图 12-57 所示。

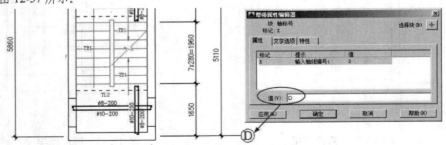

图 12-57　修改属性值

（36）重复执行上一操作步骤，分别修改其他位置的轴标号属性值，最终结果如图 12-58 所示。

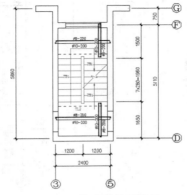

图 12-58　修改其他属性值

（37）最后执行"另存为"命令，将图形命名存储为"某住宅楼楼梯结构详图.dwg"。

12.5　绘制条形基础详图

基础详图就是用较大的比例画出的基础局部构造图，用以表达基础的细部尺寸、截面形式、大小、材料做法及基础埋置的深度等。对于条形基础，基础详图就是基础的垂直断面图。本例通过绘制如图 12-59 所示条型基础，主要学习基础详图的具体绘制过程和相关技巧。

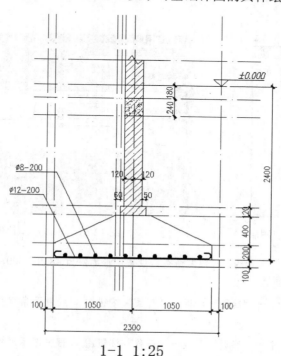

1-1　1:25

图 12-59　本例效果

12.5.1　绘图思路

条形基础详图的绘图思路如下。

- 首先调用样板文件并设置绘图环境。
- 使用"直线"、"偏移"命令绘制基础定位辅助线。
- 使用"矩形"、"直线"、"图案填充"等命令绘制基础垫层及其结构轮廓线。
- 使用"多段线"、"圆环"、"镜像"等命令绘制基础圈梁及配筋轮廓线。
- 使用"线性"、"连续"、"编辑标注文字"命令标注基础详图尺寸。
- 使用"标注样式"、"快速引线"等命令标注基础图引线注释。
- 使用"文字样式"、"单行文字"命令标注基础图名及比例。
- 使用"插入块"命令标注基础详图标高。
- 最后使用"保存"命令将图形命名存盘。

12.5.2 绘图步骤

（1）单击"快速访问"工具栏→"新建"按钮 📄，以光盘"/样板文件/建筑样板.dwt"作为基础样板，新建空白文件。

（2）展开"默认"选项卡→"图层"面板→"图层"下拉列表，将"轴线层"设置为当前图层，如图 12-60 所示。

（3）使用快捷键"LT"激活"线型"命令，在打开的"线型管理器"对话框中，调整线型比例如图 12-61 所示。

图 12-60　设置当前图层

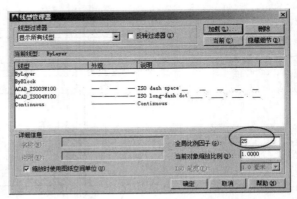

图 12-61　修改线型比例

（4）选择菜单栏"格式"→"图形界限"命令，设置图形界限为 4800×4800，并将设置的图形界限全部显示。

（5）单击"默认"选项卡→"绘图"面板→"直线"按钮 ✏️，绘制两条相互垂直的轴线作为基准定位线，如图 12-62 所示。

（6）单击"默认"选项卡→"修改"面板→"偏移"按钮 📑，根据图示尺寸对水平基准定位线进行偏移，结果如图 12-63 所示。

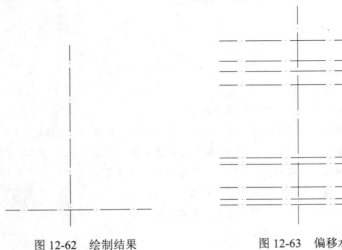

图 12-62　绘制结果　　　　　　图 12-63　偏移水平定位线

（7）重复执行"偏移"命令，根据图示尺寸对垂直基准定位线进行偏移，结果如图 12-64 所示。

（8）展开"默认"选项卡→"图层"面板→"图层"下拉列表，以"轮廓线"层为当前图层。

（9）单击"默认"选项卡→"绘图"面板→"矩形"按钮 □，根据基础定位线，配合交点捕捉功能绘制长为 2300、宽为 100 的矩形作为基础底部的垫层，如图 12-65 所示。

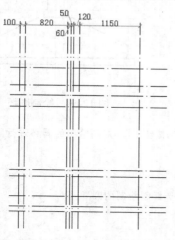

图 12-64　偏移垂直定位线

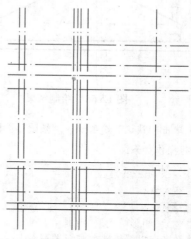

图 12-65　绘制矩形

（10）单击"默认"选项卡→"绘图"面板→"多段线"按钮 ⤵，根据基础定位线，配合对象捕捉功能绘制条形基础的轮廓线、地坪线的断面线等，制结果如图 12-66 所示。

（11）单击"默认"选项卡→"图层"面板→"图层特性"按钮 ⤸，在打开的"图层特性管理器"对话框中修改"轮廓线"图层的线宽为 0.30mm，并打开状态栏上的线宽显示功能，结果如图 12-67 所示。

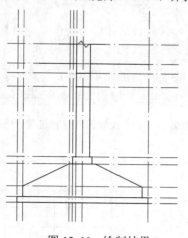

图 12-66　绘制结果

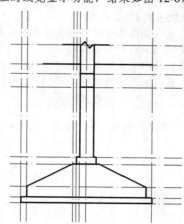

图 12-67　设置线宽后的效果

（12）暂时关闭"对象捕捉"功能。

（13）单击"默认"选项卡→"绘图"面板→"多段线"按钮 ⤵，绘制宽度为 30 个绘图单位的直线段线弧线作为钢筋的主视图轮廓线，如图 12-68 所示。

（14）在命令行中输入"Donut"，绘制内径为 0，外径为 50 的实心填充圆，作为钢筋的截面，如图 12-69 所示。

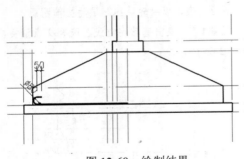

图 12-68　绘制结果

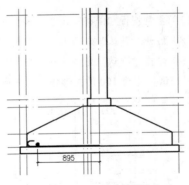

图 12-69　绘制圆环

（15）单击"默认"选项卡→"修改"面板→"矩形阵列"按钮▦，对刚绘制的圆环进行阵列。命令行操作如下：

```
命令：_arrayrect
选择对象：                               //选择刚绘制的圆环
选择对象：                               // Enter
类型 = 矩形　关联 = 是
选择夹点以编辑阵列或 ［关联(AS)/基点(B)/计数(COU)/间距(S)/列数(COL)/行数(R)/层
数(L)/退出(X)] <退出>：                  //COU Enter
输入列数数或 ［表达式(E)] <4>：           //5 Enter
输入行数数或 ［表达式(E)] <3>：           //1 Enter
选择夹点以编辑阵列或 ［关联(AS)/基点(B)/计数(COU)/间距(S)/列数(COL)/行数(R)/层
数(L)/退出(X)] <退出>：                  //s Enter
指定列之间的距离或 ［单位单元(U)] <0>：   //200 Enter
指定行之间的距离 <1>：                    //Enter
选择夹点以编辑阵列或 ［关联(AS)/基点(B)/计数(COU)/间距(S)/列数(COL)/行数(R)/层
数(L)/退出(X)] <退出>：                  //AS Enter
创建关联阵列 ［是(Y)/否(N)] <否>：        //N Enter
选择夹点以编辑阵列或 ［关联(AS)/基点(B)/计数(COU)/间距(S)/列数(COL)/行数(R)/层
数(L)/退出(X)] <退出>：                  // Enter，阵列结果如图 12-70 所示
```

（16）单击"默认"选项卡→"修改"面板→"镜像"按钮▥，对多段线和圆环进行镜像，结果如图 12-71 所示。

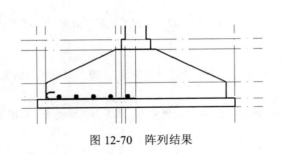

图 12-70　阵列结果

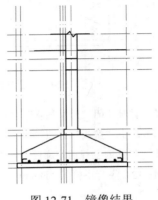

图 12-71　镜像结果

（17）展开"默认"选项卡→"图层"面板→"图层"下拉列表，把"填充层"设为当前图层。

（18）单击"默认"选项卡→"绘图"面板→"图案填充"按钮，设置填充图案与参数如图 12-72 所示，为基础图填充如图 12-73 所示的图案。

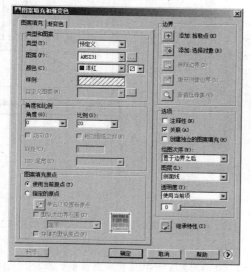

图 12-72　设置填充图案与参数

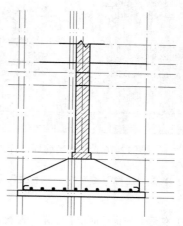

图 12-73　填充结果

（19）重复执行"图案填充"命令，设置填充图案与参数如图 12-74 所示，为基础图填充如图 12-75 所示的图案。

（20）展开"默认"选项卡→"图层"面板→"图层"下拉列表，把"标注层"设为当前图层。

（21）单击"默认"选项卡→"注释"面板→"标注样式"按钮，打开"标注样式管理器"对话框，将"建筑标注"设置为当前标注样式，并修改标注比例如图 12-76 所示。

（22）单击"默认"选项卡→"注释"面板→"线性"按钮，配合端点捕捉功能标注如图 12-77 所示的水平尺寸。

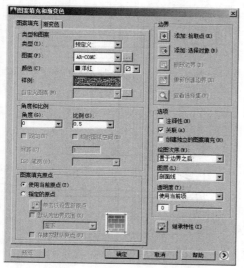

图 12-74　设置填充图案与参数

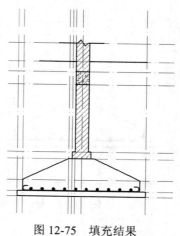

图 12-75　填充结果

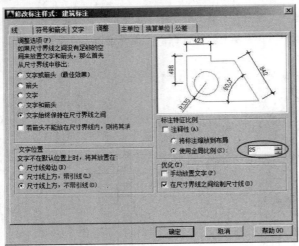

图 12-76　设置当前标注样式与比例

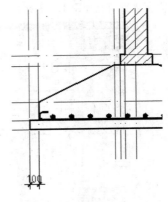

图 12-77　标注结果

（23）单击"注释"选项卡→"标注"面板→"连续"按钮，配合端点捕捉功能标注如图 12-78 所示的细部尺寸。

（24）在无命令执行的前提下单击两侧标注文字为 100 的对象，使其呈现夹点显示状态。

（25）将光标放在标注文字夹点上，然后从弹出的快捷菜单中选择"仅移动文字"选项。

（26）在命令行 "** 仅移动文字 **指定目标点:" 提示下，在适当位置指定文字的位置，并按 Esc 键取消尺寸的夹点，调整结果如图 12-79 所示。

（27）接下来综合使用"线性"、"连续"、"编辑标注文字"等命令，分别标注基础图其他位置的尺寸，结果如图 12-80 所示。

（28）单击"默认"选项卡→"注释"面板→"标注样式"按钮，打开"标注样式管理器"对话框，使用对话框中的"替代"功能，对当前标注样式进行替代，如图 12-81 所示。

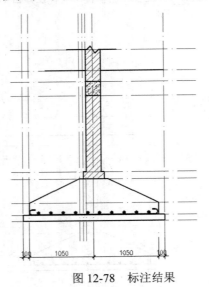

图 12-78　标注结果

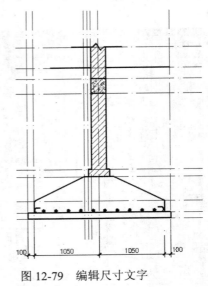

图 12-79　编辑尺寸文字

（29）使用快捷键 "LE" 激活"快速引线"命令，设置引线参数如图 12-82 和图 12-83 所示。

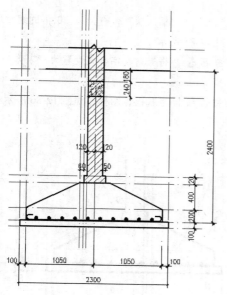

图 12-80　标注其他尺寸

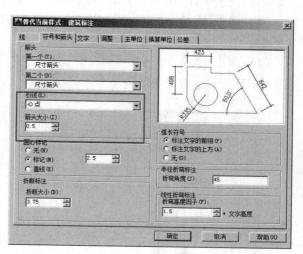

图 12-81　替代当前标注样式

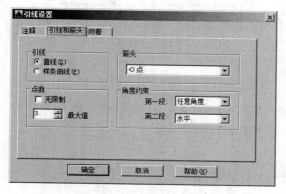

图 12-82　设置引线和箭头

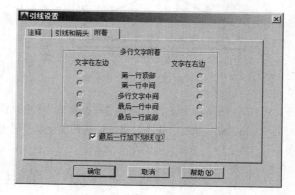

图 12-83　设置文字附着位置

（30）返回绘图区，根据命令行的提示，为条形基础详图标注如图 12-84 所示的引线注释。

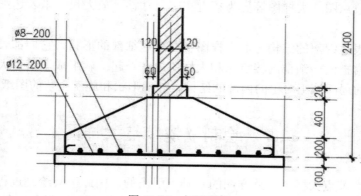

图 12-84　标注结果

（31）展开"默认"选项卡→"图层"面板→"图层"下拉列表，将"其他层"设置为当前图层。

（32）单击"默认"选项卡→"块"面板→"插入"按钮，激活"插入块"命令，以30倍的缩放比例插入随书光盘中的"\图块文件\标高符号.dwg"，插入结果如图12-85所示。

（33）单击"默认"选项卡→"注释"面板→"文字样式"按钮，将当前文字样式设置为"宋体"、宽度比例为1。

（34）单击"默认"选项卡→"注释"面板→"单行文字"按钮，为基础详图标注如图12-86所示的图名及比例，其中文字高度为150。

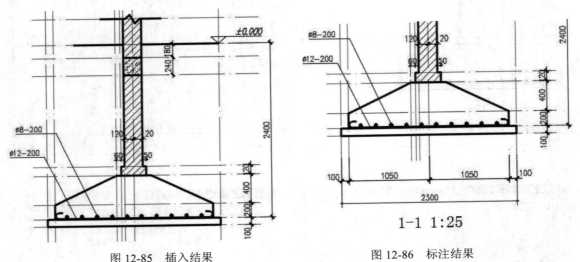

图 12-85　插入结果　　　　　　　　　图 12-86　标注结果

（35）使用快捷键"Z"激活"视图缩放"命令，调整视图使平面图完全显示，最终结果如图12-59所示。

（36）最后执行"保存"命令，将图形命名存储为"绘制条形基础详图.dwg"。

12.6　节点大样图概述

在建筑图纸中，通常用平面图、立面图、剖面图、详图等图纸和文字来表达设计意图。其中详图中又有节点图、大样图等更为接近实际尺寸甚至放大尺寸来表达细部的结构和形状图纸。

节点图主要表达细部的结构，而大样图主要表达细部的形状，它们都表示施工工艺，在很多工程图中常常把同一细部的接点图和大样图放在一起，就形成了节点大样图，节点大样图就是表示关键的局部施工对象的内部的结构、外部形状和施工工艺的图纸。

12.7　绘制壁镜节点大样图

一般情况下，节点大样图是从详图的基础上引出的，因此，其绘制过程比较简单，下面通过绘制如图12-87所示的节点大样图，主要学习节点大样图的绘制方法和相关操作技巧。

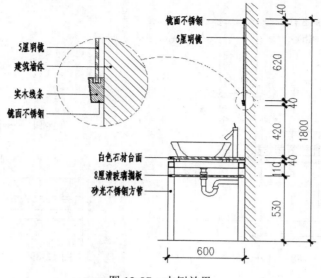

镜面不锈钢
5厘明镜

5厘明镜
建筑墙体
实木线条
镜面不锈钢

白色石材台面
8厘清玻璃搁板
砂光不锈钢方管

图 12-87   本例效果

12.7.1   绘图思路

壁镜节点大样图的具体绘制思路如下。

◆ 首先调用源剖面装修详图文件。
◆ 使用"复制"、"圆"命令在详图上定位节点位置。
◆ 使用"修剪"、"删除"命令将节点大样图从详图中分离。
◆ 使用"缩放"命令将节点大样图进行等比缩放。
◆ 使用"图案填充"、"直线"等命令对节点大样图进行修整完善。
◆ 使用"快速引线"、"复制"、"编辑文字"命令为节点大样图标注材质注解。
◆ 最后使用"另存为"命令将图形另名存盘。

12.7.2   绘图步骤

（1）执行"打开"命令，打开随书光盘中的"\素材文件\剖面详图.dwg"，如图 12-88 所示。

（2）单击"默认"选项卡→"修改"面板→"复制"按钮，将剖面详图复制一份。

（3）展开"默认"选项卡→"图层"面板→"图层"下拉列表，将"轮廓线"设置为当前图层。

（4）单击"默认"选项卡→"绘图"面板→"圆"按钮，在复制出的剖面详图上绘制直径为 213 的圆，以定位节点大样图的位置，如图 12-89 所示。

（5）单击"默认"选项卡→"修改"面板→"复制"按钮，将绘制的圆复制到另一个剖面详图中的同一位置上。

（6）单击"默认"选项卡→"修改"面板→"修剪"按钮，以定位圆作为边界，将圆内的图形从源详图中分离出来，同时分解并删除多余图线，结果如图 12-90（左）所示。

（7）单击"默认"选项卡→"修改"面板→"缩放"按钮，将分离后的节点图等比放大四倍显示，结果如图 12-90（右）所示。

（8）展开"默认"选项卡→"图层"面板→"图层"下拉列表，将"剖面线"设置为当前图层。

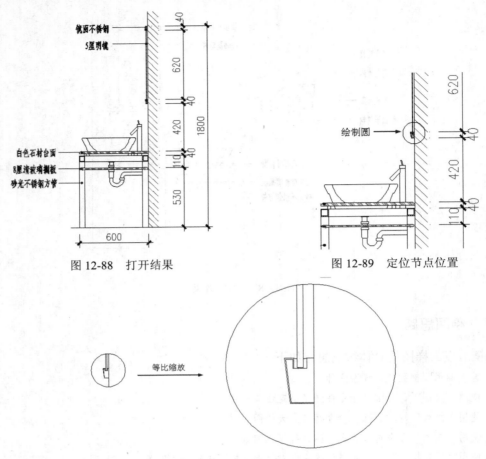

图 12-88 打开结果

图 12-89 定位节点位置

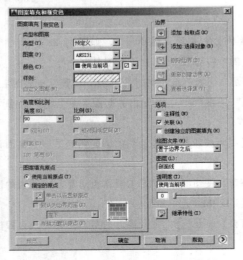

图 12-90 分离结果

（9）单击"默认"选项卡→"绘图"面板→"图案填充"按钮 ，在打开的"图案填充和渐变色"对话框中设置填充图案和填充参数如图 12-91 所示，填充如图 12-92 所示的剖面线。

图 12-91 设置填充图案及参数

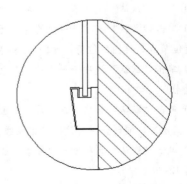

图 12-92 填充结果

（10）重复执行"图案填充"命令，设置填充图案和填充参数如图12-93所示，填充如图12-94所示的剖面线。

（11）重复执行"图案填充"命令，设置填充图案和填充参数如图12-95所示，填充如图12-96所示的剖面线。

（12）重复执行"图案填充"命令，设置填充图案和填充参数如图12-97所示，填充如图12-98所示的剖面线。

（13）单击"默认"选项卡→"修改"面板→"移动"按钮 ，对缩放后的视图进行适当的位移。

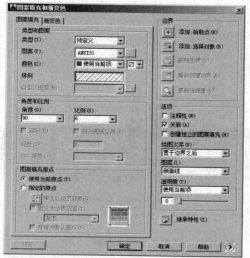

图 12-93　设置填充图案及参数

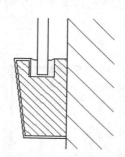

图 12-94　填充结果

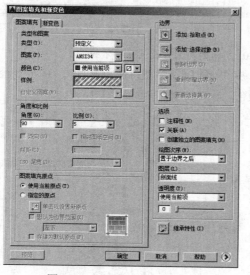

图 12-95　设置填充图案及参数

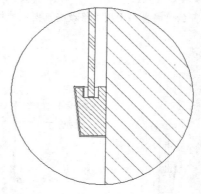

图 12-96　填充结果

（14）单击"默认"选项卡→"绘图"面板→"圆弧"按钮 ，配合最近点捕捉功能绘制如图12-99所示的弧形指示线。

（15）使用快捷键"LT"激活"线型"命令，加载 DASHED 线型，并设置线型比例为如图12-100所示。

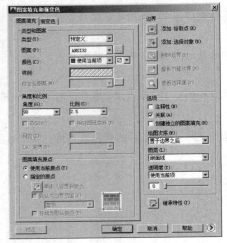

图 12-97 设置填充图案及参数

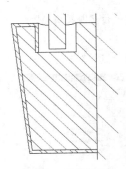

图 12-98 填充结果

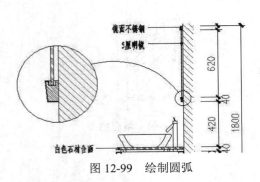

图 12-99 绘制圆弧

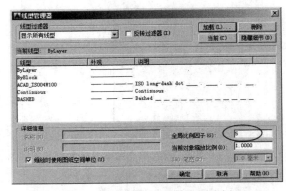

图 12-100 加载线型并设置比例

（16）在无命令执行的前提下，夹点显示如图 12-101 所示的两圆以及圆弧指示线。

（17）单击"视图"选项卡→"选项板"面板→"特性"按钮，或使用快捷键"PR"激活"特性"命令，在打开的"特性"面板中修改夹点图线的线型及颜色，如图 12-102 所示。

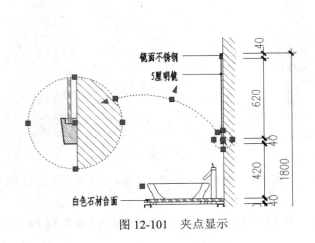

图 12-101 夹点显示

图 12-102 "特性"面板

（18）关闭"特性"面板，然后取消图线的夹点显示，编辑结果如图 12-103 所示。

（19）使用快捷键"LE"激活"快速引线"命令，在打开的"引线设置"对话框中设置引线参数如图 12-104 所示。

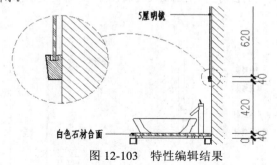

图 12-103　特性编辑结果

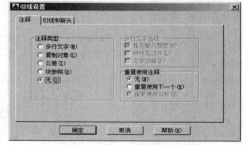

图 12-104　设置注释参数

（20）返回绘图区，配合根据命令行的提示绘制如图 12-105 所示的四条引线。

（21）单击"默认"选项卡→"特性"面板→"特性匹配"按钮，或使用快捷键"MA"激活"特性匹配"命令，对四条引线进行匹配特性。

命令行操作如下：

```
命令: ma                        // Enter
MATCHPROP 选择源对象:            //选择如图 12-106 所示的引线
当前活动设置: 颜色、图层、线型、线型比例、线宽、透明度、厚度、打印样式、标注、文字、
图案填充、多段线、视口、表格材质、阴影显示、多重引线
```

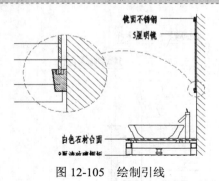

图 12-105　绘制引线

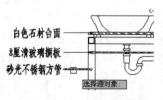

图 12-106　选择源对象

```
选择目标对象或 [设置(S)]:       //拉出如图 12-107 所示的窗交选择框，选择对象
选择目标对象或 [设置(S)]:       // Enter，匹配结果如图 12-108 所示
```

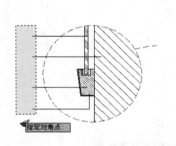

图 12-107　选择目标对象

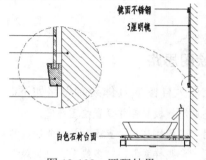

图 12-108　匹配结果

（22）单击"默认"选项卡→"修改"面板→"复制"按钮，配合端点捕捉功能，将剖面详图中的某个文字注释复制到大样图中，结果如图 12-109 所示。

（23）使用快捷键"ED"激活"编辑文字"命令，对复制出的文字注释进行编辑，输入正确的文字内容，结果如图 12-110 所示。

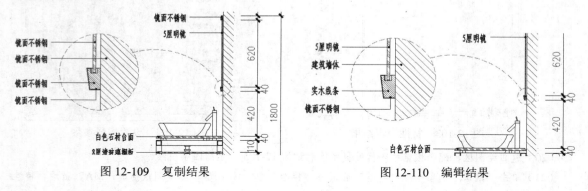

图 12-109　复制结果　　　　　　图 12-110　编辑结果

（24）最后执行"另存为"命令，将图形命名存储为"绘制壁镜节点大样图"。

12.8　绘制栏杆大样图

本例主要学习栏杆立面大样图的具体绘制过程和相关技巧。栏杆立面大样图的最终绘制效果如图 12-111 所示。

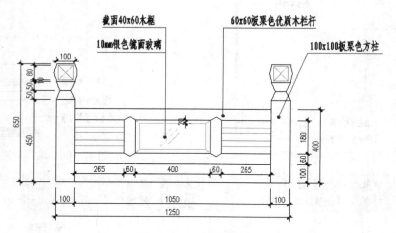

图 12-111　本例效果

12.8.1　绘图思路

栏杆立面大样图的具体绘制思路如下。

◆ 首先调用样板文件并设置绘图环境。
◆ 使用"多段线"、"直线"、"复制"等命令绘制栏杆柱。
◆ 使用"多线样式"、"多线"、"镜像"等命令绘制栏杆立面轮廓图。
◆ 使用"构造线"、"修剪"、"直线"、"镜像"等命令绘制内部示意线。

◆ 使用"线性"、"连续"、"编辑标注文字"命令标注栏杆立面图尺寸。

◆ 使用"标注样式"、"快速引线"命令标注栏杆大样图材质注解。

◆ 最后使用"保存"命令将图形命名存。

12.8.2 绘图步骤

（1）单击"快速访问"工具栏→"新建"按钮，以光盘"/样板文件/建筑样板.dwt"作为基础样板，新建空白文件。

（2）展开"默认"选项卡→"图层"面板→"图层"下拉列表，将"轮廓线"设置为当前图层。

（3）选择菜单栏"视图"→"缩放"→"圆心"命令，将视图高度调整为1500个单位。

命令行操作如下：

```
命令：'_zoom
    指定窗口的角点，输入比例因子(nX 或 nXP)，或者[全部(A)/中心(C)/动态(D)/范围(E)/上
一个(P)/比例(S)/窗口(W)/对象(O)] <实时>：_c
    指定中心点：          //在绘图区拾取一点
    输入比例或高度 <404>： //1500 Enter
```

（4）单击"默认"选项卡→"绘图"面板→"多段线"按钮，配合"坐标输入"功能绘制栏杆柱外轮廓线。

命令行操作如下：

```
命令：_pline
    指定起点：                //在绘图区拾取一点
    当前线宽为 0.0
    指定下一个点或 [圆弧(A)/半宽(H)/长度(L)/放弃(U)/宽度(W)]：//@0,450 Enter
    指定下一点或 [圆弧(A)/闭合(C)/半宽(H)/长度(L)/放弃(U)/宽度(W)]：//@20,50 Enter
    指定下一点或 [圆弧(A)/闭合(C)/半宽(H)/长度(L)/放弃(U)/宽度(W)]：
                                                //@-20,50 Enter
    指定下一点或 [圆弧(A)/闭合(C)/半宽(H)/长度(L)/放弃(U)/宽度(W)]：//@0,10 Enter
    指定下一点或 [圆弧(A)/闭合(C)/半宽(H)/长度(L)/放弃(U)/宽度(W)]：//a Enter
    指定圆弧的端点或[角度(A)/圆心(CE)/闭合(CL)/方向(D)/半宽(H)/直线(L)/半径(R)/第二
个点(S)/放弃(U)/宽度(W)]：                       //s Enter
    指定圆弧上的第二个点：                        //@-10,40 Enter
    指定圆弧的端点：                              //@10,40 Enter
    指定圆弧的端点或[角度(A)/圆心(CE)/闭合(CL)/方向(D)/半宽(H)/直线(L)/半径(R)/第二
个点(S)/放弃(U)/宽度(W)]：                       //l Enter
    指定下一点或 [圆弧(A)/闭合(C)/半宽(H)/长度(L)/放弃(U)/宽度(W)]：//@0,10 Enter
    指定下一点或 [圆弧(A)/闭合(C)/半宽(H)/长度(L)/放弃(U)/宽度(W)]：//@100,0 Enter
    指定下一点或 [圆弧(A)/闭合(C)/半宽(H)/长度(L)/放弃(U)/宽度(W)]：//@0,-10 Enter
    指定下一点或 [圆弧(A)/闭合(C)/半宽(H)/长度(L)/放弃(U)/宽度(W)]：//a Enter
    指定圆弧的端点或[角度(A)/圆心(CE)/闭合(CL)/方向(D)/半宽(H)/直线(L)/半径(R)/第二
个点(S)/放弃(U)/宽度(W)]：                       //s Enter
    指定圆弧上的第二个点：                        //@10,-40 Enter
    指定圆弧的端点：                              //@-10,-40 Enter
    指定圆弧的端点或[角度(A)/圆心(CE)/闭合(CL)/方向(D)/半宽(H)/直线(L)/半径(R)/第二
个点(S)/放弃(U)/宽度(W)]：                       //l Enter
    指定下一点或 [圆弧(A)/闭合(C)/半宽(H)/长度(L)/放弃(U)/宽度(W)]：//@0,-10 Enter
```

指定下一点或 [圆弧(A)/闭合(C)/半宽(H)/长度(L)/放弃(U)/宽度(W)]: //@-20,-50 Enter
指定下一点或 [圆弧(A)/闭合(C)/半宽(H)/长度(L)/放弃(U)/宽度(W)]: //@20,-50 Enter
指定下一点或 [圆弧(A)/闭合(C)/半宽(H)/长度(L)/放弃(U)/宽度(W)]: //@0,-450 Enter
指定下一点或 [圆弧(A)/闭合(C)/半宽(H)/长度(L)/放弃(U)/宽度(W)]:
　　　　　　　　　　//c Enter，结束命令，绘制结果如图 12-112 所示

（5）重复执行"多段线"命令，配合"捕捉自"和"端点捕捉"功能继续绘制内部的轮廓线，结果如图 12-113 所示。

（6）单击"默认"选项卡→"修改"面板→"复制"按钮，将绘制栏杆柱水平向右复制，结果如图 12-114 所示。

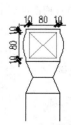
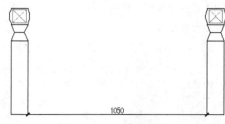

图 12-112　绘制结果　　　图 12-113　绘制内部结构　　　　　图 12-114　复制结果

（7）选择菜单栏"格式"→"多线样式"命令，在打开的"多线样式"对话框中设置名为"style01"的新样式，新样式以直线形式封口，然后在原有图元的基础上再添加四条图元，如图 12-115 所示。

（8）将设置的多线样式设置为当前样式，然后单击"默认"选项卡→"绘图"面板→"直线"按钮，配合"延伸捕捉"或"对象追踪"功能绘制三条水平轮廓线，如图 12-116 所示。

0.28	绿	ByLayer
0.12	140	ByLayer
-0.12	140	ByLayer
-0.28	绿	ByLayer

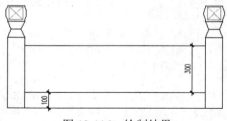

图 12-115　设置多线样式　　　　　　　　　图 12-116　绘制结果

（9）使用快捷键"ML"激活"多线"命令，配合"对象追踪"功能绘制栏杆轮廓线。
命令行操作如下：

命令：ml   //Enter
MLINE 当前设置：对正 = 上，比例 = 20.00，样式 = STYLE01
指定起点或 [对正(J)/比例(S)/样式(ST)]:   //s Enter
输入多线比例 <20.00>:   //180 Enter
当前设置：对正 = 上，比例 = 180.00，样式 = STYLE01
指定起点或 [对正(J)/比例(S)/样式(ST)]:
　　　　　　　　　　//向下引出如图 12-117 所示的对象追踪矢量，输入 60 Enter
指定下一点：   //@265,0 Enter
指定下一点或 [放弃(U)]:   // Enter
命令：MLINE 当前设置：对正 = 上，比例 = 180.00，样式 = STYLE01
指定起点或 [对正(J)/比例(S)/样式(ST)]:
　　　　　　　　　　//向上引出如图 12-118 所示的对象追踪矢量，然后输入 60 Enter

指定下一点：	//@-265,0 Enter
指定下一点或 [放弃(U)]：	// Enter，绘制结果如图 12-119 所示

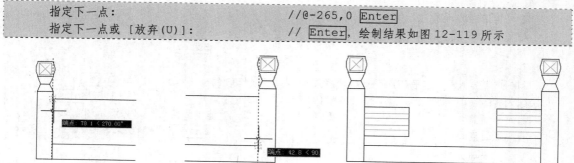

图 12-117　引出对象追踪矢量　　图 12-118　引出对象追踪矢量　　　　图 12-119　绘制结果

（10）选择菜单栏"格式"→"多线样式"命令，设置名为"style02"的新样式，使用"直线"进行封口，并设置"连接"特性，-0.5 号图元的颜色为 40 号色。

（11）将设置的多线样式置为当前样式，然后使用快捷键"ML"激活"多线"命令，配合"捕捉自"功能继续绘制栏杆轮廓线。

命令行操作如下：

```
命令: ml                                    // Enter
MLINE 当前设置: 对正 = 上，比例 = 180.00，样式 = STYLE02
指定起点或 [对正(J)/比例(S)/样式(ST)]：    //s Enter
输入多线比例 <180.00>：                      //20 Enter
当前设置: 对正 = 上，比例 = 20.00，样式 = STYLE02
指定起点或 [对正(J)/比例(S)/样式(ST)]：    //激活"捕捉自"功能
_from 基点：                               //捕捉如图 12-120 所示的端点
<偏移>：                                   //@60,0 Enter
指定下一点：                                //@400,0 Enter
指定下一点或 [放弃(U)]：                     //@0,-180 Enter
指定下一点或 [闭合(C)/放弃(U)]：             //@-400,0
指定下一点或 [闭合(C)/放弃(U)]：             //c Enter，绘制结果如图 12-121 所示
```

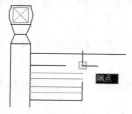

图 12-120　捕捉端点

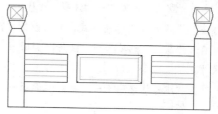

图 12-121　绘制结果

（12）单击"默认"选项卡→"绘图"面板→"直线"按钮 ，配合平行线捕捉功能绘制如图 12-122 所示的三条平行线作为示意线。

（13）单击"默认"选项卡→"绘图"面板→"构造线" ，绘制两条倾斜构造线作为辅助线。

命令行操作如下：

```
命令: _xline
指定点或 [水平(H)/垂直(V)/角度(A)/二等分(B)/偏移(O)]：    //a Enter
```

输入构造线的角度 (0.00) 或 [参照(R)]: //32.5 Enter
指定通过点: //捕捉如图 12-122 所示端点 1
指定通过点: // Enter
命令:
XLINE 指定点或 [水平(H)/垂直(V)/角度(A)/二等分(B)/偏移(O)]: //a Enter
输入构造线的角度 (0.00) 或 [参照(R)]: //-32.5 Enter
指定通过点: //捕捉如图 12-122 所示端点 1
指定通过点: // Enter，绘制结果如图 12-123 所示

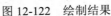

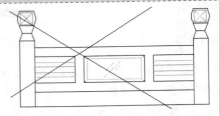

图 12-122 绘制结果　　　　　　　　图 12-123 绘制构造线

（14）单击"默认"选项卡→"修改"面板→"修剪"按钮，对构造线进行修剪，并删除多余图线，结果如图 12-124 所示。

（15）单击"默认"选项卡→"修改"面板→"镜像"按钮，将编辑出的两条倾斜轮廓线镜像到其他位置上，结果如图 12-125 所示。

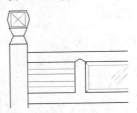

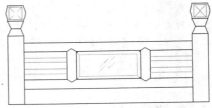

图 12-124 修剪结果　　　　　　　　图 12-125 删除结果

（16）展开"默认"选项卡→"图层"面板→"图层"下拉列表，把"标注层"设为当前图层。

（17）单击"默认"选项卡→"注释"面板→"标注样式"按钮，打开"标注样式管理器"对话框中，将"建筑标注"设置为当前标注样式，并修改标注比例为 10。

（18）单击"默认"选项卡→"注释"面板→"线性"按钮，配合端点捕捉功能标注如图 12-126 所示的水平尺寸。

（19）单击"注释"选项卡→"标注"面板→"连续"按钮，配合端点捕捉功能标注如图 12-127 所示的细部尺寸。

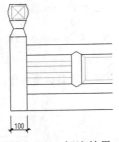

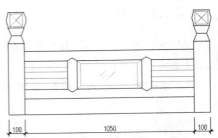

图 12-126 标注结果　　　　　　　　图 12-127 标注连续尺寸

（20）重复执行"线性"和"连续"命令，配合对象捕捉功能分别标注其他位置的尺寸，并对尺寸文字进行适当的调整位置，结果如图12-128所示。

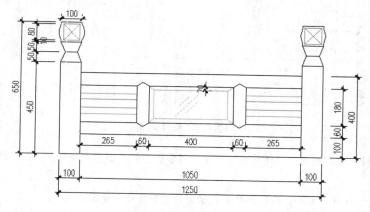

图12-128　标注其他尺寸

（21）单击"默认"选项卡→"注释"面板→"标注样式"按钮，打开"标注样式管理器"对话框，对当前标注样式进行替代，标注比例为20，其他参数设置如图12-129和图12-130所示。

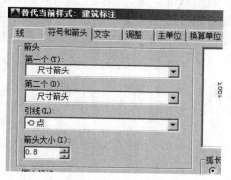

图12-129　替代尺寸箭头

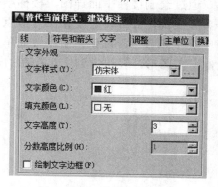

图12-130　替代文字样式

（22）使用快捷键"LE"激活"快速引线"命令，设置引线参数如图12-131和图12-132所示。

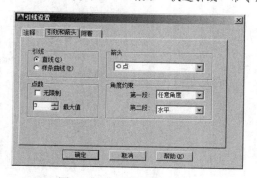

图12-131　设置引线和箭头

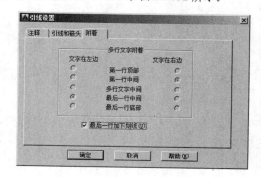

图12-132　设置文字附着位置

（23）返回绘图区，根据命令行的提示，为栏杆大样图标注如图12-133所示的引线注释。

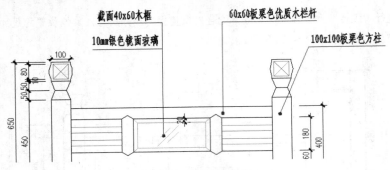

图 12-133　标注结果

（24）使用快捷键"Z"激活"视图缩放"命令，调整视图使平面图完全显示，最终结果如图 12-111 所示。

（25）最后执行"保存"命令，将图形命名存储为"绘制栏杆大样图.dwg"。

12.9　本章小结

本章通过绘制楼梯平面详图、楼梯结构详图、条形基础详图、壁镜节点大样图和栏杆大样图等典型实例，详细讲述了详图与节点大样图的绘制方法和快速表达技巧。在每个操作实例的相应操作环节中，都使用了比较简单快速的操作工具以及工具组合，使读者在最短的时间内绘制所需图形，轻松学到实实在在的东西。

第四部分 输 出 篇

第 13 章 图纸的后期打印与预览

AutoCAD 为用户提供了模型和布局两种空间，"模型空间"是图形的主要设计空间，它在打印方面有一定的缺陷，只能进行简单的打印操作；"布局空间"是 AutoCAD 的主要打印空间，打印功能比较完善。本章将学习这两种空间下的图纸后期打印技能。

■ 学习内容

✧ 配置打印设备
✧ 设置打印页面
✧ 在模型空间内快速打印基础施工图
✧ 在布局空间内精确打印建筑施工图
✧ 并列视口多比例打印建筑装修立面图

13.1 配置打印设备

在打印图形之前，首先需要配置打印设备，使用"绘图仪管理器"命令则可以配置绘图仪设备、定义和修改图纸尺寸等。执行"绘图仪管理器"命令主要有以下几种方式：

◆ 单击"输出"选项卡→"打印"面板→"绘图仪管理器"按钮 📇。
◆ 选择菜单栏"文件"→"绘图仪管理器"命令。
◆ 在命令行输入 Plottermanager 后按 Enter 键。

13.1.1 配置打印设备

下面通过配置光栅文件格式的打印机，学习打印设备的具体配置技能，操作步骤如下。

（1）单击"输出"选项卡→"打印"面板→"绘图仪管理器" 按钮 📇，打开如图 13-1 所示的窗口。

图 13-1 "Plotters"窗口

（2）双击"添加绘图仪向导"图标，打开如图13-2所示的"添加绘图仪-简介"对话框。

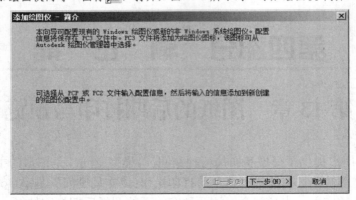

图13-2　"添加绘图仪-简介"对话框

（3）依次单击 下一步(N) > 按钮，打开"添加绘图仪 - 绘图仪型号"对话框，设置绘图仪型号及其生产商，如图13-3所示。

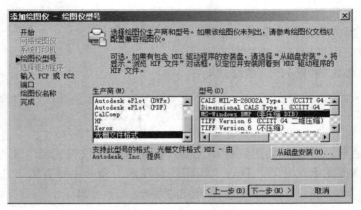

图13-3　绘图仪型号

（4）依次单击 下一步(N) > 按钮，打开如图13-4所示的"添加绘图仪 - 绘图仪名称"对话框，用于为添加的绘图仪命名，在此采用默认设置。

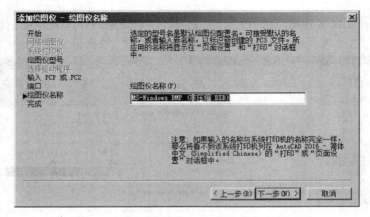

图13-4　"添加绘图仪 - 绘图仪名称"对话框

（5）单击 下一步(N)> 按钮，打开如图 13-5 所示的"添加绘图仪 – 完成"对话框。

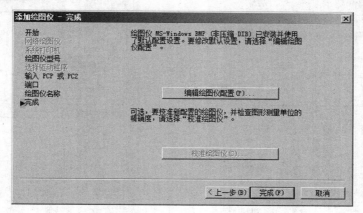

图 13-5 完成绘图仪的添加

（6）单击 完成(F) 按钮，添加的绘图仪会自动出现在如图 13-6 所示的窗口内，使用此款绘图仪可以输出 PNG 格多的文件。

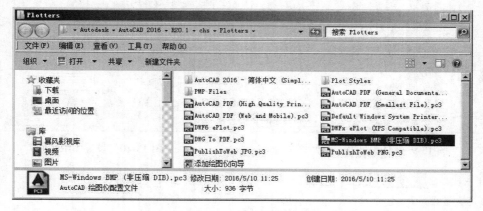

图 13-6 添加绘图仪

13.1.2 定制图纸尺寸

每一款型号的绘图仪，都自配有相应规格的图纸尺寸，但有时这些图纸尺寸与打印图形很难相匹配，需要用户重新定义图纸尺寸，具体操作步骤如下。

（1）继续上节操作。

（2）在图 13-6 所示的窗口中双击刚添加的绘图仪图标 ，打开"绘图仪配置编辑器"对话框。

（3）在"绘图仪配置编辑器"对话框中展开"设备和文档设置"项卡，如图 13-7 所示。

（4）单击"自定义图纸尺寸"项，打开"自定义图纸尺寸"选项组，如图 13-8 所示。

（5）单击 添加(A)... 按钮，此时系统打开如图 13-9 所示的"自定义图纸尺寸 – 开始"对话框，开始自定义图纸的尺寸。

（6）单击 下一步(N)> 按钮，打开"自定义图纸尺寸 – 介质边界"对话框，然后分别设置图纸的宽度、高度以及单位，如图 13-10 所示。

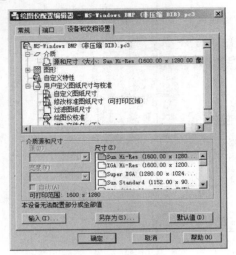

图 13-7 "设备和文档设置"选项卡

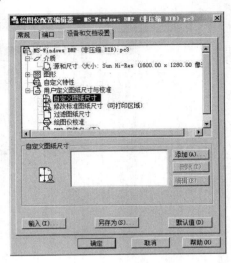

图 13-8 打开"自定义图纸尺寸"选项组

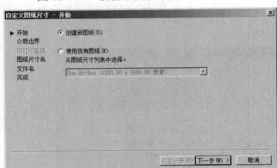

图 13-9 自定义图纸尺寸

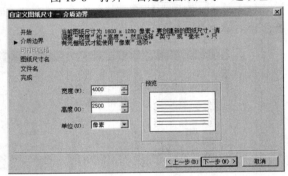

图 13-10 设置图纸尺寸

（7）依次单击 下一步(N) > 按钮，直至打开如图 13-11 所示的"自定义图纸尺寸–完成"对话框，完成图纸尺寸的自定义过程。

（8）单击 完成(F) 按钮，结果新定义的图纸尺寸自动出现在图纸尺寸选项组中，如图 13-12 所示。

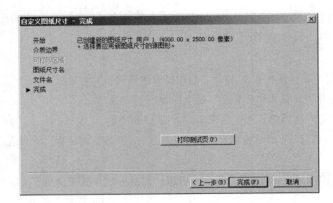

图 13-11 "自定义图纸尺寸–完成"对话框

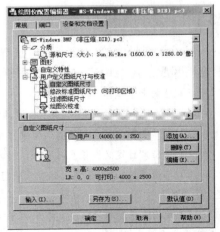

图 13-12 图纸尺寸的定义结果

（9）如果用户需要将此图纸尺寸进行保存，可以单击 另存为(S)... 按钮；如果用户仅在当前使用一次，可以单击 确定 按钮即可。

13.1.3 添加打印样式

打印样式用于控制图形的打印效果，通常一种打印样式只控制图形某一方面的打印效果，要让打印样式控制一张图纸的打印效果，就需要有一组打印样式，这些打印样式集合称为打印样式表，而"打印样式管理器"命令则是用于创建和管理打印样式表的工具。下面通过添加名为"stb01"颜色相关打印样式表，学习"打印样式管理器"命令。

（1）选择菜单栏"文件"→"打印样式管理器"命令，打开如图 13-13 所示的窗口。

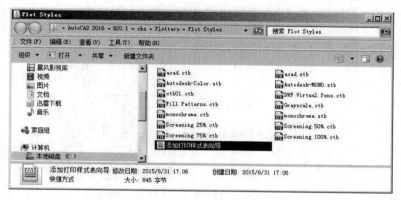

图 13-13　"Plot Styles"窗口

（2）双击窗口中的"添加打印样式表向导"图标，打开如图 13-14 所示的"添加打印样式表"对话框。

（3）单击 下一步(N) > 按钮，打开如图 13-15 所示的"添加打印样式表-开始"对话框，开始配置打印样式表的操作。

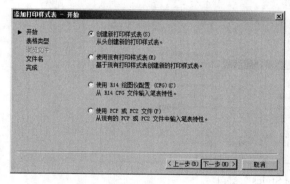

图 13-14　"添加打印样式表"对话框

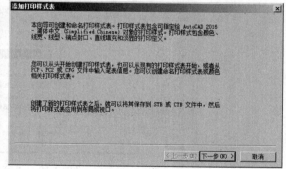

图 13-15　"添加打印样式表－开始"对话框

（4）单击 下一步(N) > 按钮，打开"添加打印样式表－选择打印样式表"对话框，选择打印样式的类型，如图 13-16 所示。

（5）单击 下一步(N) > 按钮，打开"添加打印样式表-文件名"对话框，为打印样式表命名，如图 13-17 所示。

（6）单击 下一步(N) > 按钮，打开如图 13-18 所示的"添加打印样式表-完成"对话框，成打印样式表各参数的设置。

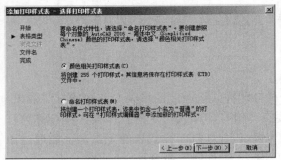

图 13-16　选择打印样式表

图 13-17　添加打印样式表

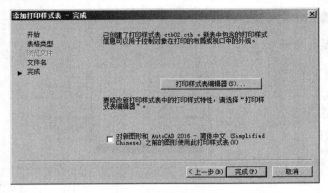

图 13-18　"添加打印样式表－完成"对话框

（7）单击 完成(F) 按钮，即可添加设置的打印样式表，新建的打印样式表文件图标显示在"Plot Styles"窗口中，如图 13-19 所示。

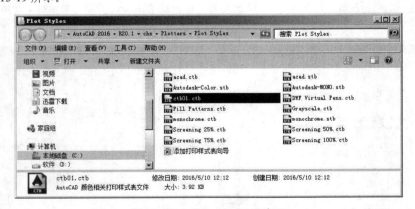

图 13-19　"Plot Styles"窗口

13.2　设置打印页面

在配置好打印设备后，下一步就是设置图形的打印页面。使用"页面设置管理器"命令用户可以非常方便地设置和管理图形的打印页面参数。执行"页面设置管理器"命令主要有以下几种方式。

- ◆ 选择菜单栏 "文件" → "页面设置管理器" 命令。
- ◆ 在模型或布局标签上单击右键，选择 "页面设置管理器" 命令。
- ◆ 在命令行输入 Pagesetup 后按 Enter 键。
- ◆ 单击 "输出" 选项卡 → "打印" 面板 → "页面设置管理器" 按钮 🖻。

执行 "页面设置管理器" 命令后，打开如图 13-20 所示的 "页面设置管理器" 对话框，此对话框主要用于设置、修改和管理当前的页面设置。在对话框中单击 新建(N)... 按钮，打开如图 13-21 "新建页面设置" 对话框，用于为新页面赋名。

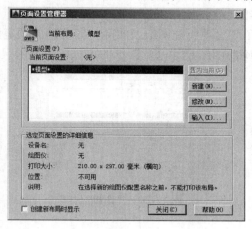

图 13-20 "页面设置管理器" 对话框

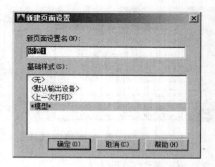

图 13-21 "新建页面设置" 对话框

单击 确定(O) 按钮，打开如图 13-22 所示 "页面设置" 对话框，此对话框可以进行打印设备的配置、图纸尺寸的匹配、打印区域的选择以及打印比例的调整等操作。

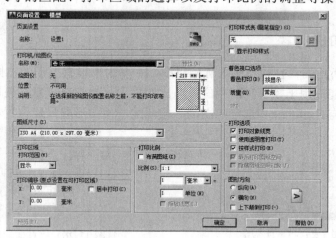

图 13-22 "页面设置" 对话框

13.2.1 选择打印设备

在 "打印机/绘图仪" 选项组中，主要用于配置绘图仪设备，单击 "名称" 下拉列表，在展开的下拉列表框中进行选择 Windows 系统打印机或 AutoCAD 内部打印机（".Pc3" 文件）作为输出设备，如图 13-23 所示。

如果用户在此选择了".pc3"文件打印设备，AutoCAD 则会创建出电子图纸，即将图形输出并存储为 Web 上可用的".dwf"格式的文件。AutoCAD 提供了两类用于创建".dwf"文件的".pc3"文件，分别是"ePlot.pc3"和"eView.pc3"。前者生成的".dwf"文件较适合打印，后者生成的文件则适合观察。

13.2.2 选择图纸幅面

如图 13-24 所示的"图纸尺寸"下拉列表用于配置图纸幅面，展开此下拉列表，在此下拉列表框内包含了选定打印设备可用的标准图纸尺寸。

当选择了某种幅面的图纸时，该列表右上角则出现所选图纸及实际打印范围的预览图像，将光标移到预览区中，光标位置处会显示出精确的图纸尺寸以及图纸的可打印区域的尺寸。

图 13-23　"打印机/绘图仪"选项组

图 13-24　"图纸尺寸"下拉列表

13.2.3 设置打印区域

在"打开区域"选项组中，可以进行设置需要输出的图形范围。展开"打印范围"下拉列表框，如图 13-25 所示，在此下拉列表中包含三种打印区域的设置方式，具体有显示、窗口、图形界限等。

13.2.4 设置打印比例

在如图 13-26 所示的"打印比例"选项组中，主要用于设置图形的出图比例。其中，"布满图纸"复选项仅能适用于模型空间中的打印比例设置，当勾选该复选项后，AutoCAD 将缩放自动调整图形，与打印区域和选定的图纸等相匹配，使图形取最佳位置和比例。

图 13-25　打印范围

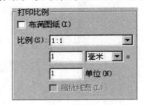

图 13-26　"打印比例"选项组

13.2.5 调整出图方向

在如图 13-27 所示的"图形方向"选项组中，可以调整图形在图纸上的打印方向。在右侧的图纸图标中，图标代表图纸的放置方向，图标中的字母 A 代表图形在图纸上的打印方向。共有"纵向、横向和上下颠倒打印"三种打印方向。

在如图 13-28 所示的选项组中,可以设置图形在图纸上的打印位置。默认设置下,AutoCAD 从图纸左下角打印图形。打印原点处在图纸左下角,坐标是（0,0）,用户可以在此选项组中,重新设定新的打印原点,这样图形在图纸上将沿 x 轴和 y 轴移动。

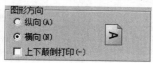

图 13-27　调整出图方向

图 13-28　打印偏移

13.2.6　打印与打印预览

"打印"命令主要用于打印或预览当前已设置好的页面布局,也可直接使用此命令设置图形的打印布局,执行"打印"命令主要有以下几种方式。

- ◆ 选择菜单栏"文件"→"打印"命令。
- ◆ 单击"输出"选项卡→"打印"面板→"打印"按钮🖨。
- ◆ 单击"快速访问"工具栏→"打印"按钮🖨。
- ◆ 在命令行输入 Plot 后按 Enter 键。
- ◆ 按组合键 Ctrl+P。
- ◆ 在"模型"选项卡或"布局"选项卡上单击右键,从弹出的右键菜单中选择"打印"选项。

执行"打印"命令后,可打开如图 13-29 所示的"打印"对话框。在此对话框中,具备"页面设置管理器"对话框中的参数设置功能,用户不仅可以按照已设置好的打印页面进行预览和打印图形,还可以在对话框中重新设置、修改图形的打印参数。

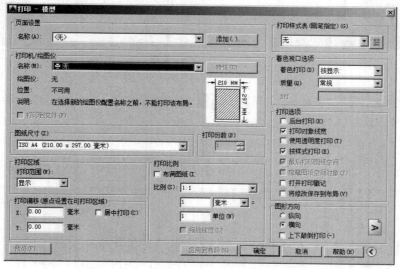

图 13-29　"打印"对话框

单击 预览(P)... 按钮,可以提前预览图形的打印结果,单击 确定 按钮,即可对当前的页面设置进行打印。

另外,使用"打印预览"命令也可以对设置好的打印页面进行预览和打印,执行此命令主要有以下几种方式。

◆ 选择菜单栏"文件"→"打印预览"命令。

◆ 单击"输出"选项卡→"打印"面板→"预览"按钮 。

◆ 在命令行输入 Preview 后按 Enter 键。

13.3 在模型空间内快速打印基础施工图

本例在模型空间内，将某小区住宅楼的基础平面施工图输出到 2 号图纸上，主要学习模型操作空间内图纸的快速打印过程和相关技巧。住宅楼的基础平面施工图的最终打印效果，如图 13-30 所示。

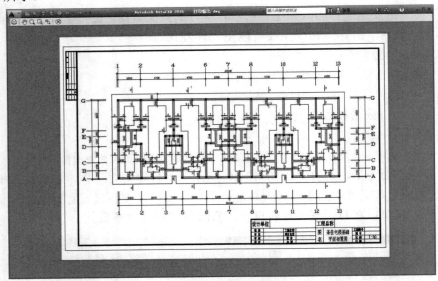

图 13-30 打印效果

操作步骤

（1）单击"快速访问"工具栏→"打开"按钮 ，打开随书光盘"\效果文件\第 11 章/标注住宅楼基础平面图轴号.dwg"，如图 13-31 所示。

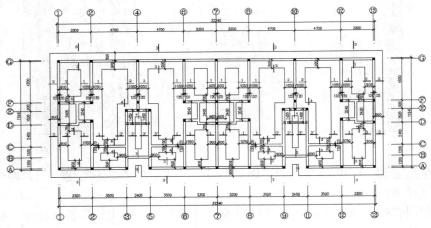

图 13-31 打开结果

（2）展开"默认"选项卡→"图层"面板→"图层"下拉列表，设置"0图层"为当前操作层。

（3）使用快捷键"I"激活"插入块"命令，以 80 倍的等比缩放比例，插入随书光盘中的"\图块文件\A2-H.dwg"，并适当调整图框的位置，结果如图 13-32 所示。

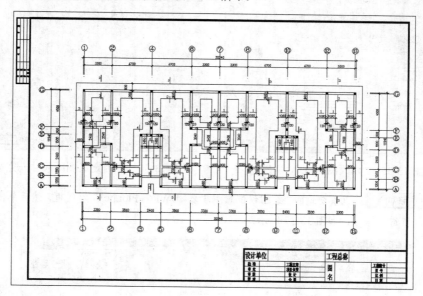

图 13-32　插入结果

（4）选择菜单栏"文件"→"绘图仪管理器"命令，在打开的对话框中双击"DWF6 ePlot"，打开"绘图仪配置编辑器- DWF6 ePlot.pc3"对话框。

（5）展开"设备和文档设置"选项卡，选择"用户定义图纸尺寸与校准"目录下"修改标准图纸尺寸可打印区域"选项，如图 13-33 所示。

（6）在"修改标准图纸尺寸"组合框内选择"ISO A2 图纸尺寸"如图 13-34 所示。

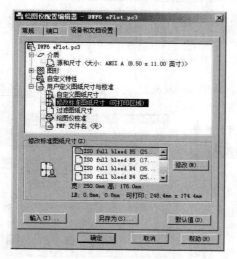

图 13-33　展开"设备和文档设置"选项卡

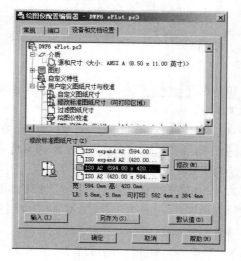

图 13-34　选择图纸尺寸

（7）单击 修改(M)... 按钮，在打开的"自定义图纸尺寸—可打印区域"对话框中设置参数如图 13-35 所示。

（8）单击 下一步(N) > 按钮，在打开的"自定义图纸尺寸—完成"对话框中，列出了所修改后的标准图纸的尺寸，如图 13-36 所示。

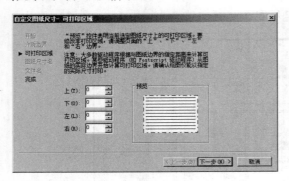 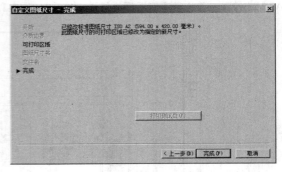

图 13-35　修改图纸打印区域　　　　　图 13-36　"自定义图纸尺寸—完成"对话框

（9）单击 完成(F) 按钮系统返回"绘图仪配置编辑器- DWF6 ePlot.pc3"对话框，然后单击 另存为(S)... 按钮，将当前配置进行保存，如图 13-37 所示。

图 13-37　"另存为"对话框

（10）单击 保存(S) 按钮，返回"绘图仪配置编辑器- DWF6 ePlot.pc3"对话框，然后单击 确定 按钮，结束命令。

（11）单击"输出"选项卡→"打印"面板上的"页面设置管理器" 按钮，在打开的"页面设置管理器"对话框单击 新建(N)... 按钮，为新页面设置赋名，如图 13-38 所示。

（12）单击 确定(O) 按钮，打开"页面设置-模型"对话框，设置打印机的名称、图纸尺寸、打印偏移、打印比例和图形方向等页面参数如图 13-39 所示。

（13）单击"打印范围"下拉列表框，在展开的下拉列表内选择"窗口"选项，然后单击 窗口(O)< 按钮，如图 13-40 所示。

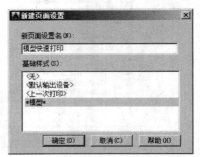

图 13-38　为新页面命名

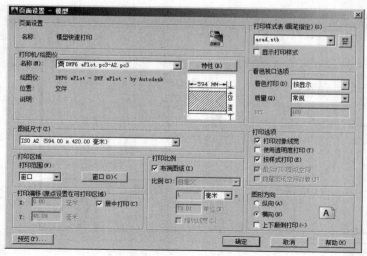

图 13-39　设置页面参数

（14）系统自动返回绘图区，在命令行"指定第一个角点、对角点等"操作提示下，捕捉四号图框的内框对角点，作为打印区域。

（15）当指定打印区域后，系统自动返回"页面设置-模型"对话框，单击 **确定** 按钮，返回"新建页面设置"对话框，将刚创建的新页面置为当前，如图 13-41 所示。

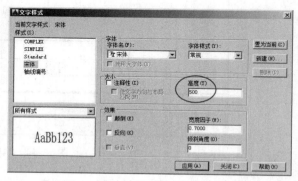

图 13-40　窗口打印

（16）使用快捷键"LA"激活"图层"命令，新建名为"文本层的新图层"，图层颜色为洋红，并将其设置为当前图层。

（17）单击"默认"选项卡→"注释"面板→"文字样式"按钮，在打开的"文字样式"对话框中，将"宋体"设置为当前文字样式，并修改字体高度如图 13-42 所示。

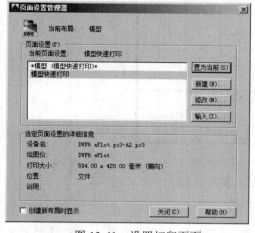

图 13-41　设置打印页面

图 13-42　窗口缩放

（18）单击"视图"选项卡→"导航"面板→"缩放"按钮，激活"窗口缩放"工具，将标题栏区域进行放大显示，如图 13-43 所示。

（19）单击"默认"选项卡→"注释"面板→"多行文字"按钮 **A**，激活"多行文字"命令。

（20）根据命令行的提示分别捕捉图 13-43 所示的方格对角点 1 和 2，打开"文字编辑器"选项卡。

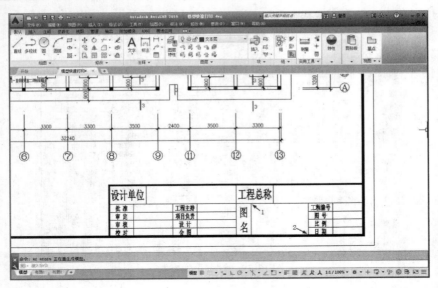

图 13-43　缩放视图

（21）单击"文字编辑器"选项卡→"段落"面板→"对正"按钮，在打开的按钮菜单中选择对正方式为"正中"。

（22）接下来在下侧的多行文字输入框内单击左键，然后输入如图 13-44 所示的图名。

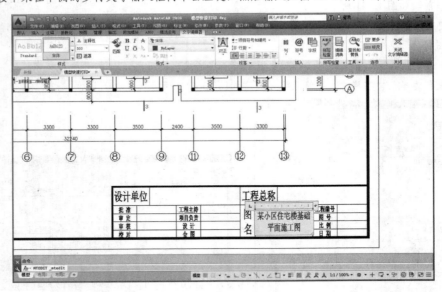

图 13-44　填充图名

（23）重复执行"多行文字"命令，按照当前的参数设置，为标题栏填充出图比例 ，如图 13-45 所示。

（24）单击"输出"选项卡→"打印"面板→"预览"按钮，对当前图形进行打印预览，预览结果如图 13-30 所示。

（25）单击鼠标右键，选择"打印"选项，此时系统打开"浏览打印文件"对话框，在此对话框内设置打印文件的保存路径及文件名，如图 13-46 所示。

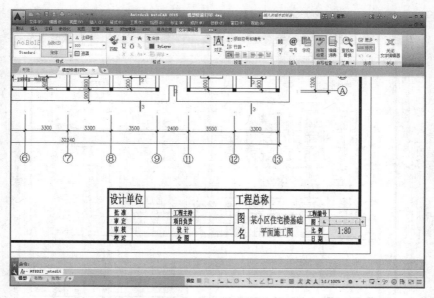

图 13-45　填充比例

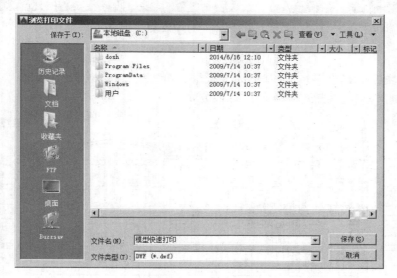

图 13-46　保存打印文件

（26）单击 保存(S) 按钮，系统打开"打印作业进度"对话框，等此对话框关闭后，打印过程即可结束。

（27）最后执行"另存为"命令，将当前图形命名存储为"模型快速打印.dwg"。

13.4　在布局空间内精确打印建筑施工图

本例将在布局空间内按照 1:100 的精确出图比例，将住宅楼建筑立面施工图打印输出到 2 号图纸上，主要学习布局空间精确出图的操作方法和操作技巧。本例打印效果如图 13-47 所示。

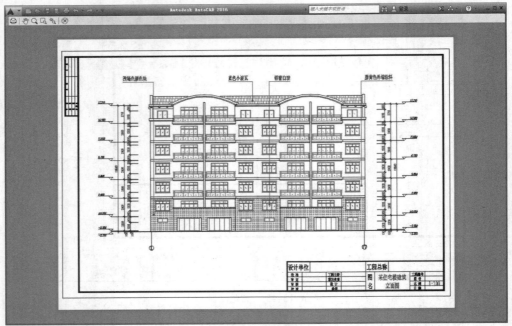

图 13-47　打印效果

操作步骤

（1）单击"快速访问"工具栏→"打开"按钮 ⏏，打开随书光盘"\效果文件\第 5 章\标注立面图墙面材质.dwg"，并删除居民楼平面图，结果如图 13-48 所示。

图 13-48　打开结果

（2）展开"默认"选项卡→"图层"面板→"图层"下拉列表，设置"0 图层"为当前操作层。

（3）单击绘图区底部的 布局1 标签，进入"布局 1"操作空间，如图 13-49 所示。

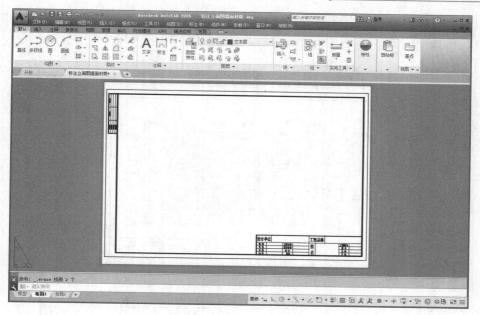

图 13-49　进入布局空间

（4）单击"布局"选项卡→"布局视口"面板→"多边形"按钮，分别捕捉内框各角点创建一个多边形视口，结果如图 13-50 所示。

（5）在状态栏上单击图纸按钮，激活刚创建的多边形视口。

（6）单击"视图"选项卡→"导航"面板→"缩放"按钮，在命令行"输入比例因子（nX 或 nXP）："提示下，输入 1/100xp 后按 Enter 键，设置出图比例，此时图形在当前视口中的缩放效果如图 13-51 所示。

（7）接下来使用"实时平移"工具调整平面图在视口内的位置，结果如图 13-52 所示。

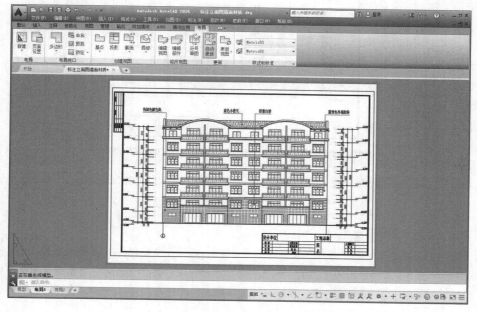

图 13-50　创建多边形视口

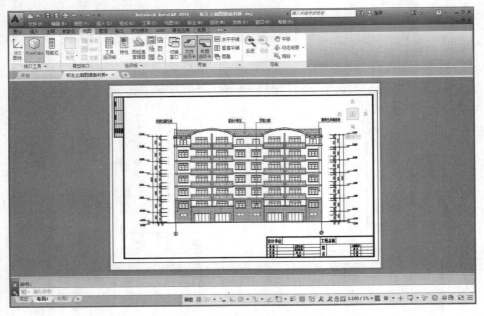

图 13-51   设置出图比例后的效果

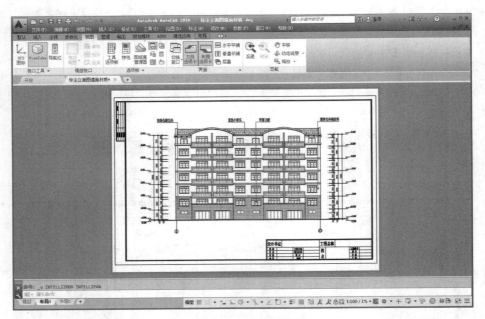

图 13-52   调整图形位置

（8）单击状态栏中的 模型 按钮返回图纸空间。

（9）单击"视图"选项卡→"导航"面板→"窗口" 按钮，调整视图，结果如图 13-53 所示。

（10）展开"图层"工具栏或面板上的"图层控制"下拉列表，将"文本层"设置为当前操作层。

（11）单击"默认"选项卡→"注释"面板→"文字样式"按钮 ，在打开的"文字样式"对话框中将"宋体"设置为当前文字样式。

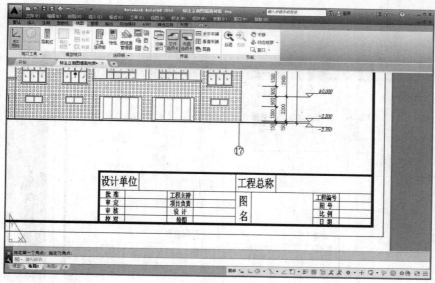

图 13-53 调整视图

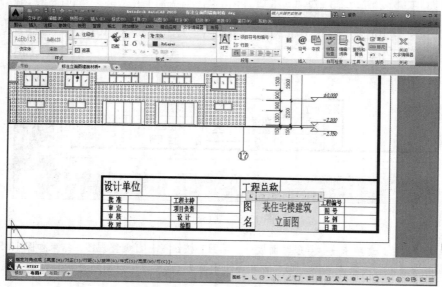

图 13-54 定位角点

（12）单击"默认"选项卡→"注释"面板→"多行文字"按钮 **A**，分别捕捉图 13-54 所示的两个角点 A 和 B，打开"文字编辑器"选项卡。

（13）在"文字编辑器"选项卡中设置文字高度为 7、对正方式为"正中"，然后输入如图 13-55 所示的文字内容。

图 13-55 输入文字

（14）在"关闭"面板中单击按钮 ✕，关闭"文字编辑器"选项卡，结果为标题栏填充图名，如图 13-56 所示。

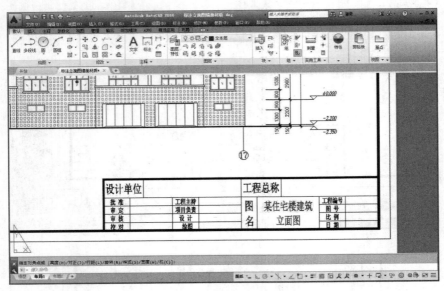

图 13-56　填充图名

（15）参照上述操作步骤，单击"默认"选项卡→"注释"面板→"多行文字"按钮 **A**，设置文字样式、字体、对正方式不变，为标题栏填充比例，结果如图 13-57 所示。

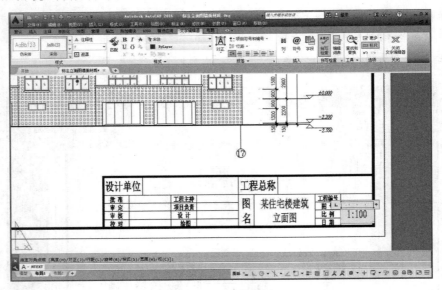

图 13-57　填充比例

（16）单击"视图"选项卡→"导航"面板→"范围"按钮，调整视图，结果如图 13-58 所示。

（17）单击"输出"选项卡→"打印"面板→"打印"按钮，对图形进行预览，效果如图 13-47 所示。

（18）按 Esc 键退出图形的预览状态，返回"打印-布局 1"对话框单击 确定 按钮。

（19）系统打开"浏览打印文件"对话框，设置文件的保存路径及文件名，如图 13-59 所示。

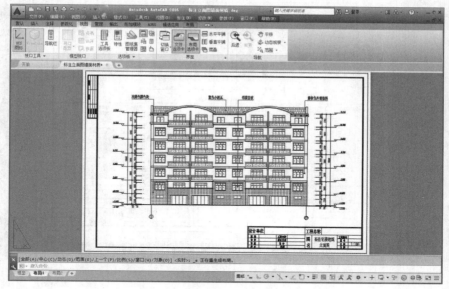

图 13-58　调整视图

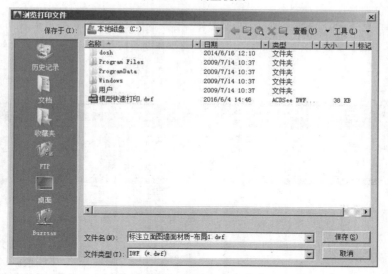

图 13-59　保存打印文件

（20）单击 保存(S) 按钮，即可进行精确打印。

（21）最后执行"另存为"命令，将当前文件命名存储为"布局空间的精确打印.dwg"。

13.5　并列视口多比例打印建筑装修立面图

本例通过将客厅、厨房和卧室等建筑装修立面图等打印输出到同一张图纸上，主要学习多种比例并列打印的布局方法和打印技巧。本例最终打印预览效果，如图 13-60 所示。

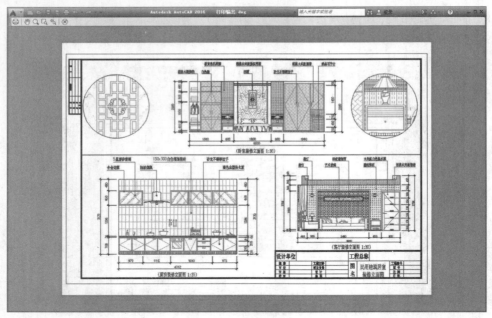

图 13-60　打印效果

操作步骤

（1）执行"打开"命令，在随书光盘"\效果文件"目录下打开"\第 9 章\"目录下的"标注客厅装修立面图.dwg"、"标注卧室装修立面图.dwg"、"标注厨房装修立面图.dwg"三个立面图文件。

（2）单击"视图"选项卡→"界面"面板→"垂直平铺" 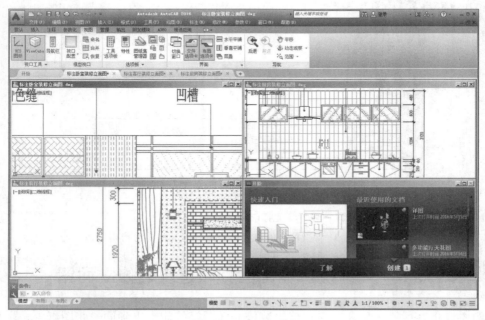 按钮，将各立面图文件进行垂直平铺，结果如图 13-61 所示。

图 13-61　垂直平铺

（3）使用视图的调整工具分别调整每个文件内的视图，使每个文件内的立面图能完全显示，结果如图 13-62 所示。

（4）接下来使用多文档间的数据共享功能，分别将其他两个文件中的立面图以块的方式共享到一个文件中，并将其最大化显示，结果如图 13-63 所示。

（5）单击绘图区底部的 **布局1** 标签，进入"布局 1"空间。

（6）展开"默认"选项卡→"图层"面板→"图层"下拉列表，设置"0 图层"为当前层。

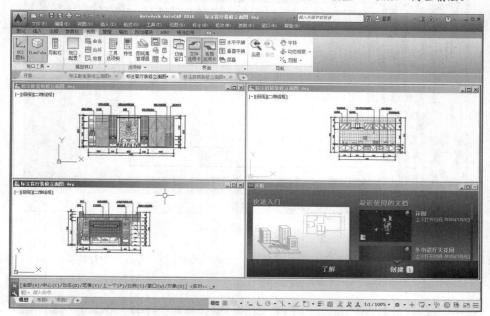

图 13-62　调整视图

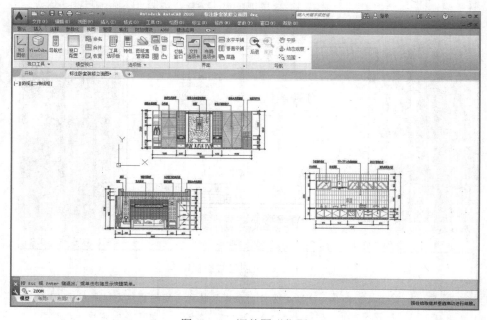

图 13-63　调整图形位置

（7）单击"默认"选项卡→"绘图"面板→"矩形"按钮□，配合"两点之间的中点"以及"端点和中点捕捉"，绘制如图13-64所示的三个矩形。

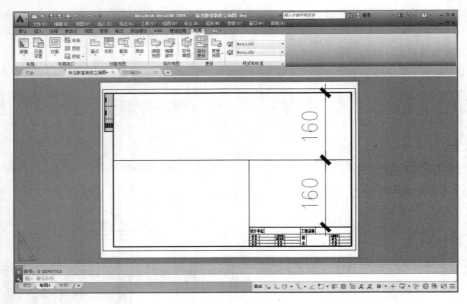

图13-64　绘制矩形

（8）单击"布局"选项卡→"布局视口"面板→"对象"按钮，根据命令行的提示选择上侧的矩形，将其转化为矩形视口，结果如图13-65所示。

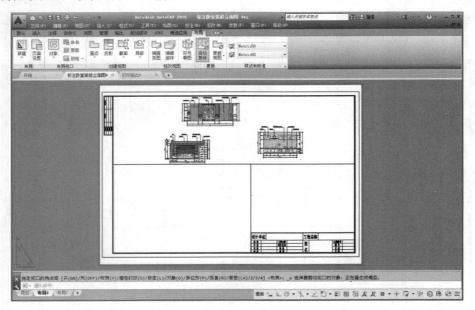

图13-65　创建对象视口

（9）重复执行"对象视口"命令，分别将另外两个矩形转化为矩形视口，结果如图13-66所示。

（10）单击状态栏中的图纸按钮，然后单击上侧的视口，激活此视口，此时视口边框粗显。

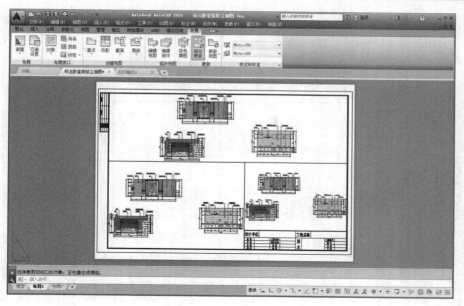

图 13-66　创建矩形视口

（11）单击"视图"选项卡→"导航"面板→"缩放"按钮，在命令行"输入比例因子（nX 或 nXP）："提示下，输入 1/30xp 后按 Enter 键，设置出图比例，此时图形在当前视口中的缩放效果如图 13-67 所示。

（12）单击"视图"选项卡→"导航"面板→"平移"按钮，使用"实时平移"工具调整平面图在视口内位置，结果如图 13-68 所示。

（13）接下来激活左下侧的矩形视口，然后单击"视图"选项卡→"导航"面板→"缩放" 按钮，在命令行"输入比例因子（nX 或 nXP）："提示下，输入 1/25xp 后按 Enter 键，设置出图比例，并调整出图位置，结果如图 13-69 所示。

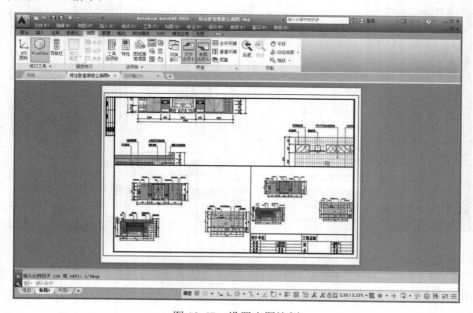

图 13-67　设置出图比例

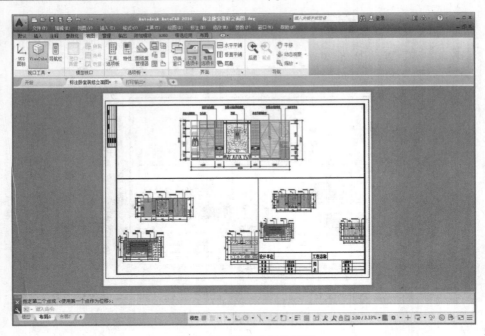

图 13-68　调整出图位置例

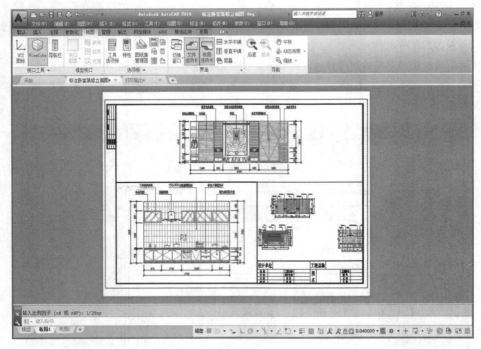

图 13-69　调整出图比例及位置

（14）激活右上侧矩形视口，然后执行"比例缩放"工具，在命令行"输入比例因子（nX 或 nXP）："提示下，输入 1/30xp 后按 [Enter] 键，设置出图比例，并调整出图位置，结果如图 13-70 所示。

（15）返回图纸空间，然后使用快捷键"C"激活"圆"命令，绘制两个直径为 110 的圆，如图 13-71 所示。

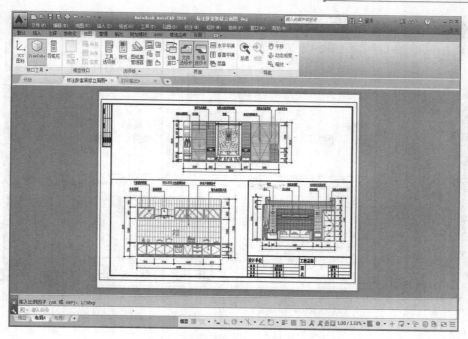

图 13-70　调整出图比例及位置

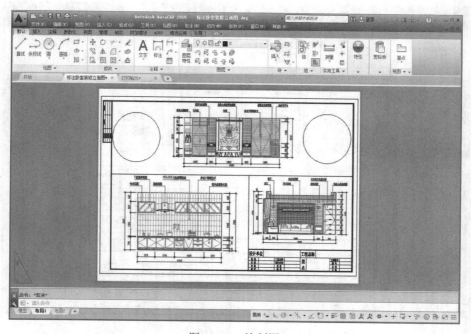

图 13-71　绘制圆

（16）单击"布局"选项卡→"布局视口"面板→"对象"按钮，根据命令行的提示选择两个圆，将其转化为圆形视口，结果如图 13-72 所示。

（17）单击状态栏中的 图纸 按钮，然后单击左侧的圆形视口，激活此视口，然后使用视图调整工具调整图形中当前视口内的具体位置，结果如图 13-73 所示。

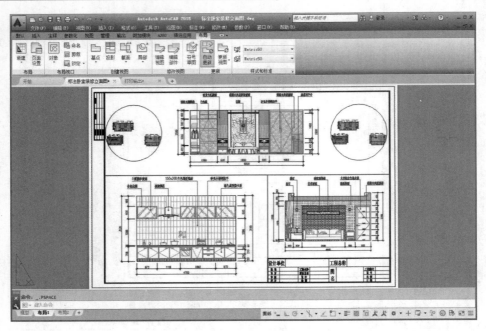

图 13-72　创建对象视口

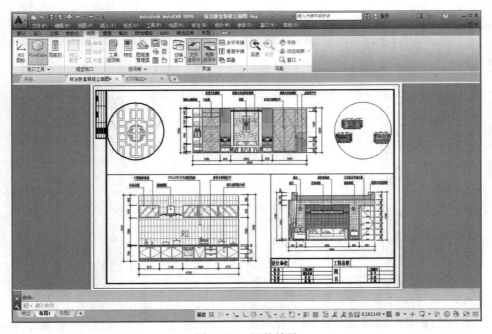

图 13-73　调整结果

（18）单击右侧的圆形视口，激活此视口，然后使用视图调整工具调整视口内的视图，结果如图 13-74 所示。

（19）返回图纸空间，然后展开"默认"选项卡→"图层"面板→"图层"下拉列表，设置"文本层"为当前操作层。

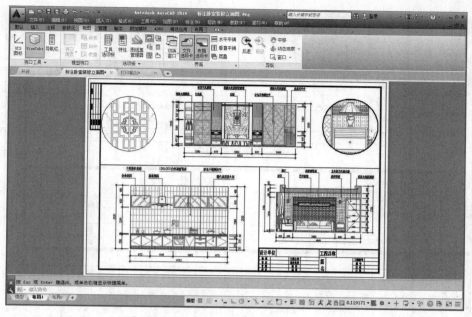

图 13-74　调整结果

（20）单击"默认"选项卡→"注释"面板→"文字样式"按钮 🖉，在打开的"文字样式"对话框中设置"宋体"为当前文字样式。

（21）使用快捷键"DT"激活"单行文字"命令，设置文字高度为6，标注图 13-75 所示的文字。

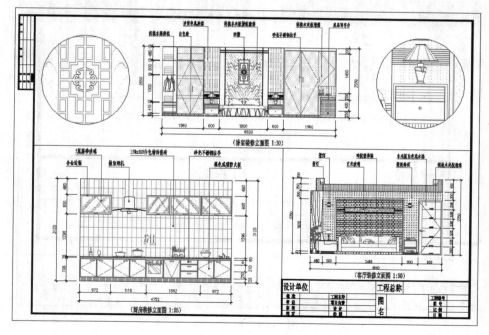

图 13-75　标注文字

（22）单击"视图"选项卡→"导航"面板→"窗口"按钮 🔲，调整视图，结果如图 13-76 所示。

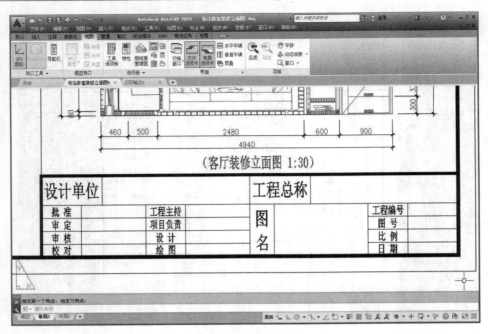

图 13-76　调整视图

（23）使用快捷键"T"激活"多行文字"命令，在打开的"文字编辑器"选项卡功能区面板中设置文字高度为 7、对正方式为"正中"，然后输入如图 13-77 所示的图名。

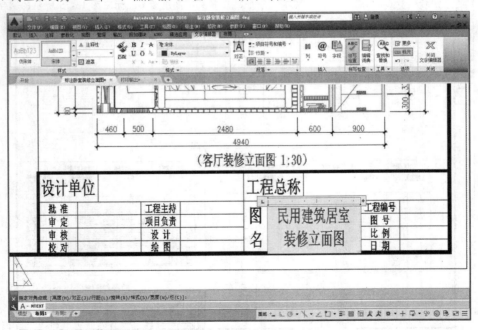

图 13-77　输入文字

（24）在"关闭"面板中单击按钮 ，关闭"文字编辑器"选项卡，结果如图 13-78 所示。

（25）单击"视图"选项卡→"导航"面板→"范围"按钮 ，调整视图，结果如图 13-79 所示。

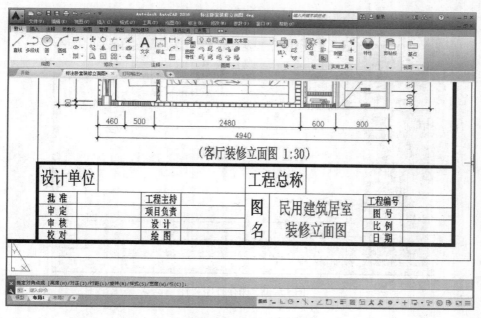

图 13-78　填充图名

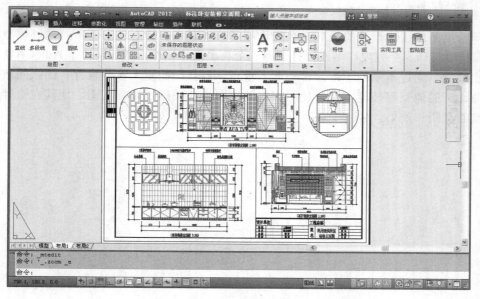

图 13-79　调整视图

（26）单击"输出"选项卡→"打印"面板→"打印" 🖨 按钮，在打开的"打印-布局 1"对话框中单击 预览(P)... 按钮，对图形进行预览，效果如图 13-60 所示。

（27）按 Esc 键退出预览状态，返回"打印-布局 1"对话框单击 确定 按钮。

（28）系统打开"浏览打印文件"对话框，设置文件的保存路径及文件名，如图 13-80 所示。

（29）单击 保存(S) 按钮，即可进行精确打印。

（30）最后执行"另存为"命令，将当前文件命名存储为"多比例并列打印.dwg"。

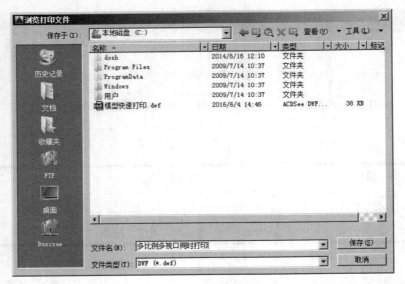

图 13-80　保存打印文件

13.6　本章小结

　　打印输出是施工图设计的最后一个操作环节，本章主要针对这一环节，通过模型快速打印、布局精确打印、并列视口多比例打印等三个典型操作实例，详细学习了 AutoCAD 的后期打印输出技能。通过本章的学习，希望读者重点掌握打印的基本参数设置、图纸的布图技巧以及出图比例的调整等技能，灵活使用相关的出图方法精确打印施工图，使其完整准确地表达出图纸的意图和效果。

附录　常用快捷键命令表

命　　令	快捷键（命令简写）	功　　能
圆弧	A	用于绘制圆弧
对齐	AL	用于对齐图形对象
设计中心	ADC	设计中心资源管理器
阵列	AR	将对象矩形阵列或环形阵列
定义属性	ATT	以对话框的形式创建属性定义
创建块	B	创建内部图块，以供当前图形文件使用
边界	BO	以对话框的形式创建面域或多段线
打断	BR	删除图形一部分或把图形打断为两部分
倒角	CHA	给图形对象的边进行倒角
特性	CH	特性管理窗口
圆	C	用于绘制圆
颜色	COL	定义图形对象的颜色
复制	CO、CP	用于复制图形对象
编辑文字	ED	用于编辑文本对象和属性定义
对齐标注	DAL	用于创建对齐标注
角度标注	DAN	用于创建角度标注
基线标注	DBA	从上一或选定标注基线处创建基线标注
圆心标注	DCE	创建圆和圆弧的圆心标记或中心线
连续标注	DCO	从基准标注的第二尺寸界线处创建标注
直径标注	DDI	用于创建圆或圆弧的直径标注
编辑标注	DED	用于编辑尺寸标注
线性标注	Dli	用于创建线性尺寸标注
坐标标注	DOR	创建坐标点标注
半径标注	Dra	创建圆和圆弧的半径标注
标注样式	D	创建或修改标注样式
单行文字	DT	创建单行文字
距离	DI	用于测量两点之间的距离和角度
定数等分	DIV	按照指定的等分数目等分对象
圆环	DO	绘制填充圆或圆环
绘图顺序	DR	修改图像和其他对象的显示顺序
草图设置	DS	用于设置或修改状态栏上的辅助绘图功能
鸟瞰视图	AV	打开"鸟瞰视图"窗口
椭圆	EL	创建椭圆或椭圆弧
删除	E	用于删除图形对象
分解	X	将组合对象分解为独立对象
输出	EXP	以其他文件格式保存对象
延伸	EX	用于根据指定的边界延伸或修剪对象
拉伸	EXT	用于拉伸或放样二维对象以创建三维模型
圆角	F	用于为两对象进行圆角
编组	G	用于为对象进行编组，以创建选择集

续表

命　令	快捷键（命令简写）	功　能
图案填充	H、BH	以对话框的形式为封闭区域填充图案
编辑图案填充	HE	修改现有的图案填充对象
消隐	HI	用于对三维模型进行消隐显示
导入	IMP	向 AutoCAD 输入多种文件格式
插入	I	用于插入已定义的图块或外部文件
交集	IN	用于创建交两对象的公共部分
图层	LA	用于设置或管理图层及图层特性
拉长	LEN	用于拉长或缩短图形对象
直线	L	创建直线
线型	LT	用于创建、加载或设置线型
列表	LI、LS	显示选定对象的数据库信息
线型比例	LTS	用于设置或修改线型的比例
线宽	LW	用于设置线宽的类型、显示及单位
特性匹配	MA	把某一对象的特性复制给其他对象
定距等分	ME	按照指定的间距等分对象
镜像	MI	根据指定的镜像轴对图形进行对称复制
多线	ML	用于绘制多线
移动	M	将图形对象从原位置移动到所指定的位置
多行文字	T、MT	创建多行文字
表格	TB	创建表格
表格样式	TS	设置和修改表格样式
偏移	O	按照指定的偏移间距对图形进行偏移复制
选项	OP	自定义 AutoCAD 设置
对象捕捉	OS	设置对象捕捉模式
实时平移	P	用于调整图形在当前视口内的显示位置
编辑多段线	PE	编辑多段线和三维多边形网格
多段线	PL	创建二维多段线
点	PO	创建点对象
正多边形	POL	用于绘制正多边形
特性	CH、PR	控制现有对象的特性
快速引线	LE	快速创建引线和引线注释
矩形	REC	绘制矩形
重画	R	刷新显示当前视口
全部重画	RA	刷新显示所有视口
重生成	RE	重生成图形并刷新显示当前视口
全部重生成	REA	重新生成图形并刷新所有视口
面域	REG	创建面域
重命名	REN	对象重新命名
渲染	RR	创建具有真实感的着色渲染
旋转实体	REV	绕轴旋转二维对象以创建对象
旋转	RO	绕基点移动对象
比例	SC	在 X、Y 和 Z 方向等比例放大或缩小对象
切割	SEC	用剖切平面和对象的交集创建面域
剖切	SL	用平面剖切一组实体对象
捕捉	SN	用于设置捕捉模式

续表

命　　令	快捷键（命令简写）	功　　能
二维填充	SO	用于创建二维填充多边形
样条曲线	SPL	创建二次或三次(NURBS)样条曲线
编辑样条曲线	SPE	用于对样条曲线进行编辑
拉伸	S	用于移动或拉伸图形对象
样式	ST	用于设置或修改文字样式
差集	SU	用差集创建组合面域或实体对象
公差	TOL	创建形位公差标注
圆环	TOR	创建圆环形对象
修剪	TR	用其他对象定义的剪切边修剪对象
并集	UNI	用于创建并集对象
单位	UN	用于设置图形的单位及精度
视图	V	保存和恢复或修改视图
写块	W	创建外部块或将内部块转变为外部块
楔体	WE	用于创建三维楔体模型
分解	X	将组合对象分解为组建对象
外部参照管理	XR	控制图形中的外部参照
外部参照	XA	用于向当前图形中附着外部参照
外部参照绑定	XB	将外部参照依赖符号绑定到图形中
构造线	XL	创建无限长的直线（即参照线）
缩放	Z	放大或缩小当前视口对象的显示